宇视 1+X 职业技能等级证书配套系列教材

可视智慧物联
系统实施与运维 中级

浙江宇视科技有限公司　编著

電子工業出版社
Publishing House of Electronics Industry
北京 · BEIJING

内 容 简 介

人工智能物联网（AIoT）融合人工智能（AI）技术和物联网（IoT）技术，利用传统信息与通信技术（ICT）提供的基础设施进行更高维的人工智能应用。本书承前启后，基于《可视智慧物联系统实施与运维（初级）》教材，从常见的产品部件、组网、安装部署、系统调试、系统运维和系统优化等角度，深入讲解了可视智慧物联系统在大中型应用场景下的技术及应用。

本书内容涵盖了视频管理（VM）、媒体交换（MS）、数据管理（DM）、备份管理（BM）、网络摄像机（IPC）、网络视频录像机（NVR）和解码器（DC）等关键设备的知识点，从实际产品的功能出发，讲解典型场景下的项目实际开局、维护和优化案例。

本书适合智慧安防（安全防范）系统规划设计、基础软/硬件安装与调试、操作与维护、系统运维、优化、交付、项目管理等岗位工作的技术和维护工程师，以及售前与解决方案工程师和销售工程师阅读，也适合职业技术院校和应用型本科高校师生、AIoT技术爱好者及相关从业者阅读和参考。

图书在版编目（CIP）数据

可视智慧物联系统实施与运维：中级 / 浙江宇视科技有限公司编著. —北京：电子工业出版社，2023.1
宇视 1+X 职业技能等级证书配套系列教材
ISBN 978-7-121-44827-0

Ⅰ. ①可… Ⅱ. ①浙… Ⅲ. ①物联网－职业技能－鉴定－教材 Ⅳ. ①TP393.4②TP18

中国国家版本馆 CIP 数据核字（2023）第 002181 号

责任编辑：李树林　　文字编辑：底　波
印　　刷：北京雁林吉兆印刷有限公司
装　　订：北京雁林吉兆印刷有限公司
出版发行：电子工业出版社
　　　　　北京市海淀区万寿路 173 信箱　邮编：100036
开　　本：787×1 092　1/16　印张：22.25　字数：570 千字
版　　次：2023 年 1 月第 1 版
印　　次：2024 年 3 月第 2 次印刷
定　　价：79.00 元

凡所购买电子工业出版社图书有缺损问题，请向购买书店调换。若书店售缺，请与本社发行部联系，联系及邮购电话：（010）88254888，88258888。

质量投诉请发邮件至 zlts@phei.com.cn，盗版侵权举报请发邮件至 dbqq@phei.com.cn。

本书咨询和投稿联系方式：（010）88254463，lisl@phei.com.cn。

宇视 1+X 职业技能等级证书配套系列教材

编写委员会

推荐序（一）FOREWORD

产业工人是创新驱动发展的骨干力量，是实施制造强国战略的有生力量。产业工人队伍建设改革是全面深化改革的重要内容。

2017年，中共中央、国务院印发了《新时期产业工人队伍建设改革方案》，明确提出，要把产业工人队伍建设作为实施科教兴国战略、人才强国战略、创新驱动发展战略的重要支撑和基础保障，纳入国家和地方经济社会发展规划，造就一支有理想守信念、懂技术会创新、敢担当讲奉献的宏大的产业工人队伍。

2019年，国家发展改革委、教育部、工业和信息化部等6部门印发了《国家产教融合建设试点实施方案》，提出要深化产教融合，促进教育链、人才链与产业链、创新链有机衔接，推动教育优先发展、人才引领发展、产业创新发展、经济高质量发展相互贯通、相互协同、相互促进。

2019年，教育部、国家发展改革委、财政部、市场监管总局联合印发了《关于在院校实施"学历证书+若干职业技能等级证书"制度试点方案》，深化复合型技术人才培养培训模式和评价模式改革，提高人才培养质量，畅通技术技能人才成长通道，拓展就业创业本领。

深化产教融合改革是推进人力人才资源供给侧结构性改革的战略性任务，是推动教育优先发展、人才引领发展、产业创新发展、经济高质量发展相互贯通、相互协同、相互促进的战略性举措，有利于促进教育和产业体系人才、智力、技术、资本、管理等资源要素集聚融合、优势互补，从而打造支撑教育和产业高质量发展的新引擎。

2021年，数字安防产业已列入浙江省政府产业集群重点战略，浙江省委省政府明确提出，要聚力打造世界级数字安防产业集群，并将数字安防列为浙江省重点打造的十大标志性产业链之首，安防产业迎来新的发展机遇。万亿元级产值的安防产业的高质量发展，必须依靠知识型、技术型、创新型的产业工人。浙江省安全技术防范行业协会与企业积极发挥推进产业工人队伍建设改革的思想自觉、政治自觉和行动自觉，扎实推进产业工人队伍建设改革，为给安防产业高质量发展提供强大人力支撑而进行了许多创新性的探索。

浙江省安全技术防范行业协会牵头以"提升数字安防从业人员职业技能与综合素质水平"为目标，搭建了"人才赋能基地"，提供安防工程专业职称评审、安防在线学习平台（"学习图强"平台）、安防·应急产业数字化领军班、学历继续教育等服务。

浙江宇视科技有限公司（简称宇视）以培育高“素能”安防产业工匠为己任，针对高校师生、宇视内部工程师、宇视生态圈工程师设计了多元化的培养方案，助力劳动者转型为高“素能”工匠，助力安防产业向高端智能化迈进。2020年，宇视成功入选为“学历证书+若干职业技能等级证书”（简称1+X证书）制度试点的第四批职业教育培训评价组织。《可视智慧物联系统实施与运维（中级）》是宇视为高职院校量身打造的课程配套教材，基于行业实战需求搭建校园与AIoT的桥梁，提升学生职业竞争力，为行业培养合格的人才。

人才是产业发展的第一资源，在“十四五”开局之年，我们要认真学习和领悟习近平总书记在全国劳动模范和先进工作者表彰大会上的讲话，扎实推进产业工人队伍建设改革，为数字安防产业高质量发展提供强大人力支撑。

全国安防职业教育联盟理事长

浙江省安全技术防范行业协会秘书长

推荐序（二） FOREWORD

职业教育是国民教育体系和人力资源开发的重要组成部分，肩负着培养多样化人才、传承技术技能、促进就业创业的重要职责。在全面建设社会主义现代化国家新征程中，职业教育前途广阔、大有可为。

国务院在《国家职业教育改革实施方案》中明确提出，职业教育与普通教育是两种不同类型的教育，具有同等重要的地位，且提出“双高”建设计划来推动职业教育的高质量发展，旨在打造技术技能人才培养高地和技术技能创新服务平台；引领职业教育服务国家战略、融入区域发展、促进产业升级。在提出职业教育提质培优计划后，“学历证书+若干职业技能等级证书”制度开始逐步走入高素质技术技能人才的职业化教育。

安全防范技术专业是培养具有良好的政治思想和道德素质，掌握安全防范技术专业岗位所需的知识技能，能够在平安城市智能小区、银行和企事业等单位的技术部门从事安全防范系统建设、管理、维护，并能够在安全防范行业从事工程实施、设备生产与销售等辅助性工作岗位的高素质技术技能型人才。高职院校培养安全防范技术专业合格人才，必须始终对接本专业的发展方向，围绕本专业对应各类岗位的技术技能予以培养，在人才培养优化、实训条件建设、“三教”（教师、教材、教法）改革上走出安防特色。

“双高计划”肩负着引领我国职业教育高质量发展、实现现代化的重要使命。同时，专业持续化改革是实现各高职院校走向“双高”的重要步骤。对于有安防专业的高职院校来说，大力建设和推动安防专业的改革，落实高质量发展要求，瞄准产业实际需求与发展方向，深入探索研究安防专业标准教学体系，推动安防专业教学质量提升，对安防专业或专业群的高水平建设有着重要的意义。要实现上述发展规划，深化专业改革是努力方向。第一，提升专业发展格局，在安防系统新技术新理念的发展中找准产业实际人才需求。第二，完善专业发展机制，特别是要研究适用于安防专业的教学标准以及人才培养标准，聚焦安防高端产业和产业高端，构建安防人才特色化培养体系。第三，产教融合是发展主线。产教融合、校企合作，特别是和龙头企业的合作，是职业教育能更好发展的主攻点和突破口，也是实现“双高”计划的基本路径。其核心是创新高职与产业深度融合，为产业逐渐形成核心竞争力提供有力的人才支撑。

高职院校通过 1+X 证书制度试点，以“双高”建设为抓手，培养合格人才。在推行 1+X 证书制度试点过程中，配套教材开发是必不可少的，也是实现高职“三教”改革的重要一环。对于《可视智慧物联系统实施与运维（中级）》教材的编写，我校多位一线教学教师参与其中。本教材中大量的案例、教学内容均来自我校实际的教学内容，同时参考了安防产业及部分企业的实际工作案例。本教材在实用性、逻辑性上均有较高的水准，能为高职院校校企合作、产教融合的人才培养服务。

浙江安防职业技术学院院长
浙江省科社学会副会长

推荐序（三） FOREWORD

教育部、国家发展改革委、财政部、市场监管总局联合印发了《关于在院校实施“学历证书+若干职业技能等级证书”制度试点方案》，部署启动 1+X 证书制度试点工作。1+X 证书制度是落实立德树人根本任务、深化产教融合校企合作的一项重要制度设计，是构建中国特色现代职业教育体系的一项重大改革举措。

“1”是学历证书，是指学习者在学校或者其他教育机构中完成了一定教育阶段学习任务后获得的文凭；“X”为若干职业技能等级证书。1+X 证书制度，就是学生在获得学历证书的同时，鼓励取得更多合适的职业技能等级证书。“1”是基础，“X”是“1”的补充、强化和拓展。

学历证书和职业技能等级证书不是并行的，而是相互衔接和相互融通的。学历证书和职业技能等级证书相互衔接、融通是 1+X 证书制度的精髓所在。这种衔接、融通主要体现在：职业技能等级标准与各个层次职业教育的专业教学标准相互对接；“X”证书的培训内容与专业人才培养方案的课程内容相互融合；“X”证书培训过程与学历教育专业教学过程统筹组织、同步实施；“X”证书的职业技能考核与学历教育专业课程考试统筹安排，同步考试与评价；学历证书与职业技能等级证书体现的学习成果相互转换。

1+X 证书制度的实施，将有力促进职业院校坚持学历教育与培训并举，深化人才培养模式和评价模式改革，更好地服务经济社会发展；将激发社会力量参与职业教育的内生动力，有利于推进产教融合、校企合作育人机制的不断丰富和完善；将有利于院校及时将新技术、新工艺、新规范、新要求融入人才培养过程，不断深化“三教”改革，提高职业教育适应经济社会发展需求的能力；将有利于实现职业技能等级标准、教材和学习资源开发，有利于对人才客观评价，更有利于科学评价职业院校的办学质量；将极大驱动职业教育现行办学模式和教育教学管理模式的变革。

安防行业主要是以构建安全防范系统为主要目标的产业。伴随新技术在安防行业的广泛应用，安防行业正在从重点服务于“平安城市”建设，拓展到交通、环保、应急工矿、社区等生产生活领域，成为经济社会发展的重要基础设施之一。

经过长期发展，我国安防行业在地域分布上形成了以电子安防产品生产企业聚集为主要特征的“珠三角”地区、以高新技术和外资企业聚集为主要特征的“长三角”地区，以及以集成应用、软件、服务企业聚集为主要特征的“环渤海”地区三大产业集群，占据了我国安防产业 2/3 以上的份额。其中，以浙江、上海、江苏为中心的“长三角”地区，已成为安防产品制造业的一个重点地区。

浙江宇视科技有限公司（简称宇视）是全球 AIoT 产品、解决方案与全栈式能力提供商，以人工智能、大数据、云计算和物联网技术为核心的引领者。宇视创业期间（2011—2021 年），营收实现超 20 倍增长，产品和解决方案应用已遍布全球 140 多个国家和地区；2018 年进入全球前 4 位，研发技术人员占公司总人数的 50%；在杭州、深圳、西安、济南、天津、武汉设有研发机构，在桐乡建有全球智能制造基地。

宇视专利申请总数达 2500 件，其中发明专利占比为 81%，涵盖了光机电、图像处理、机器视觉、大数据、云存储等各个维度。宇视每年将超过 10%的营收投入研发，为可持续发展提供有力支撑。宇视推出 AIoT 大型操作系统 IMOS，探索“ABCI”技术的前沿，在大数据、人工智能、物联网等领域的产品方案已持续应用落地。

宇视作为 AIoT 行业领军企业，基于多年企业内部完善的培训体系和多年的 20 多万人次的培训经验，2020 年 9 月，从 984 份有效申请中脱颖而出，入选 1+X 证书制度试点第四批职业教育培训评价组织，其“智慧安防系统实施与运维”职业技能等级证书也作为首批 AIoT 类 X 证书发布。

要落实 1+X 证书制度，配套教材开发是必不可少、至关重要的一环。本教材开发团队组织了行业专家、企业专家、教学专家、课程与教材开发专家等，对教材的策划、申报、立项、编写、使用及效果评价等进行全过程的统筹和实施。本教材开发过程中紧密对接了“智慧安防系统实施与运维”X 证书标准，对接了安全防范技术、物联网工程、智能监控技术、智能终端技术与应用、建筑智能化工程技术、网络安防系统安装与维护、楼宇智能化设备安装与运行、人工智能技术应用、数字安防技术等专业教学标准，对接了企业生产需求，对接了中高本衔接的职教体系，对接了必需的职业道德和职业精神。

本教材在知识的专业性、设计的逻辑性、内容的实用性方面，均有较高水准，可用于“智慧安防系统实施与运维”职业技能等级的教学，也可供 AIoT 从业者使用。

全国安防职业教育联盟理事长
全国司法警官教育联盟副理事长
全国司法职业教育教学指导委员会委员
浙江警官职业学院副院长、教授

推荐序（四） FOREWORD

万物智慧互联的 AIoT 时代，人工智能与物联网技术在实际应用中的融合落地，日益催生新的生产力，正深刻改变着社会运行和我们的生产、工作和生活方式。同时，视频作为信息量最大的传感器采集数据，使得视频系统成了新的信息化核心基础设施。当前，在城市治理、社会民生、园区管理、立体化交通、工业制造、楼宇信息化等领域，已经孵化了众多 AI 与 IoT 技术融合的创新应用。例如，随着消费者对饮食健康重视程度的加深，越来越多的餐饮企业为了迎合消费者，在强化食材溯源基础上，通过“明厨亮灶”AI 智能算法部署，对菜品、烹饪现场进行安心展示，还可以检测是否有老鼠出入等来守护舌尖上的安全；通过 AIoT 摄像机的部署，当识别电瓶车进入电梯后，摄像机自动联动电梯，“车不离、梯不关”，有效地减少了电瓶车上楼的消防安全隐患问题；智慧园区，除视频数据信息外，还融合了园区停车、消防、能源环境等相关数据信息，为园区用户构建起覆盖访客、会议、停车、能源环境管理、视联网信息发布等各类业务的整体数字化、智能化解决方案……

浙江宇视科技有限公司（简称宇视）是全球 AIoT 产品、解决方案与全栈式能力提供商，以物联网、人工智能、大数据和云计算技术为核心的引领者。宇视致力于以核心硬件+操作系统平台奠定产业链基础，让 AIoT 解决方案触达更广阔的应用场景。

为培养从事 AIoT 产业生态的从业人才，宇视推出了首创的培训认证体系。宇视完善、丰富的进阶式培训认证课程的推出受到了学校、合作伙伴的广泛欢迎。2019 年，国务院印发了《国家职业教育改革实施方案》，明确提出启动 1+X 证书制度试点工作。2020 年 9 月，宇视从 984 份有效申请中脱颖而出，入选 1+X 证书制度试点第四批职业教育培训评价组织。其“智慧安防系统实施与运维”职业技能等级证书也作为 AIoT（人工智能物联网）类领先的 X 证书发布。宇视作为“智慧安防系统实施与运维”职业技能等级证书及标准的建设主体，对其证书的质量和声誉负责，主要职责包括相关标准开发、教材和学习资源开发、考核站点建设、考核颁证等，并协助试点院校实施证书培训。宇视作为“智慧安防系统实施运维”职业技能等级证书标准的制定者，其培训认证项目已在众多院校落地实施。为此，宇视深感责任和使命重大。

通过参与 1+X 证书制度试点，宇视期待和各院校建立深度的校企合作，在人才培养、专业建设和师资培养等维度上积极探索“理论与实践相结合”的科学教育方法，顺应国家职业教育改革的方向，深化产教融合、校企合作、育训结合，健全多元化办学格局，培养更多的实用型 AIoT 人才。

宇视通过 1+X 证书项目的实施，并在各院校师生和生态力量的鼎力支持下，一定能为 AIoT 产业培养出千千万万的人才，和大家携手共创 AIoT 的美好未来！

浙江宇视科技有限公司副总裁

浙江宇视科技有限公司技术服务部总裁

前 言 PREFACE

人工智能物联网（AIoT）技术的快速发展促使了技术人才需求的不断增加。本书从行业、企业、学校教学及专业建设的角度出发，着力满足职业技术院校和应用型本科高校在校生学习专业知识、相关行业从业者提升工作效率等需求。

本书主要面向人工智能（AI）和物联网（IoT）技术相关的企业、系统集成商、工程商、行政机构、企事业单位等的安防系统建设与运维、技术支持部门，以及从事智慧安防系统基础硬件安装与调试、操作与维护、系统运维、优化等岗位的工作人员，从而助力他们根据业务场景，实现设备软/硬件的系统优化和故障排除。

本书适合以下几类读者。

- 职业院校和应用型本科高校学生。
    - 本书可作为中等职业学校网络安防系统安装与维护、建筑智能化设备安装与运维、电子信息技术、电子技术应用、计算机应用、计算机网络技术、安全保卫服务、物业服务等专业教材。
    - 本书可作为高等职业学校安全防范技术、安全工程技术、安全技术与管理、安全智能监测技术、电子信息工程技术、工程安全评价与监理、工业设备安装工程技术、工业互联网技术、计算机网络技术、大数据技术、计算机应用技术、建筑设备工程技术、建筑智能化工程技术、人工智能技术应用、软件技术、司法信息安全、司法信息技术、智能互联网络技术、物联网应用技术、现代物业管理、信息安全技术应用、应用电子技术、智能安防运营管理、智能产品开发与应用、智能交通技术、智能控制技术等专业教材。
    - 本书可作为应用型本科学校物联网工程、电子科学与技术、智能科学与技术、信息管理与信息系统、信息工程、网络工程、电子信息工程、建筑电气与智能化、物业管理等专业教材。
    - 本书可作为高等职业教育本科学校人工智能工程技术、数字安防技术、智慧社区管理、智慧司法技术与应用等专业教材。
- 相关行业从业者。本书可供企业进行 AIoT 相关知识的培训使用，以帮助从业者了解和熟悉各类人工智能和物联网的应用，提升工作效率。
- AIoT 技术爱好者。本书可供对 AIoT 技术感兴趣的爱好者学习使用。

本书主要内容如下。

第 1 章 可视智慧物联系统产品介绍和常见组网

本章介绍大中型可视智慧物联系统场景下的常见产品、宇视相关的产品特点和常见组网知识，方便用户根据需要选择合适的产品。

围绕网络摄像机（IPC）、网络视频录像机（NVR）、平台、显控、存储和网络交换机的特点，深入浅出地对可视智慧物联系统的组成与基本需求进行分析拆解，并对中小型商业组网解决方案、商业门店常见组网解决方案、中大型项目组网和智慧园区解决方案组网进行了详细讲解。

第 2 章 可视智慧物联系统安装部署

可视智慧物联系统安装部署分两部分：一部分是进行设备硬件的安装部署；另一部分是进行软件的安装。在安装之前首先要正确识读系统安装操作说明书，准备相关操作工具，然后在机柜中合理地部署服务器设备，并且要根据前端设备的工勘场景选择合适的场景进行部署，设备部署之后贴上标签，通电检查设备运行情况，最后进行软件的部署安装以及调试工作。

本章主要针对视频管理（VM）、媒体交换（MS）、数据管理（DM）和备份管理（BM）的系统组件软件安装和部署。通过本章的学习，可以完成基本的硬件和软件的安装和部署。

第 3 章 可视智慧物联系统调试

本章围绕业务基本功能配置、常规功能业务基本操作、业务扩展功能配置进行介绍，从识读项目开局指导书、系统配置业务、组织管理业务、设备管理业务、视频实况调用、视频画面切换、云台控制、录像回放、告警联动、系统维护和智能业务配置等操作，掌握可视智慧物联系统的业务调试。

第 4 章 可视智慧物联系统运维

本章主要对可视智慧物联系统中遇到的常见问题进行归类和总结，通过智能管理平台实现对海量设备的智能分析和管理，并且提出常见问题的定位思路和方法，以便工程师能够快速定位问题并理解问题出现的原因，所谓“知其然”“知其所以然”都很重要。

第 5 章 可视智慧物联系统优化

可视智慧物联系统在各行业广泛应用，面对多样化需求，如何利用数以万计的 AIoT 产品，设计一个满足用户需求、经济合理的可视智慧物联系统是非常重要的。

本章从可视智慧物联系统的应用需求开始分析，深度剖析项目工程、工程设计阶段、项目施工阶段、前端监控点位、后端监控中心的勘察要点，并融合前端摄像机选型设计、传输网络分析及设计、平台设备业务分析、存储设备需求分析，完成对整个可视智慧物联系统的设计和优化。

为了启发读者思考，提高学习效果，本书所设实验均为任务式的，而且在每章的最后配有习题。

各类设备和各版本产品页面、操作、维护信息等均可能有所差别。由于作者水平有限，书中可能存在错误和不当之处，恳请读者批评指正。如果读者有问题想和作者探讨，请发电子邮件至 training@uniview.com。

编著者

目录 CONTENTS

第 1 章 可视智慧物联系统产品介绍和常见组网

随着科学技术，尤其是信息技术的快速发展，可视智慧物联系统进入了一个新的领域。以机器视觉为核心，成为“城市之眼”，让城市具备精准的视觉感知能力，以达到让城市管理可视化的目的，应用领域越来越广泛。不仅在公安、司法、金融、交通、医疗、教育、文博等大的行业领域广泛使用，而且在环境保护、生产安全、食品安全、社区家庭等新领域也逐步推广，已达数十个大的行业领域，为平安城市及各行各业提供了一个可视智慧物联体系。

本章介绍可视智慧物联系统的常见产品、宇视相关的产品特点和常见组网知识，方便根据用户需要选择合适的监控产品。

1.1 可视智慧物联系统产品介绍

可视智慧物联技术主要包含机器视觉、物联网、人工智能、大数据和云存储、云计算等技术。其中机器视觉智能算法主要涉及人脸识别、车辆识别、文字识别、目标跟踪、图像特征搜索等技术。

技术、需求、规模的不断变化导致了行业产品更新频率快。宇视是全球人工智能物联网（Artificial Intelligence & Internet of Things，AIoT）产品、解决方案与全栈式能力提供商，以物联网、人工智能、大数据和云计算技术为核心的引领者。拥有种类丰富的网络摄像机（IP Camera，IPC）、网络视频录像机（Network Video Recorder，NVR）、智能交通、大安防、物联网、安全准入、网络传输、管理平台、显控、业务软件、智慧云等产品，提供满足客户不同需求的产品，各系列典型产品如图 1-1～图 1-8 所示。

1.1.1 网络摄像机的产品特点

随着模拟监控系统向 IP 监控时代发展，网络摄像机（IPC）取代模拟摄像头，并得到越来越广泛的使用，根据不同的使用场景需要灵活选择不同型号的 IPC。

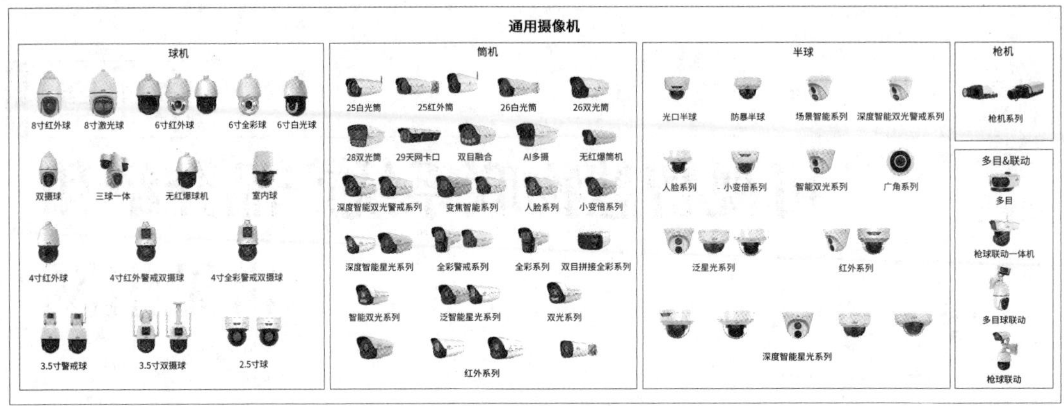

图 1-1　摄像机族谱

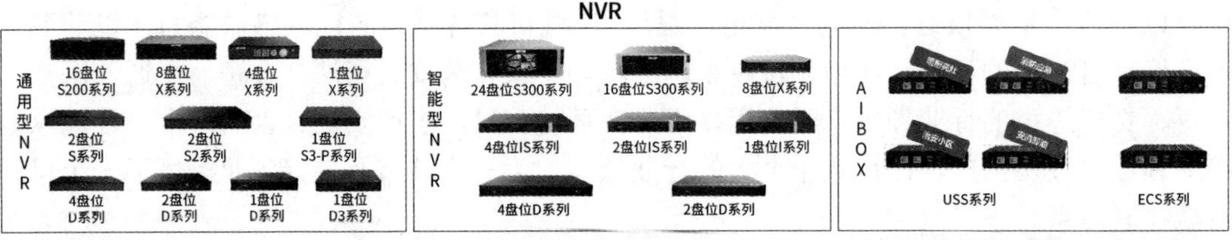

图 1-2　NVR 族谱

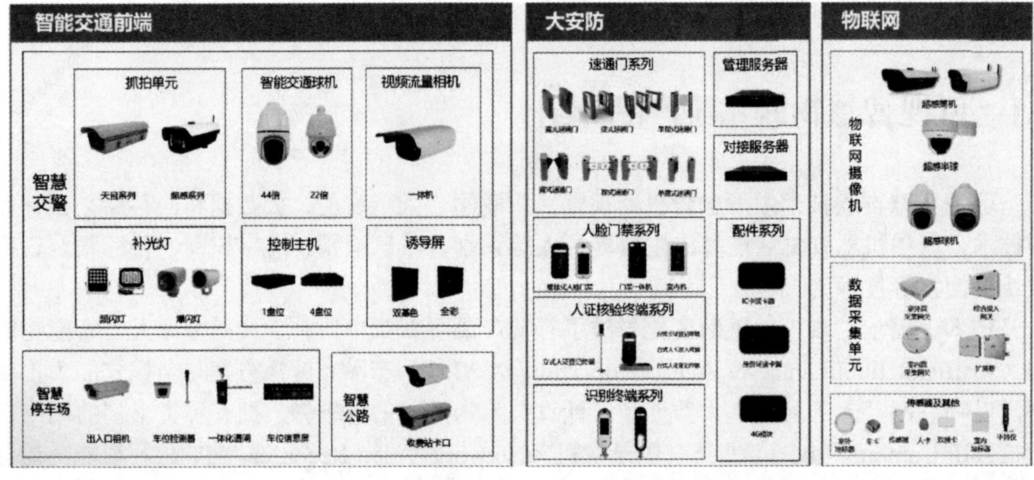

图 1-3　智能交通、大安防、物联网族谱

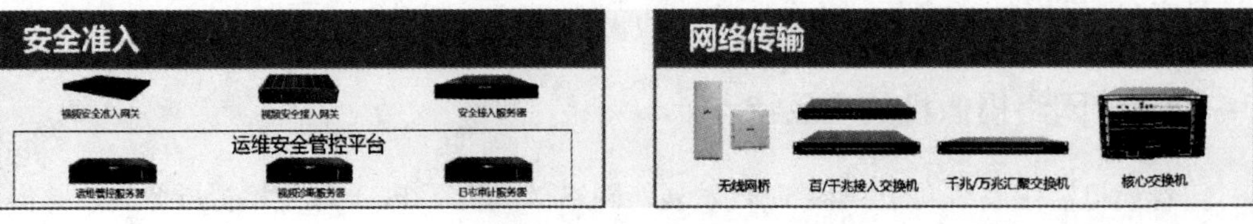

图 1-4　网络安全族谱

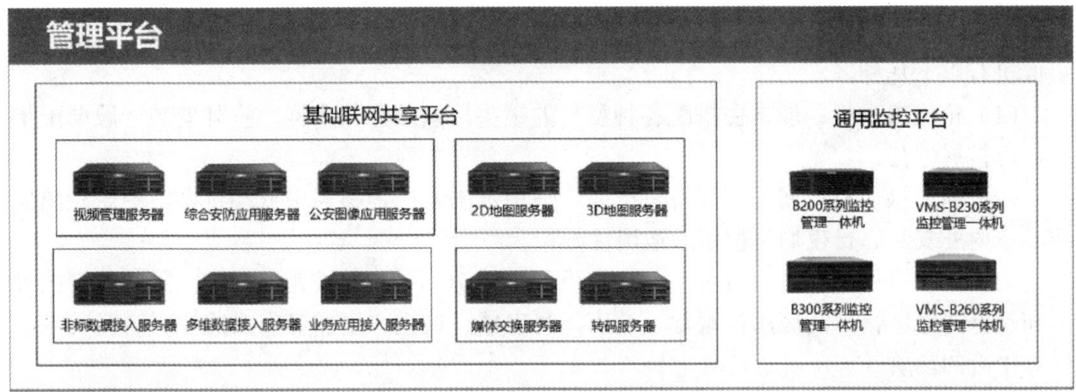

图 1-5　管理平台族谱

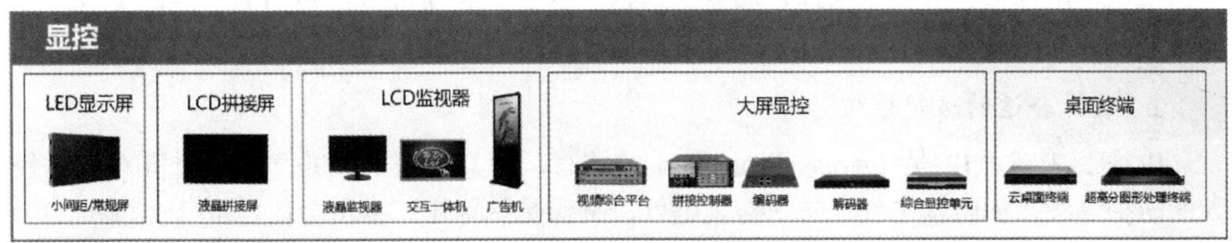

图 1-6　显控族谱

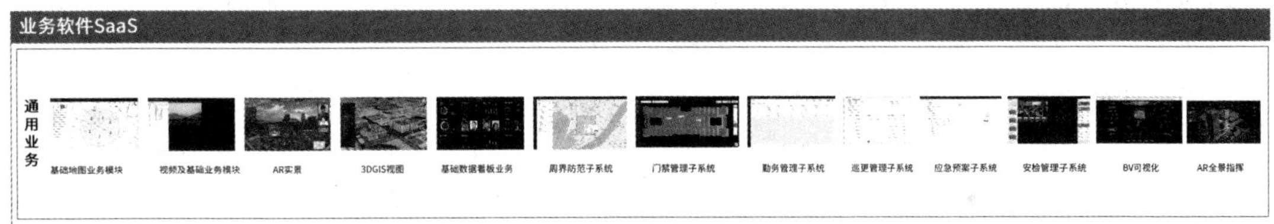

图 1-7　业务软件族谱

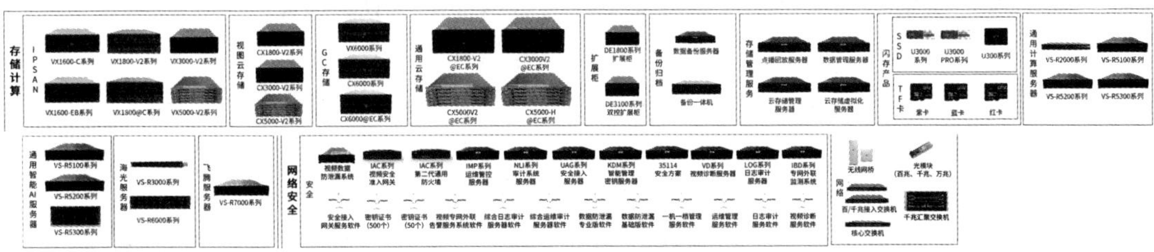

图 1-8　智慧云族谱

宇视 IP 摄像机根据所支持的分辨率的不同，可以分为 720P IPC 和 1080P IPC、4K IPC。根据形状可以分为枪式摄像机、筒形摄像机、半球摄像机和球形摄像机。

1. 从应用角度部署 IPC

摄像机的应用各式各样，不同的应用需要对应不同的选择，下面针对场景、防护等级、监控范围来选择摄像机及镜头。

1）网络摄像机（IPC）选用

不同的场景对摄像机有不同的要求，比如室外需要考虑防风挡雨，室内需要小巧美观，高点需要远距离监控，可以根据部署摄像机的场景来选用合适形状的摄像机，常用的摄像机有以下几种。

（1）枪式摄像机：能自由搭配各种型号的镜头，安装方式多样，室外安装一般要配护罩，可扩展性强。

（2）筒形摄像机：属于中国特有产品，适用范围较广，覆盖中低端价格、中短距离监控、室内外安装、日夜均可使用，适用性好。

（3）半球摄像机：自带镜头，一般焦距不超过 20 mm，监控距离较短，因其美观的外形和较好的隐蔽性广泛应用在银行、酒店、写字楼、地铁、电梯等需要监控、讲究美观、注意隐蔽的场所。

（4）球形摄像机：属于高端产品，根据安装方式可划分为吊装、壁装、嵌入式安装等，根据使用环境划分为室内球机和室外球机。这是一种集成度比较高的产品，集成了云台系统、通信系统和摄像机系统，多用于对监控系统要求较高的场所。

2）选择合适的防护等级

IP 等级定义：IP 是 Ingress Protection 的缩写，IP 等级是针对电气设备外壳对异物侵入的防护等级，如防暴电气、防水防尘电气，来源是国际电工委员会的标准 IEC 60529，这个标准在 2004 年也被采用为美国国家标准。IP 等级的格式为 IP××，其中××为两个阿拉伯数字，第一标记数字表示接触保护和外来物保护等级，第二标记数字表示防水保护等级，下面对具体的防护等级进行介绍。

（1）防尘等级（第一个×表示）：

“5”代表不可能完全阻止灰尘进入，但灰尘进入的数量不会对设备造成伤害。

“6”代表灰尘封闭，柜体内在 2000 Pa 的低压时不应进入灰尘。

（2）防水等级（第二个×表示）：

“5”代表防护射水，从每个方向对准柜体的射水都不应引起损害。

“6”代表防护强射水，从每个方向对准柜体的强射水都不应引起损害。

“7”代表防护短时浸水，柜体在标准压力下短时浸入水中时，不应有能引起损害的水量浸入。

3）选择合适焦段的镜头

焦段，顾名思义就是镜头焦距的分段。一般分为广角、标准、长焦这些焦段，镜头又可分为变焦镜头和定焦镜头，不同的场景需要选择不同焦段的镜头。

（1）广角镜头：可视角度大，可提供宽广的视野，一般在 90° 以上，适合监控大范围、短距离的场所，如电梯等。

（2）标准镜头：可视角度一般在 30° 左右，比较常见。适合应用在楼道、小区、道路、广场周边等环境。

（3）长焦镜头：可视角度在 20° 以内，镜头体积一般很大，主要用于大范围、超远距离监视的环境，如森林、体育馆、海港等。

（4）变焦镜头：焦距范围可调节，工作状态灵活，主要可应用于景深大和视角广的场合。

（5）定焦镜头：焦距不可调，工作状态固定，主要可应用于监视场所比较恒定的地方。

（6）手动/自动光圈镜头：手动光圈的镜头适合应用在固定光源或者光线不强的环境，如封闭的走廊、有固定灯光的房间等。自动光圈的镜头则适合使用在光线经常变化的环境。

4）选择摄像机及镜头

根据监控场景夜间光线选择合适的摄像机及镜头，选择原则如下。

（1）如果夜间环境光线充足，可以不增加补光外设，选用一般的镜头即可。

（2）如果夜间环境光线不足，需要考虑增加白光补光灯或红外补光灯。白光补光灯补光亮度充足时，摄像机可以拍摄出彩色图像，缺点是夜间隐蔽性差；红外补光灯补光，摄像机一般拍摄出黑白图像，隐蔽性强。若使用红外补光灯，由于红外光线和自然光线的波长不一样，容易造成夜间虚焦问题，建议选用日夜型镜头。

2. IPC 的特点

IPC 的功能特性很多，可以从设计、硬件、图像、存储、智能等多方面来介绍。

1）H.265 编码格式

在图 1-9 中，两幅画面的分辨率都是 1080P，帧率 25 帧，H.264 画面中码流是 8.16 Mbps，H.265 画面中码流是 864 kbps，H.265 大大提高了编码效率，同分辨率下的平均码流大幅降低。

图 1-9　H.264 与 H.265 对比

H.264 是国际标准化组织（ISO）和国际电信联盟（ITU）共同提出的继 MPEG4 之后的新一代数字视频压缩格式。

H.265 的全称为高效视频编码（High Efficiency Video Coding，HEVC），是国际标准化组织和国际电信联盟在 2013 年 3 月正式批准通过的新一代视频压缩标准，主要面向高清数字电视以及视频编解码系统的应用。

H.265 编码相较于 H.264 大大提高了编码效率，能实现 1080P 高清图像 1.5～2 Mbps 码流：首先，使用传输带宽压力下降，方便低带宽网络环境应用（如 3G/4G 无线传输）；其次，存储成本大大降低。优势是节省存储容量，减少客户存储成本。同时由于编码效率的大幅提高，为无线接入高清 IPC 提供了可能。在图 1-9 中的左图和右图分别为 H.264 编码格式、H.265 编码格式相同码率的图像效果，可以看出 H.265 图像细节更加清晰。

2）eMMC 工业级存储

IPC 内嵌长寿命稳定性高嵌入式多媒体卡（Embedded Multi Media Card，eMMC）储存单元，替代 SD 卡用于储存录像，避免机械插拔过程，稳定性高，且读写速度更快。与传统的 SD 卡相比，读取快 3 倍，写入快 2 倍，寿命更是 SD 卡的 20 倍，如图 1-10 所示。

图 1-10　eMMC 工业级存储

SD 卡插拔过程中易损伤，擦写寿命较短，造成维护成本相对较高。宇视 IPC 内嵌长寿命、稳定性高 eMMC 储存单元，替代 SD 卡用于储存录像，避免机械插拔过程。内置 eMMC 储存单元 IPC 稳定性高，且读写速度更快。

3）超星光技术

图 1-11（a）是超星光 IPC，在微光环境和无红外补光情况下，依然拥有白昼般的全彩效果，普通 IPC 在夜间光线低于 0.001 Lux 时，自动切换成红外补光，图像变成黑白，只有强制彩色的时候才可以呈现彩色画面。

(a) 超星光IPC　　(b) 普通IPC

图 1-11　超星光技术

夜晚是案件高频发生的时间段。普通摄像机在黑夜环境下无法清晰成像，红外补光技术虽然能在低照度下清晰成像，但只能形成黑白图像，丢失重要的色彩信息。

宇视超星光摄像机通过扩大灵敏元件（sensor）的感光性，提升镜头进光量，从而使夜间犹如白昼，整夜呈现全彩画面。超星光摄像机夜间拍摄效果表现优异，可清晰还原现场环境，提升各种物体的细节辨识度，更好满足用户 24 h 监控需要。同时，宇视所有星光系列摄像机均具有定时抓拍、隔时抓拍、各类告警触发抓拍，及时记录辨认度高的清晰彩色画面，为刑侦排查等工作提供有力帮助。目前已广泛应用于小区、楼道、公园、店铺等诸多行业监控场景。

4）高仰角设计

高空抛物现象曾被称为“悬在城市上空的痛”。它曾与“乱扔垃圾”齐名，排名第二。高空抛物是一种不文明行为，而且会带来很大的社会危害。

普通球机的垂直视角一般取正数（0°～90°），在监控较高楼层和斜坡路面时，可能造成有效视野的大幅损失。宇视球机支持−15°的仰角（镜头可以向上抬起），如图 1-12 所示，可以最大限度应对高空抛物场景的监控需求。高仰角镜头带来更高的监控视野，可以节省部署摄像机的数量。

图 1-12　高空抛物监控设计

5）供电适应性

自适应供电示意图如图 1-13 所示，图中 DC 是 Direct Current 的简称，即直流电；AC 是 Alternating Current 的简称，即交流电；POE 是 Power Over Ethernet 的简称，即以太网供电。

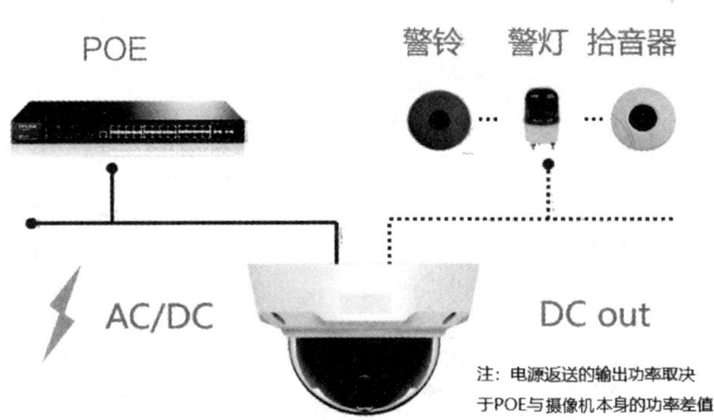

图 1-13　自适应供电示意图

普遍来看，业界很多摄像机的供电方式单一，没有提供多样供电选择，导致工程布线复杂。宇视 IPC 支持 DC/AC/POE 互为热备供电。在图 1-13 中，半球网络摄像机在 PoE 供电时，支持 DC 12 V 输出，可就近为告警设备、拾音器供电。另外，IPC 支持±25%宽压保护，确保设备不受电压波动的影响。多种供电方式、电源返送使得工程实施更加灵活，而宽压特性则确保了设备能够长期稳定运行。

6）宽动态技术

宽动态技术如图 1-14 所示。某些特殊监控场景下图像亮暗对比非常大，拍摄出的图像容易造成亮区过曝、暗区过暗等现象。宇视 IPC 支持 120 dB 宽动态，采用先进图像传感器，在图像采集端利用多帧曝光技术，分别获取图像亮区、暗区特征，再结合图像处理器处理，获得高品质图像。开启宽动态模式，明暗差距大的环境中能正常看清楚物体，提高监控识别度。

图 1-14　宽动态技术

7）鱼眼矫正

鱼眼摄像机普遍存在画面畸变严重的问题，宇视鱼眼 IPC 采用专利技术，对畸变的图像进行还原、裁剪，并整理成合适格式的图像，如图 1-15 所示。畸变矫正后，还原图像真实的面貌，实现无死角监控的同时突出画面细节。

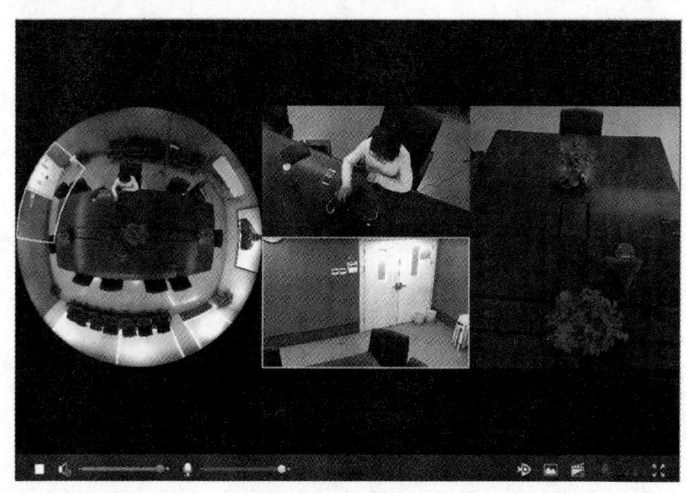

图 1-15　鱼眼技术

8）缓存补录技术（前端）

前端缓存是设备被集中管理并开启录像备份功能时，其存储卡能够作为中心服务器存储的备份。如图 1-16 所示，当监控系统的网络不稳定导致网络摄像机和中心存储之间的存储中断，前端网络摄像机可自动启动前端缓存，将视频数据存储到存储卡上。当网络摄像机与备份服务器之间通信正常时，系统将自动把缓存录像以文件的形式发送至该服务器上，实现缓存补录。

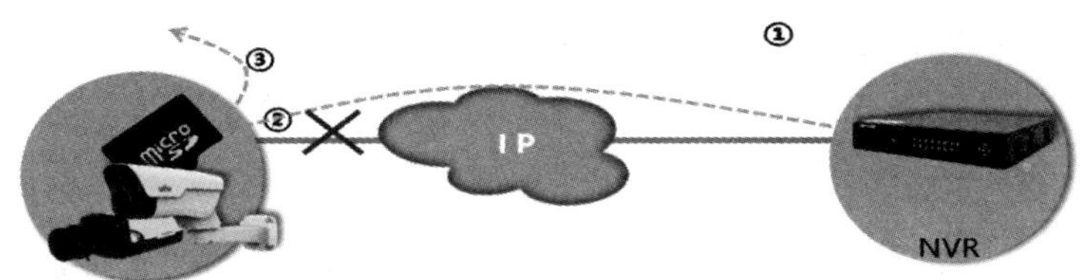

图 1-16　缓存补录技术

9）区域增强

在有限带宽条件下，无法使得图像的各个部分都足够清晰。区域增强（ROI）可以将带宽优先分配给图像中信息更为重要的部分，如图 1-17（b）所示，右边增强的图像会更清晰。用户可根据自身的关注点（如车牌、人脸）优先保证图像的质量，实现码率资源的合理分配。

(a)　　(b)

图 1-17　区域增强

10）走廊模式

IPC 画面正常的显示比例为 16∶9。在走廊、过道等狭长场景时，可以将摄像机侧装，画面将旋转 90°，画面的显示比例就变成 9∶16，从而使纵向监控范围加大，更适合应用于走廊等狭长场景的监控，如图 1-18 所示。

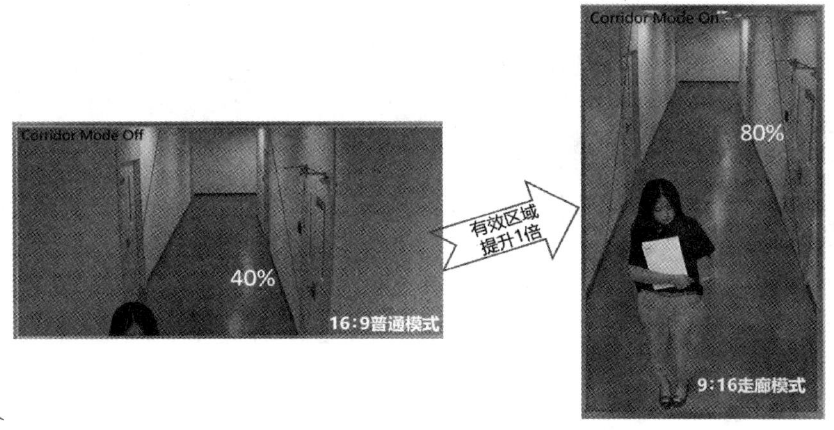

图 1-18　走廊模式

在图像设置中，当图像镜像选择为正常时，画面比例为 16∶9，画面中走廊两侧的墙壁都是冗余信息。当图像镜像选择为顺时针（或逆时针）旋转 90°时，画面比例为 9∶16，走廊狭长的纵向监控范围加大，两侧墙壁等无用信息减少，有效提高监控利用率。

11）网络安全

视频监控进入 IP 时代，给整个 AIoT 行业带来新的活力。IP 高清监控在为用户带来应用优势的同时，也面临着网络安全的考验。宇视应用多方面安全技术（图 1-19），采用更加多样化的口令保护、安全传输、身份认证等技术手段，支持 Web 弱密码校验、错误登录抑制、超文本传输安全协议（Hyper Text Transfer Protocol Secure，HTTPS）加密访问、实时流传输协议（Real Time Streaming Protocol，RTSP）认证访问等多种机制，保障网络安全，保护用户数据安全，提供最高等级网络防护，有效拒绝黑客非法获得视频信息、篡改配置信息，保障 IP 视频监控网络信息的安全性。

图 1-19　网络安全技术

12）前端智能

传统的人工预警效率低下，宇视 IPC 广泛支持前端智能分析，可以提供人脸检测、客流统计、越界检测、场景变更、自动跟踪等多种音视频的增值业务，如图 1-20 所示。

图 1-20　前端智能

泛智能功能目前包含越界检测、区域入侵、进入/离开区域、徘徊检测、人员聚集、快速移动、停车检测、物品搬移/遗留、虚焦检测、场景变更、人脸检测、客流统计、自动跟踪，如图 1-21 所示。业务的主要模式是在前端配置泛智能相关参数和计划，当触发规则时，会产生类似运动检测告警的报文发送给平台，在平台侧产生告警，或者通过其他联动方式触发相应联动动作。大多数泛智能功能是基于画面亮度差异来进行工作的，所以场景中影响画面亮度的因素会对智能造成干扰，如阴影、强光、反光、宽动态、噪点等。

图 1-21　各类智能技术

13）–45～70℃极温技术

宇视 IPC 支持–45～70℃的极端温度适应范围，能在极端环境中保持设备正常工作，如图 1-22 所示。

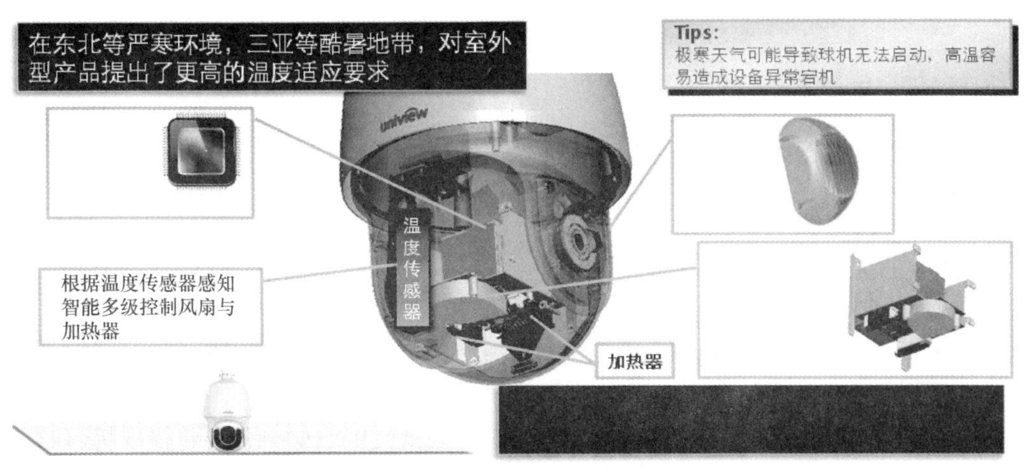

图 1-22　极温技术

球机内置温度传感器，在极低温度下会做检测，启动加热器不断加热，当球机达到0℃以上时，球机可以正常启动。

宇视采用工业级芯片，可支持最高 70℃环境下正常工作。

冷库、冶炼厂等特殊使用场景适合使用极温适应 IPC。

1.1.2 网络视频录像机的产品特点

网络视频录像机（Network Video Recorder，NVR）是通过网络实现看、控、存等视频监控业务的管理设备。其核心是视频中间件，通过视频中间件的方式跟各厂商的设备进行兼容对接。其主要功能特性有接入协议丰富、实况人机预览、存储回放、缓存补录、告警业务、*N*+1 热备、国标对接、U-Code 和智能功能。

1. 多种协议接入

IPC 通道配置页面如图 1-23 所示，当前支持 4 种协议添加，具体如下。

（1）国家标准，即由中华人民共和国公安部制定，于 2016 年实施的 GB/T 28181 协议。

（2）ONVIF 协议，是一个国际开放性网络视频产品标准网络接口协议。

（3）宇视基于 ONVIF 开发的协议。

（4）自定义，这是非常用对接协议。

图 1-23 IPC 通道配置页面

2. 实况功能

实况页面支持多样化分屏选择，呈现码流、分辨率、编码格式及丢包率等信息，可进行抓拍、录像、数字放大等操作，如图 1-24 所示。

支持普通模式、走廊模式任意切换。使用走廊模式（9∶16），需要将摄像机顺时针/逆时针旋转 90° 安装，配合 IPC 图像调节镜像旋转来实现。

3. 云台功能

云台控制主要包含 6 个方面的功能设置，云台控制页面如图 1-25 所示。

图 1-24　实况功能

①云台控制可以完成变倍、聚焦和光圈的调节。

②云台控制可以完成各个方向转动。

③调节转速，同时可调节变倍、聚焦、光圈效果。

④照明开关、雨刷开关、加热开关、除雪模式开关，便于摄像机应对室内外各种恶劣的环境。

⑤预置位设置，可同时设置多个预置位，单击转到预置位图标，摄像机就会调整角度转到预置位，并变倍。

⑥巡航功能包括预置位巡航和轨迹巡航。

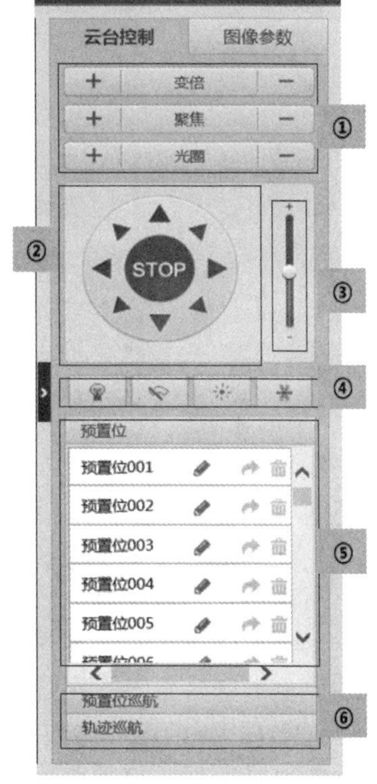

图 1-25　云台控制页面

4．回放功能

在使用回放功能时，支持通道、日期任意切换选择；支持标签、事件等特殊标记；支持倍速、30 s 进退、单帧进退等功能，如图 1-26 所示。

普通回放即按通道和日期条件检索相应的录像文件并播放。

标签回放可以帮助用户记录下某一时刻的录像信息，用户可以根据标签关键字进行搜索定位录像操作。

事件回放即按事件类型（报警输入、运动检测等）查询一个或多个通道在某个时间段的录像文件并播放。

智能回放是指设备根据录像中是否存在智能行为，自动调整播放速度。如果该时刻存在智能搜索结果，录像以正常速度回放；相反，对于无智能搜索结果的时间段，设备将以 16 倍速回放，提高回放效率。

5．存储功能

宇视 NVR 创建阵列时，支持 RAID 0、RAID 1、RAID 5、RAID 6、RAID 10（16 盘

位的 NVR 还支持 RAID 50、RAID 60），同时可设置热备盘，如图 1-27 所示。

图 1-26　回放功能

创建阵列

阵列名称

阵列类型

初始化类型

RAID 0
RAID 1
RAID 5
RAID 6
RAID 10

阵列容量(预估值): 0.00GB

确定　取消

图 1-27　存储功能

支持盘组，按需划分，可将不同硬盘划分成不同盘组，支持指定摄像机定向存到不同的盘组中，重要录像单独存储，重点保障。

支持手动触发、计划触发、事件触发的录像方式，支持存储空间的满即停、满覆盖策略。

下面介绍常用 RAID 类型。

RAID 1：两块盘，容量可以不一致，实际可用容量是小容量硬盘的容量；没有校验，两块硬盘上存储相同的数据，相当于备份。优点：提供了很高的数据安全性和可用性；100%的数据冗余；设计、使用简单；不作校验计算，CPU 占用资源少；硬盘数 2 个。

RAID 5：数据奇偶校验，校验数据均匀分布在各数据硬盘上，RAID 成员硬盘上同时保存数据和校验信息，数据块和对应的校验信息保存在不同硬盘上。一块硬盘损坏后，换上新盘，可以根据其他硬盘上的数据恢复原来的数据；RAID 5 最多只允许一块硬盘损坏。优点：高读取速率，中读写速率；提供一定程度的数据安全，硬盘数 3～12 个。

6. 缓存补录（后端）

当监控系统的网络不稳定导致网络摄像机和 NVR 之间的存储中断时，前端网络摄像机可自动启动前端缓存，将视频数据存储到存储卡上。当网络摄像机与 NVR 之间通信正常时，系统将自动把缓存录像以文件的形式发送至该服务器上，实现缓存补录，如图 1-28 所示。

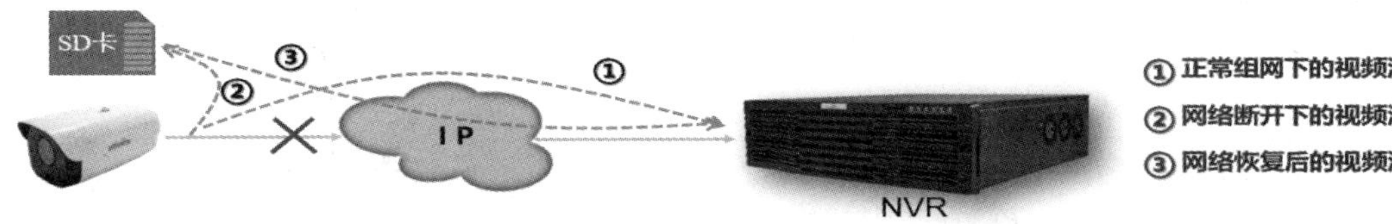

图 1-28　缓存补录

7. 告警功能

NVR 可支持多种告警方式输入和输出，如手动告警、音频检测、智能检测、声音告警、邮件告警、联动抓图和录像、联动报警输出、联动云台转动。

联动功能更加强大：支持联动抓图、录像、邮件、上传文件传输协议（File Transfer Protocol，FTP）、告警信号输出等。

告警功能如图 1-29 所示。

图 1-29　告警功能

8. *N*+1 热备

RAID 阵列无法解决网络断开导致的录像丢失问题，宇视的 *N*+1 热备方案可以避免。

N+1 热备方案是多台主机加一台备机，任何一台主机故障或网络断开，所接入的 IPC 录像都可自动存至备机；当主机恢复后，录像可回迁至主机，从而避免录像丢失，如图 1-30 所示。

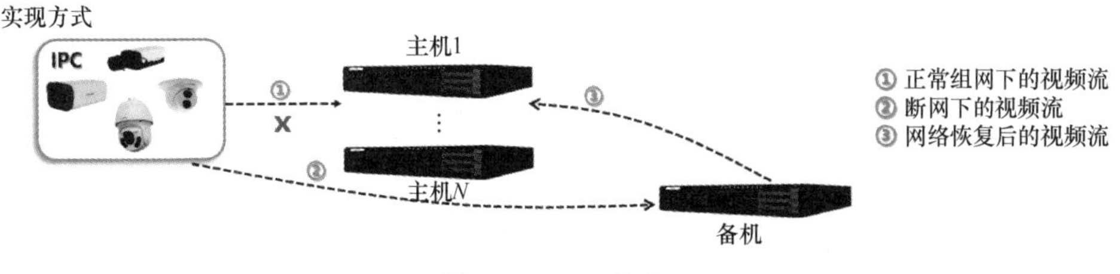

图 1-30　*N*+1 热备

> **注意：**
>
> 1 台备机可被 255 台主机管理；当前仅 NVR-B200-E8/R8/NVR-S200-R16 产品支持；推荐在同型号之间使用，若跨设备需满足备机路数要高于主机路数。

9．U-Code

U-Code 是宇视自研的一种实现更高压缩比的编码技术，码率相较于正常的 H.264/H.265 大大降低。U-Code 技术如图 1-31 所示。

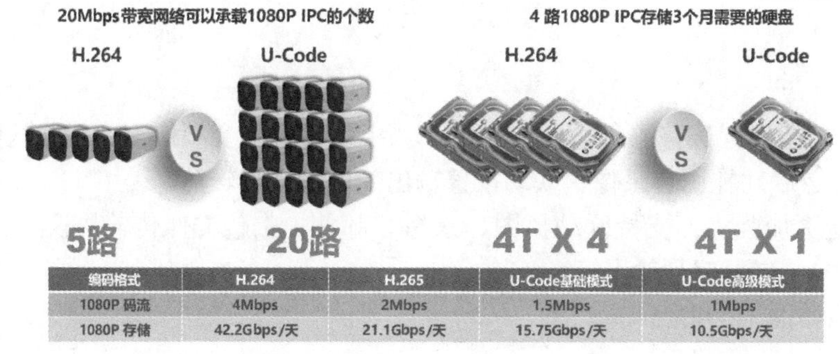

图 1-31　U-Code 技术

主要原理：将一幅画面中的静态和动态画面通过智能分析技术分离开来，建立背景模型并提取动态目标。采用不同编码方式编码、整合；针对未变化的环境，减少重复编码，从而实现编码效率的提高，最终降低了码率，节省了存储空间。

U-Code 有两种模式，即基础模式和高级模式，这需要配合宇视分销或通用后端，以及宇视协议接入来使用。

码流大小、存储占用和 H.264 及 H.265 的区别如表 1-1 所示。

表 1-1　码流大小、存储占用和 H.264 及 H.265 的区别

编 码 格 式	H.264	H.265	U-Code 基础模式	U-Code 高级模式
1080P 码流	4 Mbps	2 Mbps	1.5 Mbps	1 Mbps
1080P 存储	42.2 Gbps/天	21.1 Gbps/天	15.75 Gbps/天	10.5 Gbps/天

10．国家标准

2011 年，公安部发布《安全防范视频监控联网系统信息传输、交换、控制技术要求》（GB/T 28181—2011），并于 2012 年 6 月开始实施；2016 年发布了 GB/T 28181—2016 标准，宇视参与了该标准的起草。

编码规则分为编码规则 A 和编码规则 B，目前全国大部分局点采用的国标编码规则均为编码规则 A；编码规则 A 由中心编码（8 位）、行业编码（2 位）、类型编码（3 位）和序号（7 位）4 个码段共 20 位十进制数字构成。

编码规则 A 最重要的就是 11～13 位，代表设备类型，常见的有：200（平台服务器），118（硬盘录像机），131、132（网络摄像机），215（业务分组）和 216（虚拟分组），等等。

注意：

2011 年发布的国标协议（旧国标）是不支持采用 TCP 协议传输实况视频流的，所以在采用 TCP 协议传输实况视频流时，需要确保视频监控网络中的设备均支持 TCP 协议传输。

图 1-32 和图 1-33 所示为国标 GB/T 28181 配置示例。

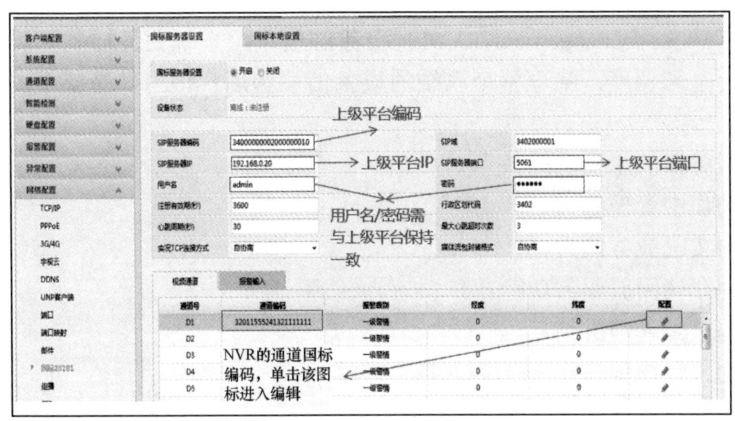

图 1-32　国标 GB/T 28181 配置示例一

11．智能功能

智能功能分为泛智能和深度智能，如图 1-34 所示。

泛智能：包含人脸检测、人数统计、越界检测、入侵检测、运动检测、声音检测、图像虚焦、遮挡检测、场景变更、定时抓拍和隔时抓拍。

深度智能：包含人脸识别和车辆管控。

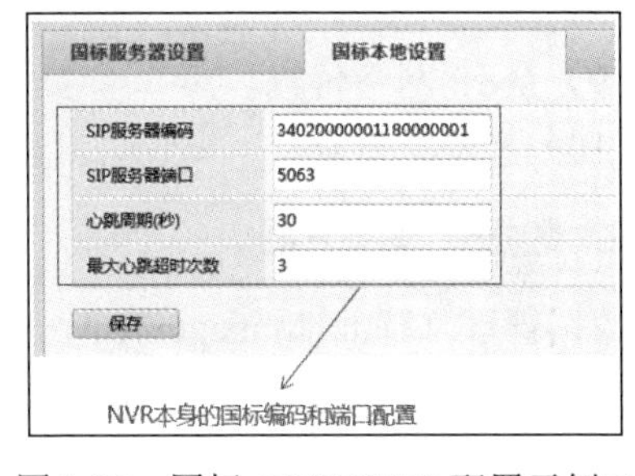

图 1-33　国标 GB/T 28181 配置示例二

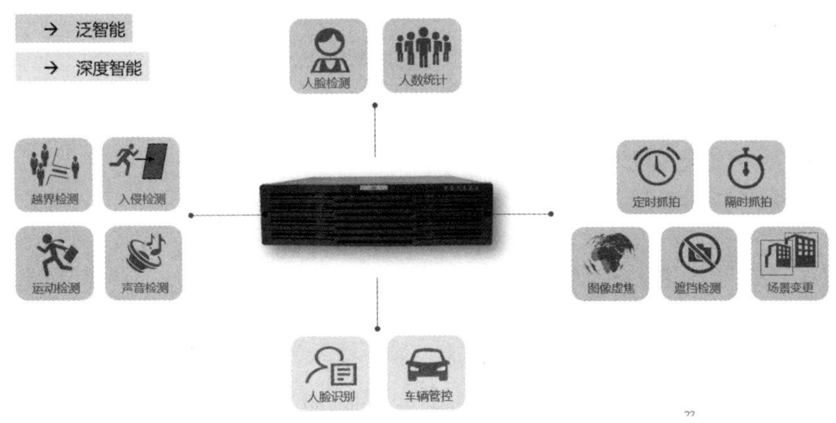

图 1-34　智能功能

1.1.3 平台的产品特点

大规模解决方案的核心是视频管理平台，它适用于局域网、广域网、多级多域扩容联网等多种组网方式，在实际应用中，还需要有其他平台组件的配合来完善整个解决方案。

1. 视频管理服务器

视频管理（Video Management，VM）服务器是监控系统业务控制和管理的核心，负责业务的信令交互和调度，管理整个系统的设备信息和用户信息，是整个监控系统的指挥中心。

视频管理服务器的主要功能特点如下。

（1）超强的集中管理能力。

（2）丰富的实况业务能力。

（3）高效的存储回放业务功能。

（4）强大的报警管理机制。

（5）灵活的云台控制。

（6）客户化的功能体验。

（7）高可靠性。

（8）第三方支持能力。

（9）全 IP 网络传输。

（10）产品标准化。

2. 数据管理服务器

数据管理（Data Management，DM）服务器的主要功能是管理存储在 IP 存储局域网络（Storage Area Network，SAN）设备中的视频数据，包括定时巡检存储设备并记录数据存储状态、协助 EC 建立与存储资源的连接、协助 Web 客户端检索回放视频数据、存储资源状态监控、历史数据的视频点播（Video On Demand，VOD）等功能。

数据管理服务器的特点如下。

（1）集中式存储设备管理。

（2）可控的数据存储。

（3）快速、精确的音视频数据检索。

（4）VOD 点播历史音视频数据。

（5）管理直观、方便。

3. 媒体交换服务器

媒体交换（Media Switch，MS）服务器的主要功能是进行实时音视频流的转发、分发。媒体交换服务器可接收编码器发送的单播媒体流，以单播的方式进行转发，发送给解码客户端进行解码播放，也可接收编码器发送的组播媒体流，以单播的方式进行转发和分发。当存在单播环境下大规模访问需求时，可以选配安装 MS 软件的媒体交换服务器，实现视频复制分发。

媒体交换服务器的特点如下。

（1）灵活部署，网络适应能力强。

（2）管理直观、方便。

4. 交通媒体交换服务器

交通媒体交换（Traffic Media Switch，TMS）服务器是专门针对 AIoT 监控应用开发的交通媒体转发服务软件。TMS 为卡口方案中的专属软件，它接收卡口相机上报的车辆信息和车辆照片，完成车辆信息的比对，将车辆信息、车辆告警信息保存到数据库，将车辆照片保存到存储设备。

5. 智能管理服务器

智能管理（Intelligent Management，IMP）服务器是针对智能网管开发的服务软件，支持物理拓扑、视频质量诊断、录像诊断、批量配置等功能。

VM 3.0 和 VM 5.0 的软件区别在于接入规格、硬件性能，如 VM 5.0 本域支持接入 10 000 路视频，VM 3.0 本域支持接入 5000 路视频，在规格大幅度提升的同时，对服务器硬件要求也上升一个等级，VM 3.0 软件要求服务器内存达到 4GB，VM 5.0 软件要求服务器内存达到 16GB。

6. 转码服务服务器

转码服务（Transcode Service，TS）服务器是转码服务软件，主要功能是进行转码业务，支持手机客户端以及采集客户端的接入。可以将转码服务服务器流转成标准的国标码流 PS 或低分辨率图像。其转码性能：D1 2 Mbps 码流 16 路，720P 4 Mbps 码流 6 路，1080P 6 Mbps 码流 2 路。

7. 智能视频分析服务器

智能视频分析服务器是智能分析软件，它支持视频浓缩（绊线、禁区、人脸检测），周界检测（绊线、禁区、人脸检测），支持实时视频、录像、标准音频视频交错格式（Audio Video Interleaved，AVI）/多功能播放器（MPEG-4 Part 14，MP4）文件。

1.1.4 显控的产品特点

随着视频监控技术的不断发展，客户对视频监控产品的要求不断提高，从模拟监控发展到 IP 监控，从标清显示到高清显示再到 4K 显示，为了实现客户想要的显示效果，我们不断提升产品的性能和参数，从而达到市场和客户的要求。

1. 拼接屏特性介绍

拼接屏示例如图 1-35 所示。液晶显示屏（Liquid Crystal Display，LCD），LCD 拼接显示单元，虽然产品型号众多，但是不同型号的拼接显示单元功能、特性类似，以 MW5255-HG3-U 为例来进行介绍：产品采用工业级面板，一体化设计，可靠度高；内置图像拼接显示功能，支持大屏拼接；支持独特的拼缝补偿功能；支持屏幕防灼、图像翻转；支持白平衡调整；支持红外控制和 RS232 环接控制；支持面板工作时长记录及显示；支持快速设置拼接单元 ID，现场调试更方便；支持倍帧功能；支持通电后延时启动功能；具有丰富的视频信号输入输出接口（DVI、HDMI、VGA）。

图 1-35　拼接屏示例

2. 监视器特性介绍

监视器特性如图 1-36 所示。虽然监控显示器产品型号众多，但是不同型号的监视器功能、特性类似，以 MW3286-F 86 寸 4K 监控显示器为例来进行介绍：产品搭载安卓 5.0 智能操作系统，直下式 LED 背光源，显示单元亮度更加均匀；RGB 色域，画面细腻，色彩丰富，准确还原真实显示效果；3D 降噪技术，改善图像对比度细节，立体感增强，噪点降低，画面更加清晰；画面流畅、响应快速，有效消除画面拖尾，真实再现高速动态画面；超宽视角，视角可达 178°（H）/178°（V）；直角四等边边框，精致优雅，可横竖安装使用；支持开放式可插拔规范（Open Pluggable Specification，OPS）；金属外壳，防辐射、防磁场、防强电场干扰。

图 1-36　监视器特性

3. 小间距 LED 功能特性介绍

虽然小间距 LED 产品型号众多，但是不同型号的 LED 产品功能、特性类似，如图 1-37 所示，以 MW7209-E-U 为例来进行介绍：灰度高，画面细腻逼真；画面均匀一致，无黑线，实现真正的无缝对接；简洁、时尚，安装简易；亮度、对比度高，带来极佳的观感；箱体轻薄小巧，占用空间小；屏体使用寿命长；热量低、散热好、无噪声；故障率低，维护成本低；超宽视角，多种不同的角度下，均能展现优质的显示效果；高刷新显示，快帧速度快，消除重影无拖尾；支持完全前维护，安装维护方便。

图 1-37　小间距 LED 功能特性

1.1.5　存储设备的产品特点

宇视 IP 存储设备适用于中小型企事业、智能建筑、园区等解决方案环境，具有高性能、高可靠、低功耗、高易用性等特点，为用户提供全方位的监控存储解决方案。

1. 硬件高可靠性

宇视存储设备的电源模块、电池模块、风扇模块等关键部件使用冗余架构设计，支持热插拔及在线更换，保证业务的连续性和数据的可靠性，系统可用性高达 99.999%，如图 1-38 所示。存储器件内部采用无线缆设计，模块之间全部使用电信级连接器互连。采用独创防腐蚀预警技术和专利的磁盘防腐蚀技术，最大限度地减少外界对磁盘的腐蚀，延长磁盘使用寿命。正是这些高可靠性的硬件和技术，确保宇视存储设备在复杂环境下长时间正常运行。

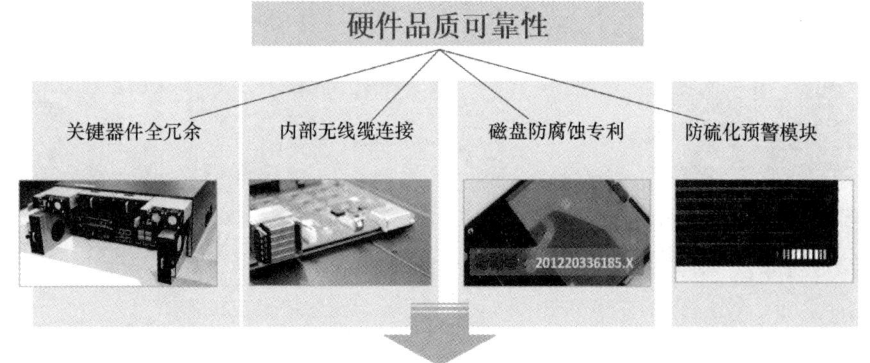

图 1-38　硬件可靠性

2. IP SAN 直存专利技术

IP SAN 直存专利技术如图 1-39 所示。宇视网络存储采用支持 IP SAN 架构的 NVR 网络视频录像系统，前端 IPC 支持实时流和存储流的双流输出，其中存储流支持 iSCSI 协议，将存储数据以数据块直存方式存储到 IP SAN 盘阵上，相比传统 DAS 存储方式（服务器加磁盘阵列），采用宇视直存专利技术有如下优点。

（1）iSCSI 块直存，无文件处理瓶颈，读写效率高。

（2）无文件打包，即存即看。与文件存储相比，查询速度快。

（3）不经过服务器转发，无服务器性能瓶颈。

（4）无文件系统，录像无法篡改。

（5）裸数据块存储，录像无法直接下载。

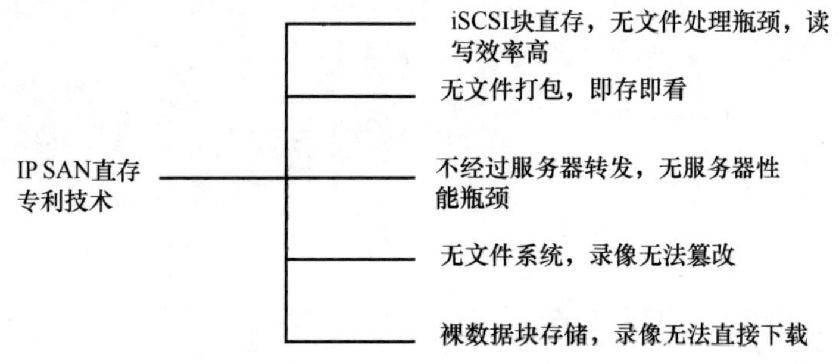

图 1-39　IP SAN 直存专利技术

1.1.6　网络交换机的产品特点

如图 1-40 所示，宇视交换机采用低功耗硬件，配合风道和元器件布局等散热设计方案，严格控制设备整体能耗水平，相对于其他友商产品，整体功耗下降 20%。通过使用无风扇设计有如下两个优点。

（1）避免因风扇的易损引起的散热故障，进而导致的整机损坏。

（2）避免因风道被灰尘堵塞引起的散热不良，进而导致设备的不稳定与宕机。

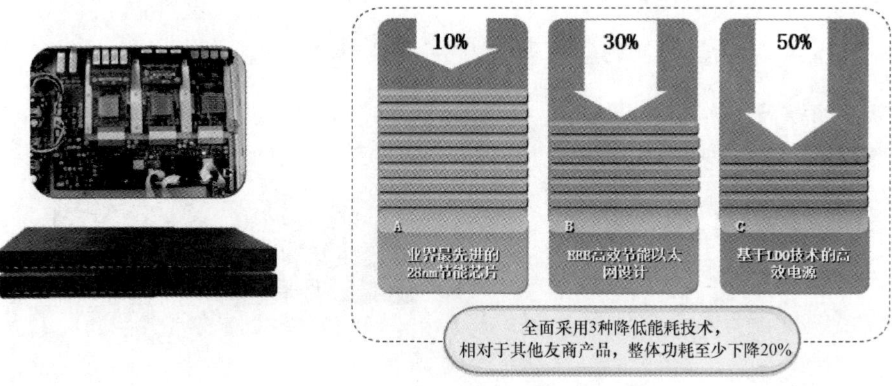

图 1-40　网络交换机低功耗特性

1.2　可视智慧物联系统常见组网

可视智慧物联系统以领先的架构、系统改变处理数据和使用数据的方式，解决万物互联和人工智能在视频监控领域的瓶颈。根据用户的设备数量和需求的不同除了设备选型上的不同，组网方式也有所不同。通过项目的学习，将了解几种常见的监控组网方案，认识其应用场景及其主要设备，掌握系统业务逻辑。

1.2.1　可视智慧物联系统组成与基本需求分析

可视智慧物联系统应用在各行各业、各个领域，有共同的需求；但又由于其自身的特点，决定了各种可视智慧物联系统多样化的业务需求。

1. 可视智慧物联系统组成

一个完整的可视智慧物联系统，也许形态各异，但是都可以按照功能划分成 5 个组成部分，即音视频采集系统、传输系统、管理和控制系统、视频显示系统和音视频存储系统，如图 1-41 所示。

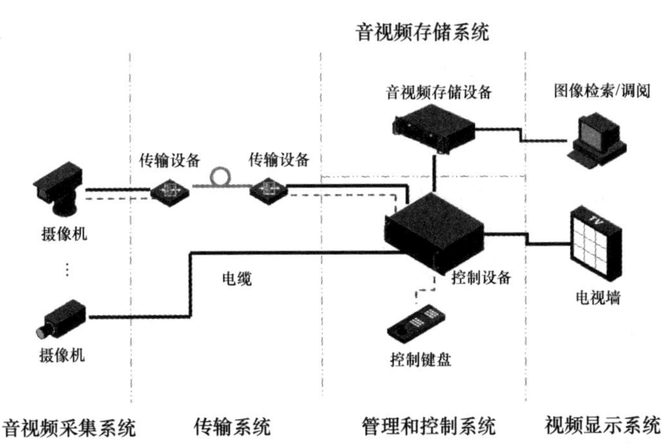

图 1-41　可视智慧物联系统组成示意图

音视频采集系统负责音频信号和视频图像的采集，即把声音从声波转换成电信号，把视频图像从光信号转换成电信号。在早期的可视智慧物联系统中，这种电信号是模拟电信号，随着数字和网络可视智慧物联系统的出现，还需要把模拟电信号转换成数字电信号，然后再进行传输。音视频采集系统的常见设备有摄像机、云台、视频编码器等。

传输系统负责音视频信号、云台/镜头控制信号的传输。在短距离情况下，信号传输只需采用电缆即可满足需要，而在长距离（如 30 km）传输的情况下，就需要采用专门的传输设备。传输系统的常见设备有视频光端机、介质转换器、网络设备（如交换机、路由器、防火墙等）、宽带接入设备等。

管理和控制系统负责完成图像切换、系统管理、云台镜头控制、告警联动等功能，是可视智慧物联系统的核心。管理和控制系统的常见设备有矩阵、多画面分割器、云台解码器、码分配器、控制键盘、视频管理服务器、存储管理服务器等。

视频显示系统负责视频图像的显示，视频显示系统的常见设备有监视器、电视机、显示器、大屏、解码器、PC 等。

音视频存储设备负责音视频信号的存储，以作为事后取证的重要依据。音视频存储系统的常见设备有视频磁带录像机、数字视频录像机、网络视频录像机、IP SAN/IP NAS 等。

2. 业务需求

可视智慧物联应用在各行各业、各个领域，有共同的需求；但又由于其自身的特点，决定了各种系统多样化的业务需求。

1）看

“看得更清晰”是视频监控始终不变的追求。看，要求视频实时性好，图像清晰度高。图像效果能达到动态图像清晰流畅，静态图像清晰鲜明。

监控质量主要用清晰度衡量，影响监控质量的关键指标是图像采集清晰度、图像编码分辨率、显示分辨率等。

图像采集清晰度是获取高质量输出图像的前提和基础，是指前端视频采集设备采集的视频源的清晰度，反映了视频源图像的精细程度，清晰度越高，图像越细致。主要的图像采集设备是摄像机，常见的图像采集清晰度有 480 线、540 线、600 线、700 线、750 线、720P、1080P、300 万像素等。

图像编码分辨率是编码设备的重要参数。“更清晰”也需要后端编码存储设备的支持，选用与采集清晰度相匹配的编码分辨率才能更好地保留视频的细节信息，更好地体现采集图像的效果。主要的图像编码设备有编码器、数字硬盘录像机（Digital Video Recorder，DVR），编码分辨率常见的有 CIF、4CIF、D1、960H、720P、1080P 等。

显示分辨率是保证图像最终清晰输出的重要参数。显示设备尺寸有大有小，支持的分辨率也很多，选择显示设备的最佳分辨率与输入信号分辨率相匹配，能达到更好的图像还原效果。

2）控、管

控，是指控制。控制是多方面的，一方面是对实时图像的切换和控制，要求控制灵活，响应迅速。另一方面是对异常情况的快速告警或联动反应。由于现在摄像机的规模越来越大，存储数据量越来越大，还要求在系统操作、管理数据、获取有效信息上更加便捷。

管，即系统的运维管理，包括配置和业务操作、故障维护、信息查找等方面的内容。系统运维管理要求操作简单、自动化程度高，同时兼顾系统信息数据安全。

控制和管理的要求，主要取决于管理平台的性能和功能。若使用终端控制台，如 PC 远程操作，由于解码图像将大量消耗 CPU 资源，因此终端控制台的硬件配置高低也会对整体的操作体验有一定的影响。

3）存、查

存、查是指视频录像的存储和查询回放。视频的存储要求能够实现对视频数据的可靠存储，在必要的时候，能够实现对录像的可靠备份；视频录像的查询要求能够方便快速地查询到精确的结果；视频录像的回放要求回放录像清晰流畅。

清晰的录像，需要清晰的视频采集源、视频编码分辨率来保障。存储作为事后取证的重要依据，对其可靠性的要求不言而喻，存储可靠性主要取决于存储磁盘、阵列、存储控制器的性能和可靠性。对于大容量的存储，流畅的回放录像还需要充足、稳定的传输带宽。

3. IP 监控系统基本业务

IP 监控系统的基本业务包含实时监控、存储回放备份、转存、媒体转发、告警联动、多级多域、语音对讲以及和第三方合作的其他业务，如图 1-42 所示。

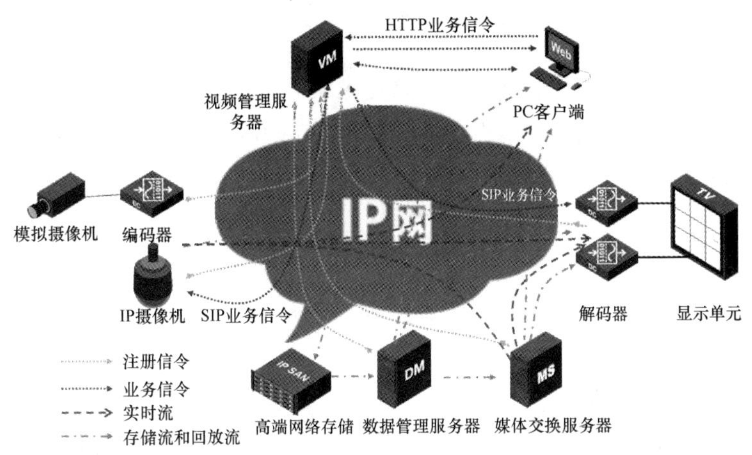

图 1-42　监控系统框架

（1）实时监控流程通过会话初始化协议（Session Initialization Protocol，SIP）控制信令进行业务的调度，通过简单网络管理协议（SNMP）进行计划的下发。实时监控包含实况播放、云台控制、轮切、巡航等业务。在大型系统中，各个设备的注册信令都会发往视频管理（VM）服务器，接受视频管理服务器的管理，业务信令基本都由视频管理服务器发送到各个业务组件，进行总体协调调度；中小型系统中可由 NVR 或 VMS（视频监控平台一体机）代替。

（2）存储回放备份流程使用到了 iSCSI 协议以及 RTSP 协议，实现音视频数据存储、存储录像检索、回放和备份。大型系统中存储流由前端编码设备发送到网络存储设备 IP SAN，在回放的时候则通过数据管理（DM）服务器充当 VOD 点播服务器的功能，将存储在 IP SAN 上的数据打包封装并发送给客户端以供下载或播放。中小型系统中存储流直接存储在 NVR 或 VMS（视频监控平台一体机）的硬盘中，点播功能也由 NVR 或 VMS（视频监控平台一体机）提供。

（3）媒体转发流程使用 SIP 协议进行调度，可以实现将单/组播媒体流转发为单播媒体流。实时视频流由前端编码设备发送到媒体交换（MS）服务器或者直接发送到解码设备。

（4）告警联动流程通过 SNMP 将告警设置下发给终端，当告警发生时，终端使用 SIP 信令上报告警，可以实现多种类型的告警联动动作。

（5）语音对讲和语音广播流程使用了 SIP 信令进行业务的调度，可以实现前端和 Web 客户端之间、Web 客户端与 Web 客户端之间的双向语音对讲，也可以实现 Web 客户端对多个前端及其他 Web 客户端进行语音广播。

（6）多级多域流程基于域间互联标准，常见的域间互联标准包括 DB33、GB/T 28181 和 IP 多媒体操作系统（IP Multimedia Operation System，IMOS），依靠域间互联标准，多个监控平台之间可以实现相互的监控业务操作。

（7）DA 同样基于域间互联标准与监控平台互联，通过 DB33 或 IMOS 协议，可以对 DA 接入的第三方 DVR 和 IPC 实现资源共享。

1.2.2 中小型商业组网解决方案介绍

中小型应用场景中前端设备较少，存储要求不高，业务功能要求简单。如图 1-43 所示，DVR/NVR 直接连接显示器呈现人机页面，通过接入摄像机、报警输入/输出设备，使用鼠标进行本地人机操作，实现实况观看、云台控制、录像回放、告警联动等业务功能。NVR 与 IPC 组成小型局域网，免受外部网络的干扰，保证录像不间断的存储。NVR 可以与报警探头、语音对讲、音箱等对接，用于向监控中心报警。

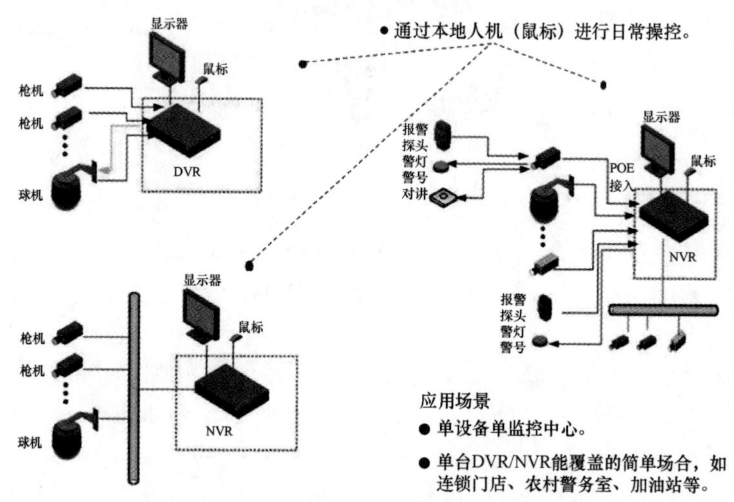

图 1-43 中小型商业组网解决方案示意图

对于现场取电不便的应用场合可以选用 POE NVR，POE NVR 可通过 POE 网口，可直接向 PoE IPC 供电，节约了网络设备，简化了布线。

对于小型商业项目，可以选用宇视中端系列 NVR，拥有 16 路到 64 路的数字 IPC 接入能力，支持宇视私有协议、ONVIF 协议、GB/T 28181 标准协议接入。NVR 自带 8 个槽位硬盘，最大可支持 4 TB 容量，满足中小型 64 路以内 IPC 的存储要求。支持本地人机页面独立输出，可分别进行预览、回放、多画面轮巡操作。对于大于 64 路 IPC 小于 512 路

IPC 的中型商业项目，可以部署宇视高端系列 NVR，拥有最高 512 路标准数字 IPC 接入能力，支持宇视私有协议、ONVIF 协议、GB/T 28181 协议标准。自带存储，无须采购 IP SAN 存储设备，可以有效地降低用户的采购成本。

1.2.3　商业门店常见组网解决方案介绍

随着各行业跨部门、跨地域的业务发展，用户对信息共享的需求不断提升，广域网联网监控应用也越来越广泛，如连锁机构、教育联网监控。广域网商业场所联网方案，在集团监控中心部署 VM 服务器或 VMS（视频监控平台一体机）集成管理服务器、视频解码器（DeCoder，DC）、终端 PC 客户端、大屏显示器等；各分控点采用 DVR/NVR 分布式部署，分控点通过广域网接入方式接入。该方案中的各分控点通过本地人机进行日常的管理操作，监控中心通过 Web 客户端实现对各分控点实况浏览、云台控制、上墙、录像调取回放等操作。该方案采用各分控点本地存储方式，主要是以各分控点的本地管理、使用为主；监控中心进行简单管理、访问，对分控点的并发访问量少。

如图 1-44 所示，NVR 分布式部署方案通过监控中心部署专业监控平台 VM 服务器及解码配套设备，实现管理平台中心对各分店的强管理。分店可以利用本地 NVR 实现对该店监控设备的“看”“管”“控”“存”“查”等功能。而总店可以通过 VMS（视频监控平台一体机）或者 VM 服务器，实现设备的注册与会话，实现“看”的功能。通过访问分店 NVR，或者在总店设置 VMS（视频监控平台一体机）或者 IP SAN 等带有存储功能的设备，实现对前端视频的存储、备份，满足“存”“查”的功能。自顶向下的建设模式可通过 VM 服务器集中完成配置下发；自下而上的建设模式可由 NVR 将既有配置推送至中心，无须重复配置，适用于较大规模的联网监控应用，满足“管”“控”的功能。

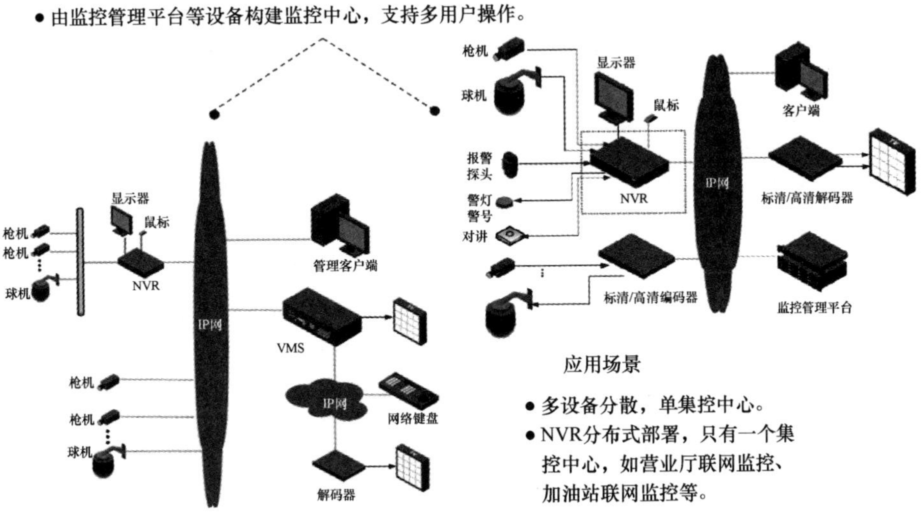

图 1-44　商业门店常见组网解决方案示意图

商业门店连锁项目中各个分店一般分散在不同的城市，通过总部平台管理各个区域门店设备。各个门店采用 NVR 接入数字 IPC，门店人员直接访问 NVR 设备管理本门店接入的 IPC，IPC 可选择宇视私有协议、ONVIF 协议、GB/T 28181 标准协议接入。通过宇视独有的万能网络护照（Universal Network Passport，UNP）技术，实现分店 NVR 和总部平台建立对接，传输的数据是经过加密的，有效地保证数据安全性，满足总部人员对分店设备的“看、控、存、管、用”需求。零食销售商来伊份有限公司、邮政全国联网等项目均使用的是此种组网架构。

1.2.4 中大型项目组网介绍

对于平安城市、高速公路等项目需要接入几千路甚至几万路的前端，需要使用视频管理服务器。为了满足大访问量的需要，增加了 MS 设备，实现了流媒体信息的分发。广域网专业场所联网方案，在监控中心部署视频管理服务器、DM、MS、VX 系列存储设备、视频解码器（DC）、大屏显示器等，如图 1-45 所示。

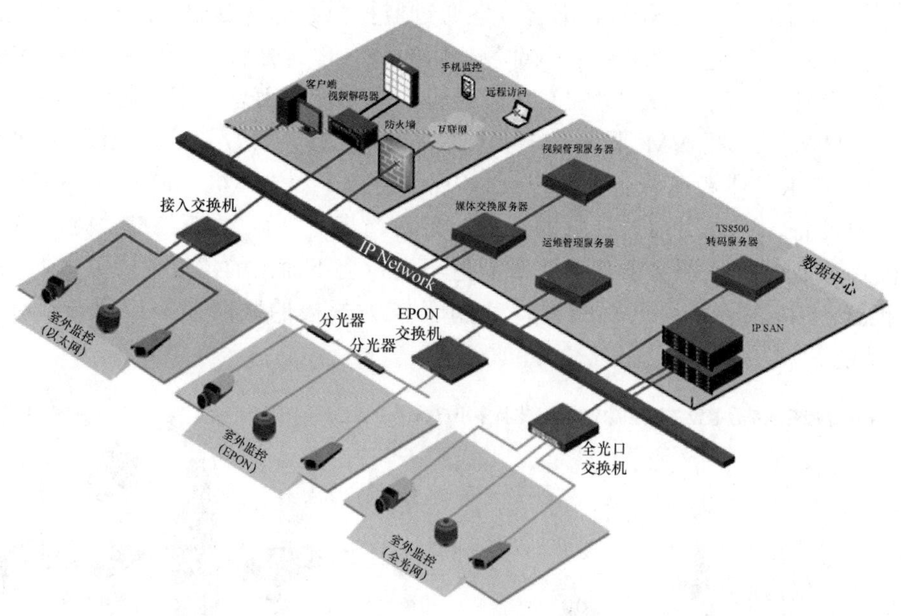

图 1-45　中大型组网解决方案示意图

对于更高要求的情况，可以通过多级多域的方式进行组网，实现数十万到百万路前端设备的管理。中心部署 VM 服务器或 VMS（视频监控平台一体机）集成管理服务器、视频解码器（DC）、大屏显示器等；各分控点采用 ECR/NVR 分布式部署，分控点通过广域网接入方式接入。该方案采用各分控点本地存储，同时将部分重要监控点的录像备份存储到监控中心；各分控点以本地管理、使用为主；监控中心对分控点进行完整的管理、访问，对分控点的并发访问量大。宇视 IPC 支持普通电口、以太网无源光网络（Ethernet Passive Optical Network，EPON）、普通光口接入。针对第三方厂商

IPC 接入，可以采用 GB/T 28181 标准协议、ONVIF 协议接入，针对技术能力弱的厂商也可以提供软件开发工具包（Software Development Kit，SDK）方式接入，灵活的接入方式满足了大部分项目的要求。部署运维管理服务器，支持视频质量诊断、录像状态检测、设备状态检测、设备异常告警、设备远程控制等功能，可以满足各种大、中可视智慧物联系统的运营和维护工作。可以通过部署转码服务器，通过智能手机下载相关的宇视云眼 App，实现实时图像监视、录像回放等基本功能需求，满足客户实时移动监控的需求，如图 1-46 所示。

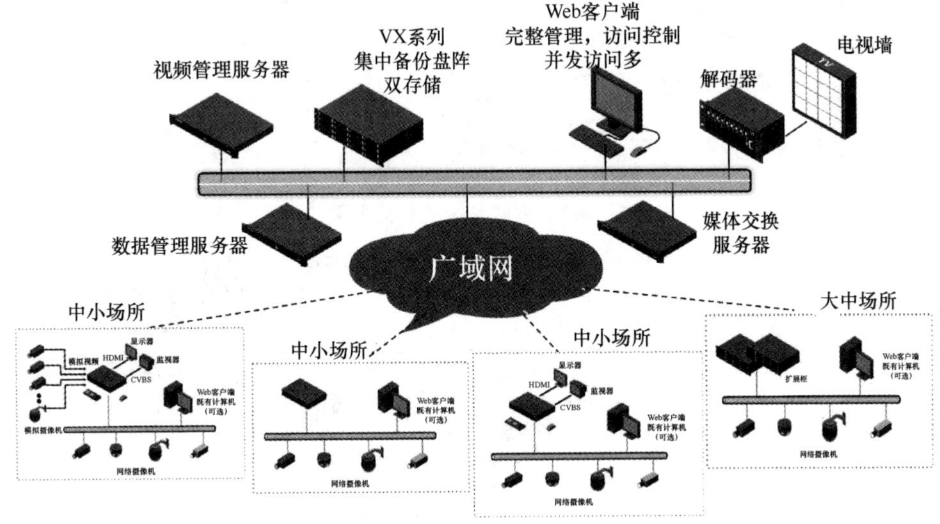

图 1-46 大型组网解决方案示意图

1.2.5 智慧园区解决方案组网介绍

智慧园区管理平台前端系统主要包括人员出入口系统、车辆出入口系统、智能门禁系统、治安监控系统、人脸卡口系统、报警联防系统和信息发布系统等，实现对所有开门事件、人像、车辆等信息数据的获取，并通过平台级联对接上级镇街智慧社区平台，完成各社区的数据向上汇聚。智慧社区管理平台系统负责完成各个社区的数据汇聚，并实现全辖区范围内的数据融合应用，并依据需要将数据同步至上级区级智慧社区平台。同时，汇总镇街管辖范围内的烟感、电流、电压、燃气、充电桩、报警等消防数据。区智慧社区平台系统通过政务网络将数据转发给城市大脑等应用分析集群，进行特征提取和识别比对，完成高危人员、车辆的布控预警等应用，并通过政务网络共享数据到公安网下，进行对海量数据的挖掘、清洗、分析等大数据业务应用，如图 1-47 所示。

智慧园区解决方案在组网方案上与之前方案在逻辑上并未有太大的区别，不过对人工智能（Artificial Intelligence，AI）现在也有许多对应的产品应用，如人脸速通门、人脸门禁系统、智能停车系统、全景增强现实（Augmented Reality，AR）系统等，极大地提高了用户的体验，如图 1-48 所示。

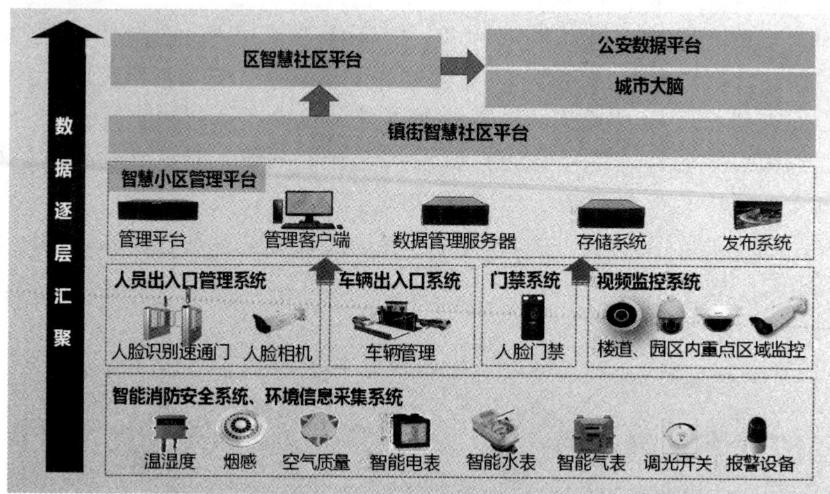

图 1-47　智能系统的总体框架

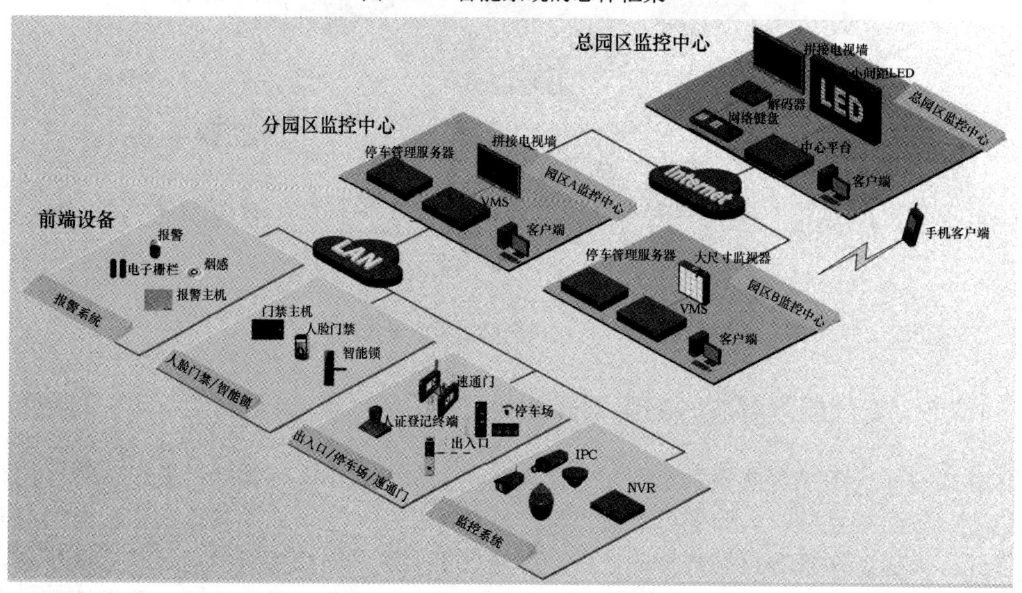

图 1-48　智慧园区解决方案

习题 1

一、单选题

1-1　冷库、冶炼厂等特殊使用场景适合使用哪种 IPC？（　　）

A．恨水恨尘 IPC　　B．极温（–45～70℃）适应 IPC

C．IP67 等级 IPC　　D．PTZ 智能跟踪 IPC

1-2　银行金库、财务室等需要防盗的地方适合部署哪种 IPC？（　　）

A．光学透雾 IPC　　B．宽动态技术 IPC

C．PIR 技术 IPC　　D．自适应红外补光 IPC

1-3　可视智慧物联系统组成部分划分不包括什么？（　　）

A．传输系统　　B．音视频采集系统

C．电源系统　　D．管理和控制系统

1-4　中小型组网方案主要应用环境是什么？（　　）

A．单独门店　　B．连锁超市

C．平安城市　　D．智慧校园

1-5　中大型组网设备中负责流媒体转发的设备是什么？（　　）

A．VM 服务器　　B．MS 服务器

C．DM 服务器　　D．NVR

1-6　下列关于商业门店常见组网解决方案不正确的是什么？（　　）

A．采用多级多域的策略

B．各分控制点可以独立运行

C．可以实现上万台前端设备的管理

D．支持大量用户访问与点播

二、多选题

1-7　IPC 的特点有哪些？（　　）

A．H.265 编码格式　　B．低照度彩色图像效果

C．宽动态技术　　D．超大视野

E．全景监控　　F．光学透雾

1-8　宇视存储特点有哪些？（　　）

A．硬件高可靠性　　B．直存技术

C．高度集成化　　D．容量有限

1-9　宇视显控特点有哪些？（　　）

A．出色的动态画质　　B．超高动态对比度

C．支持 4K、H.265 解码　　D．高度集成化

1-10　以下哪些设备负责网络设备的注册？（　　）

A．VM 服务器　　B．DM 服务器

C．VMS（视频监控平台一体机）　　D．MS 服务器

1-11　下列设备哪些常用于中小型组网？（　　）

A．NVR　　B．VMS（视频监控平台一体机）

C．VM 服务器　　D．MS 服务器

1-12　大型系统中为了满足大量“存”与“查”的需求，应该部署哪些设备？（　　）

A．IP SAN　B．DM 服务器　C．VM 服务器　D．MS 服务器

1-13　监控中心部署视频管理服务器的目的是什么？（　　）

A．前端设备的注册　　B．实现媒体流的转发

C．实现监控视频的轮切　　D．前端云台控制

1-14　前端设备接入方式有哪些？（　）

A．GB/T 28181 标准协议　　B．ONVIF 协议接入

C．SDK 方式接入　　D．对于宇视设备可以采用宇视自有协议

三、判断题

1-15　宽动态技术指场景中特别亮的部位和特别暗的部位同时都能看清楚的技术。（　）

1-16　星光级低照度最大的价值是低照度下监控，不需要额外设备能保留清晰的色彩。（　）

1-17　H.265 编码可实现低于 1.5 Mbps 的传输带宽下，实现 1080P 全高清视频传输。（　）

1-18　宇视鱼眼 IPC 采用超广角镜头，可拍摄 360°环视全景画面，监控无盲区，同时支持多种监控模式。（　）

1-19　视频管理服务器是监控系统业务控制和管理的核心，负责业务的信令交互和调度，管理整个系统的设备信息和用户信息，是整个监控系统的指挥中心。（　）

1-20　H.265 编码相较于 H.264 大大提高了编码效率，能实现 1080P 高清图像 1.5 Mbps 码流。（　）

第 2 章

可视智慧物联系统安装部署

可视智慧物联系统安装部署分两个部分，一个是进行硬件设备的安装部署，另一个是进行软件设备的安装。首先，在安装之前要正确地识读系统设备操作说明书，并且准备相关操作工具；然后，在机柜中合理地部署服务器设备，且要根据前端设备的工勘场景选择合适的场景进行部署，设备部署之后贴上标签，并且通电检查设备运行情况；最后，进行软件的安装以及调试工作。

2.1 可视智慧物联系统设备硬件安装

可视智慧物联系统设备硬件安装主要涉及识读系统设备操作说明书、正确选用操作工具、做好机柜的合理布局、分析操作要点并进行设备安装、选用合适的设备标签以及查验系统设备安装质量等几个方面。

2.1.1 可视智慧物联系统设备操作说明

可视智慧物联系统设备操作说明是整个系统安装部署的基础，主要包括设备组成、结构模式以及设备说明书的识读 3 个部分。

1. 可视智慧物联系统的设备组成

典型的可视智慧物联系统主要由前端设备，传输系统，以及后端设备三大部分组成，常见设备有 IP 摄像机、网络交换机、网络视频录像机等，如图 2-1 所示。

1）前端设备

前端摄像机是可视智慧物联系统的眼睛，它可以根据不同的监控距离和范围选配不同类型的镜头。例如，在摄像机上加装大倍率变焦距镜头，可以使摄像机的清晰成像距离在几米到几千米范围内调节；如果需要监视范围较广的空间，还可把摄像机安装在电动云台（机械转动装置）上，通过控制云台进行水平和垂直方向的转动来及时调节摄像机的监控范围；如果需要执行 24 h 的不间断监控，可以使用具有夜视功能的红外摄像机。在大多数的自然环境中，为了防尘、防雨、耐高低温、抗腐蚀等，摄像机及镜头还应加装专门的防护罩，甚至对云台也要有相应的防护措施。可视智慧物联系统前端设备的构成如图 2-2 所示。

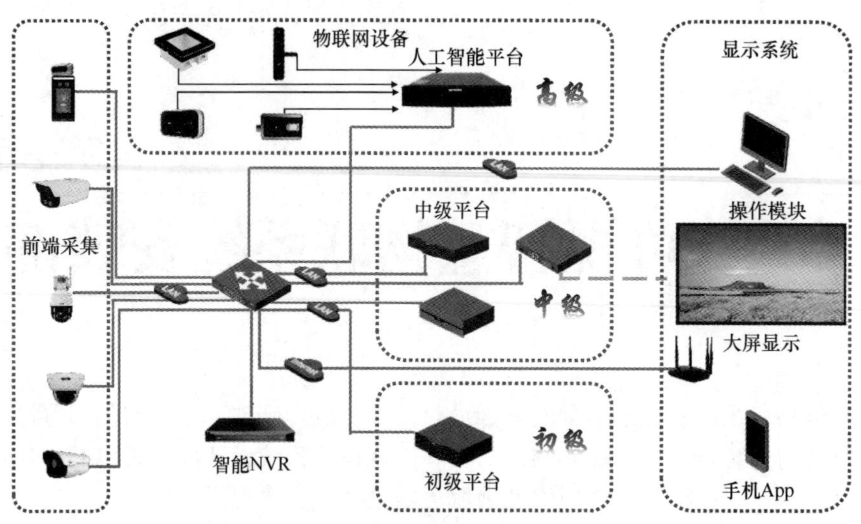

图 2-1　可视智慧物联系统结构图

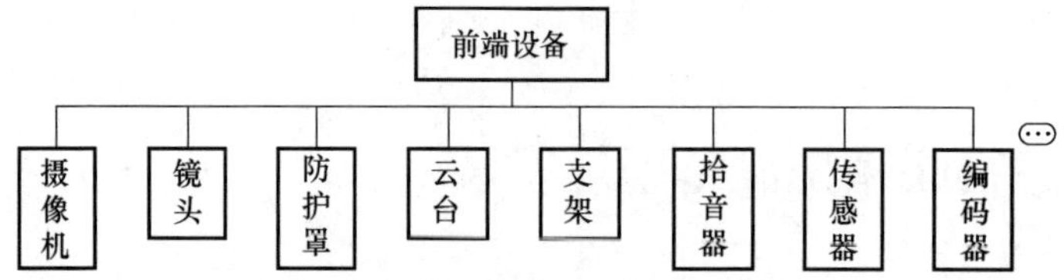

图 2-2　可视智慧物联系统前端设备的构成

2）传输系统

传输系统是视频图像与控制信号的通路。根据前端监控点与控制中心距离的不同，视频信号的传输主要包括同轴电缆、光纤、无线传输和网络传输 4 种类型与方式，传输系统中除图像与声音信号外，通常还包括对摄像机的镜头与云台以及对摄像机软件参数调整的反向控制信号。传输系统如图 2-3 所示。

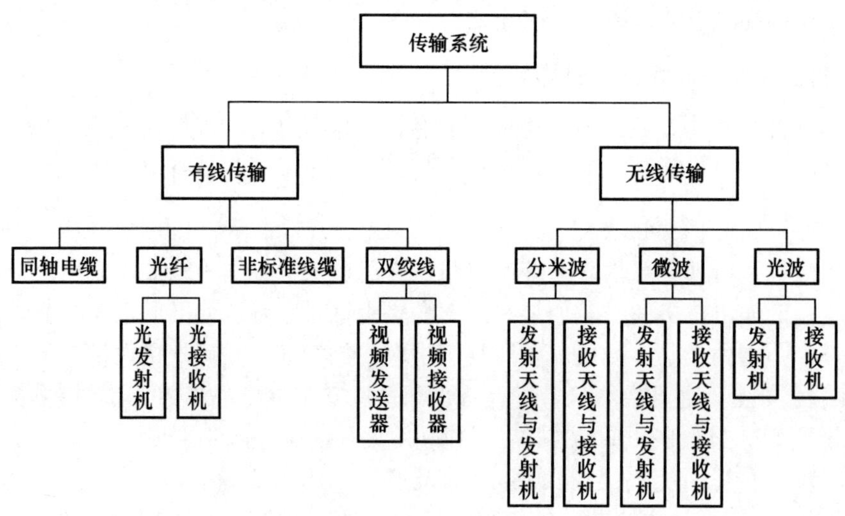

图 2-3　传输系统

3）后端设备

后端设备包括处理和控制设备以及存储和显示设备。控制设备包含的内容比较多。例如，通过操作键盘进行实况和回放的上墙、画面分割和云台控制，或者直接操作产品的 Web 或者人机页面控制实况和回放的上墙、画面分割和云台控制；再如，查看一定时间的录像、录像的快进和回退。

（1）处理和控制设备。处理和控制设备是系统的中枢，可形象地比喻为系统的“大脑”。人的大脑决定一个人智力的高低，控制设备的好坏则决定了视频监控系统性能的优劣。一般来说，控制设备中的许多设备都使用了微处理器，因而它能像计算机一样按既定的程序工作，即协调系统的动作，使其按照操作者的意志，去执行系统所具有的各项功能，从而大大地减轻操作者的负担。所以，处理与控制设备配备的好坏和合理与否，是系统能否按照人的意志运行的关键。可视智慧物联系统的处理与控制设备如图 2-4 所示。

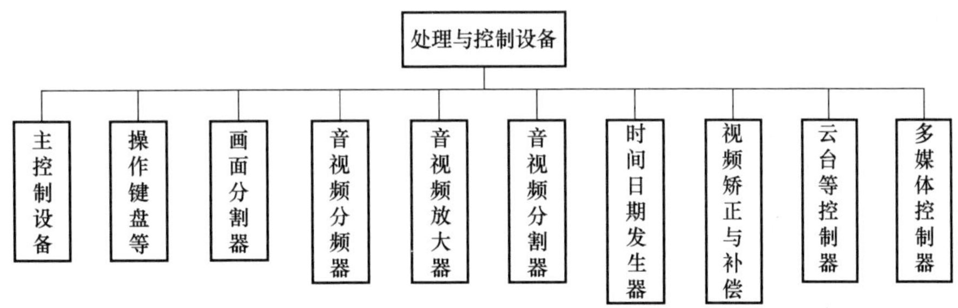

图 2-4　可视智慧物联系统的处理与控制设备

（2）存储和显示设备。存储和显示设备又称终端设备，如图 2-5 所示。终端设备是可视智慧物联系统前端信息的存储、显示与处理的输出设备。也可比喻为人的大脑的记忆与存储以及前端设备观看、监听的再现。目前，网络视频录像机（NVR）技术发展得比较完善，它不但可以存储图像与声音信号，而且包含了画面分割与切换、云台与镜头的控制等功能。如果用户需要对云台、镜头或高速球形摄像机进行控制，可以使用网络内终端计算机的键盘与鼠标进行控制。

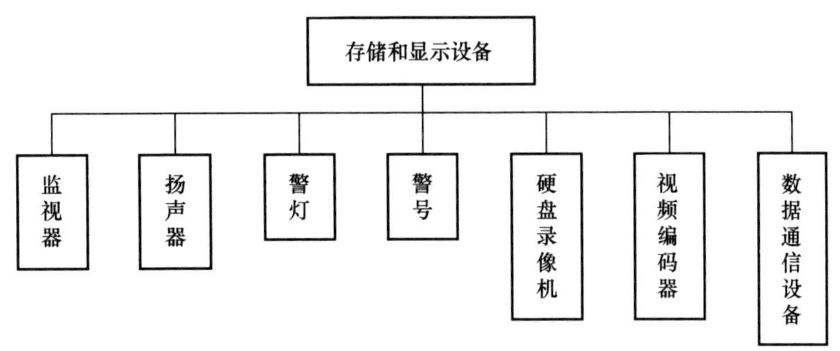

图 2-5　存储和显示设备

2．可视智慧物联系统的结构模式

可视智慧物联系统的结构模式主要包括简单对应的结构模式、时序切换的结构模式、矩阵切换的结构模式以及数字视频网络虚拟交换/切换的结构模式。

（1）简单对应的结构模式。简单对应的结构模式，就是前端摄像机和终端图像显示的监视器的简单对应。这种结构模式主要应用于监控点数较少的环境，如小型超市的监控，一般只有几个摄像机，以及摄像机控制设备，还有其他集成视频图像的记录设备和监视器。

（2）时序切换的结构模式。这种结构模式适合监控点数较多，但不要求数字视频传输的情形，视频输出中至少有一路可进行视频图像的时序切换。

（3）矩阵切换的结构模式。这种结构模式适合大规模模拟情况下的系统结构构成，如多前端视频设备输入、多终端显示控制的矩阵切换控制视频图像。此时，摄像机为模拟式的，传输设备是模拟视频传输系统，中心控制主机为矩阵切换控制系统。可以通过任意控制键盘，将任意一路前端视频输入信号切换到任意一路输出的监视器上，并可编制各种时序切换程序。

（4）数字视频网络虚拟交换/切换的结构模式。在这种结构模式中，模拟摄像机增加了数字编码功能，称为网络摄像机，数字视频前端也可以是别的数字摄像机；传输网络可以是以太网、分布式数据网（DDN）、同步数字序列等；数字编码设备可采用具有存储功能的 NVR 或视频服务器。智能视频技术和分布存储技术的发展，使得数字视频处理、控制和存储可以在前端、传输和终端显示的任何环节实施。

3. 可视智慧物联系统平台设备说明书的基本内容

可视智慧物联系统平台设备说明书主要包含以下几项。

1）安全须知

负责安装和日常维护可视智慧物联系统平台设备的人员必须具备安全操作基本技能。在操作可视智慧物联系统平台设备前，请务必认真阅读和执行产品手册规定的安全规范。

（1）此为 A 级产品，在生活环境中，该产品可能会造成无线电干扰。在这种情况下，可能需要用户对其干扰采取切实可行的措施。

（2）确保设备安装平稳可靠，周围通风良好，设备在工作时必须确保通风口的畅通。

（3）确保设备工作在许可的温度、湿度、供电要求范围内，满足防雷要求，并良好接地，避免置于多尘、强电磁辐射、震动等场所。

（4）保护电源软线免受踩踏或挤压，特别是插头、电源插座和从装置引出的接点处。

（5）安装完成后检查正确性，以免通电时由于连接错误造成人体伤害和设备损坏。

（6）异常断电可能造成设备损坏或功能异常，若设备在频繁断电的环境中使用，要配备 UPS。

（7）勿自行拆开设备机箱盖上的防拆封条。若要拆封，先与当地设备代理商联系；若擅自操作导致设备无法维护，设备供应商将不承担由此引起的所有后果责任。

2）产品简介

（1）可视智慧物联系统平台设备外观如图 2-6 和图 2-7 所示。

图 2-6　前视图

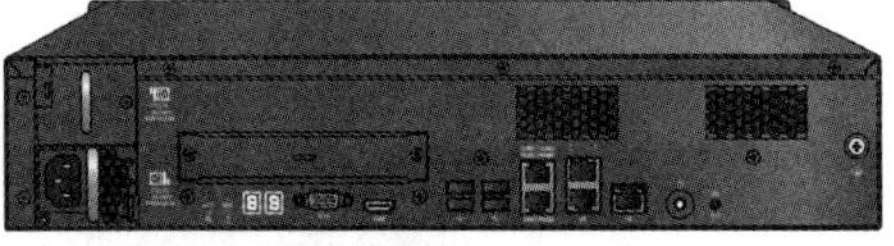

图 2-7　后视图

（2）可视智慧物联系统平台设备接口/按钮及其说明如图 2-8 和表 2-1 所示。

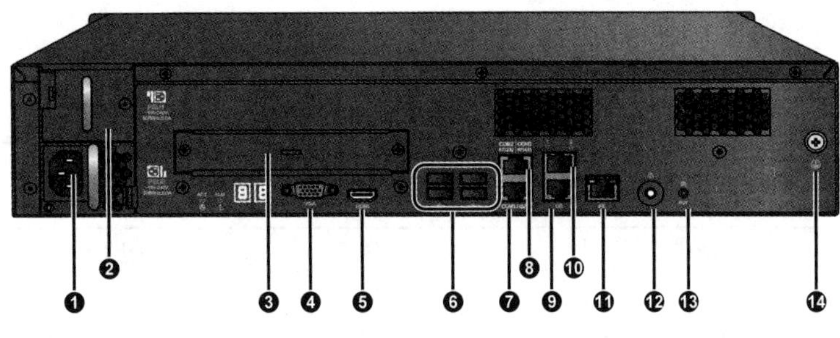

图 2-8　接口/按钮

表 2-1　接口/按钮说明

序号	接口/按钮说明	序号	接口/按钮说明
❶	交流电源输入接口（电源 PSU0）	❽	串口 2（RS232）/串口 3（RS485）
❷	电源扩展槽位（电源 PSU1）	❾	GE1 网口
❸	网口扩展槽位	❿	GE2 网口
❹	VGA 视频输出接口	⓫	FE 网口
❺	HDMI 视频输出接口	⓬	开/关机按键
❻	USB 接口（4 个）	⓭	复位按键
❼	串口 1（RS232）	⓮	接地端子

（3）可视智慧物联系统平台设备前面板指示灯及其说明如图 2-9 和表 2-2 所示，后面板指示灯及其说明如图 2-10 和表 2-3 所示。

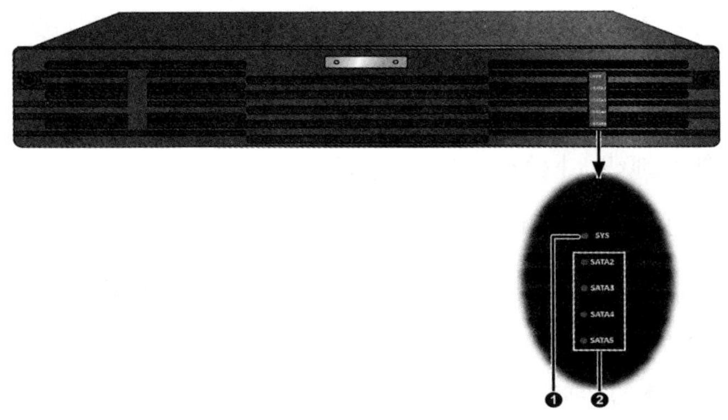

图 2-9　前面板指示灯

表 2-2　前面板指示灯说明

序号	指示灯说明	序号	指示灯说明
❶	系统指示灯	❷	硬盘状态指示灯

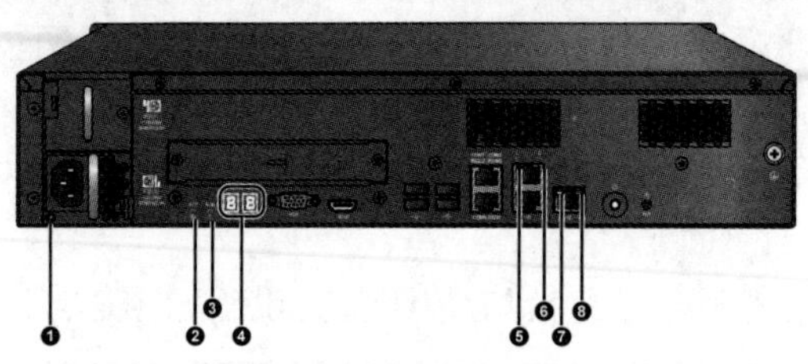

图 2-10　后面板指示灯

表 2-3　后面板指示灯说明

序号	指示灯说明	序号	指示灯说明
❶	电源模块指示灯	❺	GE1 网口指示灯
❷	心跳指示灯	❻	GE2 网口指示灯
❸	告警指示灯	❼	FE 网口 LINK 灯
❹	设备状态数码管	❽	FE 网口 ACT 灯

（4）网络参数出厂设置。出厂默认的网络参数配置如表 2-4 所示，可以根据实际需要进行修改。

表 2-4　网络参数出厂配置

项　目	描　述
FE 网口	通过 DHCP 自动获取 IP 地址
GE1 网口	IP 地址/子网掩码：192.168.0.10/255.255.255.0 默认网关：无
GE2 网口	通过 DHCP 自动获取 IP 地址
扩展网口（选配）	通过 DHCP 自动获取 IP 地址

3）硬件安装

设备安装流程如图 2-11 所示。

主要步骤包含安装前确认工作，比如检查设备组件、检查安装工具、检查安装场所；拆卸前面板；安装于 19 in 机柜或工作台，机柜上需要有托盘，无托盘时优先使用托架式滑轨；安装硬盘，需要注意硬盘安装位置；安装前面板；根据需要可安装扩展网卡；连接线缆，主要有电源线、地线、网线、RS232 串口线等。

4．IP 摄像机和 NVR 设备说明书的识读

设备说明书的识读，可以了解到设备的使用须知，如安全须知、产品外观、硬件安装、设备软件调试和配置等。

1）IP 摄像机设备说明书的识读

以枪机为例说明书主要包含下面 4 项。

（1）安全须知：主要是摄像机安装注意事项以及维护注意事项。

（2）产品外观：包含尺寸图、后视图、电缆连线示意图，以及 Z/F 接头示意图。

（3）硬件安装：主要包括光模块安装（可选）、SD 卡安装（可选）、安装方式（如壁挂）、护罩安装，以及设备上电启动等。

（4）Web 页面登录调试：使用 IE 浏览器登录摄像机 Web 页面，可以设置参数以及业务调试，比如时间日期设置、网络设置、服务器设置、视频设置、实况播放业务等。

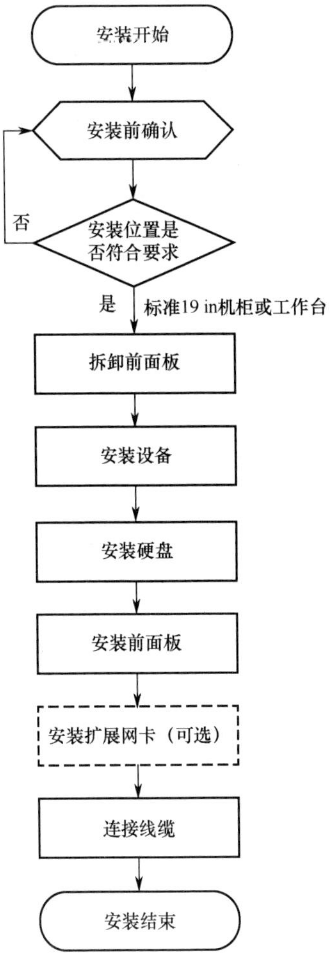

2）NVR 设备说明书的识读

NVR 设备说明书主要包含以下部分（以宇视 NVR-B200 系列为例）。

（1）安全须知：同可视智慧物联系统平台设备说明书。

（2）外观介绍：包括指示灯说明，以及设备接口说明。

（3）硬盘安装：主要包括低盘位安装、高盘位安装，以及免开箱安装方式说明。

（4）开关机说明：设备开机、关机方式，以及注意事项。

（5）本地配置：主要包括 IP 设备添加方法、实况回放等操作说明。

图 2-11　设备安装流程

2.1.2　正确准备操作工具

1. 布线和设备安装中的常见工具

常见工具主要包括布线安装工具、测试工具以及其他常用工具（如钳子、扳手、电钻等）。

1）布线安装工具

可视智慧物联系统的布线安装工具的种类很多，铜缆布线系统安装工具包括备线工具、剥线工具、端接工具、压接工具、手掌保护器和线槽安装工具等。而光纤布线系统安装工具通常是套管工具箱或工具包组合，方便安装者使用；熔接方式选用光纤熔接机，端接时选用端接套装工具。

2）测试工具

布线系统的现场测试包括验证测试和认证测试两种。验证测试是测试所安装的双绞线的通断、长度以及双绞线的接头连接是否正确等，验证测试并不测试电缆的电气指标。认证测试是根据国际上的布线测试标准进行测试的，包括验证测试的全部内容——电缆电气指标（如衰减、特性阻抗等）的标准测试。因此，布线测试仪也就分为两种类型：验证测试仪和认证测试仪。

3）其他常用工具

项目实施过程中常用的工具还包括钳子、起子、扳手、锤子、凿子、墙冲、锯齿凿和斜管凿、钢锯与台虎钳、直梯和人字梯、管子台虎钳、管子切割器、管子钳、螺纹铰板、低压试电笔、简易弯管器、扳曲器、射钉器（射钉枪）、型材切割机、手电钻、冲击电钻、电锤、数字万用表、接地电阻测量仪（又名接地电阻摇表，简称接地摇表）。

2. 布线和设备安装中的常见工具介绍

布线安装工具主要包括备线工具、剥线工具、模块化插头压接工具、110 打线刀和110 多对端接工具、模块位置延长器、模块分离器、光纤剥线钳、光纤切割工具和光纤切割笔、光纤研磨机、直视型单芯光纤熔接机、光纤探测器等；测试仪器主要有简易布线通断测试仪、小型手持式验证测试仪和单端电缆测试仪。

1）布线安装工具

（1）备线工具是准备同轴线和双绞线的工具，工具还带有两个可靠的、彩色编码的压模，能够适应各种介质类型。同轴线压模可剥同轴线，双绞线压模可以准备各种 UTP、SCTP 和光纤线缆。屏蔽线缆准备工具包括一个带有刀片的压模，可以精确地剥去外皮和屏蔽层；还包括一个对齐板，可以预对齐线缆，在端接时保证线对处于适当的位置；同时提供压模选件，准备 1 对和 2 对线缆。

（2）常用的剥线工具有光缆剥线器［图 2-12（a）］、电缆剥线器［图 2-12（b）］和 CPT 剥线压线器［图 2-12（c）］。CPT 提供一种简单有效的方法移去 2、3、4 对线缆的外皮，并且完全不会损害内部导体的绝缘性。CPT 可以用于任何圆形的、外径为 2.54～6.35 mm、外皮厚度为 0.380～0.635 mm 的线缆。

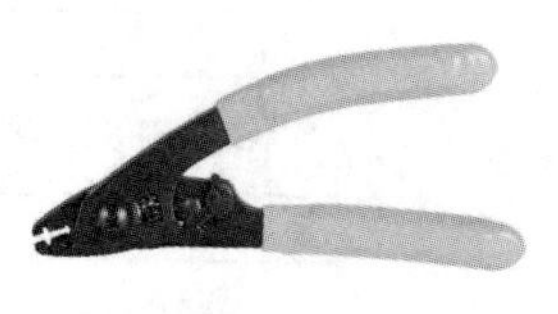
（a）光缆剥线器

（b）电缆剥线器

（c）CPT 剥线压线器

图 2-12　剥线工具

（3）模块化插头压接工具分手持式模块化插头压接工具和模块化插头自动压接仪两种。

手持式模块化插头压接工具可同时提供切和剥的功效，其设计可保证模具齿与插头的触点精确对齐。简易型 RJ-45 压接工具如图 2-13 所示。模块化插头自动压接仪可同时压接两个模块化插头，能在 1h 内完成 200 个双口插头的压接。

图 2-13　简易型 RJ-45 压接工具

（4）110 打线刀如图 2-14 所示，由手柄和刀具组成。110 打线刀是两面式，一面具有打接及裁线的功能，另一面不具有裁线的功能。工具的一面显示清晰的 CUT 字样，用户可以在安装过程中轻松识别正确的打线方向。手柄握把上的压力旋转钮可对压力大小做出选择。

（5）110 多对端接工具如图 2-15 所示，这是一种多功能端接工具，可以端接 110 连接块和切割 UTP 线缆，端接工具和体座均可替换，打线头通过翻转，可以选择切割或不切割线缆。工具的腔体由高强度的铝涂层以及黑色保护漆构成，手柄为防滑橡胶，符合人体工程学设计原理。工具的一面显示清晰的 CUT 字样，使用户在安装过程中轻松识别正确的打线方向。

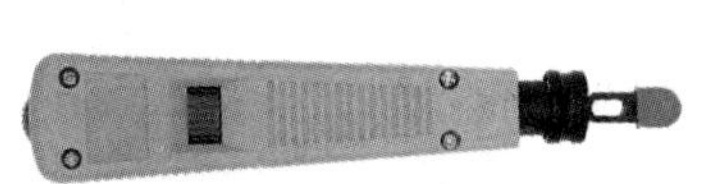

图 2-14　110 打线刀

图 2-15　110 多对端接工具

（6）模块位置延长器如图 2-16 所示，为应急配件。它的一头为 RJ-45 模块接口，另一头为 RJ-45 水晶头，用在由于距离太远导致普通跳线或连接线无法与桌面信息出口连接的情况。

（7）模块分离器如图 2-17 所示。它的一头为 RJ-45 模块接口，另一头为插入式线路板结构，可以将一个普通的 8 芯 RJ-45 信息出口分为两个 4 芯 RJ-45 信息出口，用于临时增加线路。

图 2-16　模块位置延长器

图 2-17　模块分离器

（8）光纤剥线钳如图 2-18 所示，它是一种特殊成型的精确刀具，剥线时保证不伤及光纤，特殊三孔分段式剥线设计，使其剥线迅速。光纤剥线钳的孔径可以调节，范围为 2.2～8.2 mm。

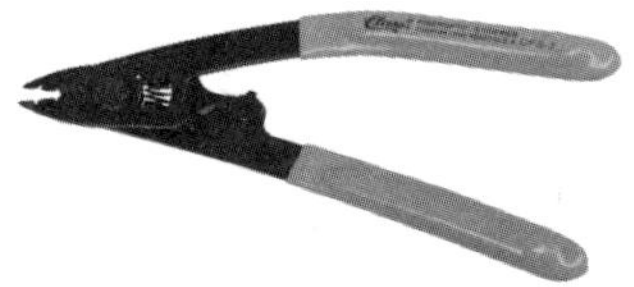

图 2-18　光纤剥线钳

（9）光纤切割工具如图 2-19 所示，它是由特殊材料制作的光纤切制专用工具，刀口锐利耐磨损，能够保证光纤切割面的平整性，能尽最大可能地减小光纤连接时的衰耗。

（10）光纤切割笔如图 2-20 所示，光纤切割笔使用了碳化钨笔尖，通过锐利无比的旋转式笔尖来切割光纤。光纤切割工具可用于 MT-RJ 插座和 LightCrimp Plus 连接器组装。

图 2-19　光纤切割工具

图 2-20　光纤切割笔

（11）光纤研磨机如图 2-21 所示，它是光跳线生产厂家理想的、具有最佳性价比的接头研磨设备。在进行接头研磨时可精确微调整，可得到较好的回波损耗及插入损耗的研磨效果。

图 2-22　光纤熔接机

（12）直视型单芯光纤熔接机（图 2-22）采用芯对芯标准系统（PAS）进行快速、全自动熔接。它配备有双摄像头和 5 in 高清晰度彩显，能进行 *X*、*Y* 轴同步观察。可以自动检测放电强度，放电稳定可靠，能够进行自动光纤类型识别，并具备自检功能。

图 2-21　光纤研磨机

（13）光纤探测器如图 2-23 所示，它包括一个手持式液晶显示器（Liquid Crystal Display，LCD）和一个小型探针。该探针包含一个长寿命发光二极管（LED）光源和电荷耦合器件（Charge-coupled Device，CCD）视频摄像机。探针适配器头部配有光纤连接器，并可将极小的碎片和端面损伤情况的清晰图像投影在 LCD 上。视频显示可以使用户看到光纤的端面而又不必直接观察光纤，避免了激光照射到眼睛可能造成的损害。

2）测试仪器

（1）简易布线通断测试仪如图 2-24 所示，它需要在线缆两端端接的模块中插入测试，能判断双绞线 8 芯线的通断情况，以及判断线缆端接是否正确。

（2）小型手持式验证测试仪如图 2-25 所示，它可以方便地验证双绞线电缆的连通性，包括检测开路、短路、跨接、反接以及串扰等问题。只需按动测试按键，测试仪就可以自动地扫描所有线对，并发现线缆存在的所有问题。

（3）单端电缆测试仪如图 2-26 所示，进行电缆测试时，无须在电缆的另一端连接远端单元即可进行电缆的通断、距离和串扰等测试。这样，不必等到电缆全部安装完毕，就

可以开始测试，发现故障可以立即得到纠正，省时又省力。如果使用远端单元，还可查出接线错误以及判断出电缆的走向等

图 2-23　光纤探测器

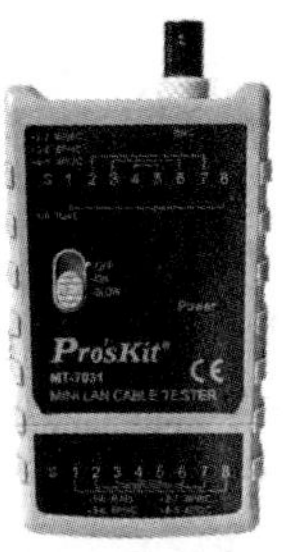

图 2-24　简易布线通断测试仪

图 2-25　小型手持式验证测试仪

图 2-26　单端电缆测试仪

3. 水晶头端接和跳线制作

1）实训目的

（1）理解水晶头端接和跳线的制作方法。

（2）掌握相关工具的使用方法。

2）实训设备器材

按照表 2-5 设备清单准备材料和设备。

表 2-5　设备清单

序　号	设备（线材）名称	数　　量
1	8 芯双绞线	0.5 m
2	斜口钳	1 把
3	双绞线剥线器	1 把
4	RJ-45 水晶头	4 个
5	RJ-45 压线钳	1 把

3）实训内容

双绞线是网络工程中最常用的一种传输介质。双绞线由两根具有绝缘保护层的铜导线组成，其直径一般为 0.4～0.65 mm，常用直径为 0.5 mm。它们各自包在彩色绝缘层内，按照规定的线距互相扭绞成一对双绞线。通过实训掌握对双绞线制作工具的使用。

4）实训步骤

水晶头端接和跳线的制作步骤如下。

（1）利用斜口钳剪下所需要的双绞线长度。用双绞线剥线器将双绞线的外皮除去 2～3 cm。有一些双绞线电缆上含有一条柔软的尼龙绳，如果在剥除双绞线的外皮时，觉得裸露的部分太短，不利于制作 RJ-45 水晶头，那么可以紧握双绞线外皮，再捏住尼龙线往外皮的下方剥开，这样就可以得到较长的裸露线。剥线完成后的双绞线电缆如图 2-27 所示。

（2）进行理线操作。将裸露的双绞线中的橙色对线拨向自己的前方，棕色对线拨向自己的方向，绿色对线拨向左方，蓝色对线拨向右方（上橙，左绿，下棕，右蓝），如图 2-28 所示。将绿色对线与蓝色对线放在中间位置，而橙色对线与棕色对线保持不动，即放在靠外的位置，如图 2-29 所示，左一为橙，左二为蓝，左三为绿，左四为棕。

图 2-27　剥线完成后的双绞线电缆

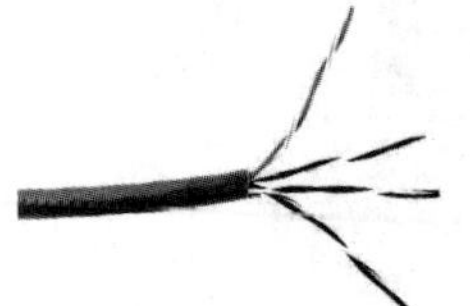

图 2-28　双绞线的理线（1）

图 2-29　双绞线的理线（2）

小心地拨开每一对线，白色混线朝前，因为这里是遵循 T568B 标准（图 2-30）来制作水晶头的，所以线对颜色是有一定顺序的。需要特别注意的是，绿色线应该跨越蓝色线。这里最容易犯错的地方就是将白绿线与绿色线相邻放在一起，这样会造成串扰，使传输效率降低。正确顺序（左起）为：白橙、橙、白绿、蓝、白蓝、绿、白棕、棕。

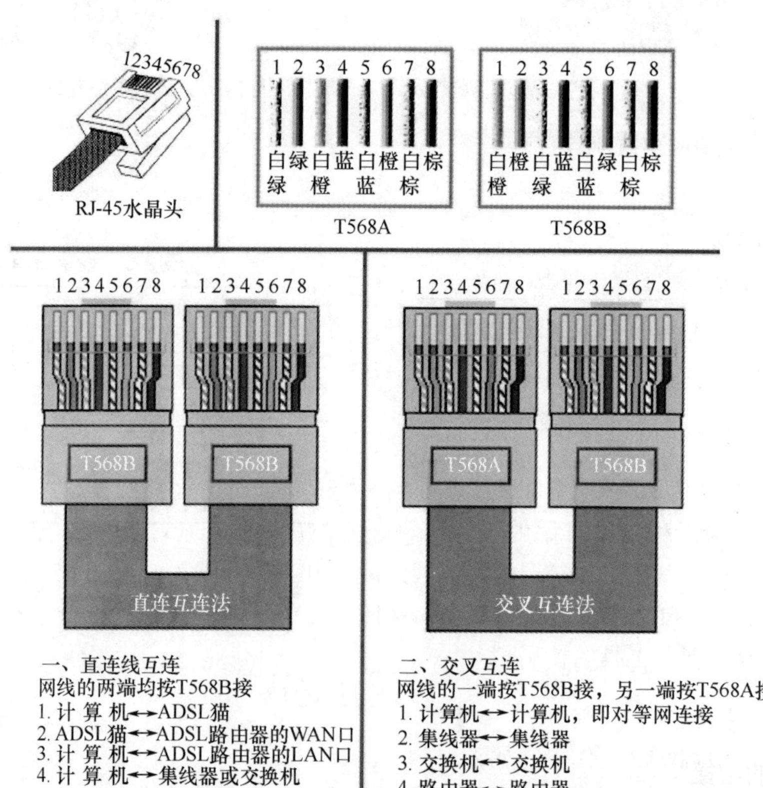

图 2-30　RJ-45 排线示意图

（3）将裸露的双绞线用剪刀或斜口钳剪下只剩约 14 mm。之所以剩下这个长度是为了符合 EIA/TIA 标准。

（4）将双绞线的每根线依序放入 RJ-45 水晶头的引脚内，第 1 根引脚内应该放白橙色的线，其余类推，如图 2-31 所示。

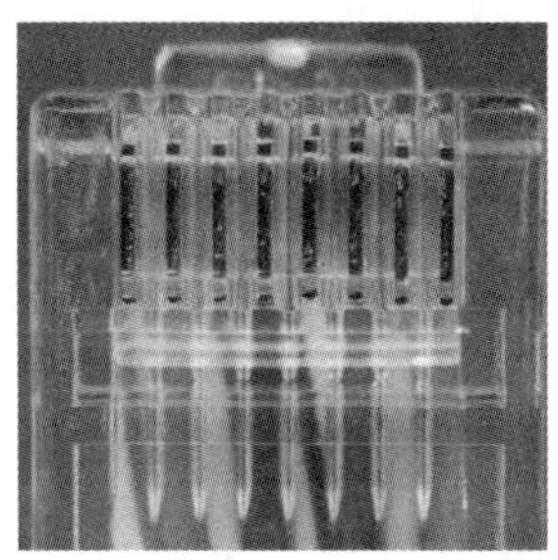
图 2-31　插入双绞线

（5）确定双绞线的每根线已经正确放置后，就可以用 RJ-45 压线钳压接 RJ-45 水晶头，如图 2-32 所示。

（6）重复步骤（1）～（5），另一端 RJ-45 水晶头的引脚接法完全一样。这种连接方法适用于计算机和集线设备的连接，称为直通线。制作完成的 RJ-45 水晶头如图 2-33 所示。

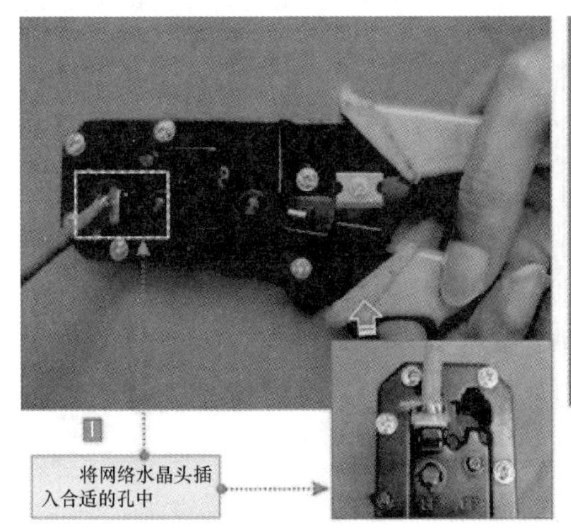

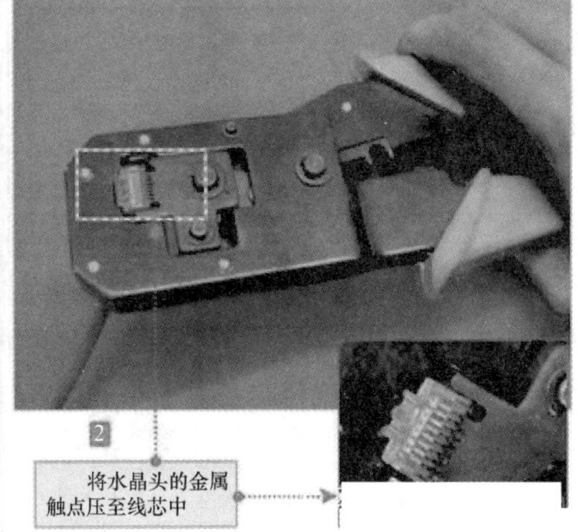

图 2-32　压接水晶头

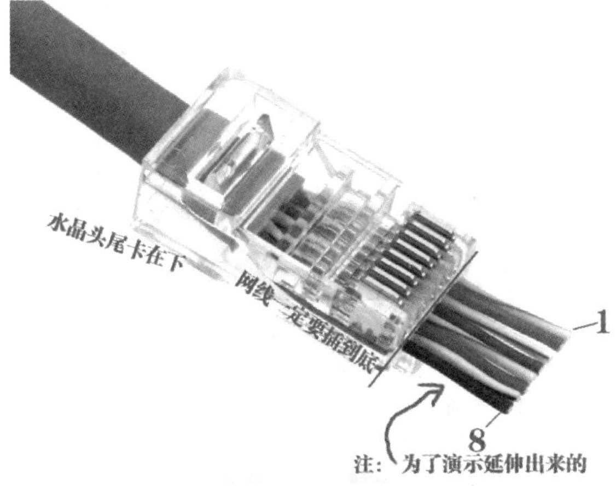

图 2-33　制作完成的 RJ-45 水晶头

4．光纤的熔接

1）实训目的

（1）熟悉光纤熔接工具的功能和使用方法。

（2）熟悉光缆的开剥及光纤端面制作。

（3）掌握光纤熔接技术。

（4）学会使用光纤熔接机熔接光纤。

2）实训设备器材

光纤熔接过程中使用的主要工具（表 2-6）有光纤熔接机、光纤切割机、光纤剥线钳、光纤多孔钳、剪刀、酒精棉、热缩套管、卫生纸、标签等。其中，光纤熔接机用来熔接光纤，光纤切割机用来制作光纤端面，光纤剥线钳用来剥去光纤管束和涂覆层，热缩套管放在光纤熔接处保护光纤。工具准备好后，把光纤熔接机放在整洁、平坦的地面或平台上，准备开始熔接。

表 2-6　设备清单

序　号	设备（线材）名称	数　　量
1	光纤熔接机	1 台
2	光纤切割机	1 台
3	光纤剥线钳	1 把
4	光纤多孔钳	1 把
5	剪刀	1 把
6	酒精棉	若干
7	热缩套管	若干
8	标签	若干

3）实训内容

光纤熔接是光纤传输系统中工程量最大、技术要求最复杂的重要工序，其质量好坏直接影向光纤线路的传输质量和可靠性。常见的光缆有层绞式、骨架式和中心管束式光缆，纤芯的颜色按顺序分为蓝、橘、绿、棕、灰、白、红、黑、黄、紫、粉、青。通过本次实训能够熟练使用光纤熔接工具，并完成光纤的熔接。

4）实训步骤

（1）去皮工作。使用光纤多孔钳剥除光纤表面皮层约 16 cm 的长度（图 2-34），使用凯夫拉剪刀剪掉纺纶线，用酒精棉擦拭涂覆层（图 2-35），并使用光纤剥线钳剥去 5～6 cm 长的光纤，使用光纤剥线钳前面的粗口剥掉光纤包裹层，用里面的小口剥去光纤表面的透明包裹层（图 2-36）。注意不要用力过大，以免弄断光纤。

图 2-34　剥皮后的光纤

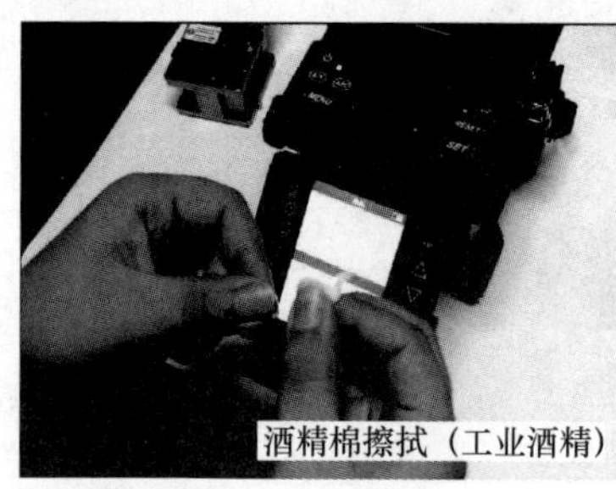

图 2-35　擦拭涂覆层

图 2-36　剥掉光纤包裹层

（2）清洗工作。使用酒精棉对剥好的光纤进行擦拭，用力要适度，确保光纤上无异物。

（3）切割工作。将光纤切割机归位，并将擦拭好的光纤轻放在光纤切割机上，如图 2-37 所示。注意，在放光纤的过程中不要推拉，以免沾上异物。盖好盖子进行光纤的切割，如图 2-38 所示。注意，在切割好拿出的过程中不要触碰物体，以免损伤光纤。

（4）熔接工作。光纤切割好后要立即放到光纤熔接机中。光纤熔接机平台要保证洁净、无灰尘，若有灰尘则要用酒精棉擦拭干净。放置光纤时要放到光纤熔接机的 V 形槽中，小心压上光纤压板和光纤夹具，要根据光纤切割长度设置光纤在压板中的位置。将另一根光纤也放入光纤熔接机中。关上防风罩，按“Auto”键自动熔接。熔接过程如图 2-39～图 2-41 所示。

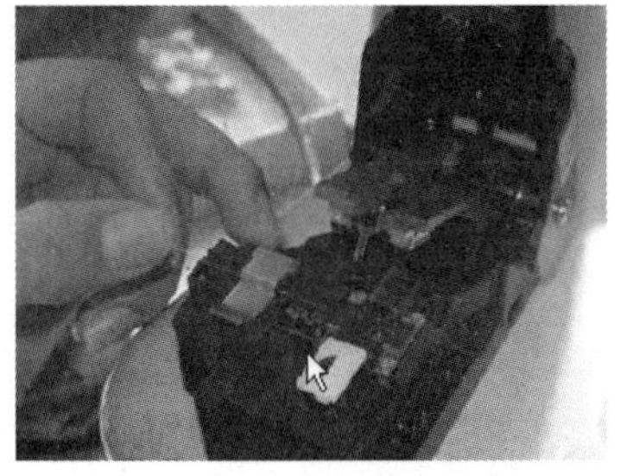

图 2-37　将光纤放在光纤切割机上

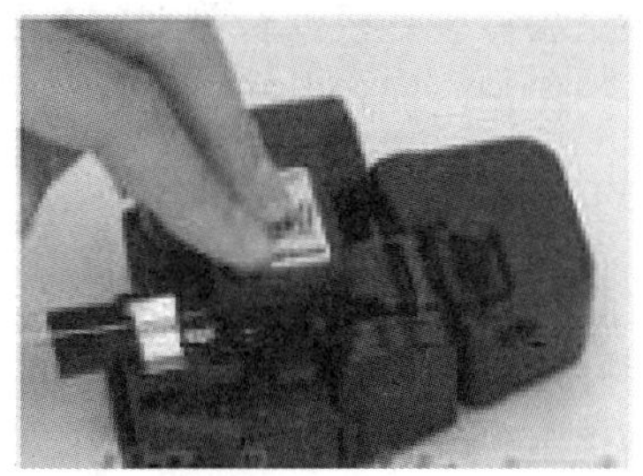

图 2-38　切割光纤

图 2-39　将光纤放在熔接机上

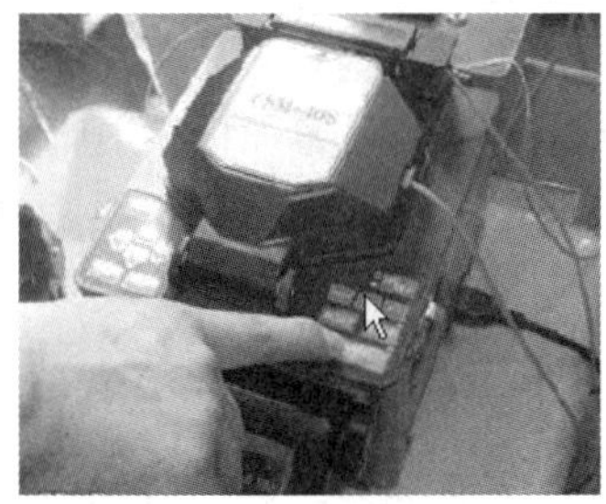

图 2-40　进行熔接

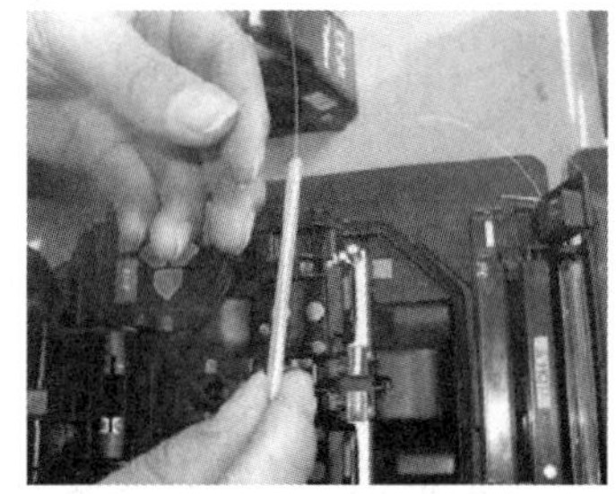

图 2-41　将热缩套管加热固定

（5）加热工作。用加热炉加热热缩套管。打开防风罩，把光纤从光纤熔接机上取下来，再将热缩套管放在裸纤中心，放到光纤加热炉中加热。40～60 s 后，加热指示灯熄灭，这时不要着急拿出光纤，将热缩套管凉一会定型后再取出，如图 2-42 和图 2-43 所示。

图 2-42　加热

图 2-43　完成熔接

2.1.3 根据设备类型在机柜中合理布局

机柜一般是由冷轧钢板或合金制作的用来存放计算机和相关控制设备的物件，可以提供对存放设备的保护，屏蔽电磁干扰，有序、整齐地排列设备，方便以后维护设备。

1．机柜的功能及常见指标

1）机柜的功能

标准机柜目前已经广泛应用于通信网络机房，有线、无线通信设备间等场合。使用机柜不仅可以增强电磁屏蔽、削弱设备工作噪声、减少设备占地面积、便于使用和维护，对一些较高档次的机柜，通常还具有提高散热效率、空气过滤等作用，用于改善精密设备的工作环境质量。

2）机柜的常见指标

对于一般的标准机柜，其外形有宽度、高度和深度 3 个常规指标。一般工控设备、交换机、路由器等设计宽度为 49.26 cm（19 in）或 58.42 cm（23 in）。

（1）机柜的物理宽度通常有 600 mm 和 800 mm 两种。

（2）机柜的深度一般为 600～1000 mm，根据机柜内设备的尺寸而定。常见的成品机柜深度为 800 mm 和 1000 mm，前者用于安装机架式网络设备，后者用于安装机架式服务器。

（3）机柜高度一般为 700～2400 mm，根据机柜内设备的数量和规格而定，也可以定制特殊高度，常见的成品高度为 1600 mm 和 2000 mm，机柜内设备安装所占用高度用一个特殊的单位 U 表示，1 U=44.45 mm。使用 19 in 标准机柜的设备面板一般都按 NU 型号的规格制造，对于一些非标准设备大多可以通过附加适配挡板装入 19 in 机箱并固定。常见的机柜规格有 20 U、30 U、35 U 和 40 U 等。

2．标准机柜的结构及连接分布

标准机柜的结构比较简单，主要包括基本框架、内部支撑系统、布线系统、通风系统等。标准机柜的连接分布如图 2-44 所示。

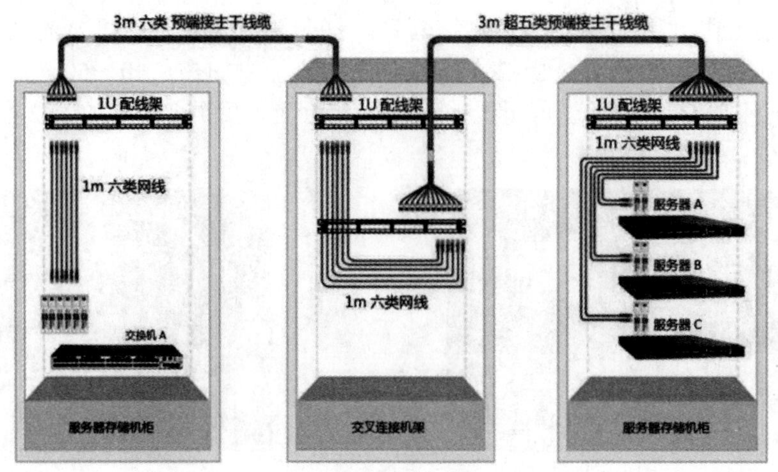

图 2-44　标准机柜的连接分布

3. 机柜安装过程中的注意事项

机柜安装时通常应当有 3 个人以上在现场，注意螺钉紧固时不要用力过猛，以免损坏设备螺口；机柜台安装位置应符合设计要求，机柜应离墙 1 m，便于安装和施工。

底座安装应牢固，应按设计图纸的防震要求进行施工。机柜应垂直放置，柜面保持水平。

机柜台表面应完整、无损伤，每平方米表面凹凸度应小于 1 mm；机柜内接插件和设备接触可靠，接线应符合设计要求，接线端子的各种标志应齐全，且保持良好。

机柜内配线设备、接地体、保护接地、导线截面、颜色应符合设计要求；所有机柜应设接地端子，并接入建筑物接地端。

电缆通常从下端进入（有些设备间也从上部进入），并注意穿入后的捆扎，宜对标注签进行保护性包扎。电缆从机柜两边上升接入设备，当电缆较多时应借助于理线架、线槽等理顺电缆，并整理标注签使其朝外，根据电缆功能分类后进行轻度捆扎。

4. 服务器设备安装于 19 in 机柜

1）安装前检查

检查机柜的接地与平稳性，确认机柜的承重满足设备要求，机柜内部和周围没有影响设备安装的障碍物。安装设备于 19 in 标准机柜前，检查如下事项。

（1）确认机柜接地良好，且安装平稳。

（2）确认机柜的承重满足设备要求，机柜内部和周围没有影响设备安装的障碍物。

（3）机柜禁止使用玻璃门。

（4）机柜必须使用支撑架支撑，禁止使用滚轮支撑。

（5）设备尽量安装在机柜下方。

2）安装步骤

（1）规划机柜内的安装位置。

根据设备的高度（2 U）和设备的数量规划好机柜内的空间位置。若机柜自带托盘，优先使用托盘；若无托盘，可以采购托架式滑轨。

下面以托架式滑轨为例介绍安装方法（图 2-45）。

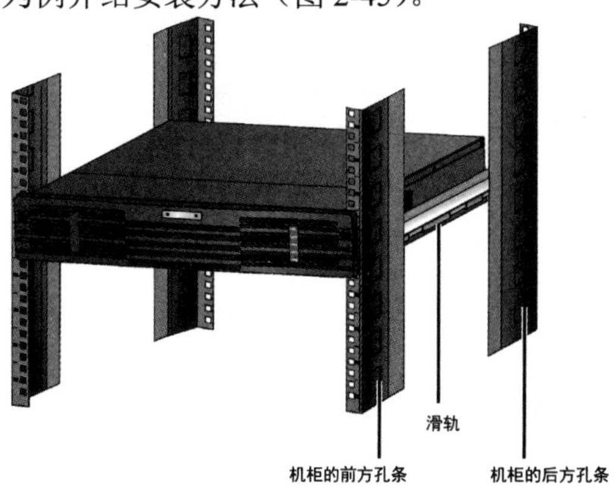

图 2-45　将设备安装在机柜中

（2）安装托架式滑轨到机柜上，如图 2-46 所示。

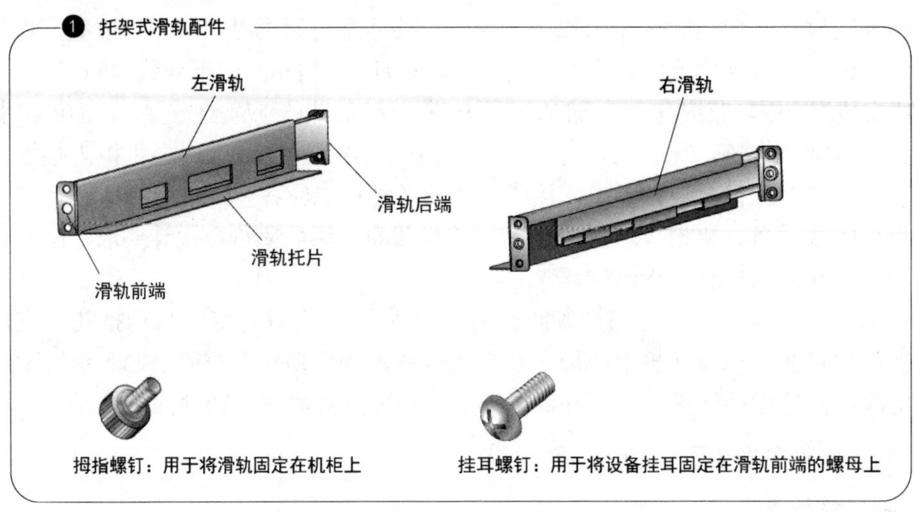

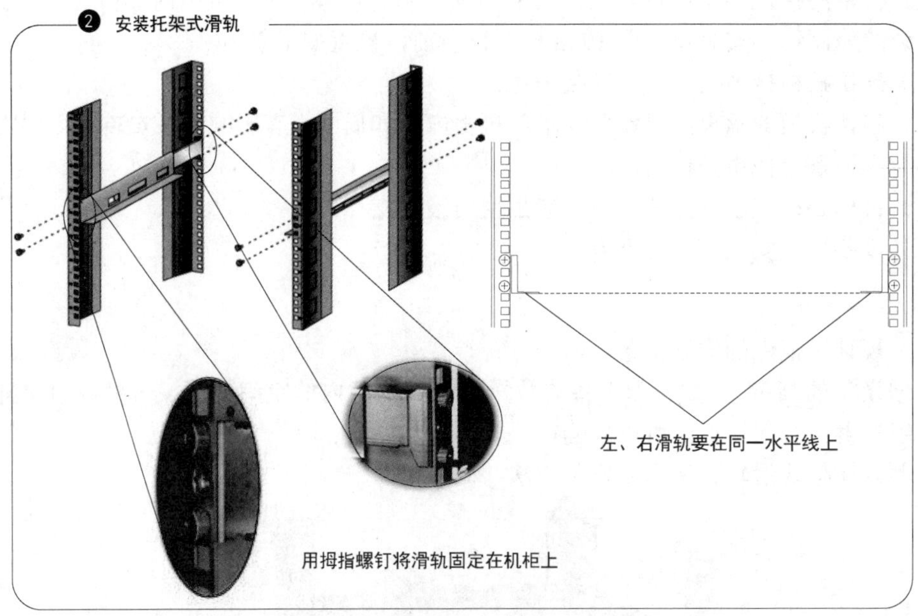

图 2-46　安装托架式滑轨

（3）安装设备到滑轨上。

注意：

设备放置不平稳将影响设备的工作稳定性。安装设备时，要求：

① 设备和机柜方孔条上的标线对齐。

② 设备与托盘或滑轨之间充分接触，使托盘或滑轨平稳地支撑设备。

（4）将设备放在滑轨上，并使其缓缓滑入机柜，直到设备挂耳靠在机柜前方孔条上。

（5）用挂耳螺钉穿过腰形孔将挂耳固定在滑轨前端的浮动螺母上，完成安装，如图 2-47 所示。

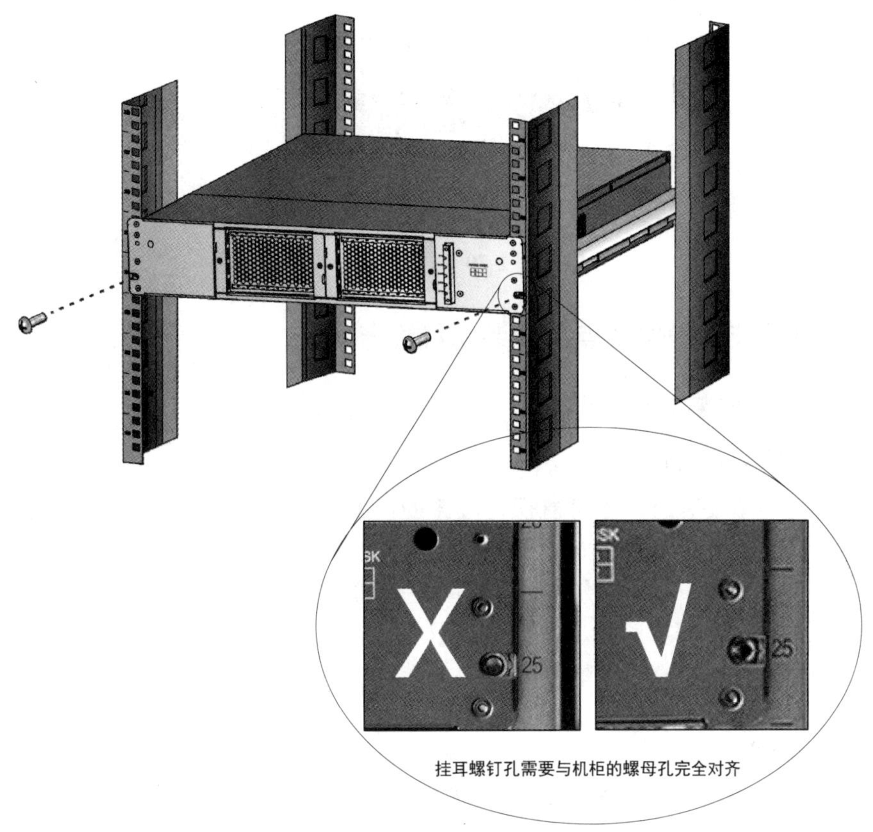

图 2-47　用螺钉将挂耳固定在机柜上

5．网络设备安装于 19 in 机柜

（1）安装挂耳，如图 2-48 所示。

图 2-48　安装挂耳

（2）将已经安装好挂耳的设备安装到机柜，如图 2-49 所示。

图 2-49　将已经安装好挂耳的设备安装到机柜

（3）固定设备，如图 2-50 所示。

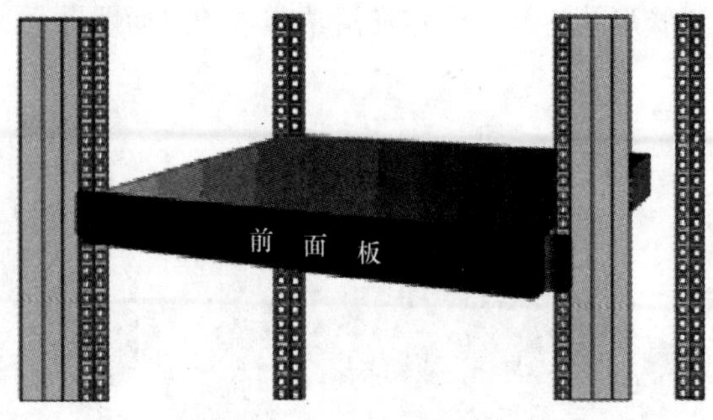

图 2-50　固定设备

2.1.4　分析技术操作要点，安装系统设备

1. 系统设备的安装要点分析

1）网络摄像机的安装要求

（1）在室内环境安装时，尽可能保证设备的高度不低于 2.5 m，而在室外环境中，要将监控设备置身于距地面 3.5 m 以上的高度。

（2）安装网络摄像机（简称摄像机）前对其进行检测和调整，确保摄像机能够正常工作。在安装中要确保摄像机牢靠、稳固，室外摄像机如果明显高于建筑物时，应加避雷措施。

（3）从摄像机引出的电缆宜留有 1 m 的裕量，不得影响摄像机的转动。摄像机的电缆和电源均应固定，不得用插头承受电缆的自重。

（4）前后端都安好后，就需要布线，线路分两部分：首先，确认好交换机的位置，需通过网线将每个摄像机都连接到交换机，还需要将网络视频录像机（NVR）跟交换机接通，结合方便走线和美观、安全的原则走线，并在每根网线两头都做好水晶头；其次，摄像机电源供电线布线，每个摄像机都需要一个 12 V/1 A 或 2 A 的电源适配器，根据施工环境或成本要求，可以用开关电源代替（建议一个 12 V/10 A 的开关电源不要带超过 10 个摄像头，以此类推），需另配电源插头。

（5）调试摄像机，在安装完成并接通所有线路后，为摄像机接通电源，需在网络视频录像机（NVR）上进行相关网络设置，添加分配摄像机（不同厂家的配置方法有差异），这样添加完所有摄像机后，就会看到图像，对摄像机的角度、可调焦镜头等进行调试到合适的效果即可。

（6）摄像机在转动过程中应尽可能避免逆光摄像。

2）线缆敷设的具体要求

（1）线缆的型号、规格应与设计规定相符。

（2）线缆的布放应自然平直，不得产生扭绞、打圈接头等现象，不应受到外力的挤压和损伤。

（3）线缆的两端应贴有标签，标明编号，标签书写应清晰、端正，标签应选用非易损材料。

（4）线缆终接后，应留有裕量。交接间、设备间对绞线电缆预留长度宜为 0.5～1.0 m，工作区为 10～30 mm；线缆布放宜盘留，预留长度宜为 3～5 m，有特殊要求的应设计要求预留长度。

3）线槽和暗管敷设的要求

（1）敷设线槽的两端宜用标签标出编号和长度等内容。

（2）敷设暗管宜采用钢管和阻燃硬质 PVC 管。布放多层屏蔽电缆、扁平线缆和大对数主干电缆或主干光缆时，直线管道的管径利用率应为 50%～60%，弯管道应为 40%～50%。暗管布放 4 对对绞线电缆或 4 芯以下光缆时，管道的截面利用率应为 25%～30%。

（3）地面线槽宜采用金属线槽，线槽的截面利用率不超过 50%。

4）电缆桥架和线槽敷设的要求

（1）电线缆槽、桥架宜高出地面 2.2 m 以上；线槽与桥架顶部距上层楼板不宜小于 300 mm，在过梁或其他障碍物处，不宜小于 50 mm。

（2）槽内线缆布放应顺直，尽量不交叉；在线缆进出线槽部位、转弯处应绑扎固定，其水平部分线缆可以不绑扎；垂直线槽布放线缆应每隔 5～10 m 进行固定。

（3）电缆桥架内线缆垂直敷设时，线缆的上端和每间隔 1.5 m 处应固定在桥架的支架上；水平敷设时，在线缆的首、尾、转弯及每间隔 5～10 m 处进行固定。

（4）在水平、垂直桥架和垂直线槽内敷设线缆时，应对线缆进行绑扎。对绞线电缆、光缆及其他信号电缆应根据线缆的类别、数量、缆径、线缆芯数分束绑扎。绑扎间距不宜大于 1.5 m，间距应均匀，松紧适度。

5）供电施工的要求

（1）系统供电符合现行国家标准《安全防范工程技术标准》（GB 50348—2018）的相关规定。

（2）摄像机供电宜由监控中心统一供电或监控中心控制的电源供电。

（3）异步的本地供电，摄像机和视频切换控制设备的供电宜为同相电源，或者采取措施以保证图像同步。

（4）当供电线（低压供电）与控制线合用多芯线时，多芯线与视频线可一起敷设。

（5）电源的供电方式应采用 TN-S 制式。

6）防雷的施工要求

（1）系统防雷与接地设施的施工，应符合现行国家标准《安全防范工程技术标准》（GB 50348—2018）的相关规定。

（2）采取相应的隔离措施，防止地电位不等引起图像干扰。

（3）当接地电阻达不到要求时，应在接地极回填土中加入无腐蚀性长效降阻剂；当仍达不到要求时，应经过设计单位的同意，采取更换接地装置的措施。

2. 存储设备的安装

1）环境要求

具体环境温度和湿度要求如表 2-7 所示。

表 2-7　温度和湿度要求

温度/湿度	要　求
工作环境温度	0～40℃；推荐工作环境温度：10～35℃
储存环境温度	不带电池模块：–20～+60℃ 带电池模块：–15～+40℃（储存 1 个月以内）；10～35℃（储存 1 个月以上）
工作环境湿度	20%～80%（未凝结）
储存环境湿度	10%～90%（未凝结）

2）安装检查

阅读存储设备安装示意图（图 2-51），按照图示进行连线，接通电源并开机。

【连线】
（1）按图示连线（存储控制器、磁盘柜）。
（2）接通电源（存储控制器、磁盘柜）。
（3）按开机按钮（存储控制器）

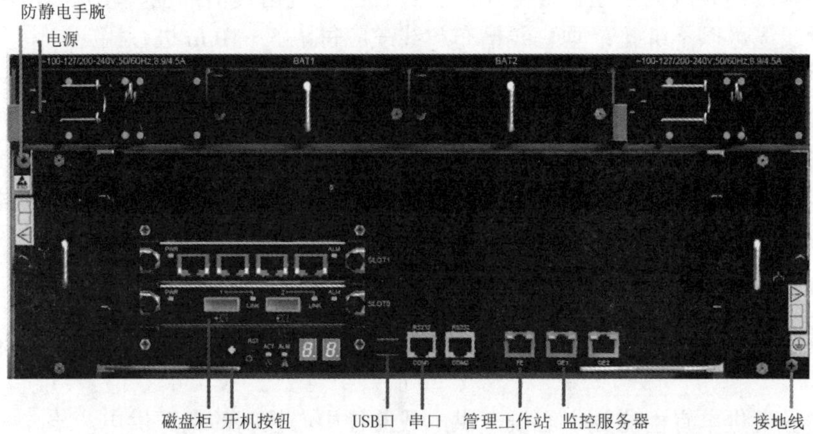

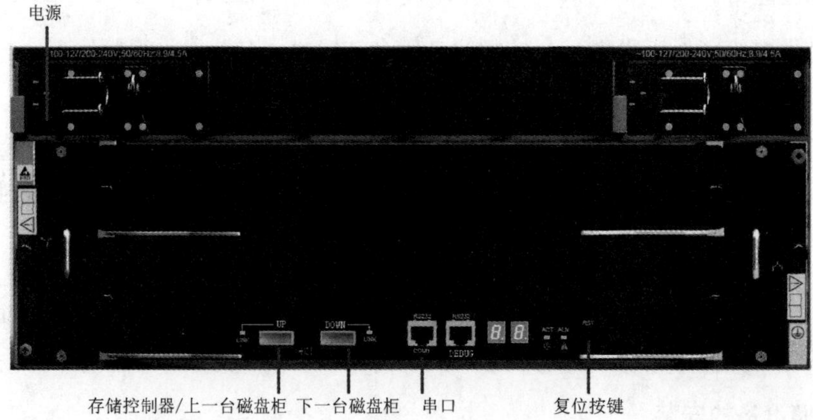

图 2-51　存储设备安装图

3）硬盘安装

硬盘接口位于设备内部。更换硬盘前，需先拆卸防尘网，再插入硬盘，具体安装步骤如下。

> **注意：**
>
> （1）需仔细阅读硬盘盒中附带的硬盘使用注意事项。
>
> （2）需要佩戴防静电手环或手套。

（1）拆卸防尘网，如图2-52所示。

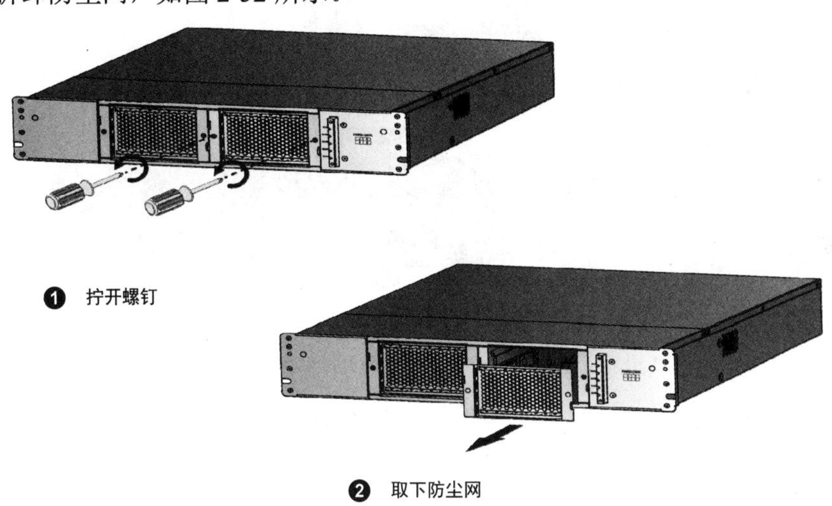

图2-52　拆卸防尘网

（2）插入硬盘。从硬盘包装盒中取出硬盘，缓缓插入硬盘槽位，如图2-53所示。

> **注意：**
>
> 设备随机配备2块硬盘，将带“os”标识的系统盘安装于2号槽位，另一块硬盘安装于3号槽位。

（3）用拇指把硬盘推进。当插入硬盘到一定程度时，用拇指把硬盘缓缓推进，可听到扣上的声音，即完成该硬盘的安装，如图2-54所示。

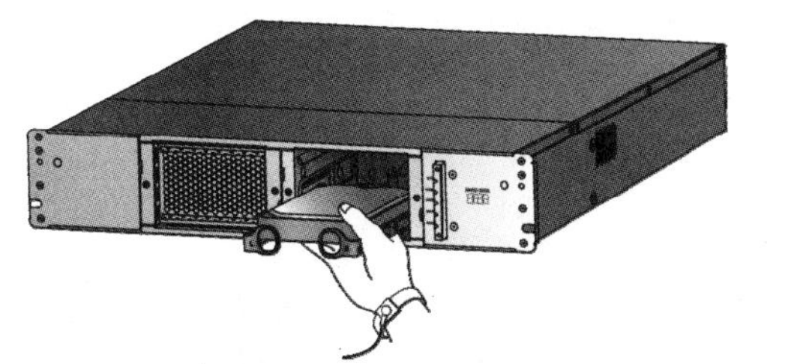

图2-53　插入硬盘

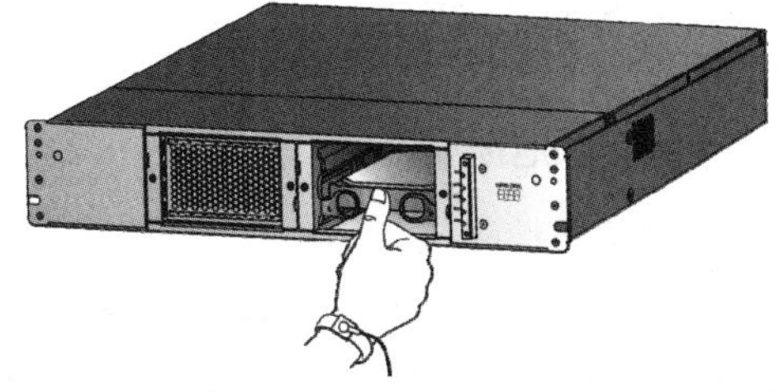

图2-54　用拇指把硬盘推进到位

（4）安装前面板。将前面板对准设备机箱的前部，并拧紧松不脱螺钉，如图2-55所示。

图 2-55　安装前面板

（5）安装扩展网卡（可选）。扩展网卡有 2 种：带有 2 个 10 GE 网口（SFP+接口）的网卡；带有 4 个 GE 网口（RJ−45 接口）的网卡。

下面以带有 2 个 10 GE 网口（SFP+接口）的网卡为例，介绍扩展网卡的安装步骤：取下假面板，然后安装扩展网卡，如图 2-56 所示。

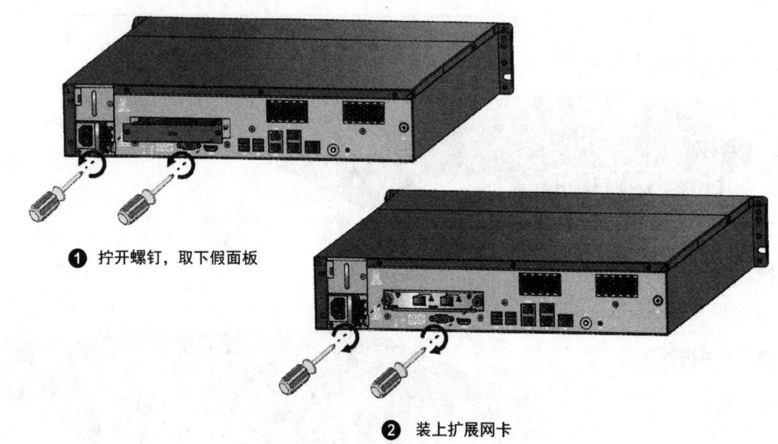

图 2-56　安装扩展网卡

3. 网络摄像机的安装

下面介绍网络摄像机的安装过程。

1）获得 IP 地址

查看说明书得到网络摄像机的默认网络设置；利用 IP 搜索软件（Search IP Address）查找网络摄像机的 IP 地址，选择【camsearch.exe】→【search】选项，如果已经连有网络摄像机，就会显示其 IP 地址及 MAC 地址，并可以对参数进行修改。

2）连接网络摄像机

将网络摄像机通过网线连接到交换机，确认网线连接正常（网络摄像机背后的黄绿信号灯正常发亮），就可以在同一局域网中访问该网络摄像机。

3）查看网络参数

PC 的网络参数只有与网络摄像机的网络参数网段一致才可以连接成功。首先网关要一致，然后 IP 地址要在同一地址段。

4）测试网络连接

确认 PC 的网络设置与网络摄像机的网络设置在同一网段后，单击【开始】→【运行】按钮，在对话框中输入“ping 网络摄像机 IP -t”（未修改过的网络摄像机输入“ping 192.168.1.19 -t”），用 ping 命令确认网络摄像机的连接是否正常。

4．端接信息插座

无论是大中型网络的综合布线，还是 SOHO 和家庭网络的组建，都会涉及信息插座的端接操作。借助于信息插座，不仅使布线系统变得更加规范和灵活，而且更加美观、方便，不会影响房间原有的布局和风格。端接信息模块时，需要使用电缆准备工具和打线工具。电缆准备工具也称剥线刀，它的主要功能是剥掉双绞线外部的绝缘层。使用它进行剥皮不仅比使用压线钳快，而且比较安全，一般不会损坏包裹芯线的绝缘层。打线工具用于将双绞线压入模块，并剪断多余的线头。

（1）把双绞线从布线底盒中拉出，使用偏口钳剪至长度为 20～30 mm。使用剥线刀除去外部绝缘皮，然后剪除抗拉线。

（2）将信息模块置于专用工具或桌面、墙面等较硬的平面上。

（3）分开 4 组对线，但线对之间不要拆开，按照信息模块上锁指示的色标线序（一定要与配线架执行相同的标准），稍稍用力将导线一一置入相应的线槽内。一般情况下，模块上同时标记有 TIA568-A 和 TIA568-B 两种线序，应该根据布线设计的规定，与其他连接盒设备采用相同的线序。

（4）将打线工具的刀口对准信息模块上的线槽和导线，垂直向下用力，听到“咔”的一声后，说明模块外多余的线被剪断了。

（5）重复操作，将 8 条导线一一打入相应颜色的线槽中。

（6）将塑料防尘片沿着缺口穿入双绞线，并固定在信息模块上。

（7）用双手压紧防尘片，信息模块端接完成。也可以压入线缆，安装防尘片。

（8）将信息插座模块插入信息面板中相应的插槽中，听到“咔”的一声后，说明两者已经固定在一起了。最后，用螺钉将面板固定在信息插座的底盒上。

5．端接配线架

安装端接配线架的步骤如下。

（1）将金属支架安装在配线架上，用于支撑和理顺双绞线电缆。

（2）利用尖嘴钳将线缆剪至合适的长度，并用剥线刀剥除双绞线的绝缘层包皮，并剪除抗拉线。

（3）依据所执行的标准（与信息模块执行完全相同的标准），按照配线架上的色标，将双绞线的 4 个线对，按照正确的颜色顺序一一分开，不要将线对拆开。

（4）根据配线上所指示的颜色，将 4 个线对全部置于线槽内。

（5）利用打线工具端接配线架与双绞线，注意一定要刀口向着外侧，从而将多余的电缆切断。重复操作，端接其他双绞线。

（6）将线缆理顺，并利用尼龙扎带将双绞线与理线器固定在一起，然后成束地固定在机柜上。最后剪去扎带多余的部分，整理好线缆。

6．建筑物内水平布线

通常建筑物内水平布线步骤如下。

（1）将水平布线路由上的所有天花板全部掀开。施工时，应当戴上手套，为了保护眼睛，还应戴上护目镜。

（2）将网线拆箱并置于线缆布放架上。如果没有线缆布放架，只需要将网线从线箱中抽出即可。

（3）对线箱和线缆逐一进行标记，以便与房间号、配线架端口相匹配。电缆标记应当用防水胶布缠绕，以避免在穿线过程中磨损或浸湿。

（4）将线缆的线头缠绕在一起，便于线缆的统一敷设。通常情况下，线缆的敷设从楼层配线间开始，由远及近向每个房间一次敷设。

（5）将线缆穿入天花板中，并敷设在桥架内。

（6）当到达一个工作区时，将线缆从预留的绝缘管中穿入房间。先使用钓钩工具沿着竖管穿下，然后将一根拉绳带入竖管中，再借助拉线将双绞线拉至信息插座位置。

（7）将双绞线从信息插座引出，预留长度 0.5 m 左右即可。

（8）在楼层配线间一侧，预留需要的长度后（与信息点所在配线间的位置、机柜的位置和高度有关）剪断线缆，并进行标记。该标记应当与线缆在工作区的标记一致，并同时记录到施工技术文档。

（9）重复操作，直至所有水平布线全部敷设完成。

2.1.5　选用合适的设备标签

布线标签标识系统的实施是为了让用户在后期的维护和管理带来最大的便利，提高其管理水平和工作效率，减少网络配置时间。

1．设备标签的性能要求

通常对设备标签的性能有如下要求。

1）使用时间长

布线系统的使用寿命较长，一般为几年至十几年，这就要求标签的寿命应与布线系统的寿命一样。周围环境的变化会对标签产生一系列的问题。首先，标签上的字迹容易受到光线的照射而褪色。其次，纸质标签容易受潮，使字迹模糊难辨。再次，经常使用的跳线上的标签容易磨损或者可能沾染其他的污物而损坏。最后，纸质标签背胶的黏性较差，环境温度的变化会加剧背胶黏性的下降，造成标签脱落丢失。

2）材料质量好

布线标签通常以耐用的化学材料作为基材，而不是使用纸质材料。美国贝迪公司的一种线性标签就选用良好伸展性和抗拉性的乙烯基作为标签的基材，表面涂覆的白色涂层作为标识的打印区，同时在粘胶和基材之间又增加了一层加固涂层，强化胶体与基材的连接，确保黏接的时间长久，具有防水、防油污和防有机溶剂的性能。

3）标准要求高

线缆的专用标签要满足 UL969 标准所规定的清晰度、磨损性和附着力的要求。UL969 的实验由暴露测试和选择性测试组成，暴露测试包括温度测试、湿度测试和抗磨损测试。选择性测试包括黏性强度测试（ASTMD1000 测试）、防水性测试、防紫外线测试、抗化学腐蚀测试、耐气候性测试（ASTM26 测试）以及抗低温能力测试。

2. 设备标签的常见分类

按照标签产品在布线系统中的使用位置和作用，可以分为 110 配线系统标签、薄片状电缆标签、预先打印电缆标签、打印型电缆标签、手写型电缆标签、配线架标签、模块标签、面板标签和表面安装盒标签等。

（1）110 配线系统标签是为 110 配线系统提供的标签，有 9 种颜色可供选择，可以手写、激光打印或者用专用标签打印机打印。

（2）配线架标签安装在配线架前面的标签条放置位上，对配线架端口信息进行标记。

（3）模块标签用于模块的正面下方。

（4）面板标签用于面板的上下方位置，对面板和面板上安装的各个信息出口进行标记。

（5）表面安装盒标签用于表面安装盒的正上方，对表面安装盒和表面安装盒上安装的各个信息出口进行标记。

3. 设备标签的设计原理

在布线系统设计、实施、验收、管理等几个方面，定位和标识是提高布线系统管理效率，避免系统混乱所必须考虑的因素，所以有必要将布线系统的标识当作管理的一个基础组成部分从布线系统设计阶段就予以统筹考虑，并在接下去的施工、测试和完成文档环节按规划统一实施，让标识信息有效地向下一个环节传递。

1）机柜/机架标识

数据中心中，机柜和机架的摆放和分布位置可根据架空地板的分格来布置和标示，依照 ANSI/TIA/EIA-606-A 标准，在数据机房中必须使用两个字母或两个阿拉伯数字来标识每块 600 mm×600 mm 的架空地板。在数据中心计算机房平面上建立一个 *XY* 坐标系网格图，以字母标注 *X* 轴，以数字标注 *Y* 轴，确立坐标原点。机架与机柜的位置以及正面在网格图上的坐标标注如图 2-57 所示。

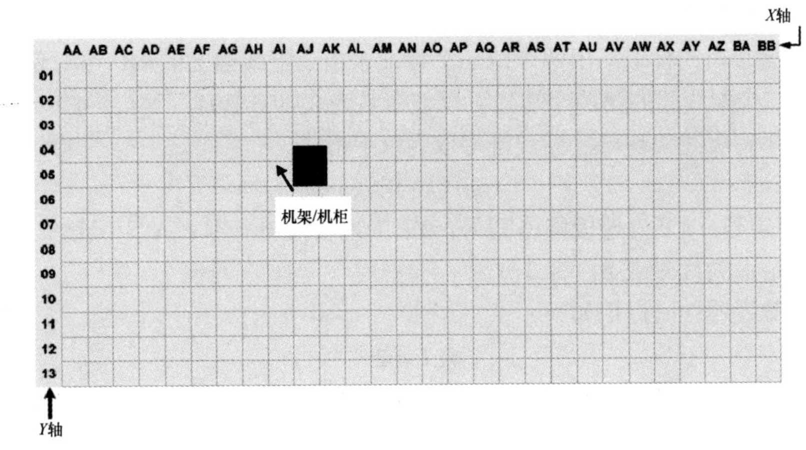

图 2-57　坐标标注

所有机架和机柜应当在正面和背面粘贴标签。每个机架和机柜都应当有唯一的基于地板网格坐标编号的标识符。如果机柜在不止一个地板网格上摆放，则通过在每个机柜上相同的拐角（如右前角或左前角）所对应的地板网格坐标编号来识别。

在有多层的数据中心里，楼层的标志数应当作为一个前缀增加到机架和机柜的编号中去。例如，上述在数据中心第三层的 AJ05 地板网格的机柜标为 3AJ05。

一般情况下，机架和机柜的标识符可以为以下格式。

nnXXYY

其中：*nn* 为楼层号；*XX* 为地板网格列号；*YY* 为地板网格行号。

在没有架空地板的机房里，也可以使用行数字和列数字来识别每一机架和机柜，如图 2-58 所示。在有些数据中心里，机房被细分到房间中，编号应对应房间名称和房间里面机架和机柜的序号。

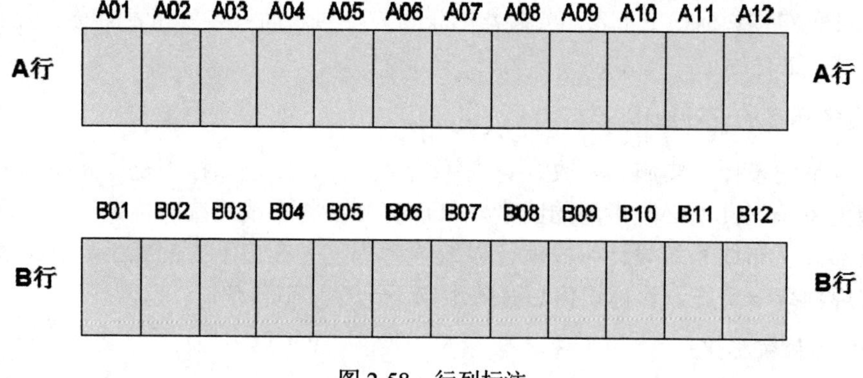

图 2-58　行列标注

2）配线架标识

（1）配线架编号。配线架的编号方法应当包含机架和机柜的编号以及该配线架在机架和机柜中的位置来表示。在决定配线架的位置时，水平线缆管理器不计算在内。配线架在机架和机柜中的位置可以自上而下用英文字母表示，如果一个机架或机柜有不止 26 个配线架，则需要两个特征来识别。

（2）配线架端口的标识。用两个或三个特征来指示配线架上的端口号。例如，在机柜 3AJ05 中的第二个配线架的第四个端口可以被命名为 3AJ05-B04。

一般情况下，配线架端口的标识符可以为以下格式。

nnXXYY-A-*mmm*

其中：*nn* 为楼层号；*XX* 为地板网格列号；*YY* 为地板网格行号；A 为配线架号（A～Z，从上至下）；*mmm* 为线对/芯纤/端口号。

（3）配线架连通性的标识如下。

p1 to p2

其中：p1 为近端机架或机柜、配线架次序和端口数字；p2 为远端机架或机柜、配线架次序和端口数字。

为了简化标识和方便维护，考虑补充使用 ANSI/TIA/EIA-606-A 中用序号或者其他标识符表示。例如，连接 24 根从主配线区到水平配线区 1 的 6 类线缆的 24 口配线架应当包含标签“MDA to HDA1Cat6UTP 1-24”。

例如，图 2-59 和图 2-60 所示用于有 24 根 6 类线缆连接柜子 AJ05 到 AQ03 的 24 位配线架的标签。

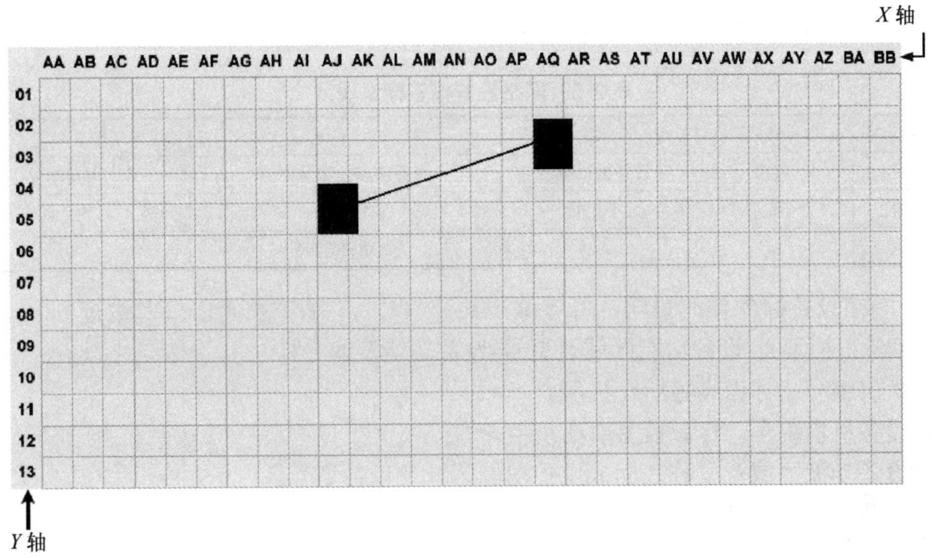

图 2-59　采样配线架标签

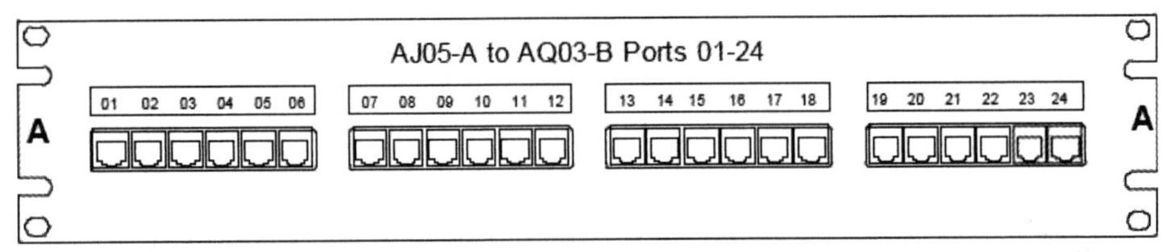

图 2-60　配线架标签

（4）线缆和跳线标识。连接的线缆上需要在两端都贴上标签标注其远端和近端的地址。线缆和跳线的管理标识为“p1n / p2n ”。

p1n：近端机架或机柜、配线架次序和指定的端口。

p2n：远端机架或机柜、配线架次序和指定的端口。

例如，图 2-61 中显示的连接到配线架第一个位置的线缆可以包含下列标签：AJ05-A01/ AQ03-B01。在柜子 AQ03 里的相同的线缆将包含下列标签：AQ03-B01 / AJ05-A01。

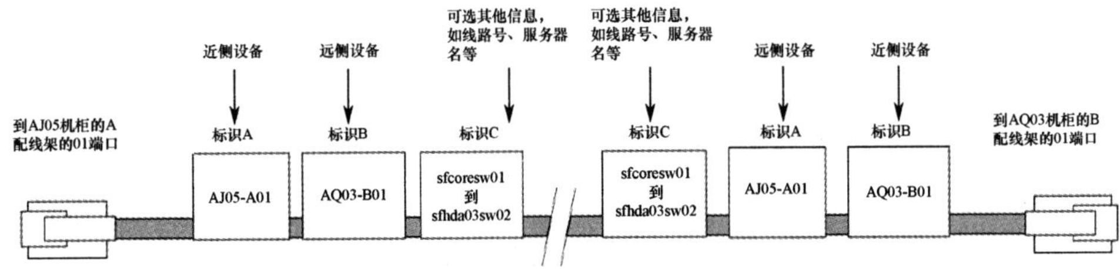

图 2-61　跳线标识

4. 部分设备标签的制作

1）网络设备标签的制作

（1）网络设备标识规范如表 2-8 所示。

表 2-8　网络设备标签标识规范

分段	1	2	3	4
解释	楼层	设备机柜编号	设备功能区域及型号	设备编号
字段位数	不定长	不定长	不定长	不定长
实例	1F	A04	CORES7706	01

（2）网络设备标签编码说明。标签编码共分 4 段，每段之间用“-”进行分隔，即机房编号-设备机柜编号-设备功能区域及型号-设备功能及编号。

① 机房编号：标识设备所在机房。

② 设备机柜编号：标识设备所在机柜。

③ 设备功能区域及型号：标识设备功能区域及设备型号。

④ 设备功能及编号：标识设备功能及编号。

（3）典型运用举例。例如，核心交换机（S7706）所在位置为一层机房的 A04 机柜，标识为：

1F-A04-CORE-S7706-01

2）线缆标签的制作

线缆标签表示规范如表 2-9 和表 2-10 所示。

表 2-9　线缆标签第一行规范

分段	1	2	3	4	5
解释	机房位置	设备机柜编号	本端设备型号	本端设备编号	本端设备端口号
字段位数	不定长	不定长	不定长	不定长	不定长
实例	1F	A04	CORES7706	01	10G1/0/1

表 2-10　线缆标签第二行规范

分段	1	2	3	4	5
解释	机房位置	设备机柜编号	对端设备型号	对端设备编号	对端设备端口号
字段位数	不定长	不定长	不定长	不定长	不定长
实例	2F	A01	S5720	01	10G1/0/1

（1）编规则码说明。命名规则中共分上下两部分，每部分 5 个主要元素，分段之间用“-”进行分隔。

① 机房编号：标识设备所在机房。

② 设备机柜编号：标识设备所在机柜。

③ 本端/对端设备型号：标识设备功能区域及设备型号。

④ 本端/对端设备编号：标识设备编号。

⑤ 本端/对端设备端口号：标识线缆所连接的设备端口号。

（2）编码举例。例如，一层机房 A04 机柜的核心交换机（S7706）的 10G1/0/1 端口，连接至 2 层 A01 机柜的 S5720 接入交换机的 10G1/0/1 端口，标识为：

F:1F-A04-S7706-01-10G1/0/1 T:2F-A01-S5720-01-10G1/0/1	F:1F-A04-S7706-01-10G1/0/1 T:2F-A01-S5720-01-10G1/0/1

F:2F-A01-S5720-01-10G1/0/1 T:1F-A04-S7706-01-10G1/0/1	F:2F-A01-S5720-01-10G1/0/1 T:1F-A04-S7706-01-10G1/0/1

5. 标签打印机的使用

国内市场常见的手持式标签打印机有自带显示屏和功能键，也有通过手机设置的，下面以硕方手持式标签打印机 LP5125BT 为例做操作演示。

1）安装色带和标签带

不用准备，装上标签带和电池，按【开机】键，便可开始打印工作，标签带安装示意图如图 2-62 所示。

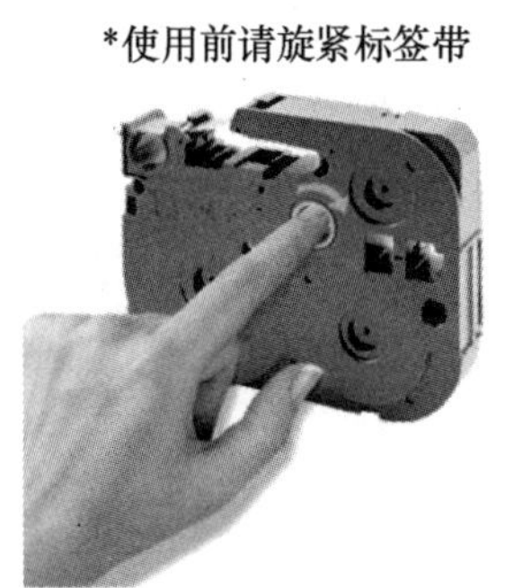

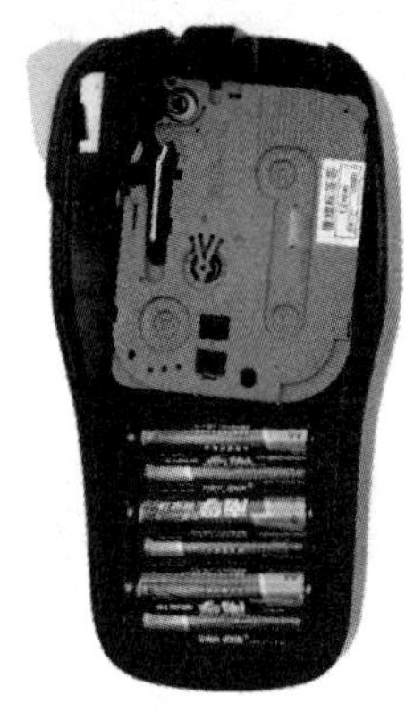

图 2-62　标签带安装示意图

2）按键设置打印

按下【旗形/缠绕】键，选择【旗形】标签（图 2-63），进行“长度”“线径”“类型”设置，输入内容，按【切割】键即可生成标签，标签打印机应用实例如图 2-64 所示。

3）手机操作步骤

手机操作步骤如下。

（1）下载 App：手机扫描硕方标签机 LP5125BT 背面的二维码（硕方标签机 T10 扫码包装盒里的说明书，扫描上面的二维码），点击下载即可。

类型1：“两面相同”

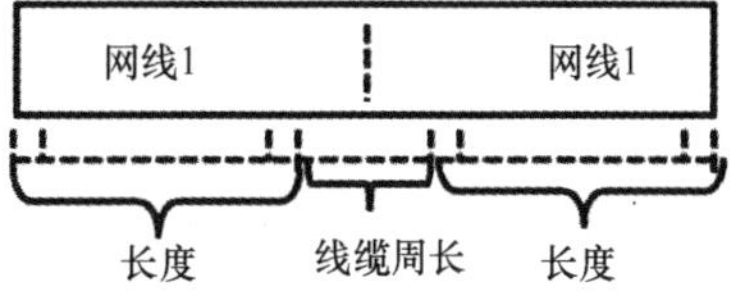

类型2：“两面不同”

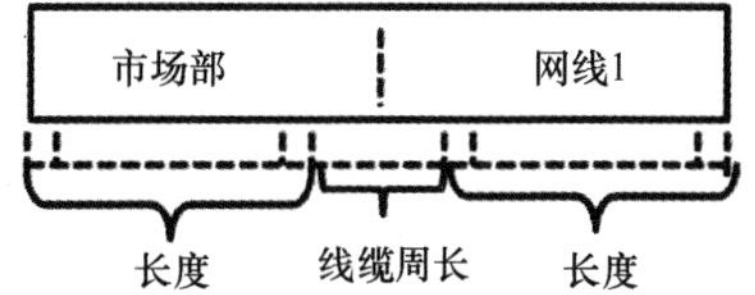

图 2-63　标签打印机设置示意图

（2）打开 App，连接打印机，如图 2-65 所示。

图 2-64　标签打印机应用实例

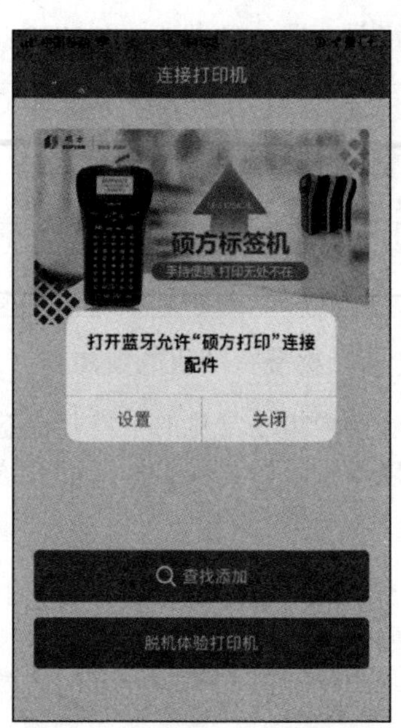

图 2-65　“硕方打印”App 页面

（3）手机打开“硕方打印”App，蓝牙连接成功后，单击屏幕左下角【标签库】图标，如图 2-66 所示。

（4）选择所需标签模板，如图 2-67 所示，选择需要的表格样式。

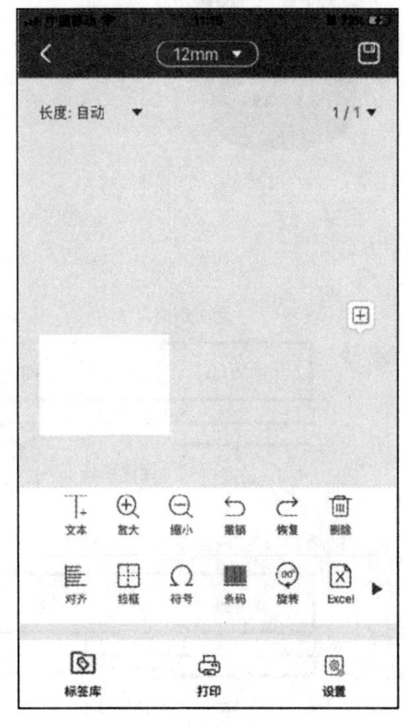

图 2-66　设置页面（1）

图 2-67　设置页面（2）

（5）单击文本字样，边框变蓝后为选中状态，单击右下角的【删除】图标，删掉示范内容，如图 2-68 所示。

（6）单击左下角【文本】图标，输入左侧标签内容，如“硕方”，单击左上角的【√】图标，页面返回，进行打印选项设置，如图 2-69 所示。

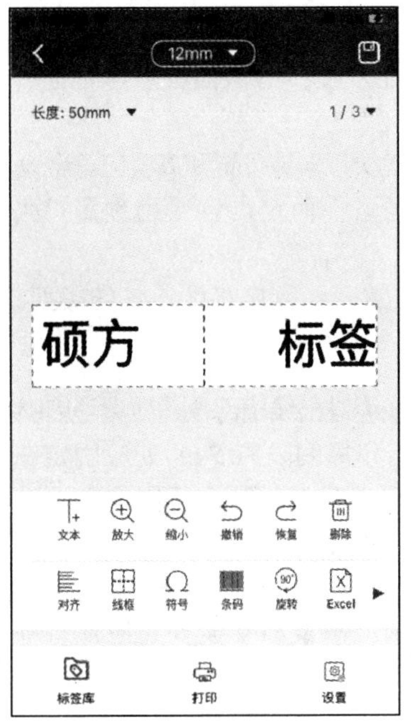

图 2-68　设置页面（3）

图 2-69　设置页面（4）

（7）确认无误后，打印即可。

2.1.6　查验系统设备安装质量

1. 系统设备的安装检验要点

安装检验要点主要包括机柜、机架安装检验要求，配线设备机架及其部件安装检验要求，信息插座模块安装检验要求，线缆桥架及线槽的设置要求，线缆的终接检验要求，系统调试的检验要求，供电、防雷与接地设施的检验要求七大部分。

1）机柜、机架安装检验要求

① 机柜、机架安装完毕后，垂直偏差应不大于 3 mm。机柜、机架安装位置应符合设计要求。

② 机柜、机架的各种零件不得脱落或碰坏，漆面如有脱落，应予以补漆，各种标志应完整、清晰。

③ 机柜、机架的安装应牢固，如有抗震要求时，应按施工图的抗震设计进行加固。

2）配线设备机架及其部件安装检验要求

① 设备机架采用下走线方式时，架底位置应与电缆上线孔相对应。

② 各直列垂直倾斜误差不应大于 3 mm，底座水平误差每平方米不应大于 2 mm。

③ 各部件应完整，安装到位，接线端子的各种标志应齐全。

④ 设备安装的螺钉必须拧紧，面板应保持在一个平面上。

3）信息插座模块安装检验要求

① 安装在活动地板或地面上，应固定在接线盒内，插座面板采用直立和水平等形式；接线盒盖可开启，并具有防水、防尘、抗压功能。接线盒盖面板应与地面齐平，安装在墙体上的宜高出地面 300 mm。

② 信息插座模块、多用户信息插座或集合点配线模块，安装位置和高度应符合设计要求。

③ 信息插座的底座盒固定方法，应按施工现场条件而定，宜采用预置扩张螺钉固定等方式，且固定螺钉必须拧紧，不应产生松动现象。

④ 各种插座面板应有标识，以颜色、图形、文字表示所接终端设备的类型。

4）线缆桥架及线槽的设置要求

① 密封线槽内线缆布放应顺直，尽量不交叉，在线缆进出线槽部位、转弯处应绑扎固定。

② 线缆桥架内线缆垂直布放时，在线缆的上端和每间隔 1.5 m 处应固定在桥架的支架上；水平布放时，在线缆的首、尾、转弯及每间隔 5～10 m 处进行固定。

③ 桥架及线槽的安装位置应符合施工图要求，左右变差不应超过 50 mm。桥架及线槽水平度每米变差不应超过 2 mm。垂直桥架及线槽应与地面保持垂直，垂直度偏差不应超过 3 mm。

④ 线槽截断处及两线槽拼接处应平滑、无毛刺。吊架和支架安装应保持垂直，整齐牢固，无歪斜现象。金属桥架、线槽及金属管各段之间应连接良好，安装牢固。采用吊顶支撑柱布放线缆时，支撑点宜避开地面沟槽和线槽位置，支撑应牢固。

5）线缆的终接检验要求

① 线缆终接前，必须核对线缆标识内容是否正确。

② 线缆的中间不允许有接头。

③ 线缆终接处必须牢固、接触良好，符合设计和施工操作规程。

④ 双绞电缆与插接件连接应认准线号、线位色标，不得颠倒和错接。

6）系统调试的检验要求

① 检查并调试摄像机的监控范围、聚焦、环境照度与抗逆光效果等，使图像清晰度、灰度等级达到系统设计要求。

② 检查并调整云台、镜头等遥控功能，排除遥控延迟和机械冲击等不良现象，使监视范围达到设计要求。

③ 检查并调整视频切换控制主机的操作程序、图像切换等功能，保证工作正常，满足设计要求。

④ 调整摄像机、监视器、图像处理器、编码器、解码器等设备，保证工作正常，满足设计要求。

7）供电、防雷与接地设施的检验要求

① 检查系统的主电源和备用电源，其容量应符合规定。

② 检查各子系统在电源电压规定范围内的运行状况，使其能正常工作。

③ 分别用主电源和备用电源供电，检查电源自动转换和备用电源的自动充电功能。

④ 当系统采用稳压电源时，检查其稳定特性、电压纹波系数应符合产品技术条件；当采用 UPS 作为备用电源时，应检查其自动切换的可靠性、切换时间、切换电压值及容量，并符合设计要求。

⑤ 按规定要求，检查系统的防雷与接地设施，复核土建施工单位提供的接地电阻测试数据。

⑥ 按设计文件要求，检查子系统的室外设备是否有防雷措施。

2. 开工前检查

项目工程的验收应从工程开工之日起就开始。从工程材料的验收开始，严把产品质量关，保证工程质量，开工前的检查包括设备、材料检验和环境检查，项目开工前检查表如表 2-11 所示。

表 2-11　项目开工前检查表

阶　段	检 查 项 目	检 查 要 点
开工前检查	环境检查	• 地面、墙面、门、电源插座及接地装置 • 机房面积、预留孔洞等 • 施工电源 • 建筑物入口设施检查 • 地板铺设
	设备、材料检验	• 设备器材的外观检查 • 设备器材的形式、规格、数量 • 电缆及连接器件电气性能测试 • 光纤及连接器件特性测试 • 测试仪表和工具的检查

在设备、材料的检验中，还要重点结合项目使用的不同器材进行合理的查验，具体要求如下。

1）设备、材料检验

① 工程所用的缆线和器材的品牌、型号、规格、数量和质量应在施工前进行检查，应符合设计要求并具备相应的质量文件或证书，无出厂检验证明材料、无质量文件或与设计不符合的设备和材料不得在工程中使用。

② 进口设备和材料应具有产地证明和商检证明。

③ 经检验的器材应做好记录，对不合格的器件应单独存放，以备核查与处理。

④ 工程中使用的缆线、器材应与订货合同或封存的产品在规格、型号、等级上相符。

2）配套型材、管材与铁件的检验

① 各种型材的材质、规格、型号应符合设计文件的规定，表面应光滑、平整，不得变形、断裂。预埋金属线槽、过线盒、接线盒及桥架等表面涂覆或镀层应均匀、完整，不得变形、损坏。

② 室内管材采用金属管或塑料管时，其管身应光滑、无伤痕，管孔无变形，孔径、壁厚应符合设计要求。

③ 金属管槽应根据工程环境要求做镀锌或其他防腐处理。塑料管槽必须采用阻燃管槽，外壁应具有阻燃标记。

④ 室外管道应按通信管道工程验收的相关规定进行检验。

⑤ 各种铁件的材质、规格均应符合相应质量标准，不得有歪斜、扭曲、飞刺、断裂或破损的现象。

3）缆线的检验要求

① 工程使用的电缆和光缆形式、规格及缆线的防火等级应符合设计要求。

② 缆线所附标志、标签内容应齐全、清晰，外包装应注明型号和规格。

③ 缆线外包装、外护套及端口封装需完整无损，当发现缆线损坏严重时，应测试合格后再在工程中使用。

④ 电缆应附有本批量的电气性能检验报告，施工前应进行链路或信道的电气性能及缆线长度的抽检，并做测试记录。

4）光纤接插软线或光跳线的检验

① 两端的光纤连接器件端面应装配合适的保护盖帽。

② 光纤类型应符合设计要求，并有明显的标记。

5）连接器件和配线设备的检验

① 配线模块、信息插座模块及其他连接器件的部件应完整，电气和机械性能等指标符合相应产品生产的质量标准。塑料材质应具有阻燃性能，并满足设计要求。

② 光纤连接器件及适配器使用形式和数量、位置与设计一致。

③ 光缆、电缆配线设备的形式、规格、标志名称应符合设计要求。各类标志名称应统一，位置正确、清晰。

3. 随工验收

在工程项目中，为了随时检查施工的质量和水平，对设备的整体技术指标和质量及时掌握，可以在施工过程中对设备安装进行查验，及时发现安装问题并解决，避免造成不必要的人、财的浪费，具体设备的检查要点见表 2-12～表 2-14。

表 2-12　设备安装检查表

阶　段	检查项目	检查要点
设备安装	电信间、设备间、设备机柜、机架	• 规格、外观 • 安装垂直、水平度 • 油漆不得脱落、标志完整齐全 • 各种螺钉必须紧固 • 抗 震加固措施 • 接地措施
	配线模块及信息模块通用插座	• 规格、位置、质量 • 标志齐全 • 各种螺钉必须拧紧 • 符合工艺要求 • 屏蔽层可靠连接

表 2-13　电缆、光缆布放检查表

<table>
<tr><th>阶　段</th><th>检查项目</th><th>检查要点</th></tr>
<tr><td rowspan="2">楼内电缆、光缆的布放</td><td>电缆桥架及线槽布放</td><td>● 安装位置正确
● 安装符合工艺要求
● 符合布放线缆的工艺要求
● 符合接地要求</td></tr>
<tr><td>线缆暗敷（暗管、线槽、地板等）</td><td>● 线缆规格、路由、位置
● 符合布放线缆的工艺要求
● 符合接地要求</td></tr>
<tr><td rowspan="5">楼间电缆、光缆的布放</td><td>架空线缆</td><td>● 吊线规格、架设位置、装设规格
● 吊线垂度
● 线缆规格
● 卡、挂间隔
● 线缆的引入符合工艺要求</td></tr>
<tr><td>管道线缆</td><td>● 使用管孔孔位
● 线缆规格
● 线缆走向
● 线缆的防护设施的设置质量</td></tr>
<tr><td>埋式线缆</td><td>● 线缆规格
● 敷设位置、深度
● 线缆防护设施的设置质量
● 回土夯实质量</td></tr>
<tr><td>隧道线缆</td><td>● 线缆规格
● 安装位置、深度
● 土建设计符合工艺要求</td></tr>
<tr><td>其他</td><td>● 通信线路与其他设备设施的距离
● 进线室安装、施工质量</td></tr>
</table>

表 2-14　施工质量抽查验收报告

<table>
<tr><th colspan="3" rowspan="2">项　目</th><th rowspan="2">要　求</th><th colspan="3">检查结果</th></tr>
<tr><th>合格</th><th>基本合格</th><th>不合格</th></tr>
<tr><td rowspan="13">设备安装质量</td><td rowspan="4">前端设备</td><td>1. 安装位置（方向）</td><td>合理、有效</td><td></td><td></td><td></td></tr>
<tr><td>2. 安装质量（工艺）</td><td>牢固、整洁、美观、规范</td><td></td><td></td><td></td></tr>
<tr><td>3. 线缆连接</td><td>视频线缆一线到位，接插件可靠。电源线与信号线、控制线分开，走向顺直，无扭曲</td><td></td><td></td><td></td></tr>
<tr><td>4. 通电</td><td>工作正常</td><td></td><td></td><td></td></tr>
<tr><td rowspan="9">控制设备</td><td>5. 机架、操作台</td><td>安装平稳、合理，便于维护</td><td></td><td></td><td></td></tr>
<tr><td>6. 控制设备安装</td><td>操作方便、安全</td><td></td><td></td><td></td></tr>
<tr><td>7. 开关、按钮</td><td>灵活、方便、安全</td><td></td><td></td><td></td></tr>
<tr><td>8. 机架、设备接地</td><td>接地规范、安全</td><td></td><td></td><td></td></tr>
<tr><td>9. 接地电阻</td><td>符合规范相关要求</td><td></td><td></td><td></td></tr>
<tr><td>10. 雷电防护</td><td>符合规范相关要求</td><td></td><td></td><td></td></tr>
<tr><td>11. 机架电缆线扎及标识</td><td>整齐、有明显标识编号、牢固</td><td></td><td></td><td></td></tr>
<tr><td>12. 电源引入线缆标识</td><td>引入线缆标识清晰、牢固</td><td></td><td></td><td></td></tr>
<tr><td>13. 通电</td><td>工作正常</td><td></td><td></td><td></td></tr>
</table>

续表

项目		要求	检查结果		
			合格	基本合格	不合格
管线敷设质量	14. 明敷管线	牢固美观，与室内装饰协调，抗干扰			
	15. 接线盒	垂直与水平交叉处有分线盒，线缆安装固定、规范			
	16. 隐蔽工程随工验收	有隐蔽工程随工验收单并验收合格			

4. 初步及竣工验收

对所有的新建、扩建和改建的项目都应该在完成施工调试后进行初步验收，主要内容包括检查项目工程的质量、审查竣工资料、对发现的问题提出处理意见，并组织相关责任单位落实解决。

系统工程安装质量检查，若各项指标符合设计要求，则被检项目检查结果为合格；若被检项目的合格率为100%，则项目工程安装质量判为合格。

系统性能检测中，对双电缆布线链路、光纤信道应全部检测，竣工验收需要抽验时，抽样比例不低于10%，抽样点应包括最远布线点。

综合布线管理系统检测，标签和标识按10%抽检，系统软件功能全部检测。若检测结果符合设计要求，则判为合格。

1）系统性能检测单项合格判定

若一个被检测项目的技术参数测试结果不合格，则该项目判定为不合格。若某一被测项目的检测结果与相应规定的差值在仪表准确度范围内，则该被测项目应判定为合格。

按《综合布线系统工程验收规范》（GB/T 50312—2016）附录 B“综合布线系统工程电气测试方式及测试内容”的指标要求。采用 4 对对绞电缆作为水平电缆或主干电缆，所组成的链路或信道有一项指标测试结果不合格，则该水平链路、信道或主干链路判为不合格。

主干布线大对数电缆中按 4 对对绞线对测试，指标有一项不合格，则判定为不合格。

若光纤信道测试结果不满足《综合布线系统工程验收规范》（GB/T 50312—2016）附录 C“光纤链路测试方法”的指标要求，则该光纤信道判为不合格。

未通过检测的链路、信道的电缆线对或光纤信道可在修复后复检。

2）竣工检测综合合格判定

对绞电缆布线全部检测时，若无法修复的链路、信道或不合格线对数量有一项超过被测总数的 1%，则判定为不合格。光缆布线检测时，若系统中有一条光纤信道无法修复，则判定为不合格。

对绞电缆布线抽样检测时，被抽样检测点（线对）不合格比例若小于被测总数的1%，则视为抽样检测通过，不合格点（线对）应予以修复并复检。被抽样检测点（线对）不合格比例若大于 1%，则视为一次抽样检测未通过，应进行加倍抽样，加倍抽样不合格比例不大于 1%，则视为抽样检测通过。若不合格比例仍大于 1%，则视为抽样检测不通过，应进行全部检测，并按全部检测要求进行判定。

若全部检测或抽样检测的结论为合格，则竣工检测的最后结论为合格；若全部检测的结论为不合格，则竣工检测的最后结论为不合格。

2.2　网络及电力连通运行

网络及电力连通运行项目是在完成交换机、路由器、光端机、服务器、存储等硬件设备的拆封并安装于机柜后进行的一项任务。本项目需要掌握正确规范连接各类强弱电电缆、掌握正确连接网络及信号线缆并了解其基本性能参数、熟悉正确操作设备上电通网，并使之平稳运行。

2.2.1　正确连接电源线缆

正确的设计和连接电源线缆是所有电气设备正常运行的基础，本节将讲解计算电源线规格及供电线路长度，指导进行电源线连接与设备接地操作。

1．供电线相关知识

1）电源线参数

智慧物联系统常用的电源线有 RVV2*0.5、RVV2*0.75、RVV2*1、RVV2*1.5，RVV3*1、RVV3*1.5、RVV3*2.5、RVV3*4.0、RVV4*0.5、RVV4*0.75、RVV4*1.0 等。字母 R 代表软线，字母 V 代表绝缘体聚氯乙烯（PVC）。*之前的数值代表芯数，其中两芯线一般用于传输低压电源，如 DC 12V、AC 24V 等；三芯线一般用于传输 AC 220V 等；四芯线常作为报警探测器线缆。*之后的数值代表线缆横截面积（mm^2）。

如图 2-70 所示，RVV 电缆全称为铜芯聚氯乙烯绝缘聚氯乙烯护套软电缆，又称轻型聚氯乙烯护套软线，俗称软护套线，是护套线的一种。RVV 电线电缆就是两条或两条以上的 RV 线外加一层护套。RVV 电缆是弱电系统常用的线缆，其芯线根数不定，两根或两根以上，外面有 PVC 护套，芯线之间的排列没有特别要求。

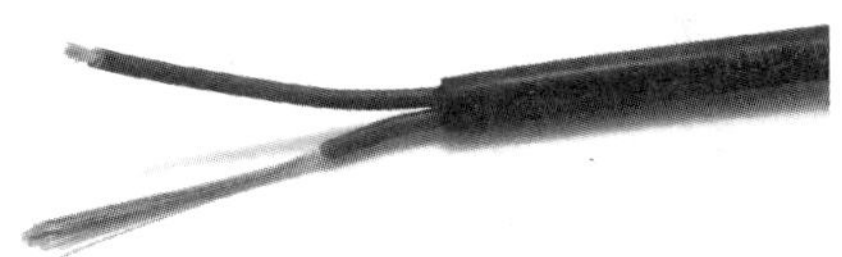

图 2-70　电源线 RVV2*0.75

2）电源线规格及线路长度计算

电源线要通过计算才可以得到合理的选配，具体的计算方法如下。

（1）线径（导线直径）计算：电线电缆的规格都是用横截面积表示的，如 1.5 mm^2、2.5 mm^2 等，通常可以将导线的线径除以 2 再平方，然后乘以 3.14 得到。例如，1.5 mm^2 独股铜线线径为 1.38 mm，计算（1.38/2）^{2}×3.14×1 股＝1.494 954mm^2，这就是合格的国标线径。

（2）电阻值计算：电阻值=电阻率×长度/横截面，即 $R=\rho L/S$。

（3）如果把各种材料制成长 1 m、横截面积 1 mm^2 的导线，在 20℃时测量它们的电阻（称为这种材料的电阻率）并进行比较，那么银在这几种材料中的电阻率最小，其次是按铜、铝、钨、铁、锰铜、镍铬合金的顺序，电阻率依次增大。铝导线的电阻率是铜导线的

1.5 倍多，它的电阻率 ρ=0.0294 Ω·mm^2/m，铜的电阻率 ρ=0.01851 Ω·mm^2/m，电阻率随温度变化会有一些差异。如果 200 m 长的 2×1.0 的铜线作为电源线，那么电阻值=0.01851×200/1=3.702 Ω。

（4）线路允许的电压降：普通红外枪机要求电压为 DC 12 V，如果采用 15 V 的直流电源为枪机供电，允许的电压差是 3 V。

（5）线路最大电流=设备工作电流×设备个数，若某条线路上共有 2 个枪机，每个枪机的工作电流为 500 mA，则该线路最大电流为：500 mA×2=1000 mA。

（6）导线的电阻计算方法为：

导线的电阻=线路允许的电压降÷线路最大电流

2. 线路连接（技能训练）

下面我们通过实际项目做一个实操演练，通过电缆的连接、接地和电源线连接来体验。特别注意用电安全。

1）连接电缆和地线

如图 2-71 所示，将接地线的一端连接到设备的接地端子，再将接地线的另一端连接到可靠的接地点上。

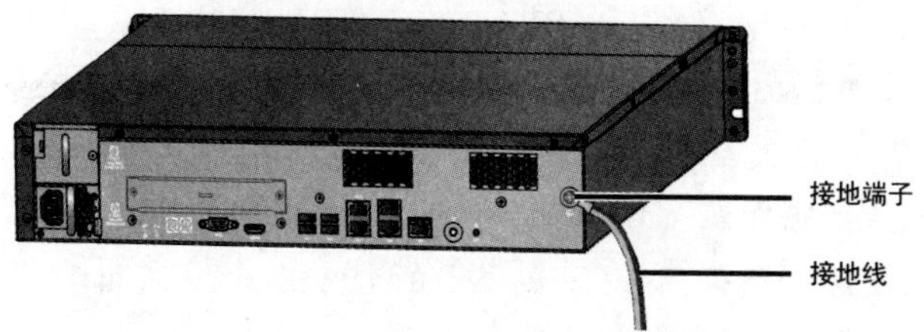

图 2-71　接地线连接示意图

2）机房有接地排

当所处安装环境中有接地排时，将设备接地线的另一端连至接地排的接线柱上，拧紧固定螺母，如图 2-72 所示。一般机柜都有一排接地条，可以将设备的接地线连到机柜的接地条上。消防水管、暖气片和大楼的避雷针接地都不是正确的接地选项，设备的接地线应该连接到机房的工程接地。

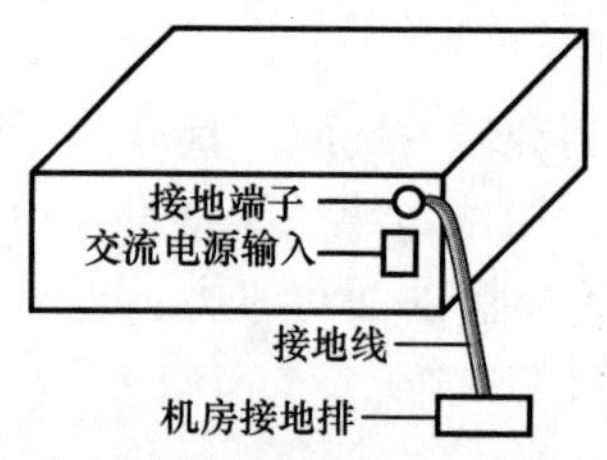

图 2-72　接地安装示意图（机房有接地排）

3）埋设接地体

当所处安装环境中没有接地排时，若附近有泥地并且允许埋设接地体时，可采用长度不小于 0.5 m 的角钢（或钢管），直接打入地下。具体接地连接方法如图 2-73 所示。此时，设备的接地线应与角钢（或钢管）采用电焊连接，焊接点应进行防腐处理。

4）交流电源 PE 接地

当所处安装环境中没有接地排，并且条件不允许埋设接地体时，可以通过交流电源的 PE 线（通常为绿-黄双色线）进行接地，如图 2-74 所示。此时，应确认交流电源的 PE 线在配电室或交流供电变压器侧良好接地。

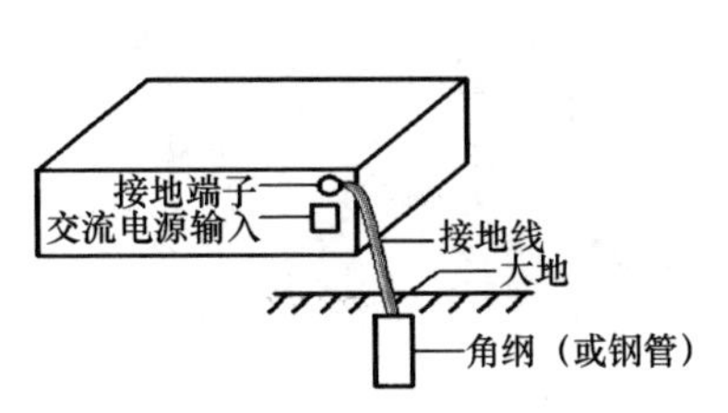

图 2-73　接地安装示意图（埋设接地体）

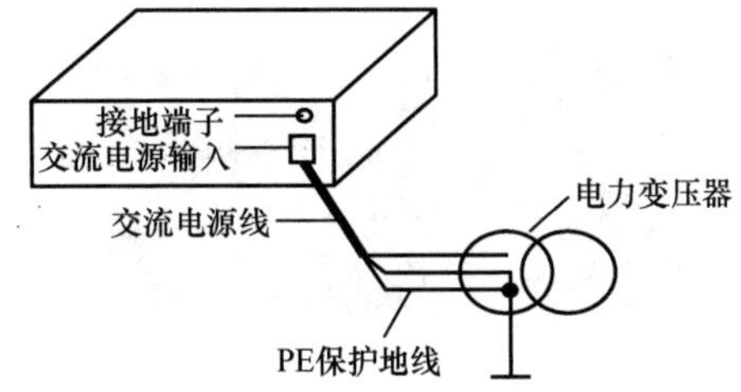

图 2-74　接地安装示意图（利用交流 PE 线接地）

5）连接电源线

从包装袋中取出交流电源线，完成电源线的连接。连接电源线时，确保供电插座的开关是关闭状态。

对于供电插座，建议使用带中性点的单相三线电源插座（图 2-75）或多功能微机电源插座，且电源的中性点在建筑物中可靠接地。一般建筑物在施工布线时，已将本建筑物供电系统的电源中性点埋地，用户需要确认本建筑物电源是否已经可靠接地。

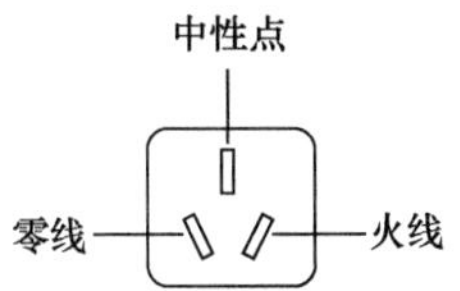

图 2-75　交流电源插座

2.2.2　正确连接音视频线缆

音视频接口的主要作用是将视频信号输出到外部设备，或者将外部采集的视频信号收集起来。随着视频技术的不断发展，人们为了呈现出清晰度高、质量好的视频，先后采用了各种类型的视频接口。与此同时，视频接口的作用也在不断丰富。通过本节的学习，将识别几种常见的音视频线缆，区分音视频接口的公头和母头，并对常见音视频线缆进行正确连接操作。

1. 音视频接口基础知识

1）CVBS 接口

复合同步视频广播信号（Composite Video Broadcast Signal，CVBS）接口如图 2-76 所示。CVBS 接口可以在同一信道中同时传输亮度和色度信号，“复合视频”因此得名。它是音频、视频分离的视频接口，一般由 3 个独立的 RCA 插头（又称梅花接口）组成，其中的 V 接口连接混合视频信号，为黄色插口；L 接口连接左声道声音信号，为白色插口；R 接口连接右声道声音信号，为红色插口。

因为亮度和色度信号在接口链路上没有实现分离，所以需要后续进一步解码分离，这个处理过程会因为亮色串扰问题，导致图像质量的下降。所以 CVBS 信号的图像保真度一般。CVBS 接口在物理上通常采用 BNC 或 RCA 接口进行连接。需要注意的是，CVBS 不能同时传输视频和音频信号。CVBS 信号的图像品质受线材影响大，所以对线材的要求较高。

2）VGA 接口

视频图形阵列（Video Graphics Array，VGA）接口，也称 D-Sub 接口，如图 2-77 所示。VGA 接口应用较广泛，主要用于计算机的输出显示，是计算机显卡上应用广泛的接口。

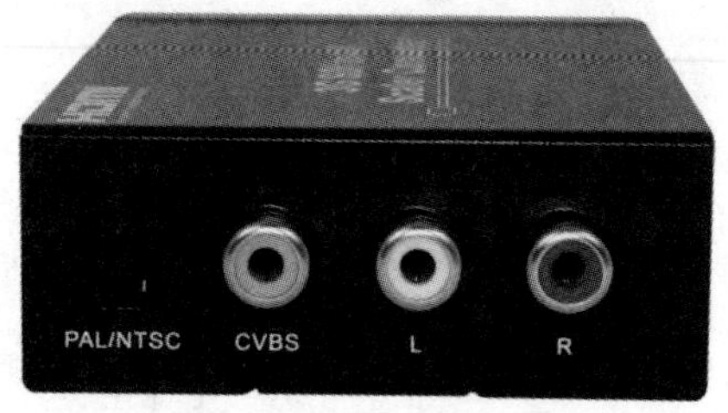

图 2-76　CVBS 接口

图 2-77　VGA 接口

VGA 接口有 15 个针脚，实现了 RGB 信号的分离传送，因此不存在亮色串扰问题，视频图像的质量较高。VGA 接口传输的信号是模拟信号，主要应用在计算机的图形显示领域。VGA 接口目前支持多种图像分辨率标准：VGA 标准（分辨率 640 px×480 px）、SVGA 标准（分辨率 800 px×600 px）、XGA 标准（分辨率 1024 px×768 px）、SXGA 标准（分辨率 1280 px×1024 px）、WXGA 标准（分辨率 1280 px×800 px）、UVGA 标准（分辨率 1600 px×1200 px）、WUXGA 标准（分辨率 1920 px×1200 px）。

3）DVI 接口

数字视频接口（Digital Visual Interface，DVI）。DVI 的接口标准由数字显示工作组（Digital Display Working Group, DDWG）于 1999 年 4 月推出，设计用于 PC 和 VGA 显示器间传输非压缩实时视频信号。

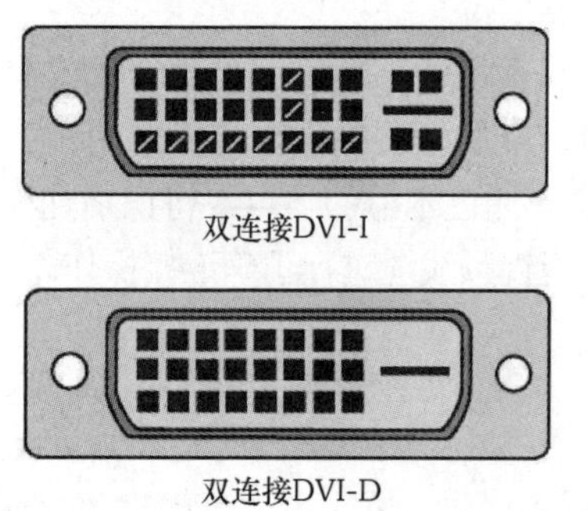

图 2-78　DVI

目前的 DVI 分为两种：DVI-D 和 DVI-I，如图 2-78 所示。DVI-D 只能接收数字信号，不兼容模拟信号，接口上只有 3 排 8 列共 24 个针脚，其中右上角的一个针脚为空。DVI-I 和 DVI-D 的区别是可同时兼容模拟信号和数字信号。当连接 VGA 接口设备时需要进行接口转换，一般采用这种 DVI 的显卡都会带有相关的转换接头。

DVI 传输数字信号时，数字图像信息无须经过任何转换，一方面大大降低了信号处理时延，因此传输速度更快，接口最大速率可以达到 1.65 GHz；另一方面避免了 A/D 和 D/A 转换过程带来的信号衰减和信号损失，所以可以有效消除模糊、拖影、重影等现象，图像的色彩更纯净、更逼真，清晰度和细节表现力都得到了大大提高。与 CVBS 接口一样，DVI 也不支持传输音频信号。DVI 传输距离与线材有关，一般小于 30 m。目前 DVI 在高清显示设备（高清显示器、高清电视、高清投影仪等）上大量应用。

4）HDMI 接口

高清多媒体接口（High Definition Multimedia Interface，HDMI）。2002 年 4 月，日立、松下、飞利浦、索尼、汤姆逊、东芝和 Silicon Image 这 7 家公司联合组成 HDMI 组织，并颁布 HDMI 1.0 标准。目前 HDMI 接口已经成为消费电子领域发展最快的高清数字视频接口，如图 2-79 所示。

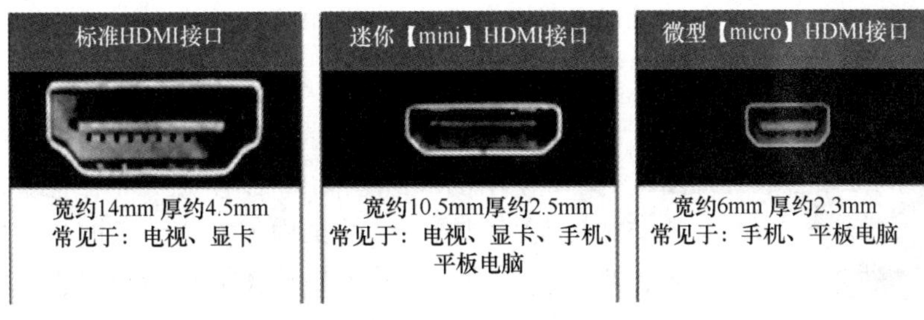

图 2-79　HDMI

HDMI 是基于 DVI 标准而制定的，同样采用 TMDS 技术来传输数字信号。另外 HDMI 在针脚定义上可兼容 DVI。HDMI 的传输带宽高，与 CVBS 接口、DVI 不同，HDMI 在保持信号高品质的情况下能够同时传输未经压缩的高分辨率视频和多声道音频数据。接口传输速率按照 HDMI 1.0 可支持 5 Gbps，按照 HDMI 1.3 可支持 10 Gbps。HDMI 线缆传输距离一般为 10 m，理论上可以达到 15 m。

5）SDI 接口

串行数字接口（Serial Digital Interface，SDI）如图 2-80 所示。SDI 是专业的视频传输接口，一般用于广播级视频设备中。SDI 可以分为 SD-SDI（270 Mbps）、HD-SDI（1.485 Gbps）和 3G-SDI（2.97 Gbps）3 种。

图 2-80　SDI

SDI 可以通过一条电缆传输全部亮度信号、颜色信号、同步信号与时钟信息，所以能够进行较长距离传输。SD-SDI 信号通过一般的同轴电缆可传输 350 m 左右，HD-SDI 信号在一般同轴电缆中传输不到 100 m。

6）音频接口

视频监控系统中的音频接口表现形式多样，常见的有凤凰头接口、RCA 接口、BNC 接口和 MIC 接口。可视智慧物联监控设备上常用到凤凰头接口、BNC 接口和 MIC 接口，如图 2-81 所示。这些接口除了物理形态不同，对连接的外设要求以及支持的功能也有差异。

凤凰头接口、RCA 接口和 BNC 接口有输入和输出之分，输入接口用于连接拾音器，输出接口用于连接音箱。输入和输出接口的类型不一定相同，如音频输入采用凤凰头接口，音频输出采用 BNC 接口。在实际的视频监控系统中凤凰头接口、RCA 接口和 BNC 接口通常和视频接口绑定成同一个通道，采集的音频信号可以以录像的形式进行存储。

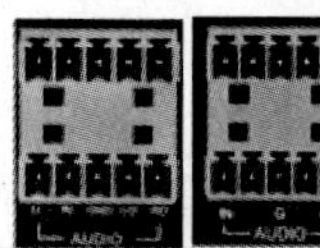

(a) 凤凰头接口

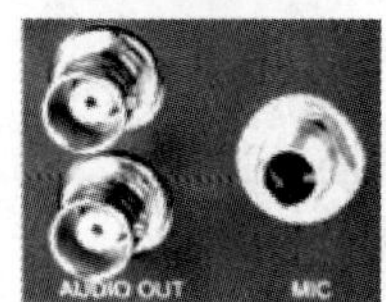

(b) MIC接口和BNC接口

(c) RCA接口

图 2-81　音频相关接口

MIC 接口用于连接传声器。在视频监控系统中主要用于前端设备的音频采集。因为传声器的阻抗较小，为了保证信号质量，所以传声器线缆都比较短。另外，MIC 接口的尺寸较大，所以在设备上的数量较少，一般只有一个。受限于线缆和数量因素，MIC 接口的应用场合较少，如在 uniview 视频监控系统中主要用于语音对讲功能。

7）同轴电缆

同轴电缆是模拟时代前端视频传输线缆，RCA 接口和 BNC 接口使用的线缆也为同轴电缆。同轴电缆的得名与它的结构相关。同轴电缆的结构可以分为保护套、外导体屏蔽层、绝缘层、铜芯，其中外导体屏蔽层和铜芯构成回路。外导体屏蔽层和铜芯间用绝缘材料互相隔离。外层导体和中心轴芯线的圆心在同一个轴心上，所以称为同轴电缆。这种结构使它具有高带宽和极好的噪声抑制特性。

同轴电缆有基带同轴电缆和宽带同轴电缆之分。基带同轴电缆的阻抗特性为 50 Ω，仅用于数字传输，速率最高可达到 10 Mbps。基带同轴电缆根据线径可分为粗缆和细缆，粗缆的传输距离可达 500 m，细缆的传输距离可达 180 m。

宽带同轴电缆的阻抗特性为 75 Ω，一般用于模拟传输，速率最高可达到 750 Mbps。在视频监控系统中，摄像机所连的视频线为宽带同轴电缆。宽带同轴电缆根据线径尺寸的不同有多种规格，如 SYV-75-3C、SYV-75-5C、SYV-75-7C、SYV-75-9C。同轴电缆参数定义如表 2-15 所示。

表 2-15　同轴电缆参数定义

参　数	定　义
S	射频
Y	聚乙烯绝缘
V	聚氯乙烯护套
75	阻抗 75Ω
5/7/9	线径尺寸为 5 mm、7 mm、9 mm
C	屏蔽网的编数为 128 编

2．接口连接（技能训练）

从模拟视频监控时代到数字视频监控时代，再到网络化监控时代，存在多种不同的音视频接口和对应的音视频接线。对于后端设备，包括 CVBS 接口、VGA 接口、DVI、HDMI、SDI、凤凰头接口、RCA 接口和 BNC 接口，及其相应线缆。对于前端设备主要有同轴电缆与网线。

考虑到音视频线缆及其对应的接口种类繁多，限于篇幅不一一说明，先列举常用音视频接口正确连接方式，如图 2-82 所示。

2.2.3　正确连接网络线缆

网络线缆是从一个网络设备（如计算机）连接到另一个网络设备传递信息的介质，是网络的基本构件。在我们常用的局域网中，使用的网线也具有多种类型。下面介绍双绞线的相关知识、线缆连接与调试。

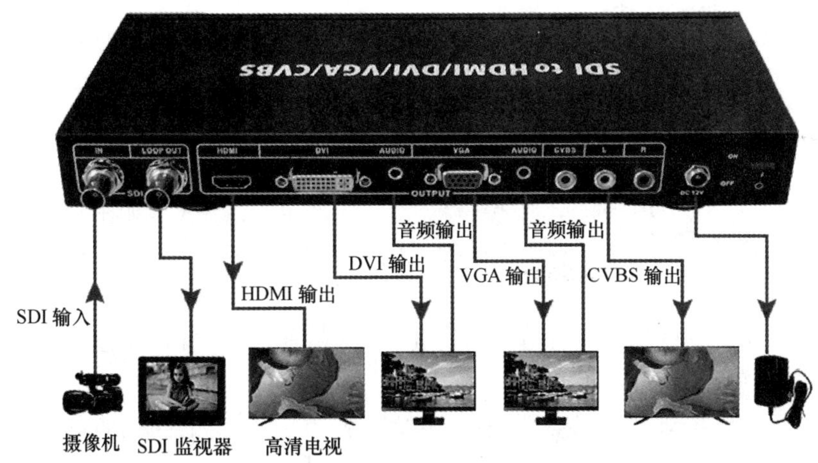

图 2-82　常用音视频正确连接方式

1．双绞线相关知识

双绞线的英文为 Twist-Pair，是由许多对线组成的数据传输线，是综合布线工程中常用的一种传输介质。双绞线采用了一对互相绝缘的金属导线互相绞合的方式来抵御一部分外界电磁波干扰，“双绞线”的名称也由此而来。它具有抗干扰能力强、传输距离远、布线容易、价格低廉等优点。

双绞线的做法有两种国际标准：EIA/TIA568A 和 EIA/TIA568B。如图 2-83 所示，双绞线的连接方法也主要有两种：直连网线和交叉网线。直连网线的水晶头两端都遵循 568A 或 568B 标准，双绞线的每组线在两端都是一一对应的，颜色相同的在两端水晶头的相应槽中保持一致。交叉网线的水晶头一端遵循 568A 标准，而另一端则采用 568B 标准。

目前，双绞线常见的有五类线和超五类线、六类线，以及七类线。五类线线径细，而超五类、六类、七类线径粗，型号如下。

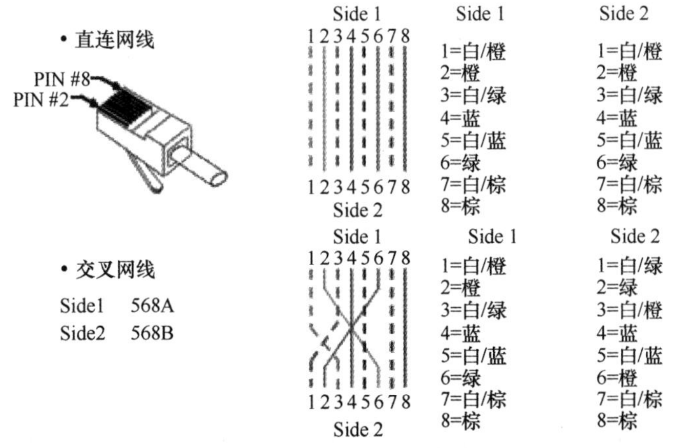

图 2-83　直连网线和交叉网线示意图

（1）一类线：主要用于传输语音，一类线主要用于 20 世纪 80 年代初之前的电话线缆，不用于数据传输。

（2）二类线：传输频率为 1 MHz，用于语音传输和最高传输速率为 4 Mbps 的数据传输，常见于使用 4 Mbps 规范令牌传递协议的旧的令牌网。

（3）三类线：在 ANSI 和 EIA/TIA568 标准中指定的电缆，该电缆的传输频率为 16 MHz，用于语音传输及最高传输速率为 10 Mbps 的数据传输，主要用于 10BASE-T。

（4）四类线：该类电缆的传输频率为 20 MHz，用于语音传输和最高传输速率为 16 Mbps 的数据传输，主要用于基于令牌的局域网和 10BASE-T/100BASE-T。

（5）五类线：该类电缆增加了绕线密度，外套一种高质量的绝缘材料，传输速率为 100 MHz，用于语音传输和最高传输速率为 100 Mbps 的数据传输，主要用于 100BASE-T 和 10BASE-T 网络。这是最常用的以太网电缆。

（6）超五类线：该类电缆衰减小，串扰少，并且具有更高的衰减与串扰的比值（ACR）和信噪比（Structural Return Loss）、更小的时延误差，性能得到很大提高。超五类线的最大传输速率为 250 Mbps。

（7）六类线：该类电缆的传输频率为 1～250 MHz，六类线系统在 200 MHz 时综合衰减串扰比（PS-ACR）应该有较大的裕量，它提供 2 倍于超五类的带宽。六类线的传输性能远远高于超五类标准，适用于传输速率高于 1Gbps 的应用。

（8）超六类线：超六类线是六类线的改进版，同样是 ANSI/EIA/TIA568B 和 ISO 六类/E 级标准中规定的一种非屏蔽双绞线电缆，主要应用于千兆位网络。在传输频率方面与六类线一样，也是 200～250 MHz，最大传输速率也可达到 1 Gbps，只是在串扰、衰减和信噪比等方面有较大改善。

（9）七类线：该线是 ISO 七类/F 级标准中最新的一种双绞线，主要为了适应万兆位以太网技术的应用和发展。但它不再是一种非屏蔽双绞线了，而是一种屏蔽双绞线，所以它的传输频率至少可达 500 MHz，是六类线和超六类线的 2 倍以上，传输速率可达 10 Gbps。

2. 线缆连接与调试（技能训练）

1）连接网络管理口

设备提供自适应的网络管理口，用于 Web 管理。该接口使用五类或五类以上双绞线连接。建议使用屏蔽双绞线，以保证电磁兼容的需要。

2）连接业务口

推荐使用屏蔽双绞线，以保证电磁兼容的要求。业务口支持自动识别交叉网线或者直连网线，方便使用。

3）连接 RS232 串口线

通过串口 1（RS232 串口）对设备进行维护时，串口线的要求如图 2-84 所示，其中 DB9 接口连接 PC，RJ−45 接口连接设备的串口 1。

（1）电口款型摄像机，室外安装使用时需要安装网线水晶防水套件，网口线缆连接如图 2-85 示。

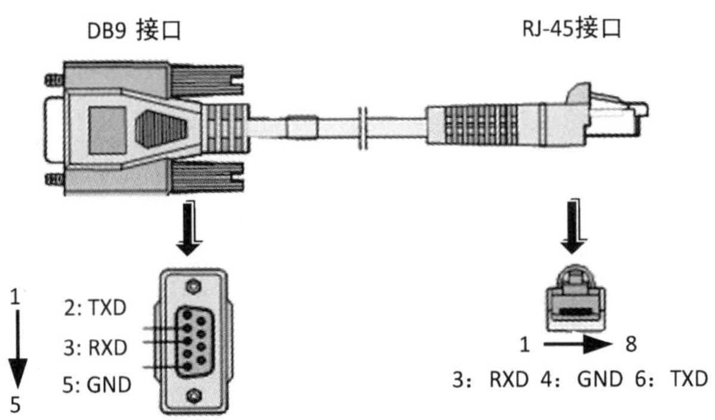

图 2-84　连接 RS232 串口线的要求

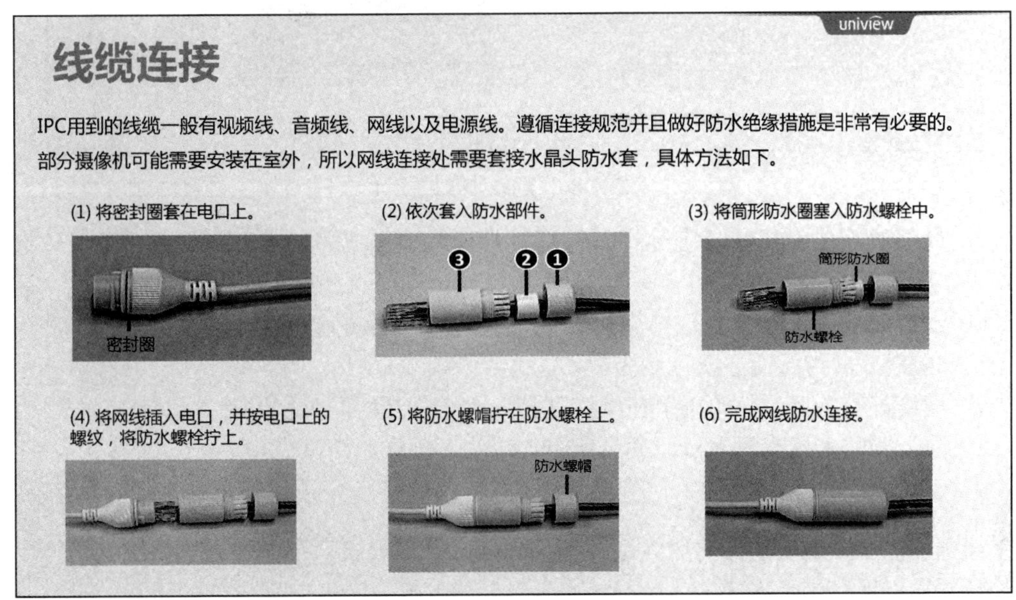

图 2-85　网口线缆连接

（2）尾线防水连接如图 2-86 所示。

尾线不可裸露在外，尾线所在区域需做好整体防水（防水接线盒或密封腔内），避免尾线浸泡在积水中。

如果采用经过防水接线盒走波纹管到设备的安装方式，则应保证尾线注塑体至接头部分处于防水接线盒内，波纹管应 U 形布置，保证防水接线盒和设备处于 U 形的高位，同时应采取措施，防止盒内和管内积水。波纹管底部可扎孔开口以避免管内积水。

防水胶带使用要求如下。

① 使用防水胶带对尾线进行防水处理前，应首先按需要对尾线进行连接，并用绝缘胶带对裸露的金属部分进行绝缘处理，防止短路。

② 防水胶带开始缠绕的起点和终止点，应超出接头边缘 50 mm 左右。当对带注塑体的尾线进行整体防护时，缠绕的起点选择在超出注塑体边缘 50 mm 左右处。

③ 缠绕时应均匀拉伸胶带（使胶带长度变为原来的 200%左右）并保持一定的拉伸强度，以重叠方式进行缠绕，上层胶带覆盖下层的 1/2 左右。

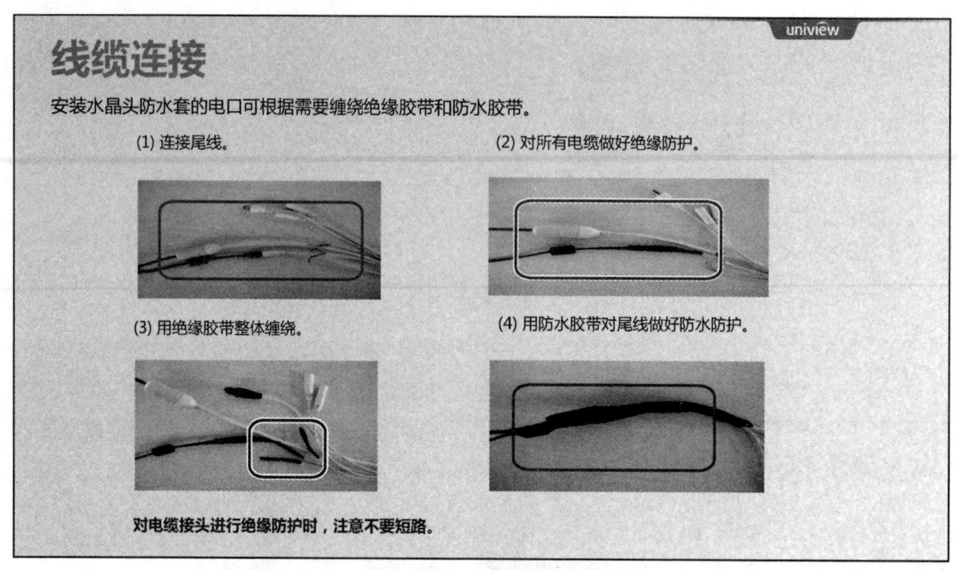

图 2-86 尾线防水连接

④ 缠绕时需要对尾线紧密缠绕，保证胶带缠绕的起点和终点开口最小，并且于起点和终点多圈缠绕，避免翘起。

⑤ 缠绕时应确保缠绕到位，当由上到下缠绕完一层防水胶带后再以同样的方式由下到上反向缠绕，共缠绕两层防水胶带。

⑥ 缠绕好胶带后，必须用手在缠绕处挤压胶带，使层间紧密贴附，以便充分自粘。

⑦ 除了带防水接头的网口，其余所有接头均必须做好防水处理。

4）连接后检测

通过检测可以确认连接的线缆是否都达到标准。

（1）检查地线是否连接。

（2）检查配置电缆、电源输入电缆连接关系是否正确。

（3）检查接口线缆是否都在室内走线，无户外走线现象；若有户外走线情况，就需要检查是否进行了交流电源防雷插排、网口防雷器等的连接。

2.2.4 正确连接光纤线缆

光纤是新一代传输介质，与铜质介质相比，光纤无论是在安全性、可靠性还是网络性能方面都有了很大的提高。除此之外，光纤传输的带宽大大超出铜质线缆，而且其支持的最大连接距离达 2 km 以上，是组建较大规模网络的必然选择。下面介绍光纤基础知识、光纤的永久连接方法与活动连接方法、法兰盘、FC/PC、SC 等活动连接器、光纤网络的测试测量设备。

1. 光纤相关知识

在视频监控系统中，需要进行长距离传输时常用光纤作为介质。根据传输点模数的不同，光纤可分为单模光纤和多模光纤，多模光纤的颜色为橘红色，单模光纤的颜色为黄色，如图 2-87 所示。所谓“模”是指以一定角度进入光纤的一束光。光纤类别应采用光纤产品的分类代号表示，即用大写 A 表示多模光纤，大写 B 表示单模光纤，再以数字和小写字母表示不同种类光纤。

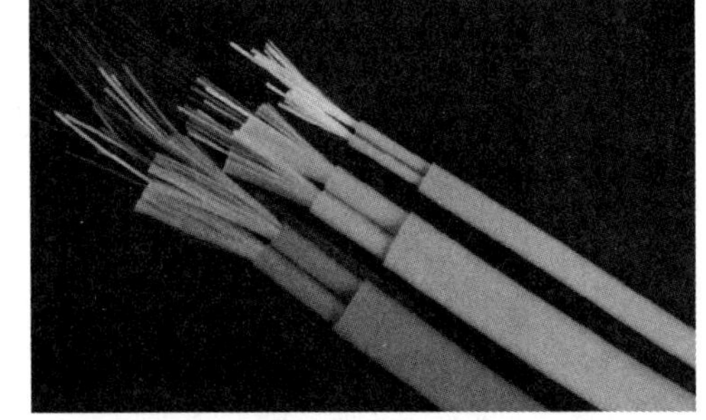

图 2-87　多模（左）和单模（右）光纤

多模光纤则采用发光二极管做光源，允许多种模式的光在光纤中同时传播，从而形成模分散（因为每个“模”的光进入光纤的角度不同，所以它们到达另一端点的时间也不同，这种特征称为模分散），模分散技术限制了多模光纤的带宽和距离。多模光纤的纤芯直径为 50～62.5 μm，包层外直径为 125 μm。多模光纤的工作波长为 850 nm 或 1300 nm。因此，多模光纤的芯线粗，传输速度低、距离短（一般只有几千米），整体的传输性能差，但其成本比较低，一般用于建筑物内或地理位置相邻的环境下。

因为单模光纤采用固体激光器做光源，在光纤中只能允许一种模式的光传播，所以单模光纤没有模分散特性。单模光纤的纤芯直径为 8～10 μm，包层外直径为 125 μm。工作波长为 1310 nm 或 1550 nm。因此，单模光纤的纤芯相应较细，传输频带宽、容量大，传输距离长，但因其需要激光源，成本较高，通常在建筑物之间或地域分散时使用。

在视频监控系统中，传输设备上（光端机、交换机、EPON 设备）应用多种光纤接头。常见的有以下 4 种。

（1）ST 接头：圆形的卡接式接口，一般用于光纤的中继。

（2）SC 接头：方形光纤接头，一般用于设备端接。

（3）LC 接头：小方形光纤接头，一般用于设备端接。

（4）FC 接头：圆形螺口，一般用于光纤的中继。

在视频监控系统中，交换机、路由器等网络设备上会用到多种接口（图 2-88），常见的有以下 4 种。

（1）电接口：普通双绞线接口，传输电信号，一般速率为 10 Mbps、100 Mbps 或 1000 Mbps，最远传输距离为 100 m。

（2）EPON 接口：采用点到多点结构，无源光纤传输，在以太网上提供多种业务。EPON 由光线路终端（Optical Line Terminal，OLT）和光节点（Optical Network Unit，ONU）设备组成。

（3）SFP 接口：热插拔小封装模块，目前最高速率可达 10 Gbps，多采用 LC 接口。

（4）BIDI 接口：LC 接口，实现一根光纤双向传输，一般用于交换机连接终端设备。BIDI 模块发送和接收两个方向使用不同的中心波长，从而实现光信号在同一根光纤内的双向传输。BIDI 模块必须成对使用，例如，一端使用了 SFP-GE-LX-SM1310-BIDI，另外一端就必须使用 SFP-GE-LX-SM1490-BIDI。

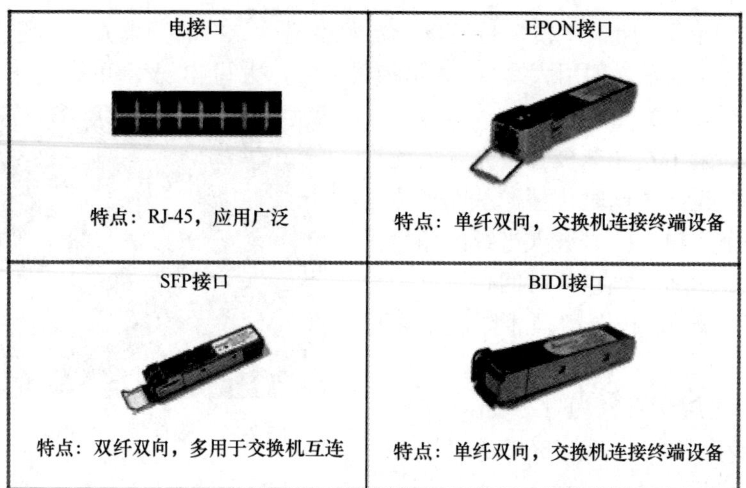

图 2-88　常见交换机接口

2. 光纤连接与测试（技能训练）

光通信系统的构成，除了光源和光检测器件，还有一些不用电源的光通路元器件——无源光器件。在安装任何光纤通信系统时，必须考虑以低损耗的方式把光纤连接起来，要求尽量减少在连接的地方出现光的反射。

光纤的连接有永久性和活动性两种，永久性连接的称固定接头，使用熔接（热接）或冷接（接续子）。

光纤的永久连接是指光纤的熔接，熔接的过程包括端面的准备，纤芯的对正，熔接和接头增强等。

活动接头也称活接头（机械接头），用法兰盘、FC/PC、SC 等活动连接器。活动连接器方法是指利用精密陶瓷套筒准直纤芯，插入损耗目前水平为 0.2d。常见活动连接器如图 2-89 所示。

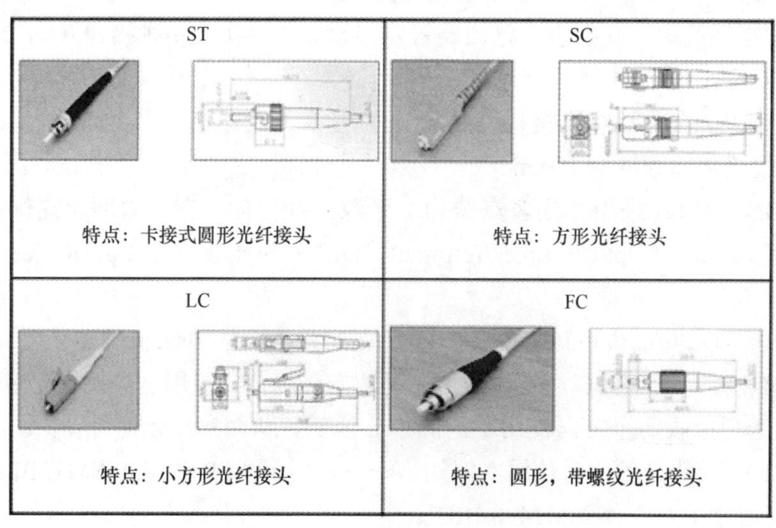

图 2-89　常见活动连接器

（1）ST 型：一种快速连接头，采用带键的卡口式锁紧机构，确保连接时准确对中。广泛应用于光纤配线架（ODF）、光纤通信设备仪器等。

（2）SC 型：在路由器交换机上和传输设备侧光接口用得最多。外壳采用工程塑料，矩形结构，便于密集安装，不用螺纹连接，可以直接插拔，使用很方便，缺点是容易掉出来。

（3）LC 型：外观尺寸仅占 SC/ST/FC 连接器的一半，可以提高光纤配线架中光纤连接器的密度。采用操作方便的模块化插孔（RJ）闩锁机理制成。LC 型连接器广泛用于综合布线系统工程。

（4）FC 型：其外部加强方式是采用金属套，紧固方式为螺钉扣，广泛用于电信行业。

光纤网络的测试测量设备，如光纤识别器（图 2-90）、故障定位器（故障跟踪器，图 2-91）、光损耗测试设备（图 2-92）等。

图 2-90　光纤识别器

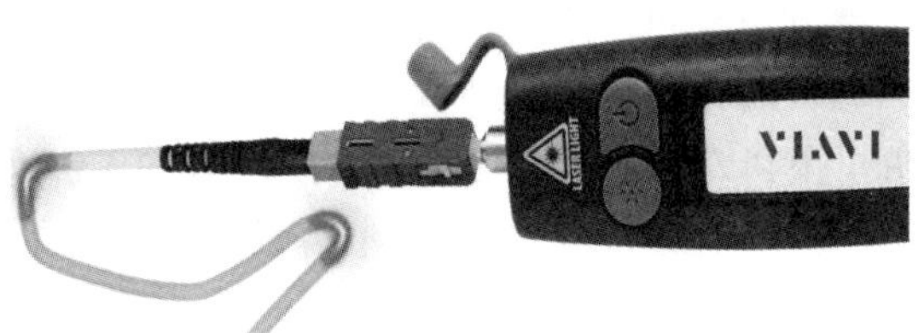

图 2-91　故障定位器

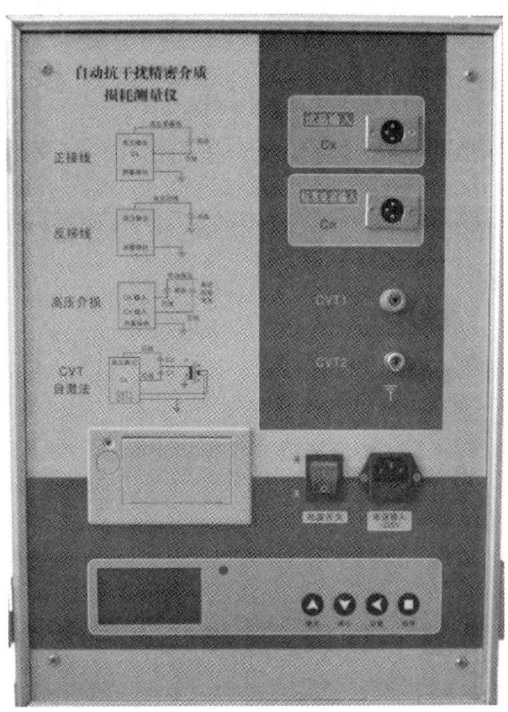

图 2-92　光损耗测试设备

2.2.5 正确使设备上电通网，平稳运行

通过前面的学习，已经了解了电路、网络和音视频连接的基本知识和连接方法，在此基础上还需掌握如何判断设备是否正常运行，下面讲解如何正确连接网线与电源线，观察网口指示灯是否正常，电源模块指示灯是否正常。

1. 常见供电模式相关知识

可视智慧物联设备常见供电模式为：AC 220 V/24 V；DC 12 V；POE 供电。这里重点介绍 POE 供电模式。POE（Power Over Ethernet）指的是在现有的以太网 Cat.5 布线基础架构不做任何改动的情况下，在为一些基于 IP 的终端（如 IP 电话机、无线局域网接入点 AP、网络摄像机 IPC 等）传输数据的同时，还能为此类设备提供直流供电的技术。POE 能在确保现有结构化布线安全的同时保证现有网络的正常运作，最大限度地降低成本。采用 POE 供电方式不需要电源线，通过前端的双绞线进行连接即可，但是需要相应的交换机或者 NVR 设备具备 POE 功能。

使用 POE 供电具有以下优势。

（1）简化布线、节省人工成本。一根网线同时传输数据和供电，POE 使其不再需要昂贵电源和安装电源所耗费的时间，节省了费用和时间。

（2）安全方便。POE 供电端设备只会为需要供电的设备供电，只有连接了需要供电的设备，以太网电缆才会有电压存在，因而消除了线路上漏电的风险。用户可以安全地在网络上混用原有设备和 POE 设备，这些设备能够与现有以太网电缆共存。

（3）便于远程管理。像数据传输一样，POE 可以通过使用简单网管协议（SNMP）来监督和控制该设备。这个功能可以提供诸如夜晚关机、远端重启之类的功能。

POE IEEE 802.3af 标准要求 PSE 输出端口的输出功率为 15.4 W 或 15.5 W，传输 100 m 后的 PD 设备接收功率必须不小于 12.95 W，按照 802.3af 典型电流值为 350 mA 计算，100 m 网线的电阻必须为(15.4−12.95)/350 =7（Ω）或者(15.5−12.95)/350 = 7.29（Ω）。而标准网线是天然就满足这个要求的，POE IEEE 802.3af 供电标准本身就是以标准网线测定的。

2. 运行检查（技能训练）

正确连接网线，并观察网口指示灯，如图 2-93 所示，若为常亮则连接正常。

GE 网口指示灯可能遇到的情况如下。

熄灭：未建立网络连接。

绿色常亮：建立网络连接，且网口协商到 1000 Mbps。

绿色闪烁：网口协商到 1000 Mbps，且有数据收发。

黄色常亮：建立网络连接，且网口协商到 100 Mbps。

黄色闪烁：网口协商到 100 Mbps，且有数据收发。

观察 FE 网口指示灯 LINK（链路状态指示灯）：

熄灭：未建立网络连接。

常亮：建立网络连接。

正确连接电源线，对于供电插座，建议使用带中性点的单相三线电源插座或多功能微

机电源插座，且电源的中性点在建筑物中要可靠接地。一般建筑物在施工布线时，已将建筑物供电系统的电源中性点埋地，用户需要确认本建筑物电源是否已经可靠接地。

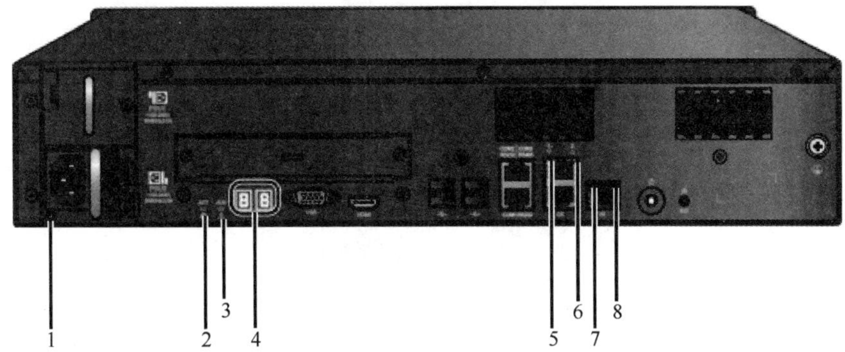

1—电源模块指示灯；2—心跳指示灯；3—告警指示灯；4—设备状态数码管；5—GE1网口指示灯；6—GE2网口指示灯；7—FE网口LINK灯；8—FE网口ACT灯

图 2-93　设备上电通网正常工作指示灯示意图

观察电源模块指示灯：

熄灭：未接入交流电源。

绿色常亮：已接入交流电源，且设备已开机。

绿色闪烁：单电源模块情况下，已接入交流电源，但设备未开机。

红色闪烁：双电源模块情况下，一块电源模块已接入交流电源，另一块电源模块未接入交流电源，且设备已开机，则未接入交流电源的指示灯红色闪烁。

红色常亮：电源模块有故障。

2.3　可视智慧物联系统基础软件安装

基于 IMOS 的 iVSIP 监控解决方案是浙江宇视科技有限公司针对各种应用规模较大、要求高可靠海量存储、定制与集成需求繁多的行业（专业）市场推出的网络视频监控解决方案，主要包括前端设备、存储系统、网络系统和管理平台四大基础组件，其核心是管理平台，包括视频管理服务器、数据管理服务器、媒体交换服务器等，通过该管理平台可以实现 IP 视频监控系统的统一管理、统一控制、统一存储、统一媒体转发调度。

iVSIP 监控解决方案通用组网如图 2-94 所示，典型应用场景如平安城市、高速公路等项目，由于此类应用场景需要接入几千路甚至几万路的前端，因此需要使用视频管理服务器管理前端设备，并且这些应用场景下对录像数据敏感，需要将录像数据存储和备份，便于后期回放，因而需要使用数据管理服务器来管理存储的视频数据和备份管理服务器管理备份数据，当网络无法使用组播的情况下需要支持多个客户端同时看实况，这时需要使用媒体交换服务器，将媒体复制、分发给多个客户端。

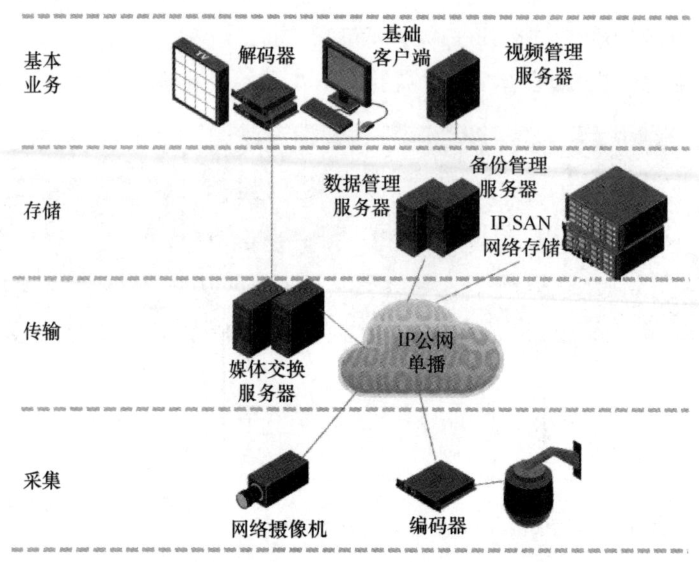

图 2-94　iVSIP 监控解决方案通用组网

2.3.1　可视智慧物联管理平台系统环境准备

1. 可视智慧物联管理平台系统典型组件介绍

可视智慧物联管理平台系统典型组件包括视频管理（VM）服务器、媒体交换（MS）服务器、数据管理（DM）服务器、备份管理（BM）服务器。

VM 服务器是监控系统业务控制和管理的核心，负责业务的信令交互和调度，管理整个系统的设备信息和用户信息，是整个监控系统的指挥中心。

MS 服务器进行实时音视频流的转发、分发。MS 服务器可接收编码器发送的单播媒体流，以单播的方式进行转发，发送给解码客户端进行解码播放，也可接收编码器发送的组播媒体流，以单播的方式进行转发和分发。

DM 服务器管理存储在 IP SAN 存储设备中的视频数据，包括定时巡检存储设备并记录数据存储状态、协助网络摄像机建立与存储资源的连接、备份视频数据、存储资源状态监控、历史数据的点播回放等功能。

BM 服务器将存储资源中已有的录像备份至备份资源中，能有效防止因存储资源有限导致录像被覆盖、记录丢失等情况的出现。

2. 可视智慧物联管理平台系统各组件对服务器系统性能的要求

可视智慧物联管理平台系统各组件不同系列对服务器的系统性能要求不同，服务器系统性能要求如表 2-16 所示。

表 2-16　服务器系统性能要求

属　性	系统性能要求
操作系统	CentOS7.3　64 位系统
CPU	Intel(R) Xeon(R) CPU E3-1275 v5 及以上

续表

属　性	系统性能要求
内存	32 GB 及以上
网卡	2 块千兆以太网卡
硬盘	4 TB 及以上
其他	支持显示器；支持键盘，建议最好使用 USB 接口连接键盘

3. 可视智慧物联管理平台系统对客户端计算机系统性能的要求

可视智慧物联管理平台系统各组件有对应的 Web 页面用来配置，因而需要登录各组件的 Web 页面，各组件对客户端计算机系统性能的要求如表 2-17 所示。

表 2-17　各组件对客户端计算机系统性能要求

属　性	系统性能要求
操作系统	Windows 7 Pro 32 位 Windows 7 Pro 64 位 Windows 10 Pro 32 位 Windows 10 Pro 64 位
IE 浏览器	32 位 IE 浏览器，IE8 及以上
CPU 工作频率	Intel(R) Core(TM)i7-4790 及以上
内存	4 GB 及以上
网卡	1 块千兆网卡及以上
显卡	ATI Radeon R7 240，1 GB 显存及以上
显示器分辨率	至少 1024 px×768 px，推荐 1280 px×1024 px

4. 可视智慧物联管理平台系统各组件安装升级过程中的注意事项

可视智慧物联管理平台系统各组件可以分开装，即各组件分别装在不同的服务器上，但是 MS 服务器、DM 服务器和 BM 服务器必须都注册在 VM 服务器上。可视智慧物联管理平台系统各组件也可以合一安装，即各组件安装在同一台服务器上，但是安装顺序必须是 VM 服务器→MS 服务器→DM 服务器→BM 服务器，如果需要卸载重新安装，则卸载顺序是 BM 服务器→DM 服务器→MS 服务器→VM 服务器，如果需要升级，则需要先停止 VM 服务器→MS 服务器→DM 服务器→BM 服务器服务，然后先升级 VM 服务器，再依次升级 MS 服务器→DM 服务器→BM 服务器。

5. 可视智慧物联管理平台系统环境准备实训

1）实训目的

通过识读可视智慧物联管理平台指导书，熟悉基于 IMOS 的 iVSIP 监控解决方案中管理平台典型组件的作用、确认软件运行环境和注意事项。

2）实训设备及器材

实训设备及器材如表 2-18 所示。

表 2-18　实训设备及器材

序　号	设 备 类 型	数　量
1	服务器	1 台
2	PC	1 台
3	鼠标	1 个
4	键盘	1 个
5	平台典型组件软件包	1 份
6	平台指导书	1 份

3）实训内容

通过阅读可视智慧物联管理平台指导书，熟悉管理平台典型组件的作用，根据指导书确认服务器系统性能是否满足管理平台各组件的要求、确认客户端计算机系统性能是否满足管理平台各组件的要求、熟悉各组件安装升级过程中的注意事项。

4）实训步骤

实训步骤如下。

（1）识读可视智慧物联管理平台指导书。阅读可视智慧物联管理平台指导书，熟悉管理平台各典型组件的作用，熟悉各组件的运行环境及安装过程中的注意事项。

（2）确认平台典型组件软件包版本。根据软件包名称或软件附带说明确认软件包版本。

（3）确认操作台上服务器系统性能是否满足要求。若服务器是新购买的，没有安装操作系统，则可以查看服务器说明书确认性能是否满足要求。若服务器已装 Linux 操作系统，则可通过相应的命令查看，具体如下。

① 查看 CPU 信息：

```
【root@ localhost ~】# cat /proc/cpuinfo
```

② 查看内存信息：

```
【root@ localhost ~】# cat /proc/meminfo
```

③ 查看硬盘信息：

```
【root@ localhost ~】# fdisk -l
```

④ 查看操作系统版本：

```
【root@ localhost ~】# cat /etc/issue
```

⑤ 查看服务器网卡接口信息：

```
【root@ localhost ~】# ifconfig
```

⑥ 查询具体网卡参数信息：

```
【root@ localhost ~】# ethtool 对应网卡名称
```

（4）确认操作台上客户端计算机系统性能是否满足要求。

登录 PC，右击【此电脑】图标，选择【属性】选项，可以看到计算机的基本信息，如图 2-95 所示。网卡信息通过选择【设备管理器】→【网络适配器】选项查看；显卡信息通过选择【设备管理器】→【显示适配器】选项查看。

图 2-95　计算机的基本信息

2.3.2　安装 Linux 操作系统并进行初始化配置

管理平台典型组件需要在 CentOS 操作系统上运行，CentOS 操作系统是 Linux 发行版之一，因而需要根据软件要求在服务器上安装 CentOS 系统并完成系统初始化配置，初始化配置主要包括配置服务器 IP、关闭防火墙和 SELinux、修改服务器名称。

1. Linux 基础命令

下面介绍 Linux 常用基础命令。

（1）创建目录：

```
mkdir 目录名称
```

（2）删除目录：

```
rm -r 目录名称
```

（3）切换目录：

```
cd 目录
```

（4）创建文件：

```
touch 文件名
```

（5）删除文件：

```
rm 文件名称
```

（6）查看当前目录下的文件：

```
ls
```

（7）文件查看：

① 查看文件最后一屏：

```
cat 文件名称
```

② 百分比查看：

```
more 文件名称
```

使用 more 命令查看文件，可以显示文件百分比，按【Enter】键可以查看下一行，按空格键可以查看下一页，按【Q】键退出查看。

③ 翻页查看：

```
less 文件名称
```

使用 less 查看文件，分别按【PageUp】和【PageDn】键向上向下翻页查看，按【Q】键退出查看。

④ 指定行数或者动态查看。

查看文件最后 n 行：

```
tail -n 文件名称
```

动态查看文件：

```
tail -f 文件名称
```

（8）文件修改。

文件修改需要用到 vim 编辑器，vim 编辑器有 3 种模式，分别是命令行模式（command mode）、插入模式（insert mode）和底行模式（last line mode）。

① 进入命令行模式：

```
vim 文件名称
```

使用 vim 命令打开文件之后，进入命令行模式，此时文件不能编辑，按【I】键进入插入模式。

② 插入模式：在插入模式下，可以对文件进行编辑，编辑完成后，按【Esc】键回到命令行模式。

③ 底行模式：当文件修改完成并回到命令行模式，输入“:”字符后进入底行模式，如果不需要保存文件修改，则直接输入“q!”强制退出 vim；如果需要保存文件修改，则输入“wq!”保存文件修改并退出 vim。

（9）解压文件：

```
tar -zxvf 文件名称
```

（10）获取网络接口配置信息：

```
ifconfig
```

（11）查看网卡参数信息：

```
ethtool 网卡名称
```

2. 虚拟机软件介绍

虚拟机（Virtual Machine）是指通过软件模拟的具有完整硬件系统功能的、运行在一个完全隔离环境中的完整计算机系统。由于服务器资源的有限性，将在虚拟机上完成 Linux 操作系统的安装和配置。常用的虚拟机软件有 VMware Workstation、VirtualBox、Virtual PC 等，这里选择使用 VMware Workstation。

3. Linux 操作系统安装和配置实训

1）实训目的

（1）完成虚拟机软件安装。

（2）完成虚拟机上 CentOS 6.2 操作系统的安装。

（3）完成操作系统的初始化配置。

2）实训设备及器材

实训设备及器材如表 2-19 所示。

表 2-19　实训设备及器材

序　号	设 备 名 称	数　量
1	VMware Workstation 7.1 软件包	1 份
2	CentOS-6.2-x86_64-bin-DVD1 镜像文件	1 份
3	PC	1 台
4	键盘	1 个
5	鼠标	1 个

3）实训内容

通过实训完成在 PC 上安装虚拟机软件、新建虚拟机硬件系统、在虚拟机上安装 CentOS 6.2 操作系统、对服务器进行 IP 配置、关闭服务器防火墙、关闭服务器 SELinux 功能、修改服务器名称。

4）实训步骤

整体的实训步骤分为安装虚拟机软件、新建虚拟机系统、在虚拟机上安装 CentOS 6.2 系统和服务器系统配置。

（1）安装虚拟机软件。

安装 VMware Workstation 7.1 虚拟机软件，跟普通程序安装方法一致，双击安装程序，出现安装向导页面，如图 2-96 所示，单击【Next】按钮进入下一步。

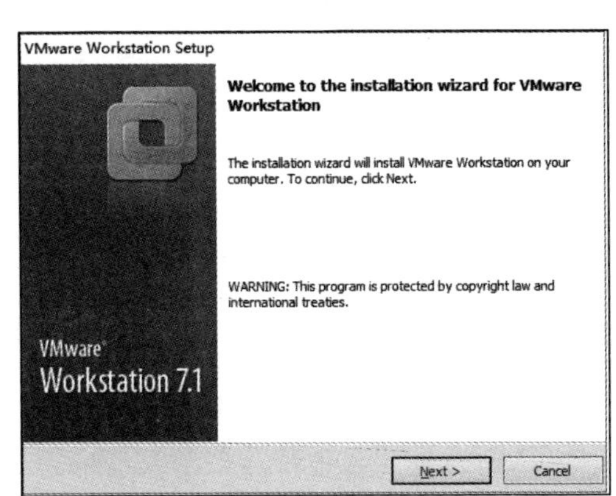

图 2-96　虚拟机软件安装向导页面

（2）新建虚拟机系统。

① 选择【File】→【New】→【Virtual Machine】选项，弹出向导页面，选中【Custom(advanced)】单选按钮自定义安装，如图 2-97 所示。

② 单击【Next】按钮进入下一步，弹出选择虚拟机版本页面，如图 2-98 所示，选择【Workstation 6.5-7.x】选项。

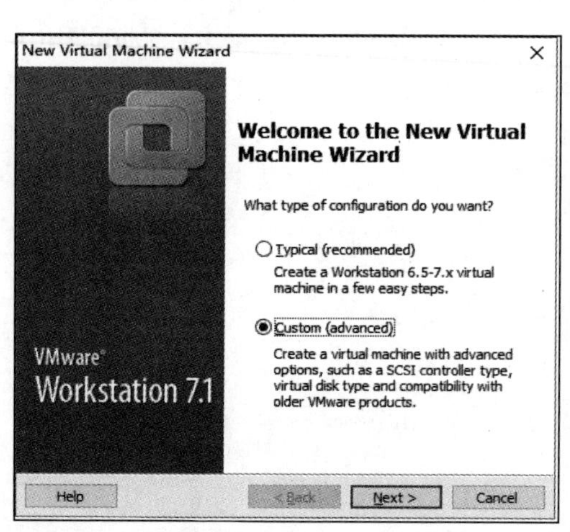

图 2-97　自定义安装

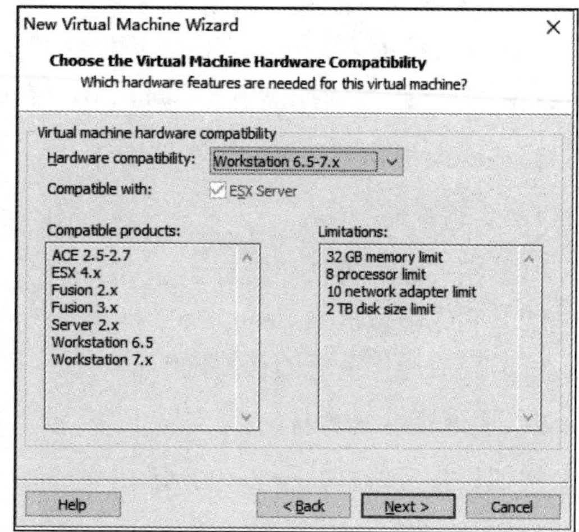

图 2-98　选择虚拟机版本页面

③ 单击【Next】按钮进入下一步，弹出虚拟机操作系统安装页面，如图 2-99 所示，选中【I will install the operating system later.】单选按钮后安装操作系统。

④ 单击【Next】按钮进入下一步，弹出选择虚拟机操作系统页面，如图 2-100 所示，操作系统选择【Linux】，操作系统版本根据操作系统位数选择【CentOS】或【CentOS 64-bit】。

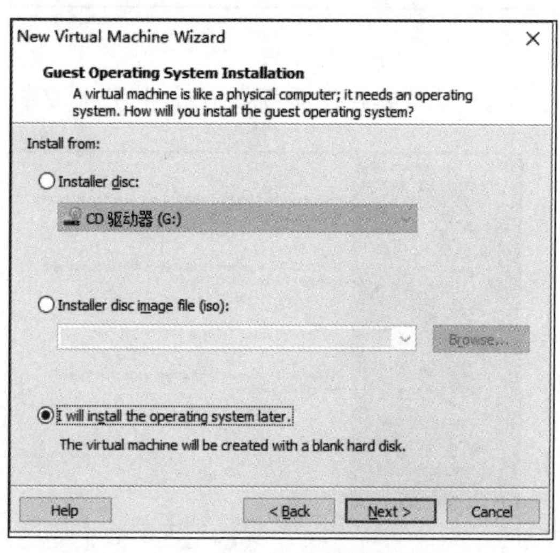

图 2-99　虚拟机操作系统安装页面

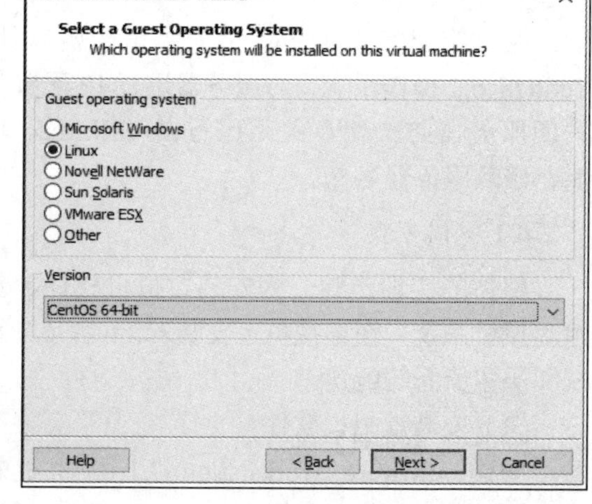

图 2-100　选择虚拟机操作系统页面

⑤ 单击【Next】按钮进入下一步，弹出给虚拟机命名和选择虚拟机系统安装路径页

面，如图 2-101 所示，可根据实际情况命名虚拟机和选择虚拟机系统安装路径。

⑥ 单击【Next】按钮进入下一步，弹出虚拟机系统 CPU 配置页面，如图 2-102 所示，一般用默认选项即可。

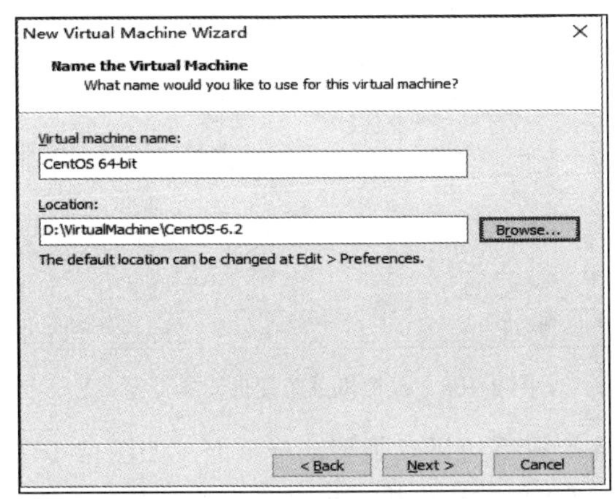

图 2-101　给虚拟机命名和选择虚拟机系统安装路径页面

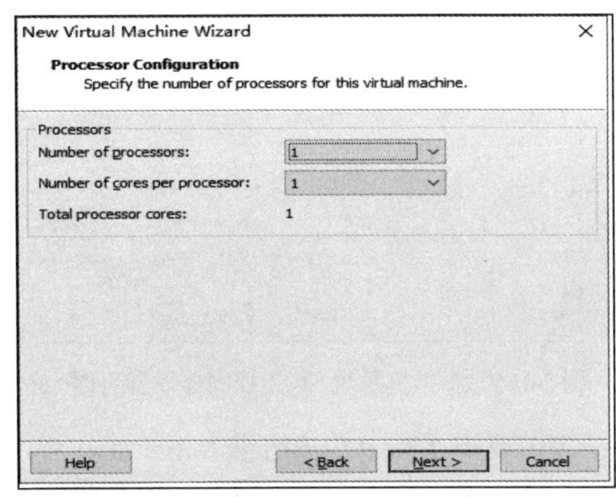

图 2-102　虚拟机系统 CPU 配置页面

⑦ 单击【Next】按钮进入下一步，弹出虚拟机系统内存设置页面，如图 2-103 所示，内存一般设置为 1024 MB，此内存会占用物理机器的内存，要合理分配。

⑧ 单击【Next】按钮进入下一步，弹出虚拟机系统网络连接选择页面，如图 2-104 所示，网络连接一般选择桥接模式（bridge），这种模式适合在普通的局域网内使用。

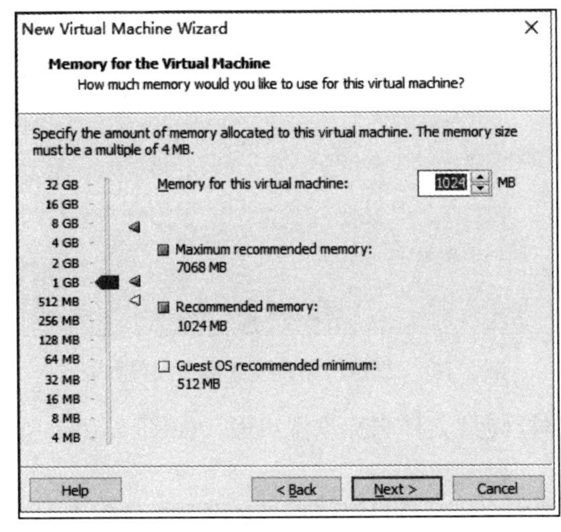

图 2-103　虚拟机系统内存设置页面

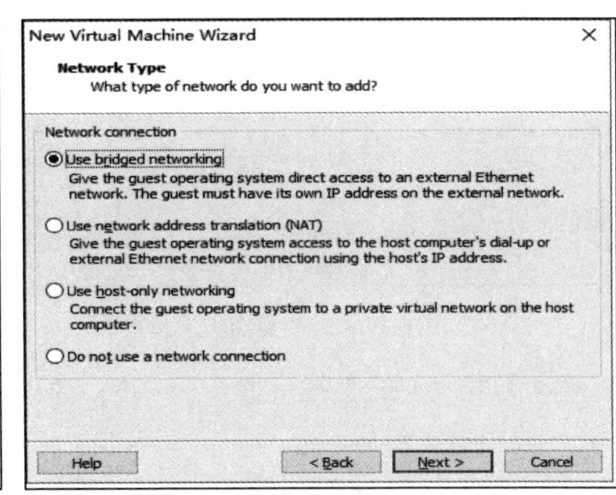

图 2-104　虚拟机系统网络连接选择页面

⑨ 单击【Next】按钮进入下一步，弹出虚拟机系统 SCSI 控制器设置页面，如图 2-105 所示，选择系统建议的【LSI Logic】。

⑩ 单击【Next】按钮进入下一步，弹出虚拟机系统硬盘设置页面，如图 2-106 所示，一般选择创建一个新的虚拟硬盘，下面的两个选项不建议使用。

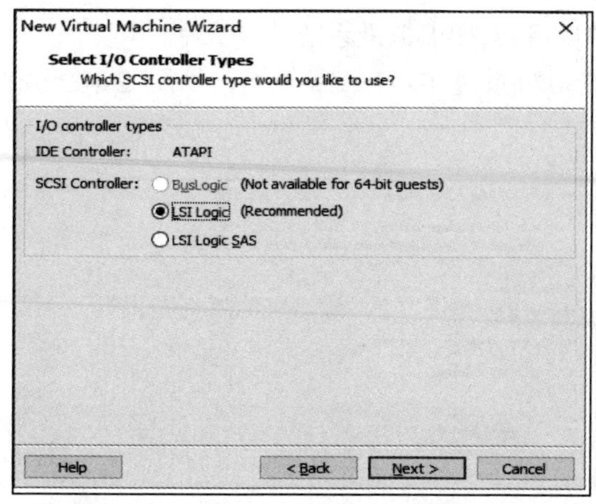

图 2-105　虚拟机系统 SCSI 控制器设置页面

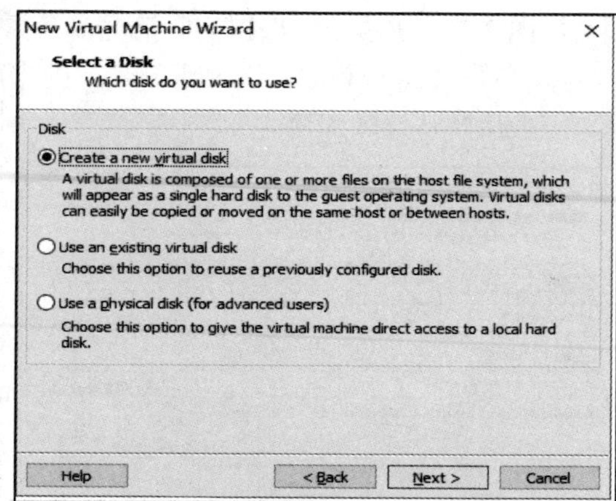

图 2-106　虚拟机系统硬盘设置页面

⑪ 单击【Next】按钮进入下一步，弹出虚拟机系统硬盘类型选择页面，如图 2-107 所示，选择系统建议的【SCSI】，如果有问题，则先删除虚拟机，再重新选择 IDE。

⑫ 单击【Next】按钮进入下一步，弹出虚拟机系统硬盘容量设置页面，如图 2-108 所示，硬盘大小尽量保持在 60 GB 以上，因为安装 VM 软件的时候需要给根目录 10 GB 以上的空间，这里的 60 GB 的空间物理机器并不是不能使用，主要取决于虚拟机系统文件占用的空间。

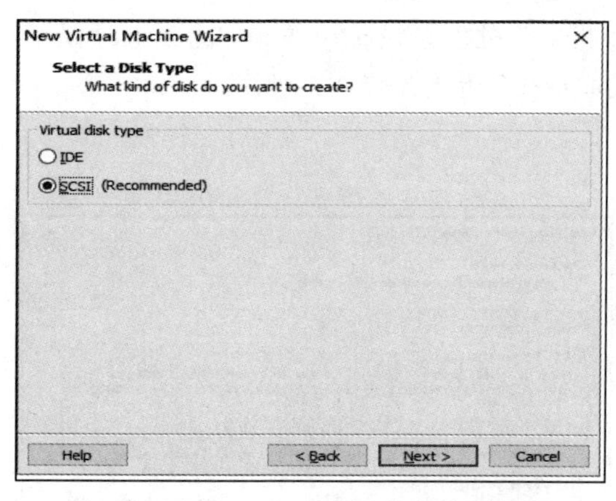

图 2-107　虚拟机系统硬盘类型选择页面

图 2-108　虚拟机系统硬盘容量设置页面

⑬ 单击【Next】按钮进入下一步，弹出虚拟硬盘文件名称设置页面，如图 2-109 所示，一般用默认名称即可。

⑭ 单击【Next】按钮进入下一步，弹出新建虚拟机系统设置信息确认页面，如图 2-110 所示，到这里，新建虚拟机系统的框架就完成了，接下来为虚拟机系统安装操作系统。单击【Finish】按钮即完成新建虚拟机系统。

（3）在虚拟机上安装 CentOS 6.2 系统。

① 使用 ISO 镜像文件安装操作系统。选中新创建的【CentOS 64-bit】虚拟机系统→选择【Device】选项→双击【CD/DVD(IDE)】选项，进入虚拟机设置页面，选中【Use ISO image file】单选按钮，单击【Browse】按钮设置 ISO 镜像文件位置，如图 2-111 所示，设

置完成后，单击【OK】按钮返回【CentOS 64-bit】虚拟机系统页面，单击【Power on this virtual machine】绿色箭头运行。

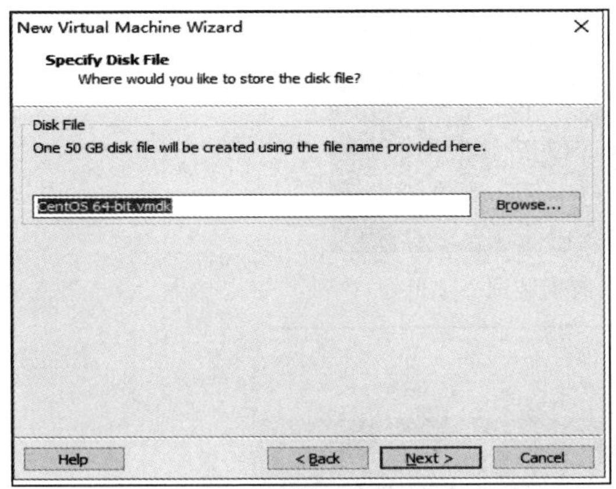

图 2-109　虚拟硬盘文件名称设置页面

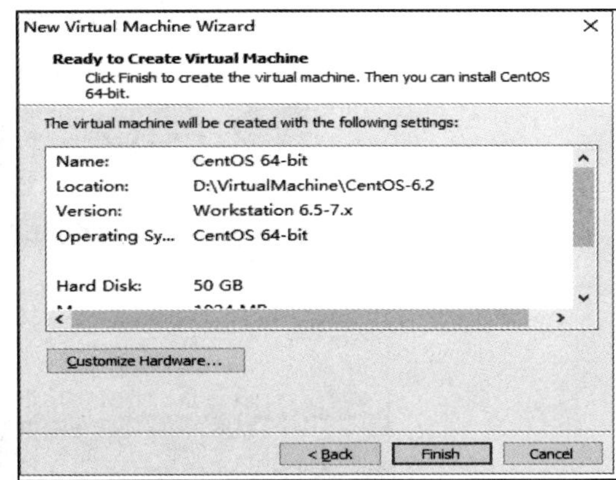

图 2-110　新建虚拟机系统设置信息确认页面

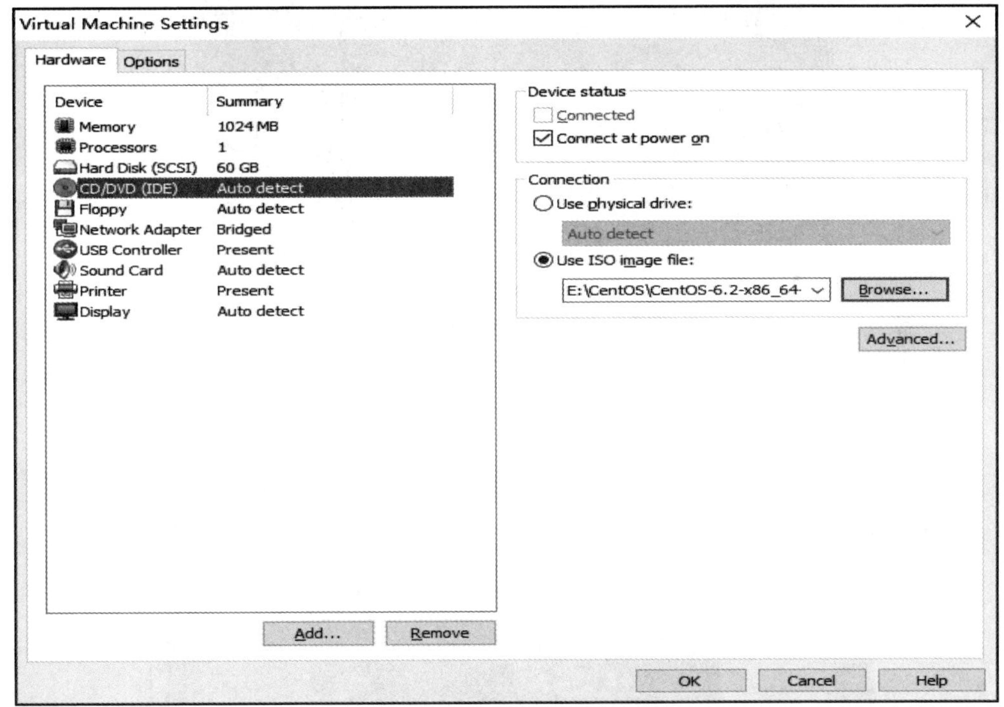

图 2-111　选择 ISO 文件安装操作系统

② 接下来会弹出 CentOS 6.2 系统安装选择项页面，如图 2-112 所示，选择第一个【Install or upgrade an existing system】选项，按【Enter】键。

③ 接下来系统会检测升级文件，当出现安装前检测媒体页面时，单击【Skip】按钮跳过检测，如图 2-113 所示。

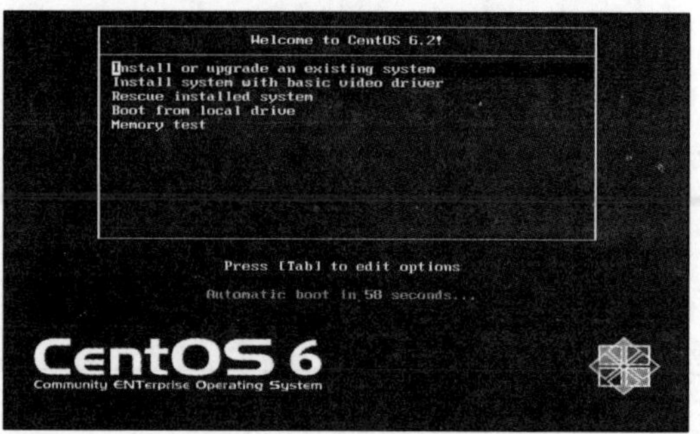

图 2-112　CentOS 6.2 系统安装选择项页面

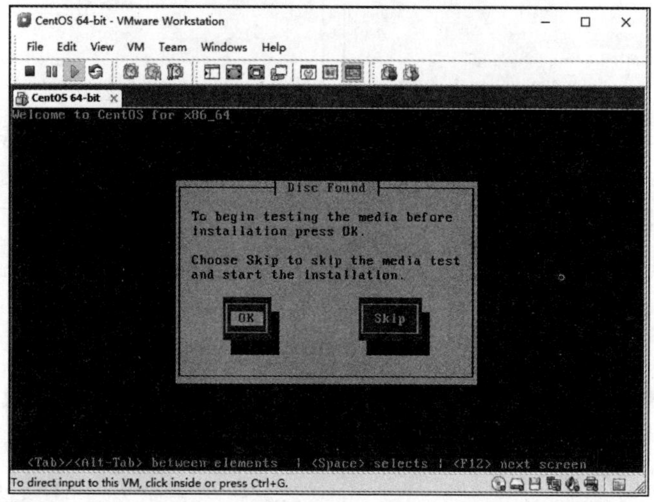

图 2-113　安装前检测媒体页面

④ 接下来进入图形化安装页面，如图 2-114 所示，单击【Next】按钮进行安装设置。

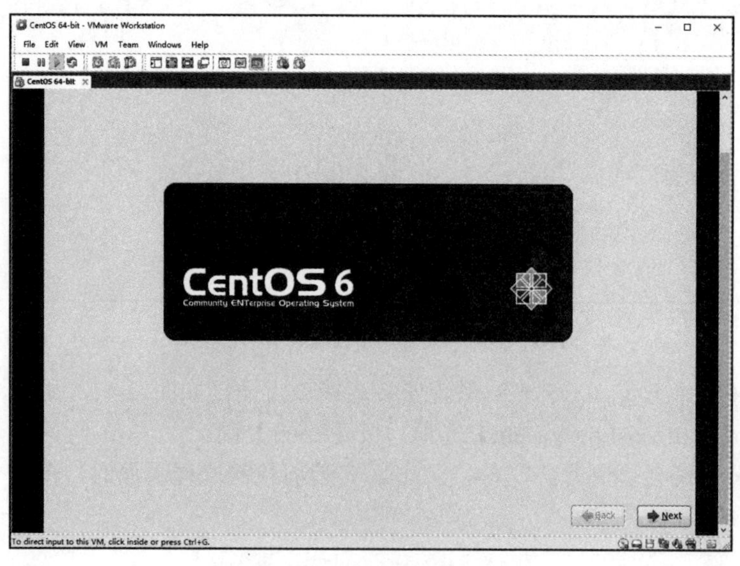

图 2-114　图形化安装页面

⑤ 进入系统语言选择页面，如图 2-115 所示，默认选择英文安装，因为中文安装后续 VM 安装会有乱码。

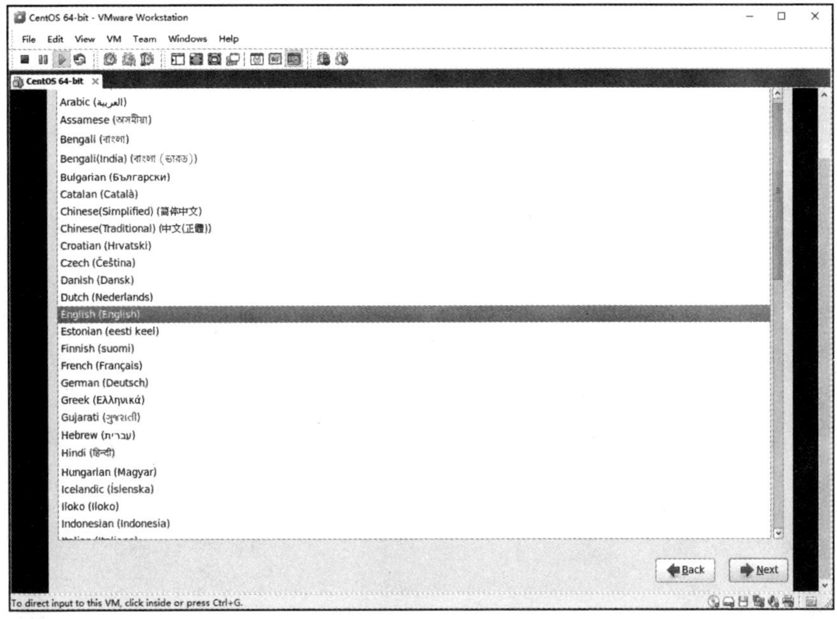

图 2-115　系统语言选择页面

⑥ 单击【Next】按钮进入存储设备类型选择页面，如图 2-116 所示，选中【Basic Storage Devices】单选按钮。

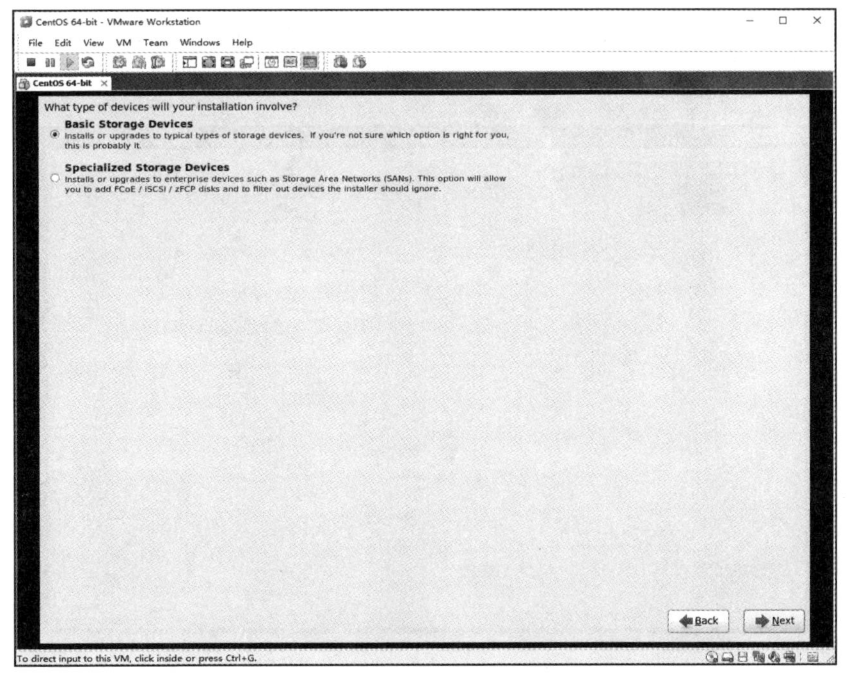

图 2-116　存储设备类型选择页面

⑦ 单击【Next】按钮后，系统会弹出一个存储设备警告对话框，如图 2-117 所示，询问是否保留存储设备上的数据，单击【Yes, discard any data】按钮。

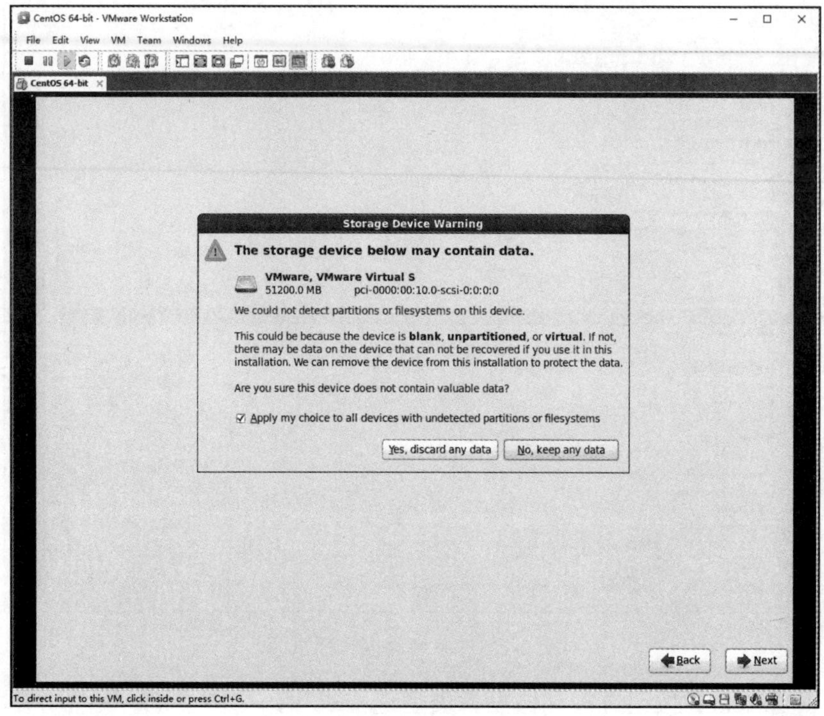

图 2-117　存储设备警告

⑧ 单击【Next】按钮后，安装向导提示输入主机名，如图 2-118 所示，可以使用默认值。

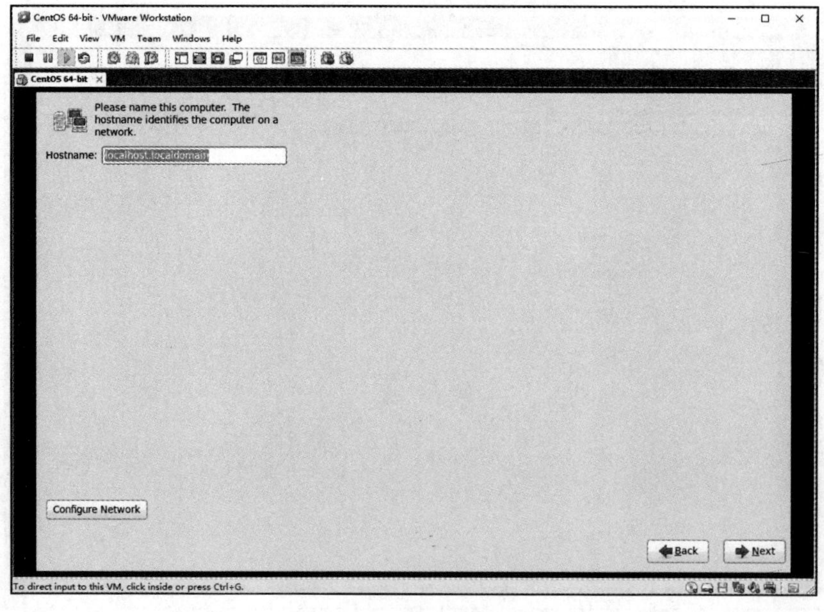

图 2-118　给主机命名

⑨ 单击【Next】按钮后，进入时区选择页面，如图 2-119 所示，选择【Asia/Shanghai】选项，注意左下角有一个【System clock uses UTC】复选框，默认是选中的，这里要修改成不选中。

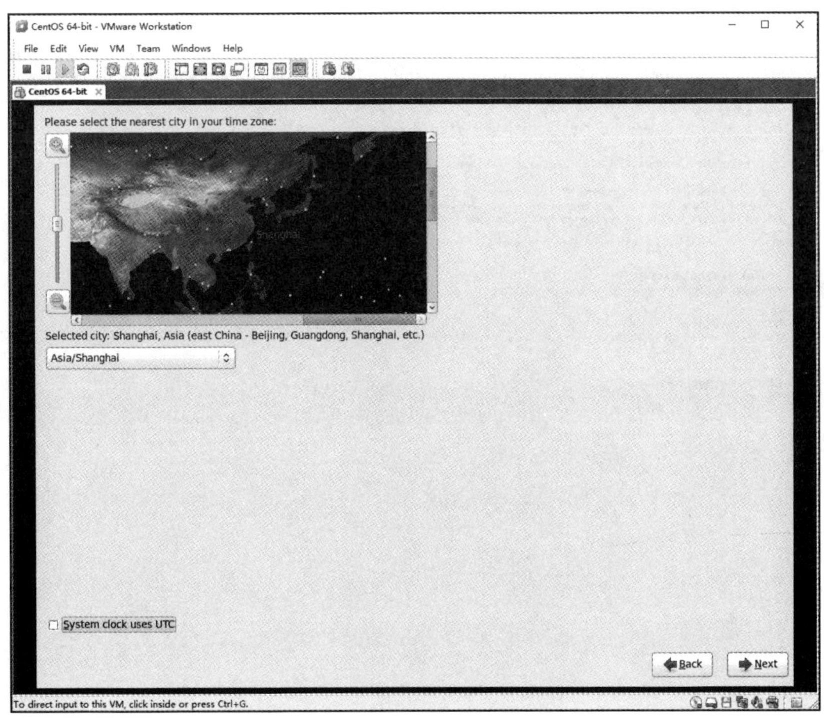

图 2-119　时区选择页面

⑩ 单击【Next】按钮后，进入设置 root 账户密码页面，如图 2-120 所示。

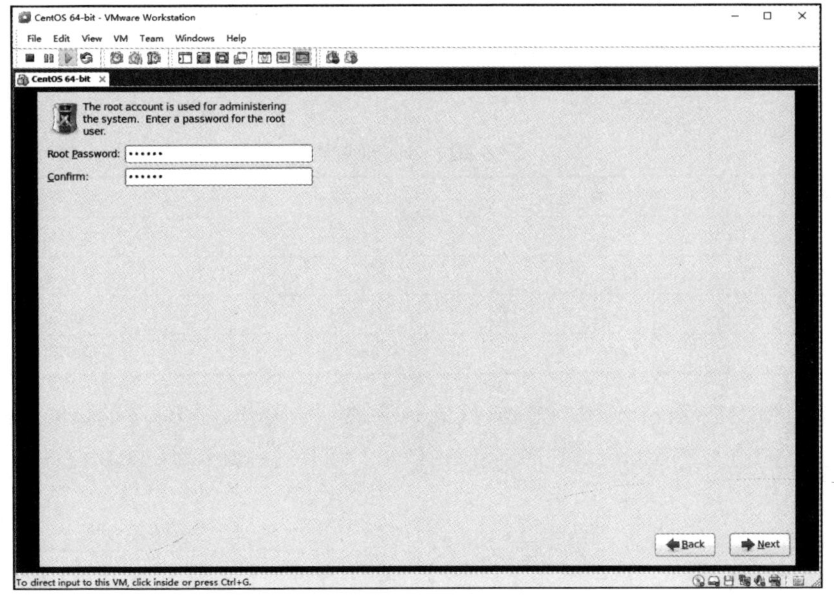

图 2-120　设置 root 账户密码页面

⑪ 单击【Next】按钮后，进入磁盘分区配置选择页面，如图 2-121 所示，选中【Create Custom Layout】单选按钮，进行用户配置。

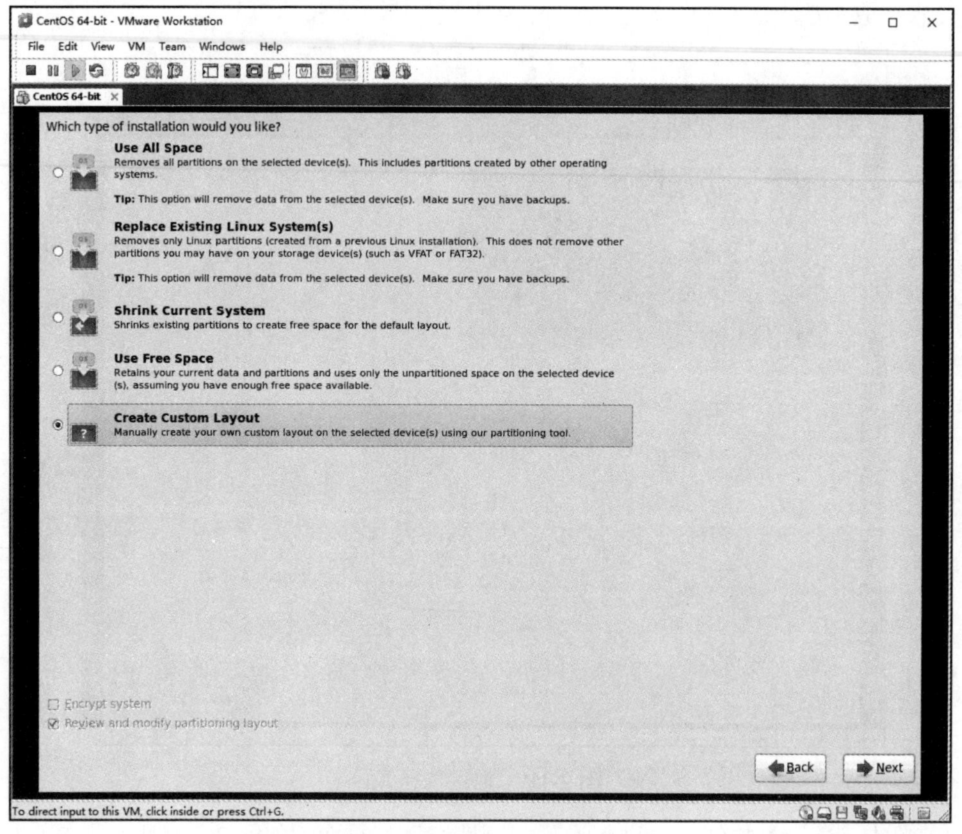

图 2-121 磁盘分区配置选择页面

⑫ 单击【Next】按钮后，进入分区配置页面，分区规划表如表 2-20 所示，接下来按照分区规划表设置分区。

表 2-20 分区规划表

分区挂载点	文件系统	容量大小	分区类型及用途
无	swap	2 GB	交换分区
/share	ext3	40 GB	双机热备分区
/boot	ext3	200 MB	boot 分区
/	ext3	剩余空间	根分区

创建 200 MB 的 boot 分区：单击【Create】按钮，弹出添加分区的页面，在【Mount Point】文本框中输入"/boot"，【File System Type】选择【ext3】，【Size】设置为 200 MB，如图 2-122 所示。

创建 2 GB 的 swap 分区：单击【Create】按钮，弹出添加分区的页面，【Mount Point】文本框不填内容，【File System Type】选择【swap】，【Size】设置为 2048 MB，如图 2-123 所示。

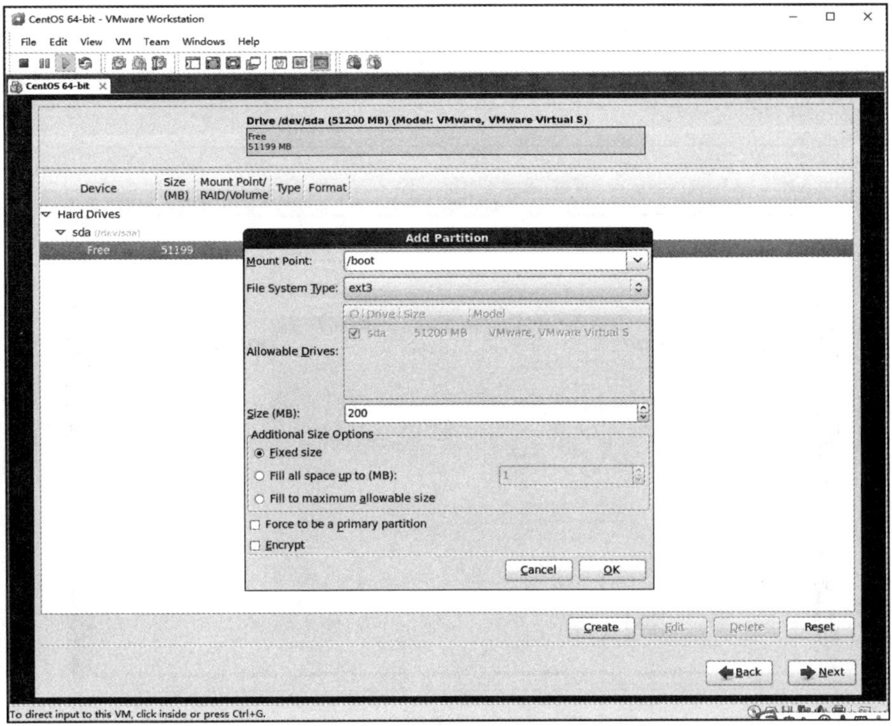

图 2-122　添加/boot 分区

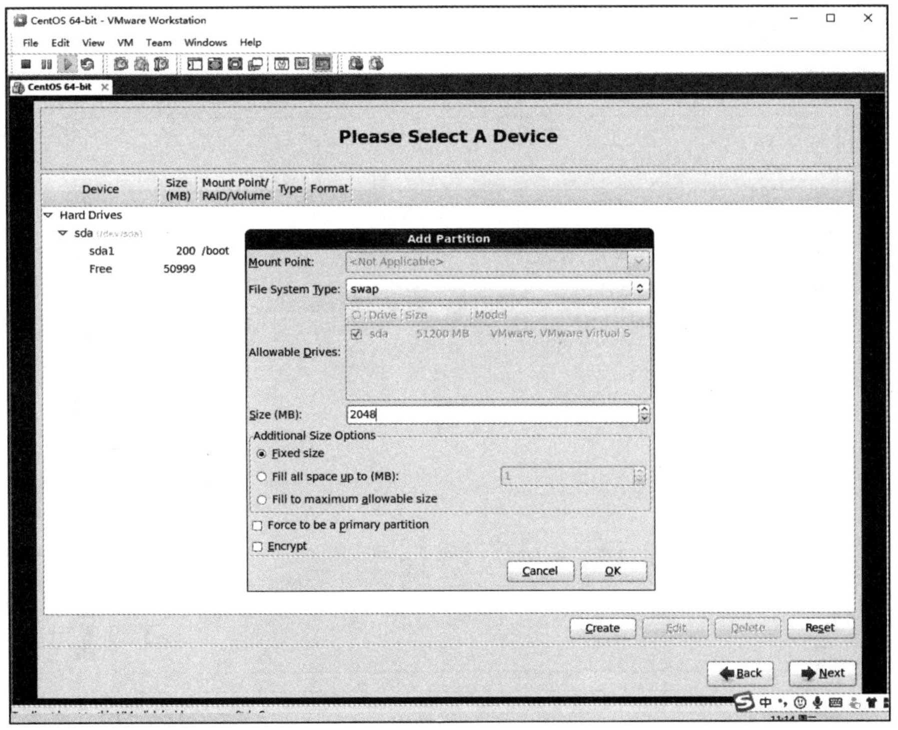

图 2-123　添加 swap 分区

创建 40GB 的 share 分区：单击【Create】按钮，弹出添加分区的页面，在【Mount Point】文本框中输入“/share”，【File System Type】选择【ext3】，【Size】设置为 40960 MB，如图 2-124 所示。

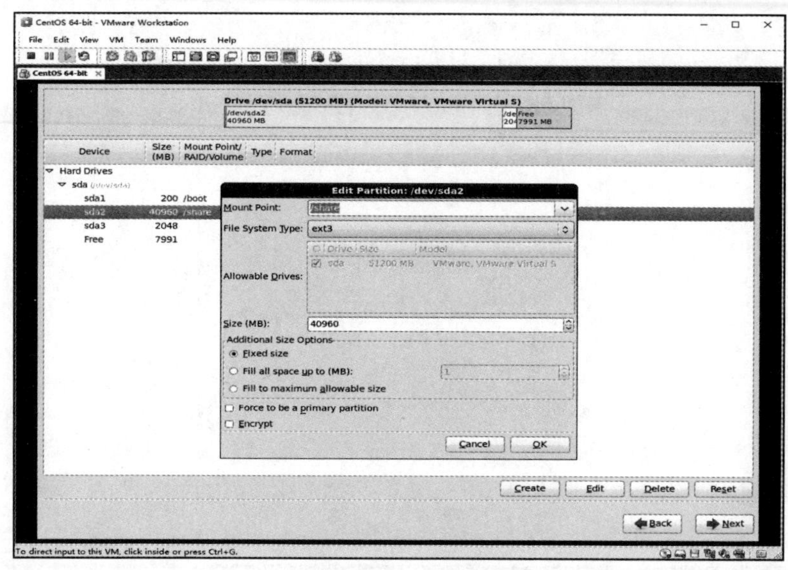

图 2-124　添加/share 分区

创建根分区：单击【Create】按钮，弹出添加分区的页面，在【Mount Point】文本框中输入“/”，【File System Type】选择【ext3】，选中【Fill to maximum allowable size】单选按钮，将剩余空间都分配给根分区，如图 2-125 所示。

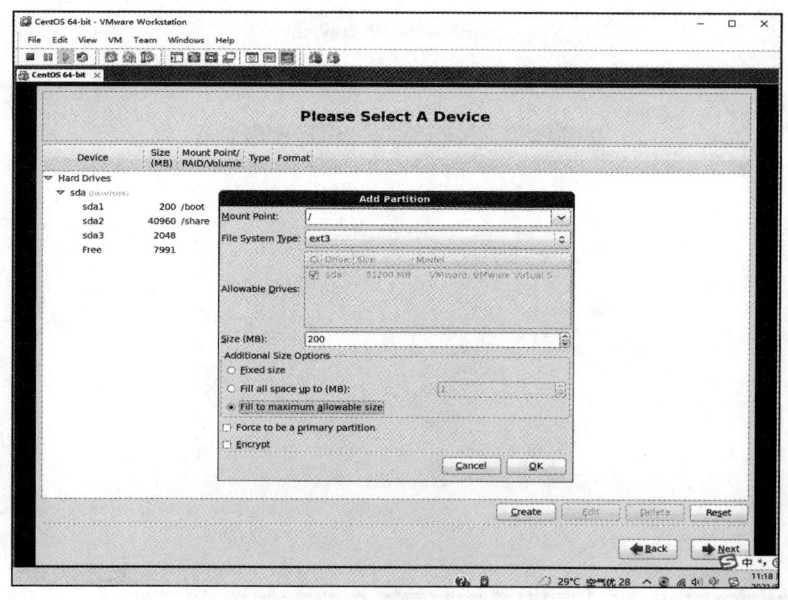

图 2-125　添加根分区

配置好后，显示的分区结果如图 2-126 所示。

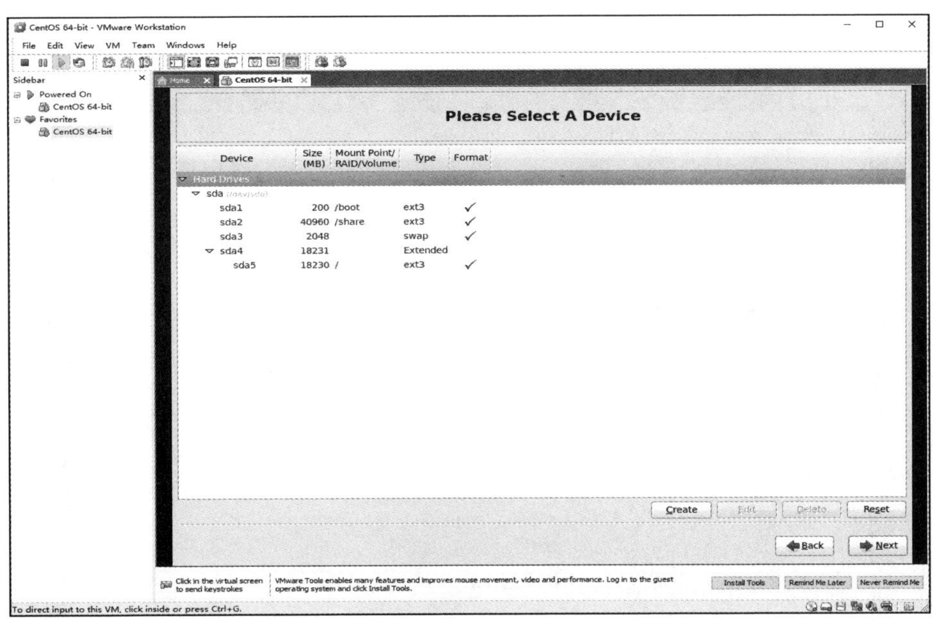

图 2-126　分区结果

⑬ 单击【Next】按钮后，进入引导加载信息确认页面，如图 2-127 所示，用默认值即可。

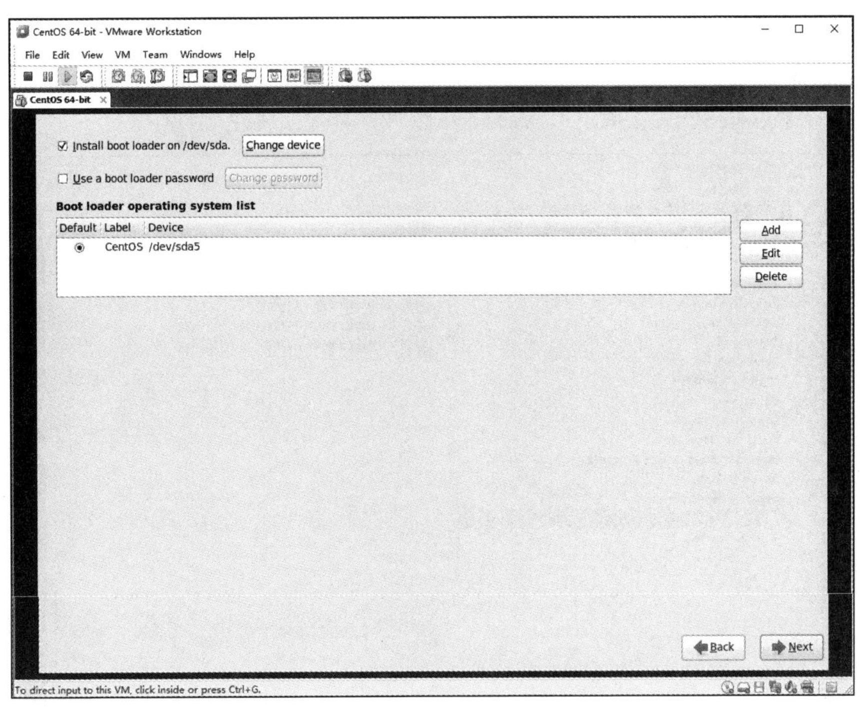

图 2-127　引导加载信息确认页面

⑭ 单击【Next】按钮后，进入组件安装类型选择页面，如图 2-128 所示，选中【Customize now】（现在自定义安装）单选按钮。

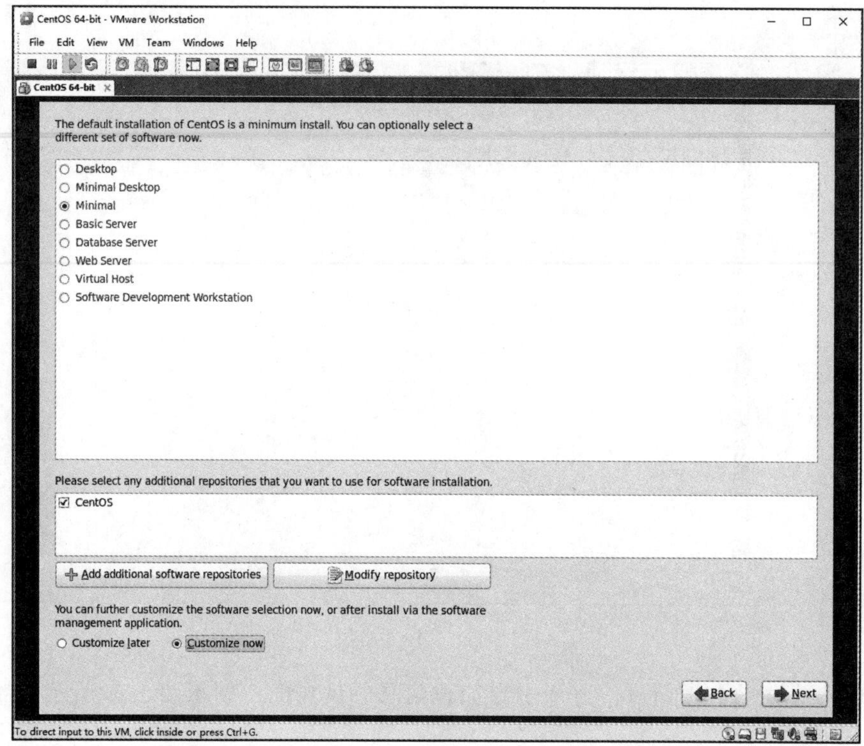

图 2-128　组件安装类型选择页面

⑮ 单击【Next】按钮后，进入安装组件选择页面，如图 2-129 所示，在软件包的安装中除了 MySQL、PostgreSQL、ISCSI 和 Virtualize 组件，其他组件全部选中。

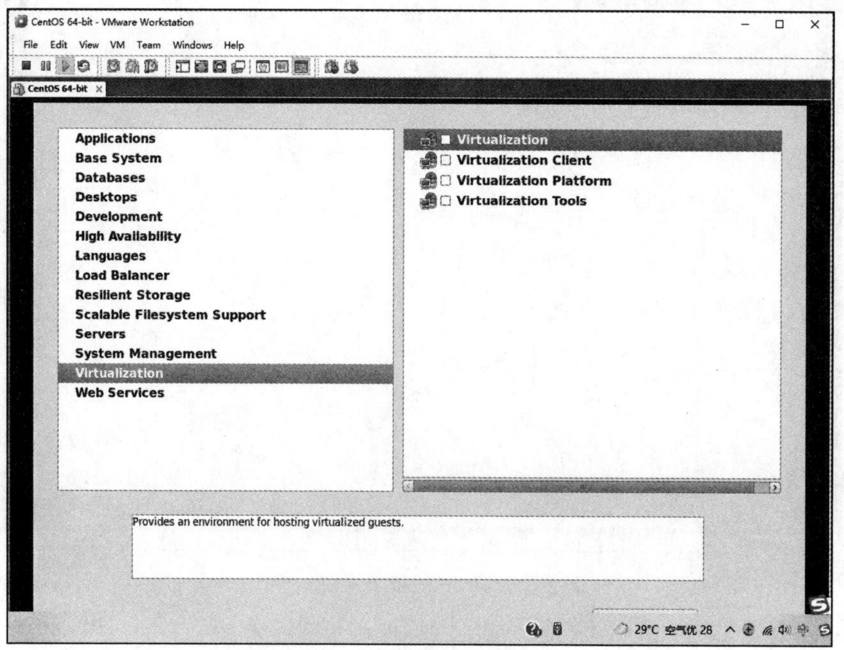

图 2-129　安装组件选择页面

⑯ 单击【Next】按钮后，进入系统安装过程。

（4）服务器系统配置。系统安装完毕后，需要对系统进行配置，主要包括配置服务器 IP、关闭防火墙、关闭 SELinux、修改服务器名称。

① 配置服务器 IP。配置服务器 IP 地址需要修改网口配置文件，并需要重启网络服务才能生效。

网口配置文件位置为：/etc/sysconfig/network-scripts/，配置如下。

```
【root@localhost ~】# cd  /etc/sysconfig/network-scripts/
【root@localhost network-scripts】# ls
ifcfg-eth0 ifcfg-eth1 ifcfg-eth2 --（选择相应的使用网口进行配置）
```

假设需要配置 eth0 网口，在实际操作过程中以现场配置为准。

```
【root@localhost network-scripts】# vim ifcfg-eth0
DEVICE=eth0（网口名称）
BOOTPROTO=static（获取 IP 地址的方式）
BROADCAST=192.168.0.255（广播地址）
IPADDR=192.168.0.105 （服务器地址）
NETMASK=255.255.255.0（子网掩码）
NETWORK=192.168.0.0 （网域，对应服务器地址最后一位改为 0）
GATEWAY=192.168.0.1（网关，对应服务器地址最后一位改为 1）
NM_CONTROLLED=no（NetworkManager 参数，yes 表示网卡改动即时生效，no 表示需要重启网络服务）
ONBOOT=yes（网口是否随系统启动，yes 表示网口随系统启动）
```

修改完毕按【Esc】键退出编辑，输入“:wq”对修改文件进行保存，重启网卡即可。

重启网卡的命令如下。

```
【root@localhost network-scripts】# service network restart
```

查看网络接口配置信息的命令如下。

```
【root@localhost network-scripts】# ifconfig
```

② 关闭防火墙。

CentOS 6.2 操作系统相关命令如下。

关闭防火墙：

```
【root@localhost ~】# /etc/init.d/iptables stop
iptables: Flushing firewall rules:                    【 OK 】
iptables: Setting chains to policy ACCEPT: filter     【 OK 】
iptables: Unloading modules:                          【 OK 】
```

禁止防火墙在系统启动时启动：

```
【root@localhost ~】# chkconfig iptables off
```

查看防火墙状态：

```
【root@localhost ~】# chkconfig | grep iptables
iptables:  0:off  1:off  2:off  3:off  4:off  5:off  6:off
```

CentOS 7.3 操作系统中相关命令如下。

关闭防火墙：

```
【root@localhost ~】# systemctl stop firewalld.service
```

禁止防火墙在系统启动时启动：

```
【root@localhost ~】# systemctl disable firewalld.service
```

查看防火墙状态：

```
【root@localhost ~】# systemctl status firewalld.service
firewalld.service - firewalld - dynamic firewall daemon
Loaded: loaded (/usr/lib/systemd/system/firewalld.service; disabled; vendor preset: enabled)
Active: inactive (dead)
Docs: man:firewalld(1)
```

③ 关闭 SELinux。修改 SElinux 的配置文件，并重启系统生效。

SELinux 配置文件位置：/etc/selinux/config。

```
【root@localhost ~】# vim /etc/selinux/config
SELINUX=disabled
```

修改完毕后按【Esc】键退出编辑，输入“:wq”保存文件并退出。

重启系统：

```
【root@localhost ~】# reboot
```

④ 修改服务器名称。

CentOS 6.2 操作系统中修改服务器名称的相关命令如下。

```
【root@localhost ~】# vim /etc/sysconfig/network
NETWORKING=yes
NETWORKING_IPV6=no
HOSTNAME=vmserver-10（vmserver-10 为修改后的主机名）
```

修改完毕按【Esc】键退出编辑，输入“:wq”保存文件并退出。

```
【root@localhost ~】# vim /etc/hosts
127.0.0.1 localhost vmserver-10 localhost4 localhost4.localdomain4
::1       localhost vmserver-10 localhost6 localhost6.localdomain6
```

修改完毕按【Esc】键退出编辑，输入“:wq”保存文件并退出。

重启系统：

```
【root@localhost ~】# reboot
```

CentOS 7.3 操作系统中修改服务器名称的命令如下。

vmserver-10 为修改后的主机名：

```
【root@localhost ~】# hostnamectl set-hostname vmserver-10
```

查看主机名称：

```
【root@localhost ~】# hostname
```

2.3.3　远程登录服务器

在实际开发和维护工作中，Linux 服务器都不在本地，需要通过远程方式去连接和操作服务器，Linux 远程操作工具有很多，常用的远程登录软件工具有 PuTTY、SecureCRT、SSH Secure Shell Client。这里选择 SSH Secure Shell Client 工具进行远程连接，该工具是免费的集图形化页面和命令行窗口于一身的远程工具。

远程登录服务器实训

1）实训目的

（1）完成 SSH Secure Shell Client 软件安装。

（2）使用 SSH Secure Shell Client 软件远程登录服务器。

（3）使用 SSH Secure Shell Client 软件将管理平台典型组件软件包上传至服务器。

2）实训设备及器材

实训设备及器材如表 2-21 所示。

表 2-21　实训设备及器材

序　号	设 备 名 称	数　量
1	SSH Secure Shell Client-3.2.9 软件包	1 份
2	平台典型组件软件包	1 份
3	服务器	1 台
4	PC	1 台
5	鼠标	1 个
6	键盘	1 个
7	网线	若干

3）实训内容

通过实训完成 SSH Secure Shell Client 软件安装，使用 SSH Secure Shell Client 软件远程登录服务器，使用 SSH Secure Shell Client 软件将平台典型组件软件包上传至服务器。

4）实训步骤

（1）安装 SSH Secure Shell Client 软件。从网上下载安装包，双击安装文件，弹出如图 2-130 所示的页面，安装 SSH Secure Shell Client 软件，跟普通程序安装方法一样，单击【Next】按钮，一般选择默认选项即可。安装完 SSH Secure Shell Client，会在桌面上出现两个图标，其用途描述如表 2-22 所示。

图 2-130　SSH 软件的安装页面

表 2-22　SSH 图标及用途描述

图　标	用 途 描 述
SSH Secure Shell Client	用来连接服务器
SSH Secure File Transfer Client	用来传输软件安装包到服务器

（2）使用 SSH Secure Shell Client 软件远程登录服务器。远程连接服务器的操作步骤如下。

① 双击 SSH Secure Shell Client 图标，系统弹出 SSH Secure Shell Client 启动页面，如图 2-131 所示。

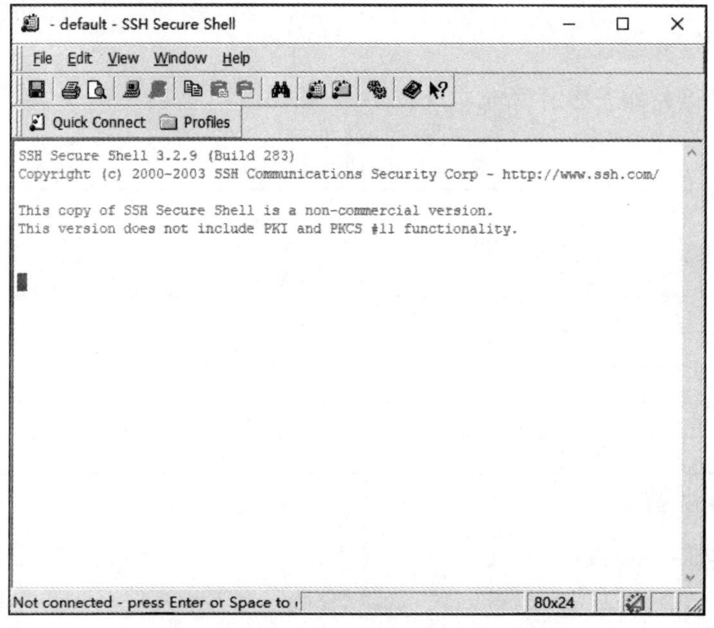

图 2-131　SSH Secure Shell Client 启动页面

② 单击【Quick Connect】按钮后，弹出远程连接服务器对话框，如图 2-132 所示，在对话框中输入相应信息。Host Name 对应服务器的 IP，User Name 对应服务器登录用户名，Port 对应服务器上 SSH 服务对应端口。

③ 信息输入完毕后，单击【Connect】按钮，连接服务器后将出现输入密码对话框，如图 2-133 所示，输入登录用户的密码，单击【OK】按钮，密码校验正确后，将连接远

程服务器。

图 2-132　远程连接服务器对话框

图 2-133　输入密码对话框

（3）使用 SSH Secure Shell Client 软件将文件上传至服务器。远程连接服务器后，单击图标，系统弹出上传文件至服务器窗口，如图 2-134 所示，窗口左边表示本地目录结构，窗口右边表示远程 Linux 服务器目录结构，在窗口左边选择需要上传的本地文件所在目录，在窗口右边选择文件将要存放的远程目录，然后把文件拖放到右边工作目录，即完成本地文件上传至远程服务器。

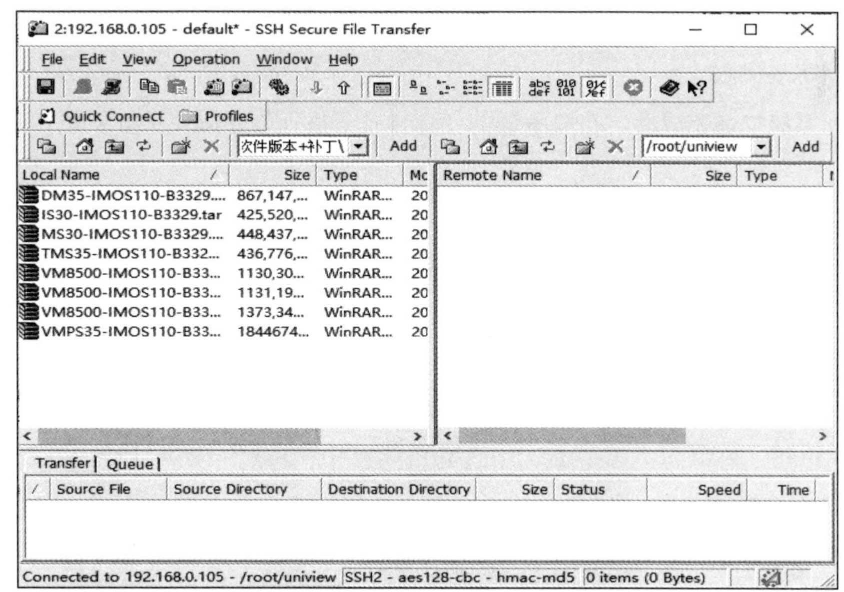

图 2-134　上传文件至服务器窗口

2.3.4　可视智慧物联管理平台系统组件安装部署

可视智慧物联管理平台系统典型组件安装部署包括视频管理（VM）系统安装部署、媒体交换（MS）系统安装部署、数据管理（DM）系统安装部署、备份管理（BM）系统安装部署及补丁安装部署，VM、MS、DM 和 BM 系统既可以合一安装，也可以单独安装。

1. VM 系统安装部署

1）VM 系统安装

VM 系统安装需要进入安装脚本所在目录，执行安装脚本（sh vminstall.sh）进行系统安装。

2）VM 系统升级

VM 系统升级需要进入升级脚本所在目录，执行升级脚本（sh vmupdate.sh）进行系统升级。

3）VM 系统卸载

VM 系统卸载需要进入卸载脚本所在目录，执行卸载脚本（sh vmuninstall.sh）进行系统卸载。

4）VM 系统查看

当 VM 系统安装完成后，在服务器的任意目录下执行“vmserver.sh status”命令查看服务状态。服务状态包括：“running”表示服务运行正常；“stopped”表示服务停止，需要手动重启服务；“does not exist”表示该服务不存在，服务器的可执行文件被删除或其可执行权限被修改，需要重新安装软件或者联系 uniview 授权人员解决，否则系统将不能正常使用。

5）VM 系统启动

当 VM 系统安装完成后，在服务器的任意目录下执行“vmserver.sh start”命令可启动系统。

6）VM 系统停止

当 VM 系统安装完成后，在服务器的任意目录下执行“vmserver.sh stop”命令可停止系统。

7）VM 系统重启

当 VM 系统安装完成后，在服务器的任意目录下执行“vmserver.sh restart”命令可重启系统。

2. MS 系统安装部署

1）MS 系统安装

MS 系统安装需要进入安装脚本所在目录，执行安装脚本（sh msinstall.sh）进行系统安装。

2）MS 系统升级

MS 系统升级需要进入升级脚本所在目录，执行升级脚本（sh msupdate.sh）进行系统升级。

3）MS 系统卸载

MS 系统卸载需要进入卸载脚本所在目录，执行卸载脚本（sh msuninstall.sh）进行系统卸载。

4）MS 系统查看

当 MS 系统安装完成后，在服务器的任意目录下执行“msserver.sh status”命令查看服务状态。服务状态包括：“running”表示服务运行正常；“stopped”表示服务停止，需要手动重启服务；“does not exist”表示该服务不存在，服务器的可执行文件被删除或其可执行权限被修改，需要重新安装软件或者联系 uniview 授权人员解决，否则系统将不能正常使用。

5）MS 系统启动

当 MS 系统安装完成后，在服务器的任意目录下执行“msserver.sh start”命令可启动系统。

6）MS 系统停止

当 MS 系统安装完成后，在服务器的任意目录下执行“msserver.sh stop”命令可停止系统。

7）MS 系统重启

当 MS 系统安装完成后，在服务器的任意目录下执行“msserver.sh restart”命令可重启系统。

3. DM 系统安装部署

1）DM 系统安装

DM 系统安装需要进入安装脚本所在目录，执行安装脚本（sh dminstall.sh）进行系统安装。

2）DM 系统升级

DM 系统升级需要进入升级脚本所在目录，执行升级脚本（sh dmupdate.sh）进行系统升级。

3）DM 系统卸载

DM 系统卸载需要进入卸载脚本所在目录，执行卸载脚本（sh dmuninstall.sh）进行系统卸载。

4）DM 系统查看

当 DM 系统安装完成后，在服务器的任意目录下执行“dmserver.sh status”命令查看服务状态。服务状态包括：“running”表示服务运行正常；“stopped”表示服务停止，需要手动重启服务；“does not exist”表示该服务不存在，服务器的可执行文件被删除或其可执行权限被修改，需要重新安装软件或者联系 uniview 授权人员解决，否则系统将不能正常使用。

5）DM 系统启动

当 DM 系统安装完成后，在服务器的任意目录下执行“dmserver.sh start”命令可启动系统。

6）DM 系统停止

当 DM 系统安装完成后，在服务器的任意目录下执行“dmserver.sh stop”命令可停止系统。

7）DM 系统重启

当 DM 系统安装完成后，在服务器的任意目录下执行“dmserver.sh restart”命令可重启系统。

4．BM 系统安装部署

1）BM 系统安装

BM 系统安装需要进入安装脚本所在目录，执行安装脚本（sh bminstall.sh）进行系统安装。

2）BM 系统升级

BM 系统升级需要进入升级脚本所在目录，执行升级脚本（sh bmupdate.sh）进行系统升级。

3）BM 系统卸载

BM 系统卸载需要进入卸载脚本所在目录，执行卸载脚本（sh bmuninstall.sh）进行系统卸载。

4）BM 系统查看

当 BM 系统安装完成后，在服务器的任意目录下执行“bmserver.sh status”命令查看服务状态。服务状态包括：“running”表示服务运行正常；“stopped”表示服务停止，需要手动重启服务；“does not exist”表示该服务不存在，服务器的可执行文件被删除或其可执行权限被修改，需要重新安装软件或者联系 uniview 授权人员解决，否则系统将不能正常使用。

5）BM 系统启动

当 BM 系统安装完成后，在服务器的任意目录下执行“bmserver.sh start”命令可启动系统。

6）BM 系统停止

当 BM 系统安装完成后，在服务器的任意目录下执行“bmserver.sh stop”命令可停止系统。

7）BM 系统重启

当 BM 系统安装完成后，在服务器的任意目录下执行“bmserver.sh restart”命令可重启系统。

5．补丁安装部署

当 VM、MS、DM、BM 系统分开安装时，通用补丁必须在 VM、MS、DM、BM 系统上分别安装；当 VM、MS、DM、BM 系统合一安装时，只需要打一次补丁即可，但是必须先安装 VM、MS、DM、BM 系统，然后再安装补丁。补丁安装后如果执行卸载补丁命令，那么之前安装的所有补丁都失效。

1）补丁安装

补丁安装需要进入安装脚本所在目录，执行安装脚本（sh patchinstall.sh）进行补丁安装。

2）补丁卸载

补丁卸载需要进入卸载脚本所在目录，执行卸载脚本（sh patchuninstall.sh）进行补丁卸载。

3）补丁版本查看

补丁版本查看需要进入查看脚本所在目录，执行查看脚本（sh displaypatch.sh）进行补丁版本查看。

6. 合一安装服务操作

1）查看所有服务

合一安装完成后，执行“vmserver.sh allstatus”命令可查看所有服务状态。

2）停止所有服务

合一安装完成后，执行“vmserver.sh stopall” 命令可停止所有服务。

3）启动所有服务

合一安装完成后，如果发生意外使系统中服务停止时，可以手动启动所有服务，执行“vmserver.sh startall”命令可启动所有服务。

4）重启所有服务

合一安装完成后，执行“vmserver.sh restartall”命令可重启所有服务。

7. VM、MS、DM、BM 系统合一安装实训

1）实训目的

（1）完成 VM 系统安装及状态查看。
（2）完成 MS 系统安装及状态查看。
（3）完成 DM 系统安装及状态查看。
（4）完成 BM 系统安装及状态查看。
（5）完成补丁安装和版本信息查看。

2）实训设备及器材

实训设备及器材如表 2-23 所示。

表 2-23　实训设备及器材

序　号	设备名称	数　量
1	SSH Secure Shell Client 软件	1 份
2	平台典型组件软件包	1 份
3	服务器	1 台
4	PC	1 台
5	鼠标	1 个
6	键盘	1 个
7	网线	若干

3）实训内容

通过实训完成远程登录服务器，对软件包文件进行解压缩，合一安装 VM、MS、DM、BM 系统，安装完成后查看服务状态，安装补丁并进行版本信息查看。

4）实训步骤

（1）远程登录服务器：参见 2.3.3 节步骤。

（2）VM 系统安装。

① 解压缩安装文件压缩包。安装文件压缩包通过 SSH 工具复制到服务器的一个工作目录（如/home/B3329）下，进入压缩包所在目录使用“tar”命令进行解压缩，具体命令如下。

```
【root@localhost ~】# cd /home/B3329
【root@localhost B3329】# tar -zxvf XXXXXX.tar.gz
```

解压缩完成后，会在该目录下生成解压缩文件目录（如 vm8500_Uniview），在解压缩文件目录下有安装、升级和卸载等各类脚本。

② 软件安装。进入解压缩文件目录，执行安装脚本（sh vminstall.sh）进行软件安装，相关命令如下。

```
【root@localhost B3329】# cd vm8500_Uniview
【root@localhost vm8500_Uniview】# sh vminstall.sh
2021-06-24 09:04:02 : Do not close the terminal during the installation; otherwise, unknown error might occur.
vm8500 installation begins...
Get system version .
Get Machine version x86_64.
```

Please choose the language of vm8500(default 0.Chinese): 选择使用语言，按【Enter】键默认选择中文。

```
0.Chinese
1.English
Please input you choice:
Use default LANGUAGE:0.Chinese
```

What version of vm8500 do you want to install[default:1. stand-alone]: 选择安装单机还是双机模式，按【Enter】键默认选择单机。

```
1. stand-alone
2. high ability (HA)
Please input your choice:
Use default MODE:1. stand-alone
```

Please input Video Manager server port[default:5060]: 选择 VM 系统的端口，按【Enter】键默认选择 5060 端口。

```
Use default Server Port:5060
```

Please input SNMP port[default:162]: 选择 SNMP 服务端口，按【Enter】键默认选择 162 端口。

```
Use default Snmp Port:162
```

Please input Video Manager server IP address[such as 192.168.0.11]: 输入 VM 系统的 IP

地址，一般输入安装 VM 系统的服务器地址即可。

```
192.168.0.105
Begin to stop all products' servers ...
Stop all products' servers succeeded.
```

Do you want to install database on local server?[yes/no]: 数据库的安装方式：若数据库和 VM 系统合一安装，则输入 yes，进入软件安装；若不是合一安装，则选择 no，需要输入注册数据库的 IP 地址。

```
yes
```

start install database--（接下来进入软件安装过程）。

软件安装完成后，出现如下信息。

```
================== START VM8500 ==================
Start service[postgresql]                [ Succeeded ]
Start service[img]                       [ Succeeded ]
Start service[mcserver]                  [ Succeeded ]
Start service[sgserver]                  [ Succeeded ]
Start service[vmserver]                  [ Succeeded ]
Start service[httpd]                     [ Succeeded ]
Start service[nweb]                      [ Succeeded ]
Start service[onvifserver]               [ Succeeded ]
Start service[stunserver]                [ Succeeded ]
Start service[rptserver]                 [ Succeeded ]
Start service[kbserver]                  [ Succeeded ]
Start service[paggbserver]               [ Succeeded ]
Start service[adapter]                   [ Succeeded ]
Start service[viidserver]                [ Succeeded ]
Start service[ga_electricvehicle]        [ Succeeded ]
Start service[g_ga_service]              [ Succeeded ]
Start service[smart_community_sync]      [ Succeeded ]
Start service[DiskReadOnlyCheck]         [ Succeeded ]
Start service[itcserver]                 [ Succeeded ]
Start service[nmserver]                  [ Succeeded ]
Start service[impserver]                 [ Succeeded ]
Start service[unpserver]                 [ Succeeded ]
Start service[pagserver]                 [ Succeeded ]
Start service[iscloud]                   [ Succeeded ]
Start service[vmdaemon]                  [ Succeeded ]
Start servers succeeded
```

③ 软件状态查看。在任意目录下执行“vmserver.sh status”命令进行软件状态查看。

```
【root@localhost ～】# vmserver.sh status
```

（3）MS 系统安装。

① 解压缩安装文件压缩包。安装文件压缩包通过 SSH 工具复制到服务器的一个工作目录（如/home/B3329）下，进入压缩包所在目录使用“tar”命令进行解压缩，具体命令如下。

```
【root@localhost ~】# cd /home/B3329
【root@localhost B3329】# tar -zxvf XXXXXX.tar.gz
```

解压缩完成后，会在该目录下生成解压缩文件目录（如 ms8500_Uniview），在解压缩文件目录下有安装、升级和卸载等各类脚本。

② 软件安装。进入解压缩文件目录，执行安装脚本（sh msinstall.sh）进行软件安装，相关命令如下。

```
【root@localhost B3329】# cd ms8500_Uniview
【root@localhost ms8500_Uniview】# sh msinstall.sh
2021-06-24 09:25:25 : Do not close the terminal during the installation; otherwise, unknown error might occur.
Begin to uninstall pdt_imos servers ...
ms8500 has not been installed
Uninstall servers succeeded!
ms8500 installation begins...
The vm8500 has been installed in this server, so some parameters will be configured automatically according to the configuration of the vm8500.
```

Please choose the language of ms8500(default 0.Chinese): 选择使用语言，按【Enter】键默认选择中文。

```
0.Chinese
1.English
Please input you choice:
Use default LANGUAGE:0.Chinese
```

What version of ms8500 do you want to install[default:1. stand-alone]: 选择安装单机还是双机模式，按【Enter】键默认选择单机。

```
1. stand-alone
2. high ability (HA)
Please input your choice:
Use default MODE:1. stand-alone
```

Please input ms8500 device ID[default:msserver]: 输入 MS 系统的 ID，后续页面添加时需要使用，全网唯一。按【Enter】键为默认值 msserver。

```
Use default DeviceID:msserver
```

Please input SNMP port[default:162]: 选择 SNMP 服务端口，按【Enter】键默认选择 162 端口。

```
Use default Snmp Port:162
```

```
Route initialization succeeded
Route initialization succeeded!
Get system version .
```

Get Machine version x86_64. --（接下来进入软件安装过程）。

③ 软件状态查看。在任意目录下执行“msserver.sh status”命令进行软件状态查看。

```
【root@localhost ~】# msserver.sh status
```

（4）DM 系统安装。

① 解压缩安装文件压缩包。安装文件压缩包通过 SSH 工具复制到服务器的一个工作目录（如/home/B3329）下，进入压缩包所在目录使用 tar 命令进行解压缩，具体命令如下。

```
【root@localhost ~】# cd /home/B3329
【root@localhost B3329】# tar -zxvf XXXXXX.tar.gz
```

解压缩完成后，会在该目录下生成解压缩文件目录（如 dm8500_Uniview），在解压缩文件目录下有安装、升级和卸载等各类脚本。

② 软件安装。进入解压缩文件目录，执行安装脚本（sh dminstall.sh）进行软件安装，相关命令如下。

```
【root@localhost B3329】# cd dm8500_Uniview
【root@localhost dm8500_Uniview】# sh dminstall.sh
2021-06-24 09:55:25 : Do not close the terminal during the installation; otherwise, unknown error might occur.
Begin to uninstall pdt_imos servers ...
dm8500 has not been installed
Uninstall servers succeeded!
dm8500 installation begins...
The vm8500 has been installed in this server, so some parameters will be configured automatically according to the configuration of the vm8500.
```

Please choose the language of dm8500(default 0.Chinese): 选择使用语言，按【Enter】键默认选择中文。

```
0.Chinese
1.English
Please input you choice:
Use default LANGUAGE:0.Chinese
```

What version of dm8500 do you want to install[default:1. stand-alone]: 选择安装单机还是双机模式，按【Enter】键默认选择单机。

```
1. stand-alone
2. high ability (HA)
Please input your choice:
Use default MODE:1. stand-alone
```

Please input dm8500 device ID[default:dmserver]: 输入 DM 的 ID，后续页面添加时需要使用，全网唯一。按【Enter】键为默认值 dmserver。

```
Use default DeviceID:dmserver
```

Please input RTSP port[default:554]: 选择 RTSP 服务端口，按【Enter】键默认选择 554 端口。

```
Use default Rtsp Port:554
```

Please input SNMP port[default:162]: 选择 SNMP 服务端口，按【Enter】键默认选择 162 端口。

```
Use default Snmp Port:162
Route initialization succeeded
Route initialization succeeded!
Get system version .
```

Get Machine version x86_64.--（接下来进入软件安装过程）。

③ 软件状态查看。在任意目录下执行“dmserver.sh status”命令进行软件状态查看。

```
【root@localhost ~】# dmerver.sh status
```

（5）BM 系统安装。

① 解压缩安装文件压缩包。安装文件压缩包通过 SSH 工具复制到服务器的一个工作目录（如/home/B3329）下，进入压缩包所在目录使用“tar”命令进行解压缩，具体命令如下。

```
【root@localhost ~】# cd /home/B3329
【root@localhost B3329】# tar -zxvf XXXXXX.tar.gz
```

解压缩完成后，会在该目录下生成解压缩文件目录（如 bm8500_uniview），在解压缩文件目录下有安装、升级和卸载等各类脚本。

② 软件安装。进入解压缩文件目录，执行安装脚本（sh bminstall.sh）进行软件安装，相关命令如下。

```
【root@localhost B3329】# cd bm8500_uniview
【root@localhost bm8500_Uniview】# sh bminstall.sh
```

安装过程中相关参数的含义参见 DM 系统安装。

③ 软件状态查看。在任意目录下执行“bmserver.sh status”命令进行软件状态查看。

```
【root@localhost ~】# bmerver.sh status
```

（6）补丁安装。

① 解压缩安装文件压缩包。安装文件压缩包通过 SSH 工具复制到服务器的一个工作目录（如/home/B3329）下，进入压缩包所在目录使用“tar”命令进行解压缩，具体命令如下。

```
【root@localhost ~】# cd /home/B3329
【root@localhost B3329】# tar -zxvf XXXXXX.tar.gz
```

解压缩完成后，会在该目录下生成解压缩文件目录（如 VM8500-IMOS110-B3329H100），在解压缩文件目录下有补丁安装、卸载等各类脚本。

② 补丁安装。进入解压缩文件目录，执行安装脚本（sh patchinstall.sh）进行补丁安装，相关命令如下。

```
【root@localhost B3329】# cd VM8500-IMOS110-B3329H100
【root@localhost VM8500-IMOS110-B3329H100】# sh patchinstall.sh
```

③ 补丁版本查看。进入解压缩文件目录，执行查看脚本（sh displaypatch.sh）进行补丁版本查看，相关命令如下。

```
【root@localhost B3329】# cd VM8500-IMOS110-B3329H100
【root@localhost VM8500-IMOS110-B3329H100】# sh displaypatch.sh
PHVERI=VM8500V300R001B03D129H100
PHVERO=VM8500-IMOS110-B3329H100
BUILDTIME=2018-07-12 12:00
```

2.3.5　可视智慧物联管理平台系统组件初始配置

可视智慧物联管理平台系统典型组件安装完成后需要进行初始配置，包括命令行配置和 Web 配置。

1. VM 系统命令行配置和 Web 配置

1）命令行配置

（1）设置系统时间。由于数据管理（DM）服务器、媒体交换（MS）服务器、IP SAN 存储设备以及 IPC 等都会自动同步视频管理（VM）服务器的时区和时间，因此需要正确设置 VM 服务器的时区和时间，建议 VM 客户端计算机的时区及时间设置与 VM 服务器保持一致。

（2）VM 系统配置查询和修改。

VM 系统提供了 vmcfgtool.sh 脚本工具用于查询系统配置和修改相关配置，修改配置后需要重启服务使配置生效，可以通过执行“vmcfgtool.sh –help”命令查看具体用法。常见用法如下。

① 查看配置文件。当需要查看 VM 系统相关配置时，通过执行“vmcfgtool.sh –q”命令即可得到 VM 系统的配置信息。

② 修改 VM 服务器 IP。当 VM 服务器的网卡 IP 发生更改时，通过执行“vmcfgtool.sh serverip 服务器网卡新 IP”命令修改 VM 服务器 IP，修改后重启服务使配置生效。

③ 修改 VM 服务器端口。当 VM 服务器端口被占用时，需修改 VM 服务器端口号，通过执行“vmcfgtool.sh serverport 新端口号”命令修改 VM 服务器端口号，修改后重启服务使配置生效。

④ 修改 apache 端口号。当 apache 默认使用端口 80 被占用时，需修改为其他端口号，通过执行“vmcfgtool.sh namehost 新 apache 端口号”命令修改 apache 端口号，修改后重启服务使配置生效。

⑤ 修改 SNMP 端口号。当 SNMP 默认使用端口被占用时，需修改为其他端口号，通过执行“vmcfgtool.sh snmpport 新 SNMP 端口号”命令修改 SNMP 端口号，修改后重启服务使配置生效。

⑥ 查看系统版本信息。当需要查看系统版本信息时，通过执行“vmcfgtool.sh –v”命

令即可得到 VM 系统版本信息。

⑦ 配置自动备份数据库。系统默认开启自动备份数据库功能，这样系统将于每天凌晨 3 点开始自动备份数据库。备份完成后，数据库的备份文件将放在/var/autobackup/目录，文件命名规则为 database-时间.tar.gz，如 database-2021-06-25_0300.tar.gz 表示 2021 年 6 月 25 日 03:00 的备份文件，系统默认只保留最近 7 天的备份文件，因而每次备份完成后，建议将所需文件备份到本地。

（3）查看系统日志。系统日志保存在/var/log/imoslog 目录下，使用“ls”命令查找目标日志文件，然后使用“tail”命令查看日志文件的最新信息。

2）Web 配置

（1）Web 端登录。在客户端计算机上打开浏览器，在地址栏中输入“http://VM 服务器 IP”，按【Enter】键，进入 Web 登录页面，首次登录时根据系统提示加载所有最新控件，使用默认用户名 admin（默认密码为 admin）或 loadmin（默认密码为 loadmin）登录，admin 和 loadmin 的区别如表 2-24 所示。

（2）系统配置、日志、数据库备份。当 VM 系统需要升级时，在升级前需要做好系统的备份，以便出现问题时进行恢复。使用 Web 页面可以完成系统配置、日志、数据库的备份。

表 2-24　admin 和 loadmin 的区别

项　目	用　户	
	admin	loadmin
所属组织	均是系统超级管理员用户，具有最高权限	
权限差异	admin 用户可以根据需要取消 loadmin 用户的超级管理员权限。任何用户都不能修改、删除 admin 用户	loadmin 用户在被取消超级管理员的角色后可以被删除
是否支持多点登录	不支持	支持

2. MS 系统命令行配置和 Web 配置

1）命令行配置

（1）MS 系统配置查询和修改。MS 系统提供了 mscfgtool.sh 脚本工具用于查询系统配置和修改相关配置，修改相关配置后需要重启服务使配置生效，可以通过执行“mscfgtool.sh
–help”命令查看具体用法。常见用法如下。

① 查看配置文件。当需要查看 MS 系统相关配置时，执行“mscfgtool.sh –q”命令即可得到 MS 系统的配置信息。

② 修改 MS 设备 ID。当需要修改 MS 设备 ID 时，执行“mscfgtool.sh deviceid 新设备 ID”命令修改，修改后重启服务使配置生效。

③ 修改 VM 服务器 IP。当 VM 服务器的网卡 IP 发生更改时，通过执行“mscfgtool.sh serverip VM 服务器网卡新 IP”命令修改 VM 服务器 IP，修改后重启服务使配置生效。

④ 查看 MS 系统版本信息。当需要查看系统版本信息时，执行“mscfgtool.sh –v”

命令即可得到 MS 系统版本信息。

（2）查看系统日志。系统日志保存在/var/log/imoslog 目录下，使用“ls”命令查找目标日志文件，然后使用“tail”命令查看日志文件的最新信息。

2）Web 配置

（1）Web 端登录。在客户端计算机上打开浏览器，在地址栏中输入“http://MS 服务器 IP:8081”，按【Enter】键，进入 Web 登录页面，使用默认用户名 admin（默认密码为 admin）登录。

（2）日志获取和备份配置信息。通过 Web 页面可以完成系统配置信息备份和日志获取，备份的配置信息可以用于系统恢复，当系统出现故障时获取的日志可以帮助分析定位问题。

3．DM 系统命令行配置和 Web 配置

1）命令行配置

（1）DM 系统配置查询和修改。DM 系统提供了 dmcfgtool.sh 脚本工具用于查询系统配置和修改相关配置，修改相关配置后需要重启服务使配置生效，可以通过执行“dmcfgtool.sh –help”命令查看具体用法。常见用法如下。

① 查看配置文件。当需要查看 DM 系统相关配置时，执行“dmcfgtool.sh –q”命令即可得到 DM 系统的配置信息。

② 修改 DM 设备 ID。当需要修改 DM 设备 ID 时，执行“dmcfgtool.sh deviceid 新设备 ID”命令修改，修改后重启服务使配置生效。

③ 修改 VM 服务器 IP。当 VM 服务器 IP 发生更改时，通过执行“dmcfgtool. sh serverip VM 服务器网卡新 IP”命令修改 VM 服务器 IP，修改后重启服务使配置生效。

④ 查看 DM 系统版本信息。当需要查看系统版本信息时，执行“dmcfgtool.sh –v”命令即可得到 DM 系统版本信息。

（2）查看系统日志。系统日志保存在/var/log/imoslog 目录下，使用“ls”命令查找目标日志文件，然后使用“tail”命令查看日志文件的最新信息。

2）Web 配置

（1）Web 端登录。在客户端计算机上打开浏览器，在地址栏中输入“http://DM 服务器 IP:8080”，按【Enter】键，进入 Web 登录页面，使用默认用户名 admin（默认密码为 admin）登录。

（2）日志获取和备份配置信息。通过 Web 页面可以完成系统配置信息的备份和日志获取，备份的配置信息可以用于系统恢复，当系统出现故障时获取的日志可以帮助分析定位问题。

4．BM 系统命令行配置和 Web 配置

1）命令行配置

（1）BM 系统配置查询和修改。BM 系统提供了 bmcfgtool.sh 脚本工具用于查询系统配置和修改相关配置，修改相关配置后需要重启服务使配置生效，可以通过执行“bmcfgtool.sh –

help”命令查看具体用法。常见用法如下。

① 查看配置文件。当需要查看 BM 系统相关配置时，执行“bmcfgtool.sh –q”命令即可得到 BM 系统的配置信息。

② 修改 BM 设备 ID。当需要修改 BM 设备 ID 时，执行“bmcfgtool.sh deviceid 新设备 ID”命令修改，修改后重启服务使配置生效。

③ 修改 VM 服务器 IP。当 VM 服务器 IP 发生更改时，通过执行“bmcfgtool. sh serverip VM 服务器网卡新 IP”命令修改 VM 服务器 IP，修改后重启服务使配置生效。

④ 查看 BM 系统版本信息。当需要查看系统版本信息时，执行“bmcfgtool.sh –v”命令即可得到 BM 系统版本信息。

（2）查看系统日志。系统日志保存在/var/log/imoslog 目录下，使用“ls”命令查找目标日志文件，然后使用“tail”命令查看日志文件的最新信息。

2）Web 配置

（1）Web 端登录。在客户端计算机上打开浏览器，在地址栏中输入“http://BM 服务器 IP:8082”，按【Enter】键，进入 Web 登录页面，使用默认用户名 admin（默认密码为 admin）登录。

（2）日志获取和备份配置信息。通过 Web 页面可以完成系统配置信息的备份和日志获取，备份的配置信息可以用于系统恢复，当系统出现故障时获取的日志可以帮助分析定位问题。

5．VM、MS、DM、BM 系统初始化配置实训

1）实训目的

（1）完成 VM 系统初始化配置。

（2）完成 MS 系统初始化配置。

（3）完成 DM 系统初始化配置。

（4）完成 BM 系统初始化配置。

2）实训设备器材

实训设备及器材如表 2-25 所示。

表 2-25　实训设备及器材

序　号	设备名称	数　量
1	SSH Secure Shell Client 软件	1 份
2	已安装平台典型组件服务器	1 份
3	PC	1 台
4	鼠标	1 个
5	键盘	1 个
6	网线	若干

3）实训内容

通过实训完成在服务器上对 VM、MS、DM 和 BM 系统命令行设置和在浏览器上查看 VM、MS、DM 和 BM 系统的配置是否正确，确保系统正常工作。

4）实训步骤

（1）远程登录服务器：参见 2.3.3 节的步骤。

（2）VM 系统初始化配置实训。

① VM 系统设置时间。

第 1 步：查看本地时区的时间和日期。

```
【root@localhost ~】# date
```

第 2 步：设置时区。

```
【root@localhost ~】# timeconfig
```

命令执行后会弹出时区选择窗口，选择时区（如【Asia/Shanghai】），再按【Tab】键，单击【OK】按钮，最后按【Enter】键来完成设置。

第 3 步：设置时间和日期。

```
【root@localhost ~】# date -s "2019-03-27 20:15:20"
```

使用"date"命令修改系统时间后，建议同步 RTC 硬件时间，防止因服务器断电重启后重新获取时间而引起时钟不同步现象，可以执行"hwclock --systohc"命令使硬件时间与系统时间保持一致。

```
【root@localhost ~】# hwclock --systohc
```

查看修改后 clock 时间与 date 时间是否一致。

```
【root@localhost ~】# clock; date
```

② 查看系统是否自动开启备份数据库。

```
【root@localhost ~】# vmcfgtool.sh -q
```

"DBBKUP_SWITCH=on"表示系统开启自动备份数据库，这是系统默认值。

③ 查看系统版本信息。

```
【root@ localhost ~】# vmcfgtool.sh -v
```

④ 查看系统日志。系统日志保存在/var/log/imoslog 目录下，具体命令如下。

```
【root@ localhost ~】# cd  /var/log/imoslog
【root@ localhost ~】# ls
【root@ localhost ~】# tail XXXXXX.log
```

⑤ Web 端登录。在客户端计算机上打开浏览器，在地址栏中输入"http://VM 服务器 IP"，如"http://192.168.0.105"，按【Enter】键，进入 Web 页面，首次登录时根据系统提示加载所有最新控件，如图 2-135 所示，直至登录页面不再弹出加载控件的提示。安装控件时尽量安装在默认目录下。

下载完成后，单击【运行】按钮，然后按照 MediaPlugin 安装向导（图 2-136）进行控件安装。安装完成后，重启浏览器，在浏览器地址栏中输入 VM 服务器 IP 即可进入登录系统。

输入用户名和密码，单击【登录】按钮，进入【系统安全设置向导】页面，如图 2-137 所示，进行服务器相关强密码设置，完成系统安全设置后，进入 Web 页面。再次登录 Web 和服务器系统时，需要使用修改过的密码登录。

图 2-135　加载控件

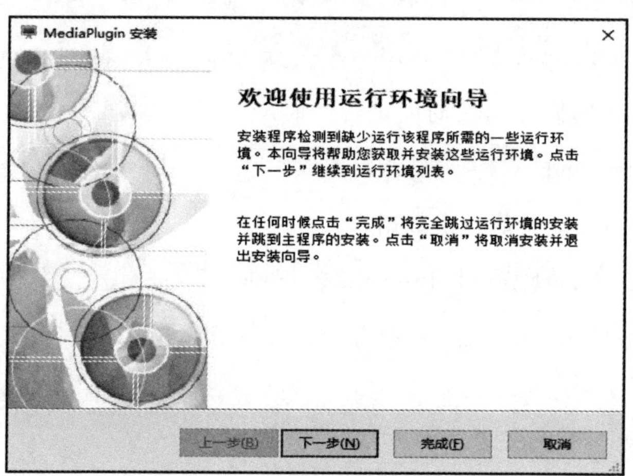

图 2-136　安装向导

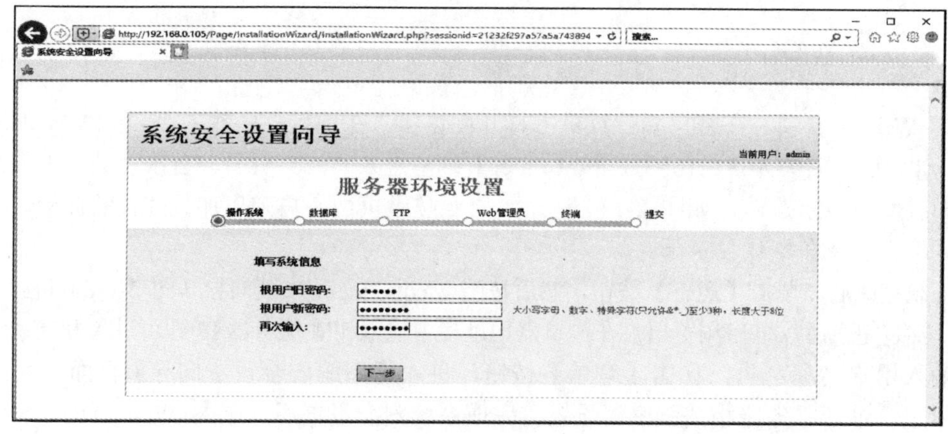

图 2-137　【系统安全设置向导】页面

⑥ 系统配置、日志、数据库备份。使用 admin/loadmin 用户登录后，进入【系统备份】页面，如图 2-138 所示。选择备份类型，即配置、数据库、日志或全部，备份结束后，单击【导出】按钮，指定保存路径后即可导出当前系统信息。

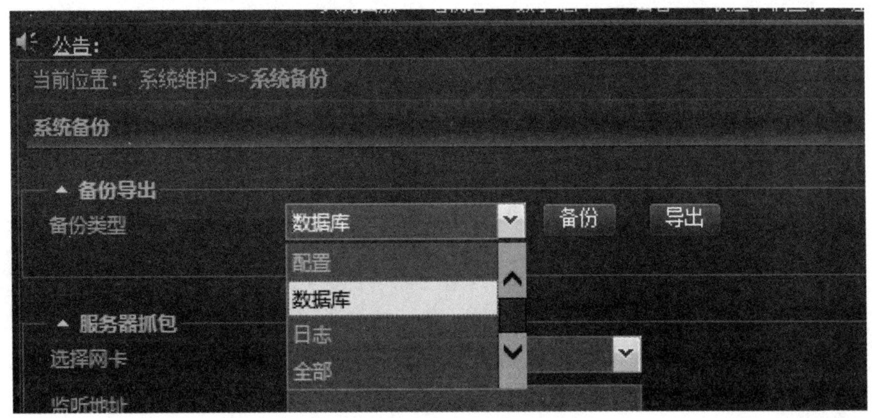

图 2-138　【系统备份】页面

（3）MS 系统初始化配置实训。

① 查询 MS 设备 ID。

```
【root@localhost ～】# mscfgtool.sh -q
```

② 查询 MS 系统版本信息。

```
【root@ localhost ～】# mscfgtool.sh -v
```

③ 查看系统日志。系统日志保存在/var/log/imoslog 目录下，具体命令如下。

```
【root@ localhost ～】# cd  /var/log/imoslog
【root@ localhost ～】# ls
【root@ localhost ～】# tail XXXXXX.log
```

④ Web 端登录。

第 1 步：在客户端计算机上打开浏览器，在地址栏中输入“http://MS 服务器 IP:8081”，按【Enter】键。

第 2 步：在首次登录对话框中输入默认管理员密码 admin，单击【登录】按钮，提示修改强密码，即可进入 Web 页面。

第 3 步：登录系统后，进入【系统设置】→【通信参数设置】页面，确认服务器 IP（VM 服务器 IP）是否正确，其他参数保持默认值即可。另外，如果 VM 系统是独立数据库，则需要在 MS 系统的配置页面中修改数据库配置信息。

⑤ 日志获取。登录 Web 页面，进入【设备维护】→【日志导出】页面，如图 2-139 所示，可将日志文件导出到本地。

⑥ 备份配置信息。登录 Web 页面，进入【设备维护】→【配置导入导出】页面（图 2-140），可将该设备配置信息导出到本地备份。

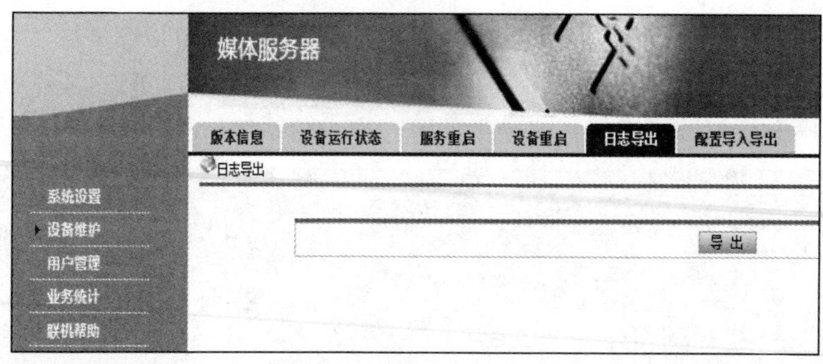

图 2-139 【日志导出】页面

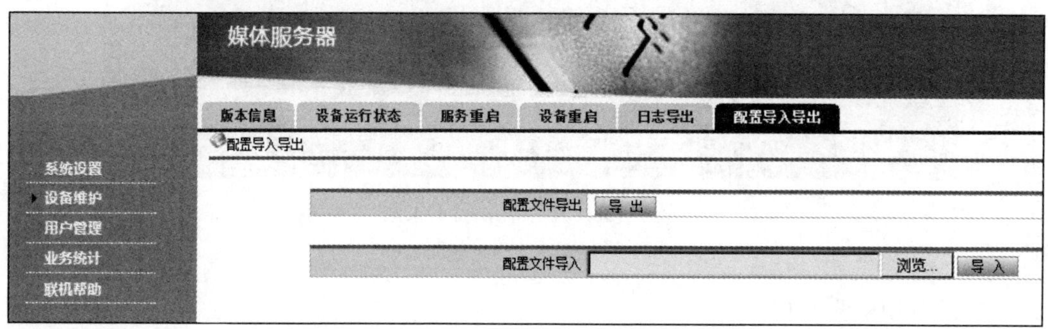

图 2-140 【配置导入导出】页面

（4）DM 系统初始化配置实训。

① 查询 DM 设备 ID。

```
【root@localhost ～】# dmcfgtool.sh -q
```

② 查询 DM 系统版本信息。

```
【root@ localhost ～】# dmcfgtool.sh -v
```

③ 查看系统日志。系统日志保存在/var/log/imoslog 目录下，具体命令如下。

```
【root@ localhost ～】# cd  /var/log/imoslog
【root@ localhost ～】# ls
【root@ localhost ～】# tail XXXXXX.log
```

④ Web 端登录。

第 1 步：在客户端计算机上打开 Web 浏览器，在地址栏中输入“http://DM 服务器 IP:8080”，按【Enter】键。

第 2 步：在首次登录对话框中输入默认管理员密码 admin，单击【登录】按钮，提示修改强密码，即可进入 Web 页面。

第 3 步：登录系统后，进入【系统设置】→【通信参数设置】页面，确认服务器 IP（VM 服务器 IP）是否正确，其他参数保持默认值即可。另外，如果 VM 系统是独立数据库，则需要在 DM 系统的配置页面中修改数据库配置信息。

⑤ 日志获取。登录 Web 页面，进入【设备维护】→【日志导出】页面，可将日志文件导出到本地。

⑥ 备份配置信息。登录 Web 页面，在【设备维护】→【配置导入导出】页面可将该设备配置信息导出到本地备份。

（5）BM 系统初始化配置实训。

① 查询 BM 设备 ID。

```
【root@localhost ~】# bmcfgtool.sh -q
```

② 查询 BM 系统版本信息。

```
【root@ localhost ~】# bmcfgtool.sh -v
```

③ 查看系统日志。系统日志保存在/var/log/imoslog 目录下，具体命令如下。

```
【root@ localhost ~】# cd  /var/log/imoslog
【root@ localhost ~】# ls
【root@ localhost ~】# tail XXXXXX.log
```

④ Web 端登录。

第 1 步：在客户端计算机上打开 Web 浏览器，在地址栏中输入“http://BM 服务器 IP:8082”，按【Enter】键。

第 2 步：在首次登录对话框中输入默认管理员密码 admin，单击【登录】按钮，提示修改强密码，即可进入 Web 页面。

第 3 步：登录系统后，进入【系统设置】→【通信参数设置】页面，确认服务器 IP（VM 服务器 IP）是否正确，其他参数保持默认值即可。另外，如果 VM 系统是独立数据库，则需要在 BM 系统的配置页面上修改数据库配置信息。

⑤ 日志获取。登录 Web 页面，进入【设备维护】→【日志导出】页面，可将日志文件导出到本地。

⑥ 备份配置信息。登录 Web 页面，在【设备维护】→【配置导入导出】页面，可将该设备配置信息导出到本地备份。

习题 2

一、单选题

2-1　在 Linux 系统下可以使用哪个命令对 tar.gz 的压缩包文件进行解压缩？（　　）

A．tar -zcvf test.tar.gz　　B．tar -zxvf test.tar.gz

C．tar -ztvf test.tar.gz　　D．tar -zjvf test.tar.gz

2-2　在 Linux 系统下使用 vim 编辑文件后输入什么指令用于保存文件并退出？（　　）

A．:wq　　B．:q!　　C．:q　　D．:w

2-3　重启视频管理服务器的命令是什么？（　　）

A．vmserver.sh status　　B．vmserver.sh start

C．vmserevr.sh stop　　D．vmserver.sh restart

2-4　查询数据管理服务器设备 ID 的命令是什么？（　　）

A．dmcfgtool.sh -v　　B．bmcfgtool.sh -v

C．dmcfgtool.sh -q　　D．bmcfgtool.sh -q

2-5　媒体交换服务器 Web 端页面登录地址是什么？（　　）

A．http://媒体交换服务器 IP:8081　　B．https://媒体交换服务器 IP:8081

C．http://媒体交换服务器 IP:8080　　C．https://媒体交换服务器 IP:8080

二、多选题

2-6　在 Linux 系统下可以使用哪些命令查询网卡信息？（　　）

A．ifconfig　　B．ip　　C．ethtool　　D．ipconfig

2-7　下列哪些说法是正确的？（　　）

A．VM、DM、MS 和 BM 系统既可合一安装，也可单独安装

B．DM 系统安装完会向 VM 系统注册

C．MS 系统安装完会向 VM 系统注册

D．BM 系统安装完会向 VM 系统注册

2-8　下列关于 VM 系统 Web 端登录账户 admin 和 loadmin 的说法正确的有？（　　）

A．admin 和 loadmin 都是系统超级管理员用户，都具有最高权限

B．admin 用户不能取消 loadmin 的系统超级管理员用户权限

C．admin 不支持多点登录

D．loadmin 支持多点登录

2-9　在 CentOS 6 下使用什么命令可以重启网络服务？（　　）

A．service network restart　　B．service restart network

C．service network start　　D．/etc/init.d/network restart

2-10　当 VM 服务器 IP 发生更换时，VM、MS、DM、BM 系统需要执行下列哪些操作？（　　）

A．通过 vmcfgtool 修改 VM 服务器 IP，重启服务

B．通过 mscfgtool 修改 VM 服务器 IP，重启服务

C．通过 dmcfgtool 修改 VM 服务器 IP，重启服务

D．通过 bmcfgtool 修改 VM 服务器 IP，重启服务

三、判断题

2-11　VM、MS、DM、BM 系统日志都存放在/var/log/imoslog 目录下。（　　）

2-12　VM 系统自动备份数据库默认是关闭的。（　　）

第3章

可视智慧物联系统调试

可视智慧物联系统以标准、开放、可靠的 IP 技术，有效地解决了大规模实时监控、高质量海量存储、快速方便的管理维护等问题，满足了网络监控市场蓬勃发展的需求，可广泛应用于城市、道路、机场、地铁、大型园区等领域的监控。在搭建了一个典型的可视智慧物联系统后，需要进行系统业务调试，这样才能实现可视智慧物联系统的功能应用。

本章介绍可视智慧物联系统业务基本功能配置、常规功能业务基本操作及业务扩展功能配置，通过学习本章的内容，可以掌握可视智慧物联系统业务调试方法。

3.1 业务基本功能配置

可视智慧物联系统只有进行基本的功能配置后，才能开展常见监控业务。本节对业务基本功能配置进行介绍，并在功能介绍的基础上对所涉及的配置流程进行详细讲解。

3.1.1 识读项目开局指导书

常用的可视智慧物联系统主要基于 IMOS 的 iVS IP 监控解决方案，包括前端设备、存储系统、网络系统和管理平台四大基础组件。其核心是各类管理平台，包括视频管理服务器（以下简称 VM）、数据管理服务器（以下简称 DM）、媒体交换服务器（以下简称 MS）、集成监控中心主机等。当需要接入第三方 NVR/DVR、IPC 设备时，还需要配置 DA 代理服务器实现信令转换和媒体分发。该管理平台可以实现可视智慧物联系统的统一管理、统一控制、统一存储、统一媒体转发调度。软件系统各部件之间采用标准的信令、媒体流、存储和视频编解码协议，可以实现各功能部件的灵活部署，系统容量可弹性扩展。

在开始某一具体项目前，需要完成项目的准备工作，即开局。技术人员要能按照项目开局指导书，完成系统规划、环境准备、服务器安装、设备升级、设备初始配置、业务配置等工作。通过本项目的学习，可以掌握基于 IMOS 的新一代监控解决方案开局的准备工作以及过程中的注意事项。

完整的项目开局指导书包括系统介绍，开局流程指引，系统规划，系统安装、升级与卸载，系统初始配置，系统业务配置，系统维护，常见故障诊断与定位，产品端口使用列表几部分。

1. 系统介绍

项目开局指导书的系统介绍包括系统的总体应用和功能、系统组成以及系统组网，也会详细介绍系统中各个结构组件的概念和功能。

2. 开局流程指引

项目开局指导书的开局流程指引包括开局工作的具体流程及操作步骤，每一步骤可连接后续内容的详细说明，如图 3-1 所示。

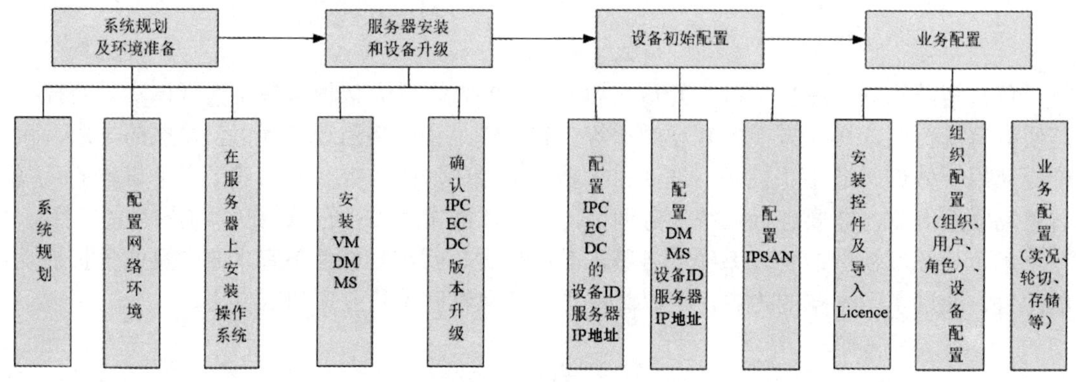

图 3-1　开局流程指引

3. 系统规划

项目开局指导书的系统规划包括网络系统规划和监控系统规划。网络系统规划主要是规划网络层次，划分 VLAN，明确是否使用组播以及确定设备的安放位置。监控系统规划是确认系统相关设备，如终端设备 IP 地址、服务器设备 ID、存储设备存储空间的规划等。

4. 系统安装、升级与卸载

项目开局指导书的系统安装、升级与卸载主要是指导用户如何进行系统的安装、升级与卸载。

5. 系统初始配置

项目开局指导书的系统初始配置介绍了如何通过基本配置，将 DM、MS、BM 服务器以及 IPC、EC、DC 等终端设备加入 VM。完成各款服务器以及终端设备的初始配置后，再通过 VM 客户端软件完成相应设备的添加，添加后即可正常上线。

6. 系统业务配置

项目开局指导书的系统业务配置介绍了如何通过配置实现实况监控、点播回放、媒体服务器组转发策略、备份、转存、告警联动、多级多域操作、大屏拼接等具体业务。

7. 系统维护

项目开局指导书的系统维护介绍了如何获取管理服务器、客户端上的日志，以及常用工具的安装及使用方式，包括如何通过安装 SSH（Secure Shell）软件登录服务器，tcpdump、Wireshark 抓包工具的安装及使用方法。

8．常见故障诊断与定位

项目开局指导书的常见故障诊断与定位介绍了平台页面常见问题。

9．产品端口使用列表

项目开局指导书的产品端口使用列表介绍了各个平台设备的端口分配情况。

3.1.2　系统配置业务

系统配置业务用来管理和配置监控管理平台自身相关的运行参数，包括 Web 本地配置、万能网络护照（Universal Network Passport，UNP）业务、升级管理、告警订阅、License 管理、模板管理、告警参数配置以及告警自定义。系统配置往往牵一发而动全身，所以一般在系统交付使用前配置好，若在使用时修改参数，则需要对全局的影响做出评估。

1．本地配置

系统配置业务的本地配置可以设置客户端计算机的本地参数，用于实现各种相关功能，其页面如图 3-2 所示。

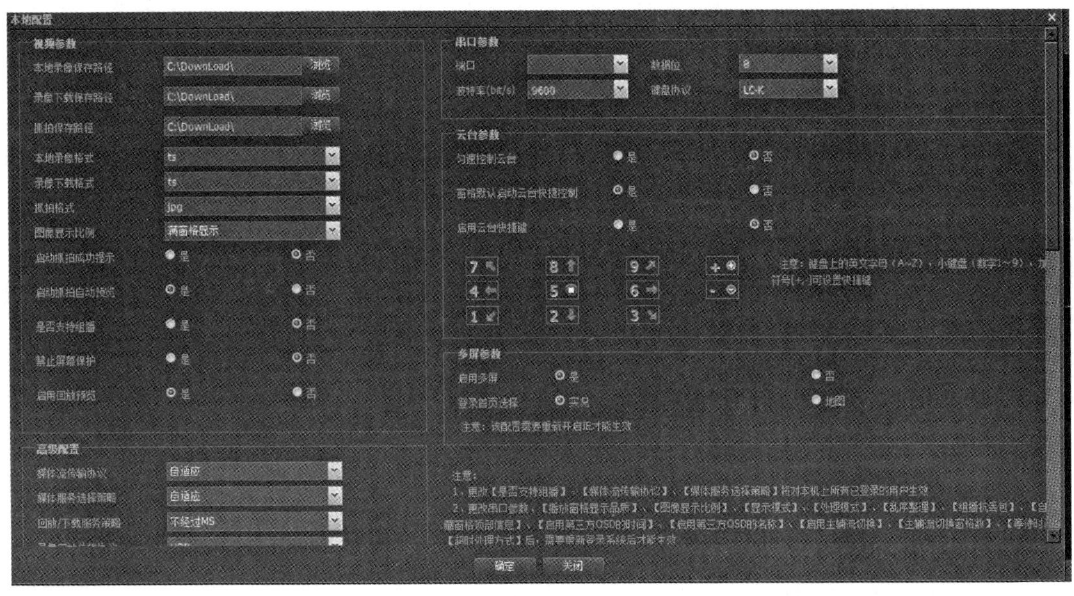

图 3-2　本地配置页面

1）视频参数

系统配置业务的视频参数用来修改本地录像、下载以及抓拍图片的保存路径，设置录像下载格式等参数，如图 3-3 所示。

视频参数具体描述如表 3-1 所示。

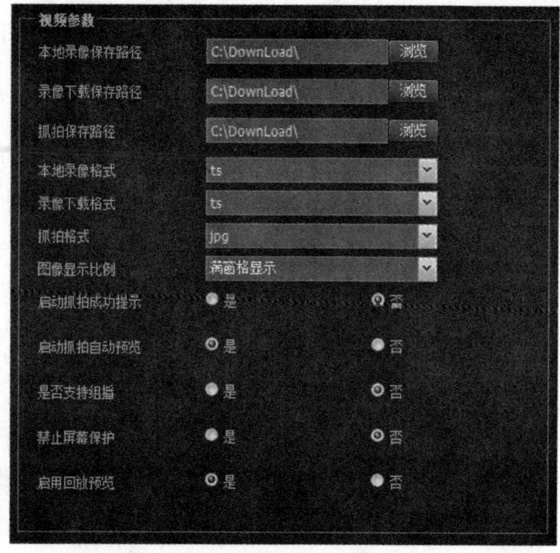

图 3-3　视频参数

表 3-1　视频参数具体描述

参　　数	具 体 描 述
本地录像保存路径	可以设置客户端本地录像时录像文件存放的路径
录像下载保存路径	可以设置录像下载时录像文件存放的路径
抓拍保存路径	实况的时候，单张或者连续抓拍时抓拍图片存放的路径
本地录像格式/录像下载格式	客户端本地录像以及录像下载时录像文件的格式
抓拍格式	实况的时候，单张或者连续抓拍时抓拍图片的格式
图像显示比例	对所有播放窗格统一配置图像显示比例，默认为满窗格显示。若需调整部分窗格的显示比例，可直接在对应窗格上右击选择“图像显示比例”选项进行设置，但系统不会保存配置，若此时退出系统后又重新登录，则图像显示比例仍以此处的参数为准
启动抓拍成功提示	启用该功能后，当抓拍图片成功后，系统会进行提示
启动抓拍自动预览	启用该功能后，当抓拍图片后，系统会自动进行预览
是否支持组播	客户端计算机所有视频播放窗格是否支持组播
禁止屏幕保护	若客户端计算机已启动屏幕保护，可通过此选项禁止屏幕保护，此时若退出该监控系统 Web 页面，则客户端计算机将恢复启动屏幕保护
启用回放预览	设置是否启用回放预览功能，默认启用 回放预览：当鼠标指针放在录像播放进度条上时，可以预览对应录像（1 s）及详细时间信息

2）串口参数

系统配置业务的串口参数用来修改本地键盘配置，如图 3-4 所示。

3）云台参数

系统配置业务的云台参数用来配置云台匀速转动，如图 3-4 所示。

串口参数和云台参数具体描述如表 3-2 所示。

4）高级配置

系统配置业务的高级配置主要用来修改流媒体传输协议、服务选择策略等参数，如图 3-5 所示。

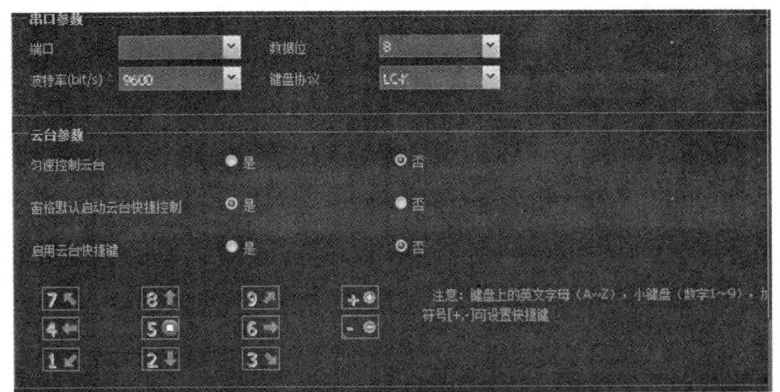

图 3-4　串口参数和云台参数

表 3-2　串口参数和云台参数具体描述

类型	参　数	具 体 描 述
串口参数	端口	选择客户端计算机上连接专业键盘等外接设备的串口，“无”表示不使用串口
	波特率	客户端计算机的串口波特率，应与专业键盘等外接设备的波特率保持一致
	数据位	客户端计算机的串口通信数据位，默认值为 8
	键盘协议	客户端计算机支持的键盘协议，应与外接专业键盘的协议保持一致
云台参数	匀速控制云台	默认不启用，若启用，则系统将按当前云台面板速度值来匀速控制云台
	窗格默认启动云台快捷控制	默认开启
	启用云台快捷键	默认不启用，若启用，则可自定义使用云台的快捷键。在键盘 A～Z，数字键盘 1～9 以及+（加号）、-（减号）中选择相应的快捷键即可完成自定义快捷键的设置。在“实况回放”页面，单击需要进行云台控制的窗格，使用设定后的云台快捷键即可实现与通过云台控制面板控制云台一致的效果

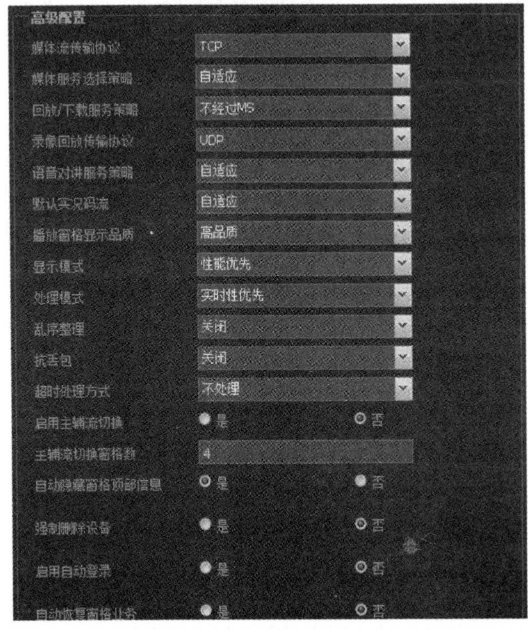

图 3-5　高级配置

系统配置业务的高级配置中的主要参数描述如表 3-3 所示。

表 3-3　高级配置中的主要参数描述

参　　数	具 体 描 述
媒体流传输协议	自适应：系统默认值，表示客户端可接收 UDP 或 TCP 实况流，由系统自动协商确定
	TCP：表示客户端只接收 TCP 实况流
媒体服务选择策略	自适应：系统默认值，表示实况媒体流是否经 MS 完全由系统根据编码设备或外域的媒体服务选择策略，以及 MS 的部署情况来决定。 说明：当存在 MS 且前端编码设备或外域的媒体服务选择策略均为自适应时，若 MS 的转发能力不足，则采用直连优先方式
	直连优先：对于本域摄像机，实况媒体流优先不经 MS 转发，当直连数超过本域的最大允许值时，若本域存在 MS 且编码器或网络摄像机允许经过 MS，则将经 MS 进行转发，否则，采用直连方式建立实况，不经过本域 MS 进行转发。 对于外域共享摄像机，当直连数没有超过本域或该下级域/平级域的最大允许值时，优先采用直连方式建立实况；否则，若本域存在 MS，则将经 MS 进行转发
回放/下载服务策略	自适应：本域回放/下载媒体流是否经过 MS，由系统根据 MS 的部署情况来决定。若无 MS 可用，则按照不经过 MS 来处理；若有 MS 可用，则会优先经过 MS
	不经过 MS：系统默认值，本域回放/下载媒体流不经过 MS
录像回放传输协议	客户端计算机录像回放数据的传输协议。默认为 UDP，若网络环境较差时，则建议选择 TCP
语音对讲服务策略	自适应：本域语音对讲是否经过 MS，由系统根据 MS 的部署情况来决定。若无 MS 可用，则按照不经过 MS 来处理；若有 MS 可用，则会优先经过 MS
	经过 MS：本域语音对讲不经过 MS
默认实况码流	通过窗格播放实况时默认采用的码流，若默认实况码流配置与流套餐配置冲突，则系统将自动协商合适的实况码流
播放窗格显示品质	若客户端计算机显卡支持 Direct3D，则建议选择“高品质”选项，使图像显示效果更好一些；若客户端计算机未开启硬件加速，则建议选择“低品质”选项
显示模式	默认为性能优先。若因客户端计算机的显卡而造成图像显示问题时，则建议选择兼容性优先
处理模式	默认为实时性优先。若网络良好，则建议选择实时性优先；若网络存在时延，则建议选择流畅性优先；若需兼顾实时性，则建议选择自适应；若要求实况时延比实时性优先更低，则建议选择超低时延
乱序整理	开启：启动系统对收到的 TS 或 RTP 流进行判断是否乱序，并对乱序做一定程度的整理。通常情况下经过乱序整理后，系统播放的图像质量和流畅性会更佳，但会存在轻微时延
	关闭：关闭系统对收到的 TS 或 RTP 流进行判断和整理的功能，视频播放可能存在卡顿
抗丢包	默认为关闭。若实况存在图像卡顿等丢包导致的问题，则建议开启，但会带来轻微时延
超时处理方式	默认为不处理。登录 Web 页面后，如果长时间没有操作，则可以选择不处理、退出或锁屏
启用主辅流切换 主辅流切换窗格数	默认为否，即不开启主辅流切换。当开启主辅流切换后，若实况回放窗格数小于或等于该设定的值，则播放类型为主流；若实况回放窗格数大于该设定的值，则播放类型自动切换为辅流
自动隐藏窗格顶部信息（默认为是）	开启：当鼠标指针移到播放实况回放的窗格上时，会显示窗格顶部信息；当鼠标指针移出窗格后，会隐藏窗格顶部信息
	关闭：窗格顶部信息会一直显示
强制删除设备	默认为关闭。当需要强制删除网络摄像机、编码器、解码器、网络视频录像机、混合式硬盘录像机、标准协议 IPC 及外域共享的摄像机、告警源和告警输出等设备时，建议开启。 强制删除设备会强制删除与该设备相关联的存储、备份、转存、共享、开关量、透明通道等业务，同时会删除设备存储在平台上的录像。所以在进行删除操作前，应先确认该设备录像确实需要删除并且进行了备份，否则会造成数据丢失
启用时间 OSD（其他版本）	默认为否。开启后，在播放实况和回放时，窗格的左上角会显示时间信息
启用名称 OSD（其他版本）	默认为否。开启后，在播放实况和回放时，窗格的左上角会显示摄像机名称

续表

参　　数	具 体 描 述
启用自动登录	默认为否。启用自动登录后，用户在登录 Web 时无须手动输入用户名和密码，可根据最近一次的登录信息直接进入业务操作页面
自动恢复窗格业务	若开启，用户在登录 Web 页面后，自动恢复上次业务操作时的窗格业务，包括分屏模式、实况业务、轮切业务
	默认为关闭。若关闭，当用户在登录 Web 页面后，若想恢复上次关闭前的窗格业务，则可以单击“窗体工具栏”中的手动恢复窗格业务

5）启用告警声音

可以根据需要选择启用告警声音，即发生告警时根据不同告警级别设定的提示音进行提醒，如图 3-6 所示。

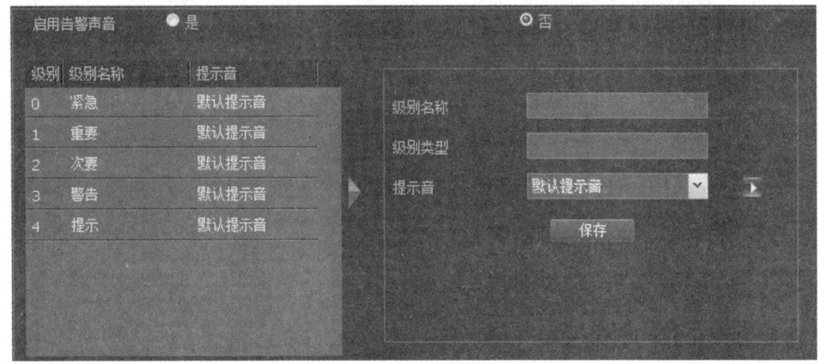

图 3-6　启用告警声音

2. License 管理

系统配置业务的授权许可证书（License）管理可以导入申请好的授权文件或是导出本机标识（HostID），也可以查看本机已导入的授权数量，如图 3-7 所示。

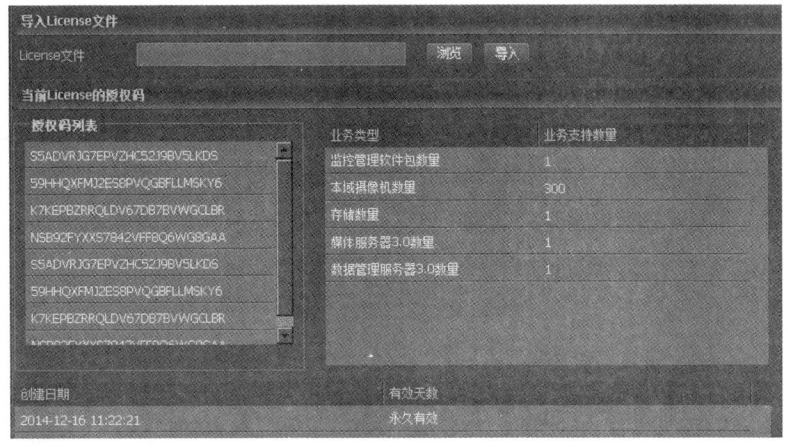

图 3-7　导入 License 文件

License 文件定义了系统可以管理的设备和资源的授权许可信息，具体情况如表 3-4 所示。

表 3-4　License 文件定义信息

项　　目	具 体 描 述
设备接入许可	根据不同 License，可接入相应数目的 DM、IP SAN、TS、MS 等设备
摄像机接入许可	根据不同 License，可控制本域或多域联网接入的摄像机数目，其中本域摄像机总数包括直接接入的 IPC 以及 EC、混合式硬盘录像机、DA 等设备接入的摄像机

出厂时，系统只支持接入 8 个摄像机、1 个 DM、1 个 MS、1 个 TS 和 1 个存储设备。

若要实现对系统更多设备和资源的管理，则要购买产品 License，并根据 License 授权码和详细的用户信息向浙江宇视科技有限公司（简称宇视）申请激活 License，然后导入 License 文件到系统中完成 License 的注册。

在 IP 监控系统中可以添加和管理多种设备，如摄像机、IP SAN、DM、MS 等。在添加设备或使用相应功能前需要首先添加授权许可文件（License 文件），若系统没有相应的 License 文件，则将无法进行设备添加或功能的使用。

1）License 分类

License 主要包括 License 文件（*.lic）、SDC 接入许可、MS 软件接入许可、DM 软件接入许可、IP SAN 接入许可、摄像机接入许可、hostiD.id 文件、授权码等，具体描述如表 3-5 所示。

表 3-5　License 分类及具体描述

License 分类	具 体 描 述
License 文件（*.lic）	包含系统可以管理的设备和资源的授权许可信息，需在【配置】→【License 管理】中单击【导入 License 文件】按钮导入系统中
授权码	授权码是随项目一同发布给最终用户的许可申请序号，用户在宇视官网上激活授权时需要上传该授权码，用于生成最终的 License 文件
hostiD.id 文件	由项目用户信息生成的用于申请最终的 License 文件，通常文件名称为 hostiD.id
摄像机接入许可	该 License 用于控制本域中同时可以在线的摄像机的数量
IP SAN 接入许可	该 License 用于控制本域中能够添加并正常使用的 IP SAN 的数量
DM 软件接入许可	该 License 用于控制本域中可以添加并正常使用的 DM 的数量
MS 软件接入许可	该 License 用于控制本域中可以添加并正常使用的 MS 的数量
SDC 接入许可	该 License 用于控制本域中可以添加并正常使用的 SDC 的数量

2）License 申请流程

License 申请流程主要有以下 5 步。

第 1 步，准备项目的情况资料，如合同号、公司名称、联系方式等。

第 2 步，在 Web 客户端【配置】→【License 管理】页面中如实填写用户和联系人信息生成 License 文件（hostiD.id）。

第 3 步，将 License 文件和授权码在宇视官网中激活，并获取最终的 License 文件。

第 4 步，用户在系统中导入获取的 License 文件。

第 5 步，导入成功，系统完成授权，用户可通过 Web 页面登录系统并进行操作。

3）License 常见问题及解决策略

License 在使用中会遇到很多问题，常见问题处理的相关策略如表 3-6 所示。

表 3-6　License 常见问题处理的相关策略

常见问题	相关策略
授权数量不足	购买正式授权，获取授权码时按 License 申请流程进行扩容激活
服务器需要更换	需要提供新服务器的 hostiD.id 和原授权文件信息反馈给宇视相关技术人员，做服务器授权变更
License 丢失	需要提供生成 hostiD.id 时填写的合同编号或客户名称、hostiD.id、授权码信息给宇视相关技术人员，以上 3 种信息均可进行授权文件的找回
License 在服务器上的保存路径及保存方式	/usr/local/svconfig/server/license/，此路径下保存的是*.dat，可直接导出备份；授权导入可以把授权文件（.lic 文件）直接改名为 *.dat 文件放到该目录下使用，该导入授权的方法需手动重启 VM 服务
多级多域组网时授权策略	下级域是 VM 时，推送给上级域的摄像机不占用上级域摄像机授权数量；下级域是 DA、第三方平台、NVR、混合式 DVR 时，推送给上级域的摄像机占用上级域摄像机授权数量

3．模板管理

IP 监控系统规模通常较大，终端设备繁多，计划复杂，这就给配置设备和管理计划带来很大的难度。模板管理可在大型 IP 监控系统中快速、高效、正确地配置业务数据，从而简化重复的操作。

IP 监控系统参数模板包含如下几类。

（1）EC 参数模板：定义编码器通道的相关参数，定义完成后可直接在编码器通道应用该模板以简化配置操作。

（2）DC 参数模板：定义视频解码器通道的相关参数，定义完成后可直接在编码器通道应用该模板以简化配置操作。

（3）计划模板：将时间计划以模板方式进行管理。当进行和时间相关的操作时，可以直接套用参数模板，简化配置操作。

4．Web 客户端基本配置实训

1）实训目的

通过本次实训，掌握控件的安装方法和 License 文件的添加方法。

2）实训设备及器材

实训设备及器材如表 3-7 所示，实训组网如图 3-8 所示。

表 3-7　实训设备及器材

名称和型号	数　量	名称和型号	数　量
半球网络摄像机	1 台	监视器	1 台
筒形网络摄像机	1 台	综合监控一体化平台 VM	1 台
球形网络摄像机	1 台	DM	1 台
智能网络硬盘录像机	1 台	MS	1 台
录像机硬盘	1 块	交换机	若干
解码器 DC	1 台	智能存储设备 IP SAN	1 台
Web 客户端	IE8 以上版本	显示器	1 台

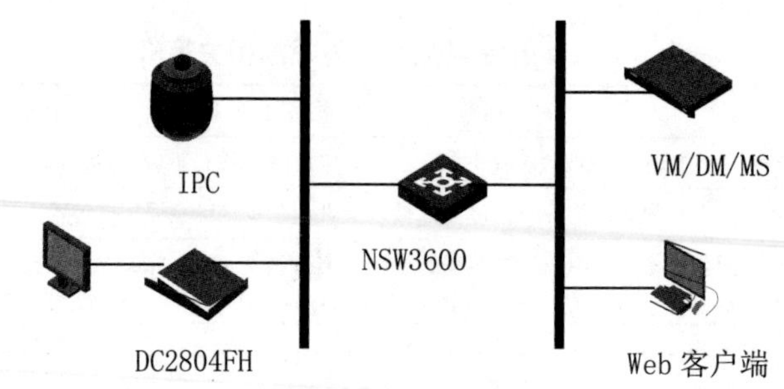

图 3-8　实训组网

3）实训内容

实训内容包括安装控件和添加 License 文件两部分。

4）实训步骤

（1）安装控件。

在 IE 浏览器地址栏中输入服务器的 IP 地址，首次登录会提示安装控件，单击【下载】按钮继续下一步操作，浏览器可能会弹出运行提示框，如图 3-9 所示，右键单击提示框。

图 3-9　运行提示框

在弹出的快捷菜单中直接单击下载文件的【运行(R)】按钮，客户端开始从服务器上下载安装程序，下载完成后提示是否运行此软件，如图 3-10 所示。

单击【运行(R)】按钮，按照安装向导的提示进行控件安装，如图 3-11 所示。安装过程中关闭 IE 浏览器。

安装完成之后重新开启 IE 进入 VM Web 客户端，单击【License 管理】链接即可免登录进入 License 管理页面，如图 3-12 所示。

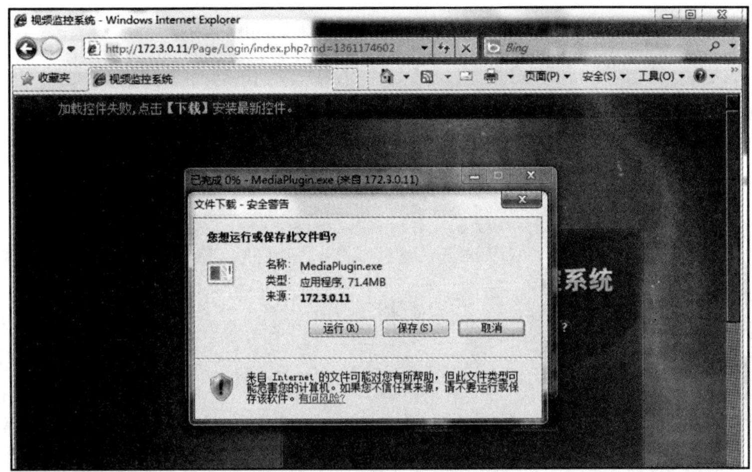

图 3-10　下载文件页面

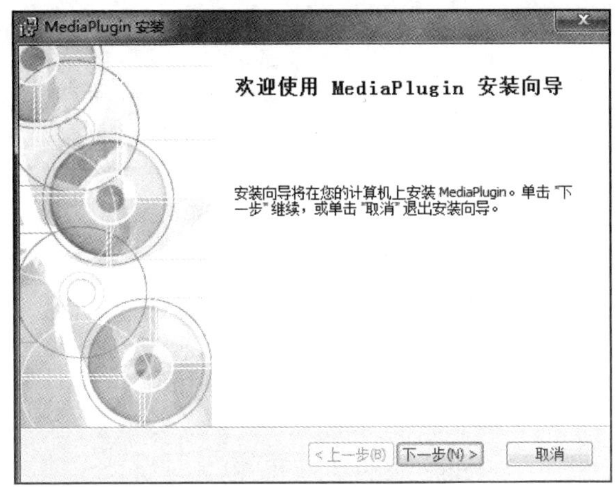

图 3-11　安装向导

图 3-12　登录页面

（2）添加 License 文件。

首先要根据购买产品时获得的授权码和详细的用户信息申请 License 文件，然后导入 License 文件到系统中完成 License 的注册。

先登录客户端页面。在登录页面单击【License 管理】链接，进入 License 管理页面，填写申请 License 文件的用户信息和联系人信息，如图 3-13 所示。

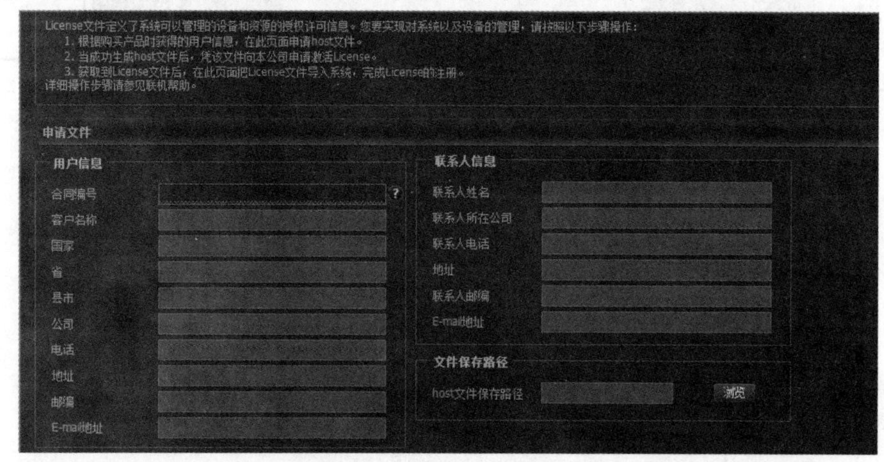

图 3-13　填写信息

图 3-14　指定保存路径

指定申请 License 文件的本地保存路径，如图 3-14 所示。

单击【生成 host 文件】按钮，生成 hostiD.id（License 文件）。

在宇视官网站服务支持→授权业务→License 首次激活页面，上传 License 文件。填写客户信息和验证码后，获取激活码，激活码即为 License 文件，如图 3-15 所示。

首页 › 服务与培训 › 服务与培训 › License授权 ›　License首次激活

服务与培训
服务品牌
宇视学吧
服务产品
合作伙伴服务
培训认证
下载中心
维修与更换
License授权
License首次激活
License扩容激活
条码防伪查询
条码维保查询
产品密码找回查询

License首次激活
要对从未注册激活过UNV软件的设备进行初次申请，请选择您要注册的产品分类；如果要对已注册激活UNV软件的设备进行规模扩容、功能扩展、时限延长等，请选择"License扩容激活申请"
请选择产品分类：
产品分类：多媒体_iVS视频管理服务软件 3.0
请上传服务器主机信息文件：
服务器主机信息文件：浏览 上传
如果是双机备份的情况，请先上传主机的授权服务器主机信息文件或主机的设备信息文件。
用户信息：
最终客户单位名称：*
申请单位名称：*
申请联系人姓名：*
申请联系人电话：*
申请联系人E-mail：*
申请联系人邮编：
申请联系人地址：
项目名称：
验证码：0674
已阅读并同意法律声明所述服务条款各项内容 Uniview授权服务门户法律声明 *
获取激活码（文件）　取消
有任何问题请致电Uniview客户服务热线:400-655-2828。
或者通过其他方式联系我们
提示：*必填

图 3-15　License 首次激活页面

获取到 License 文件后，再次进入 License 申请页面，将 License 文件导入，如图 3-16 所示。

图 3-16　导入 License 文件

导入后会提示“导入成功”，此时可以看到当前 License 授权信息，如图 3-17 所示。

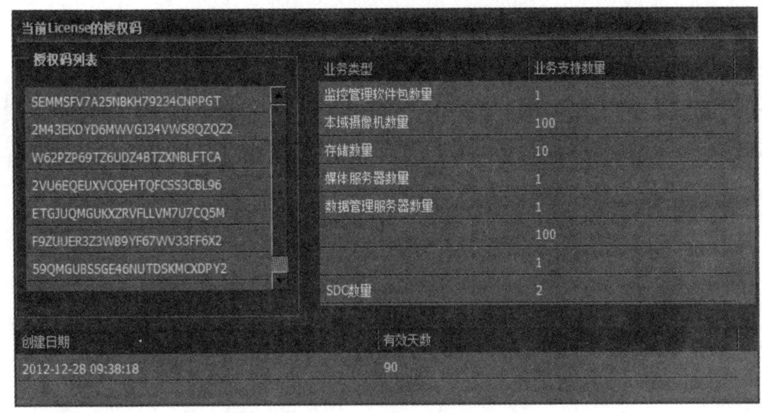

图 3-17　License 授权信息

（3）登录系统。

新安装的 VM3.5（VM2500）服务器只有两个超级用户，用户名和密码分别为 admin/admin 和 loadmin/loadmin，其中 admin 只能单点登录，loadmin 支持多点登录。登录首页如图 3-18 所示。

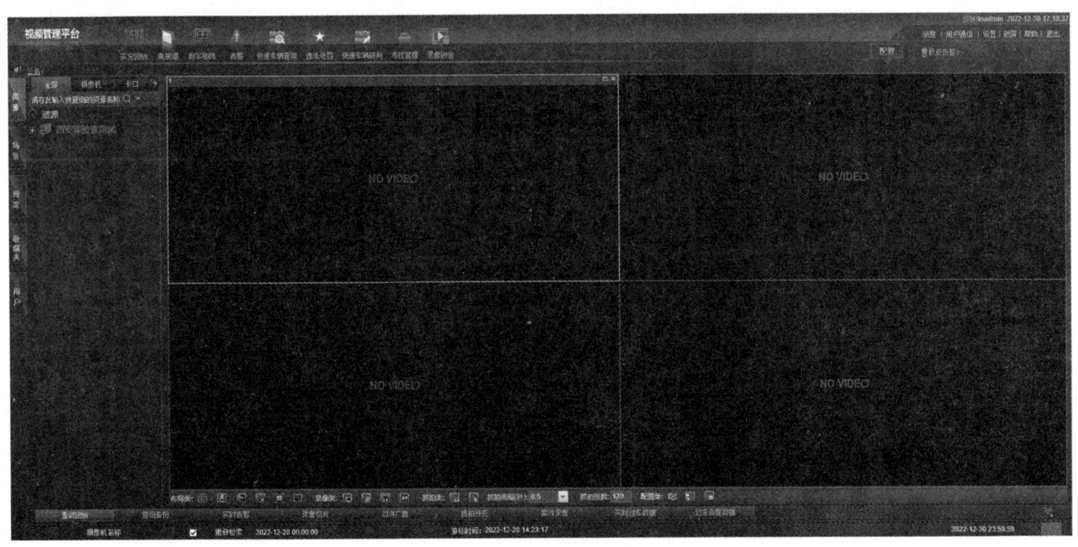

图 3-18　登录首页

登录首页包含实况窗口、资源目录树、基本功能键及各项配置链接选项。除 admin 用户外，其他用户支持多点登录，即同一个用户名可以在多个客户端或同一个客户端的多个IE 进程中同时登录。

图 3-19 设置页面

（4）设置与配置。

在登录首页中单击【设置】标签，可以进行本地配置、个人设置、切换用户、全屏切换，如图 3-19 所示。

选择【本地配置】选项卡，可以设置外接键盘的串口参数、云台快捷键、告警声音、抓拍、录像的保存路径，设置客户端是否支持组播，设置播放品质等，如图 3-20 所示。

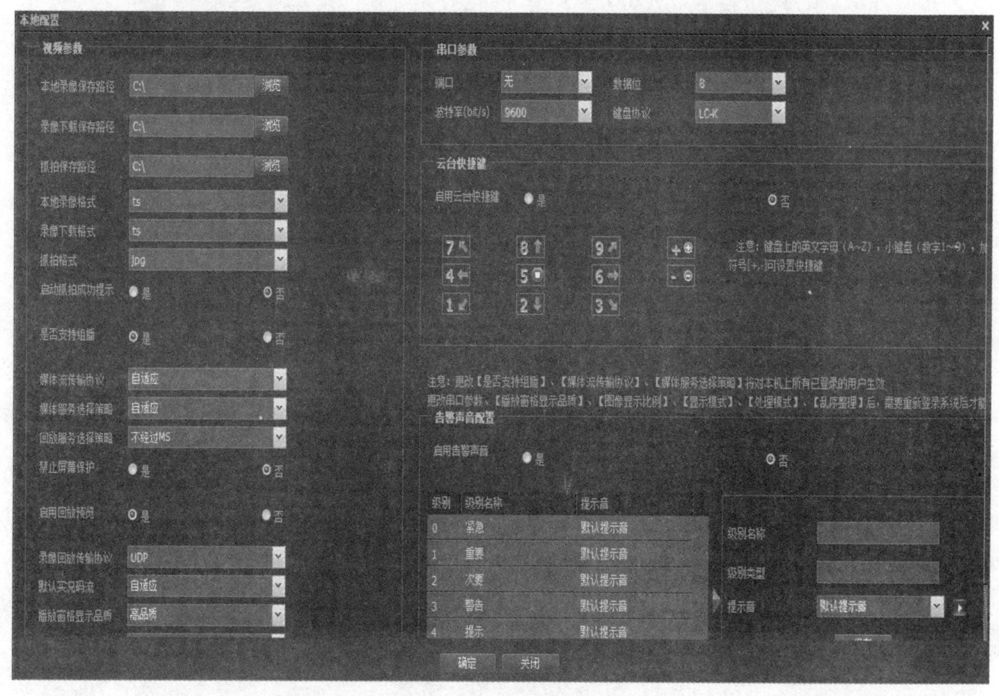

图 3-20 本地配置页面

在登录首页中，单击【配置】按钮，可以进行监控系统的实况业务、系统配置、组织管理、设备管理、业务管理、计划任务、系统维护等配置。

3.1.3 组织管理业务

1. 组织管理业务概述

组织是 IP 监控系统中资源的集合，组织管理的主要目的是管理和配置组织以及组织内的用户与用户角色，并且通过资源划归管理实现组织间资源的共享。

组织管理业务可以细分为如下几个管理模块。

1）组织管理

组织是 IP 监控系统中资源的集合，组织管理用于添加、删除系统中的组织。

2）角色管理

角色是组织中权限的虚拟承载体，用户加入某个角色后即可拥有该角色对应的权限。同一个用户加入多个角色时用户的权限取所有角色的最大合集。

3）用户管理

用户是登录 VM 的实体，用户必须被赋予某一个或多个角色后才能拥有相关权限。

4）资源划归

将用户可用资源，如摄像机、告警资源、轮切资源等进行分配，使不同组织内的用户可以根据实际情况共享对应的资源。

2. 组织的配置操作

组织是 IP 监控系统中用户可用资源的集合，通过组织的划分，用户可以在本域环境内构造一个组织树，进而对资源进行划归，方便用户查询和使用。

组织的配置操作主要是组织的添加、修改和删除。在一个监控系统中可以根据实际用户的组织结构创建组织体系。例如，可以创建××省组织，并在该省组织下创建若干个××市组织，在市组织下创建若干个××区组织。层级的组织划分可以方便用户及用户权限的管理，组织结构如图 3-21 所示。

在 IP 监控系统中，组织是一切业务管理操作的基础。资源和角色必须隶属某一个组织。

3. 角色管理

角色是 IP 监控系统中系统管理和业务功能操作权限的虚拟承载体。它是一个权限的合集，用户作为系统使用的实体必须被赋予某个角色后才能具备相应的权限。

角色管理的主要操作包含角色的添加、删除以及为角色赋予权限。角色可以视为组织中的岗位。例如，可以在××省组织中创建厅长角色，在××市组织中创建局长角色，在区组织中创建所长角色，如图 3-22 所示。

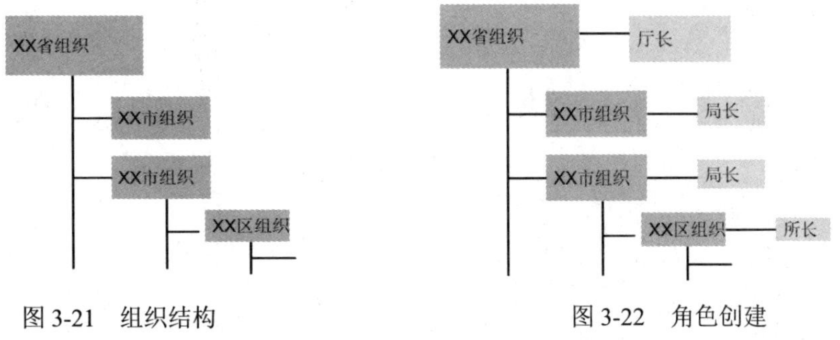

图 3-21　组织结构　　　　图 3-22　角色创建

角色创建后，可以为角色赋予权限。IP 监控系统默认有 6 种角色权限供选择，如表 3-8 所示。

表 3-8　IP 监控系统角色权限

角色名称	相应权限
loadmin	既是角色又是用户，具有所有权限
高级管理员	具有所有权限

续表

角 色 名 称	相 应 权 限
网络管理员	拥有组织管理、设备管理、系统维护、计划任务的权限
高级操作员	在业务操作员权限的基础上增加业务配置权限，包括巡航、存储、摄像机组、电视墙、组显示、轮切及告警等配置
业务操作员	拥有实况、回放、下载、云台、轮切计划、布防计划、备份任务的权限
普通操作员	仅拥有实况权限

每种权限都仅在本组织有效。在给某个角色分配权限时，可以直接使用默认的角色权限，简化配置操作。用户也可以根据需求个性化地定制角色的权限。

4．角色权限

角色权限配置如图 3-23 所示，角色权限的类型主要有两种。

（1）全局权限：对整个系统生效，不依赖于特定的组织和资源。

（2）资源权限：针对组织、摄像机、监视器进行配置。当给角色授予一个组织的权限时，表示该角色权限是针对该组织内所有未单独授权的资源。当给角色授予一个摄像机或监视器的权限时，表示该角色对该摄像机或监视器拥有特定权限。

图 3-23　角色权限配置

角色权限的配置原则如下。

（1）深度优先原则。若同时对一个组织及其上级组织配置了权限，则对该组织进行鉴权时，以该组织授予的权限为准。若同时对一个组织和该组织内的摄像机/监视器配置了权限，则对这些摄像机/监视器鉴权时，以摄像机/监视器单独授予的权限为准。

（2）继承原则。若父组织配置了权限、子组织未配置权限，则子组织继承父组织的权限。若一个组织配置了权限，则该组织内未单独授权的摄像机/监视器将继承所属组织的权限。

（3）并集原则。若同时对划归在多个组织下的一个摄像机/监视器配置权限，则对该摄像机/监视器的权限为所有授权的并集。若某用户被授予多个角色权限，则该用户的权限是这些角色权限的并集，其权限优先级以这些角色中最高的为准。

针对不同的使用场合，给出如下配置角色权限的指导，供实际项目实施参考。

（1）若想对一个组织下的所有同类资源分配相同的权限，则配置角色权限时，只需对该组织进行授权，其下所有资源（如摄像机）将继承所属组织的权限。

（2）若想对一个组织下的大部分同类资源分配相同的权限，对其他少数摄像机或监视器分配不同的权限，则配置角色权限时，先对该组织配置大部分资源所需的权限，然后选中需配置不同权限的摄像机或监视器，进行单独授权。

（3）若只想对少数摄像机或监视器授予业务权限，则配置角色权限时，只需对这些摄像机或监视器进行授权，不用对组织进行授权。此时，对未授权的摄像机或监视器没有任何权限。

（4）若已经给角色授予了一个组织的权限，并且对该组织下的某个摄像机或监视器单独授权，那么，如果想让该摄像机或监视器继承组织的权限，则在权限查看页面删除对该摄像机的授权即可。

5．权限的相互关联

在监控系统中，赋予角色某种权限时系统会自动关联其他权限，具体关联情况如下。

（1）云台控制权限关联。当为用户配置了云台控制权限时，将自动添加摄像机实况权限；当为用户配置了预置位配置权限时，将自动添加摄像机实况及云台控制权限。

（2）业务管理权限关联。当为用户配置了轮切配置权限时，将自动添加摄像机实况、监视器实况及轮切计划权限；当为用户配置了巡航配置权限时，将自动添加摄像机实况及云台控制权限。

（3）其他权限关联。当为用户配置了告警配置权限时，将自动添加布防计划权限。

6．用户管理

用户是监控系统登录、管理、配置、操作、维护的实体，用户必须属于某一个组织，并且具有某一些角色。

用户管理的操作包含添加用户、删除用户、为用户分配角色、锁定/解锁用户等。用户可以视为组织中的具体工作人员。例如，××省组织中的厅长为张三，则可以创建用户名为张三的用户。在监控系统中，默认超级用户名为 admin，admin 用户具备最高的权限，admin 用户可以进行系统平台的管理工作。

用户创建后，需要为用户分配角色。一个用户可以为其分配本组织以及本组织之下的所有子组织中的角色，这是因为本组织用户可能会兼备子组织中的一个或某些角色权限。例如，张三为××省组织中的厅长，并且主管××市组织，则可以为张三分配××市局长的角色，配置用户流程如图 3-24 所示。

系统中除 admin 用户外，其他用户可以实现多点登录功能，即同一个用户账号在不同客户端或者同一个客户端的不同浏览器同时登录。

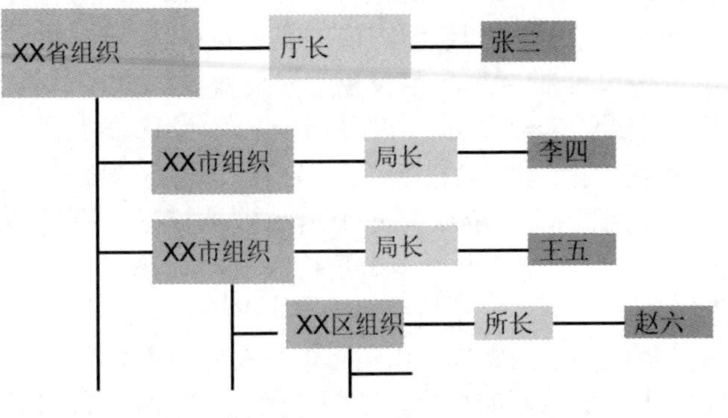

图 3-24　配置用户流程

7．资源划归

资源划归是用户对可用资源进行再分配的一个过程，通过资源划归可以将某组织中添加的资源划归到其他组织中去，从而实现资源的共享。可划归的资源包括摄像机、告警源、轮切资源等。

资源可以同时划归到多个组织，也可以在已划归成功的组织当中解除划归资源，但资源的所有权只能属于添加设备时所在的那个组织。

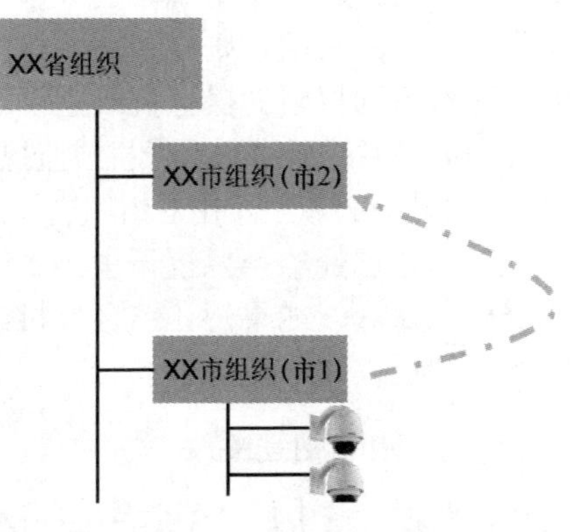

图 3-25　资源划归流程

资源划归管理包含划归资源和解除划归两个操作。例如，可以将市 1 组织中的摄像机资源划归到市 2 组织中，这样市 2 组织中的用户登录系统后就可以在摄像机列表中看到市 1 组织中的摄像机了，就如同这些摄像机是添加在本市组织中一样。当市 2 组织不再需要使用市 1 组织中的摄像机资源时，可以进行资源的解除划归操作，这样市 2 组织的用户登录后就只能看到本市的摄像机列表了，资源划归流程如图 3-25 所示。

设备的初始所有权只能属于初始添加的组织。用户能够使用相应资源的必要条件是资源已经划归到用户所在组织，但不是组织内所有用户都可以使用资源，用户必须要具备资源的使用权限才可以。

8．配置组织、角色和用户实训

1）实训目的

通过本次实训，掌握 IP 系统组织、角色和用户的配置方法。

2）实训设备及器材

实训设备及器材如表 3-9 所示。

表 3-9　实训设备及器材

所需设备类型	数　量
半球网络摄像机	1 台
筒形网络摄像机	1 台
球形网络摄像机	1 台
智能网络硬盘录像机	1 台
录像机硬盘	1 块
交换机	若干
显示器	1 台
解码器	1 台
PC（客户端）	1 台

3）实训内容

实训内容包括添加组织、角色和用户。

4）实训步骤

本实训规划组织、角色和用户如表 3-10 所示。

表 3-10　IP 监控系统角色权限

组　织	角　色	用　户
浙江省	省系统管理员	ZJADMIN
	省系统操作员	ZJUSER
杭州市	杭州市系统管理员	ZJ-HZADMIN
	杭州市系统操作员	ZJ-HZUSER
上城区	上城区系统管理员	ZJ-HZ-SCADMIN
滨江区	滨江区系统管理员	ZJ-HZ-BJADMIN
宁波市	宁波市系统管理员	ZJ-NBADMIN

（1）添加组织。

登录客户端软件，在组织管理页面，选择【本域】选项，然后单击【增加】按钮，在增加组织页面填写组织的名称、编码和描述信息。本实训中，此处组织名称为“浙江”，如图 3-26 所示。注意组织编码不能重复。

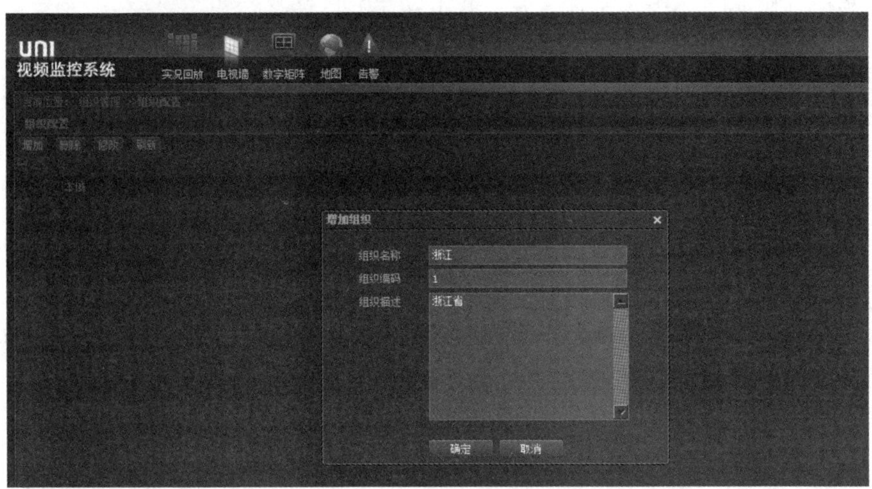

图 3-26　增加组织

用同样的方法，在浙江组织中，增加子组织杭州和宁波，如图 3-27 所示。在杭州组织中增加子组织上城区和滨江区。

图 3-27　增加子组织

（2）创建角色。

单击【配置】标签，进入【组织管理】页面下的【角色管理】，如图 3-28 所示。

当前位置：组织管理 >>角色管理

角色列表 - 当前组织：本域

角色名称　　包含子组织　查询　重置

增加　刷新

角色名称	优先级别	所属组织	角色描述	修改	权限配置	权限查看
业务操作员	6	本域	业务操作员模板			
系统管理员	6	本域	系统管理员模板			
网络管理员	6	本域	网络管理员模板			
审计管理员	6	本域	审计管理员模板			
三权分立业务操作员	6	本域	三权分立业务操作员模板			
三权分立普通操作员	6	本域	三权分立普通操作员模板			
普通审核员	6	本域	普通审核员模板			
普通审核管理员	6	本域	普通审核管理员模板			
普通操作员	6	本域	普通操作员模板			
卡口系统管理员	6	本域	卡口系统管理员模板			

第1页 共2页　每页 10 条　　显示第1条到10条记录，一共16条。

图 3-28　创建角色

可根据需要修改默认角色或者增加新的角色并配置权限，如图 3-29 所示。

图 3-29　配置权限

完成角色的创建后，创建组织中的用户。单击【配置】标签，进入【组织管理】页面下的【用户管理】。在页面左侧的组织树中选择某组织节点，单击【用户管理】按钮，进入用户管理页面，如图 3-30 所示。

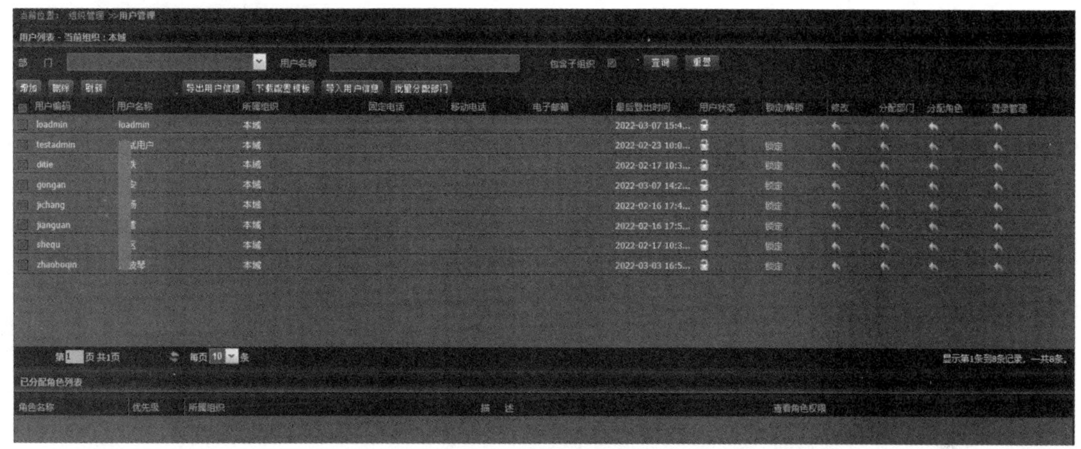

图 3-30　创建用户

单击【增加】按钮，为组织创建用户并分配角色，如图 3-31 所示。

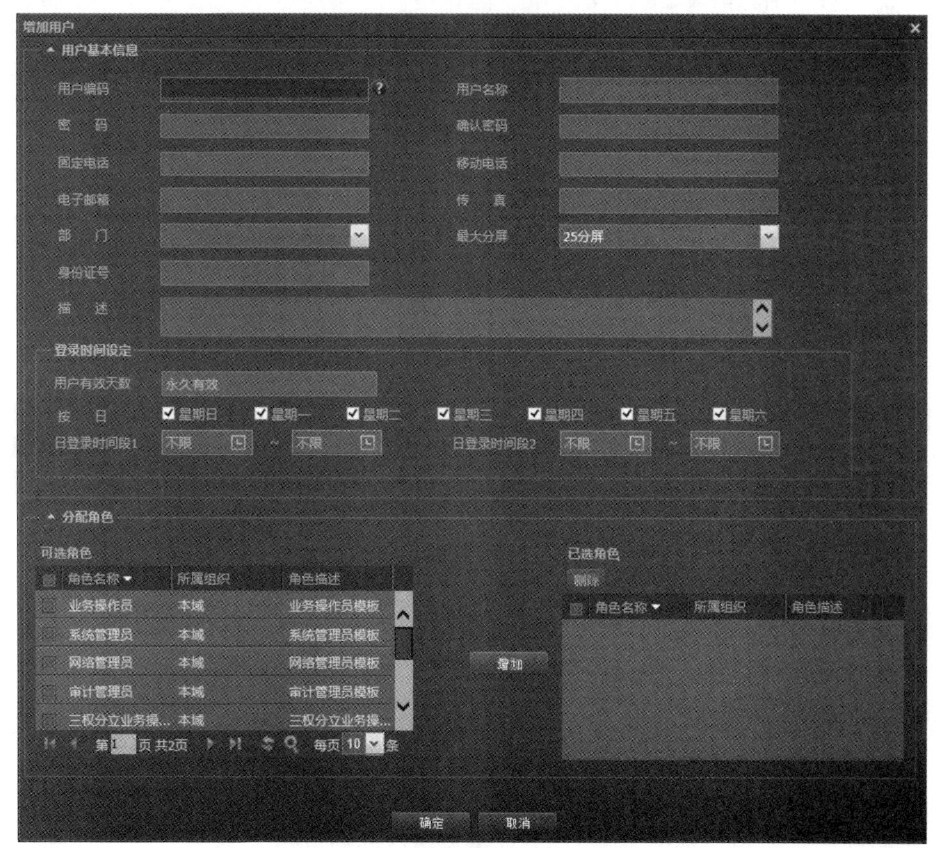

图 3-31　为组织创建用户并分配角色

3.1.4 设备管理业务

1. 设备管理

在 IP 监控系统中，设备管理功能负责的是整个系统中网络摄像机、编码器、解码器、中心服务器、数据管理服务器等硬件设备的添加和配置。主要包括终端设备管理、服务器管理、存储设备管理和域管理。

1）终端设备管理

终端设备指的是编码器、解码器和网络摄像机设备，通过终端设备管理模块，可对设备进行添加和配置。

2）服务器管理

服务器管理模块主要管理 IP 监控系统中的中心服务器（本域 VM）、数据管理服务器、备份管理服务器（BM）和媒体交换服务器。

3）存储设备管理

IP 监控系统中的存储设备主要是 IP SAN，通过存储设备管理模块可以添加 IP SAN，并需在存储配置中制订前端 EC 和 IPC 的存储计划。

4）域管理

域管理模块能够添加、配置、管理外域设备，通过资源的共享实现业务的调用。本域参数配置和互联参数、本域服务器参数和时间、云台自动释放和抢占策略等在全局生效的配置也由域管理模块管理。

2. 服务器管理

服务器管理用于管理 VM 自身、DM、MS 和 BM 等服务器组件，如图 3-32 所示。通过服务器管理，用户能够进行添加、修改、删除 DM、MS、BM，同时能够配置中心服务器的时间、服务器参数、本域名称、本域互联等参数，云台自动释放时间、抢占策略、资产录入策略也在中心服务器页面配置实现。

中心服务器即本域中已安装 VM3.0 软件的视频管理服务器，通过中心服务器管理模块可以设定服务器当前时间、配置 NTP 服务器 IP 地址、设定本域组织名称等多项功能。

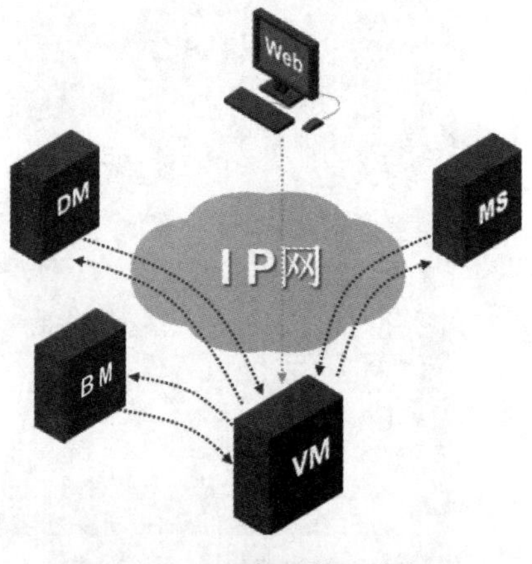

图 3-32 服务器管理流程

1）自动搜索配置

启用自动搜索功能后，系统能够自动搜索向其注册的编码器和解码器，并将其自动添加到对应的设备列表中，只有 admin 用户才能配置自动搜索功能。

2）服务器参数

服务器参数如表 3-11 所示。

表 3-11　服务器参数

参　数	具 体 描 述
码流格式	配置码流格式也即设置本监控系统支持的媒体流承载协议
最大直连媒体流数量	当解码端配置“直连优先”媒体策略时，配置最大直连媒体流数量才有效
	采用直连方式建立实况，实况媒体流优先不经过本域 MS 进行转发
	当直连数超过本域的最大允许值时，若本域存在 MS 且编码器允许经过 MS，则将经过 MS 进行转发
本域实况码流策略	当系统实况码流为自适应时，系统将自动协商本域的实况码流。通过配置本域实况码流策略，可选择协商过程优先采用的码流
组播地址码流策略	可以配置组播流的码流类型

3）服务器时间配置

服务器时间配置是配置 VM3.0 视频管理服务器的时间，除中心服务器的客户端计算机外，数据管理服务器、媒体服务器、存储设备以及编解码器等都会自动同步中心服务器的时间。

4）本域配置

本域配置指的是配置本域的名称和 NTP 服务器 IP 地址。NTP 即时钟服务器。

5）跨域互联配置

跨域互联配置用于配置和外域互联时本域的参数，包括跨本域互联的协议、本域等级、本域互联域编码、本域互联用户编码。

6）云台自动释放配置

对于某用户使用的云台摄像机，若云台自动释放时间内该用户一直没有进行云台操作，则该云台摄像机锁定状态将被释放，释放后云台摄像机回到看守位（已配置看守位则回到看守位，未配置看守位则停留在最后转动到的位置）；否则其他同级或者较该用户权限等级低的用户是无法进行云台操作的。

7）抢占策略配置

实况类、回放上墙业务策略包括优先级+同级先来先得、优先级+同级后来先得、在线用户优先+优先级+同级先来先得、在线用户优先+优先级+同级后来先得、后来先得。

云台业务策略包括优先级+同级先来先得、优先级+同级后来先得、后来先得。

8）资产录入策略配置

资产录入策略用于配置资产信息是否与设备绑定录入。若强制绑定录入，则要求用户添加设备时必须同时配置资产信息方可录入；若可选绑定录入，则让用户选择是否在添加设备时录入资产信息。

3. 服务器及媒体终端基本配置实训

1）实训目的

掌握编解码器的基本配置和平台的基本配置，掌握 IP SAN 的基本配置，掌握添加存储、制订存储计划的配置。

2）实训设备及器材

实训设备及器材如表 3-12 所示。

表 3-12　实训设备及器材

名称和型号	版　本	数　量
VM3.5（VM2500）	当前发布最新版本	1 台
DM3.5	当前发布最新版本	1 台
MS3.5	当前发布最新版本	1 台
HIC6621EX22	当前发布最新版本	1 台
DC2804-FH	当前发布最新版本	1 台
Web 客户端	IE8 以上版本	1 台
NSW3600	当前发布最新版本	1 台
第五类 UTP 以太网连接线	—	5 根
视频线	—	2 根
Console 线	—	1 根

3）实训内容

完成设备和平台的基本配置。

4）实训步骤

（1）系统规划。

系统及设备的规划如表 3-13 所示。

表 3-13　系统及设备的规划

设备型号	ID/码率/组播地址	地址/掩码/网关	用户名密码	接 入 方 式	软件版本
VM3.5（VM2500）	主机名：vmserver-10	192.168.200.10/24	admin/admin	NSW3600-iVS	当前最新版本
		网关：192.168.200.1	root/passwd	E1/0/1	
DM3.5	ID：dmserver-20	192.168.200.20/24	admin/admin	NSW3600-iVS	当前最新版本
		网关：192.168.200.1	root/passwd	E1/0/2	
MS3.5	ID：msserver-30	192.168.200.30/24	admin/admin	NSW3600-iVS	当前最新版本
		网关：192.168.200.1	root/passwd	E1/0/3	
VX1600	ID：VX1600-70	192.168.200.70/24	admin/password	NSW3600-iVS	当前最新版本
		网关：192.168.200.1	root/passwd	E1/0/6	
IPC	ID：HIC6621 码率：2 Mbps	192.168.200.102/24	admin/admin	NSW3600-iVS E1/0/7	当前最新版本
	组播地址： 228.1.102.1～ 228.1.102.4	192.168.200.1	admin/admin	NSW3600-iVS E1/0/7	当前最新版本
	组播端口：16868				
	摄像机名称：摄像机 10201～摄像机 10204				
DC2804-FH	ID：DC03	192.168.200.203/24	admin/admin	NSW3600-iVS E1/0/8	当前最新版本
	监视器名称：监视器 20301～监视器 20304	网关：192.168.200.1			
XP 客户端	主机名：uniview	192.168.200.200/24 网关：192.168.200.1	—	NSW3600-iVS E1/0/9	Windows10

（2）配置 DM/MS。

通过 Web 方式登录访问 DM/MS，如图 3-33 所示。登录 DM/MS 需要使用 IP+端口方式。登录 DM 需要在浏览器地址栏中输入 http://DMIP:8080；登录 MS 需要在浏览器地址栏中输入 http://MSIP: 8081。默认的管理员密码是 admin。

图 3-33　登录 DM/MS

登录服务器后进入【系统配置】→【通信参数配置】页面，检查 VM3.5（VM2500）服务器 IP 地址是否正确，其他参数保持默认值即可。在设备维护页面可以进行日志的导出以及配置的导入和导出。

（3）配置 IPC/DC。

IPC/DC 的配置主要为网络参数配置和注册相关的管理模式配置，其他参数配置可通过客户端统一配置并由 VM 下发。所有的 IPC/DC 都内置 Web 服务器，用户可以通过 Web 页面非常直观地管理和维护设备。Web 页面提供的主要配置管理功能包括基本配置、管理配置、业务配置、日志管理和系统维护等。

所有 IPC 的出厂默认 IP 地址为 192.168.1.13，默认网关为 192.168.1.1。所有 DC 的出厂默认 IP 地址为 192.168.0.14，默认网关为 192.168.0.1。

登录前检查 IPC/DC 与管理终端计算机的网络连接是否正常。登录 IPC/DC 的 Web 页面需要 Windows 管理终端计算机上安装 IE 8.0 或以上版本。

IPC/DC 首次登录时输入默认的用户名（admin），密码为 admin。

按照系统规划表，在【基本配置】→【网口设置】页面中正确配置 IPC 网络参数，包括 IP 地址、子网掩码和默认网关等，如图 3-34 所示。修改 IP 地址后，应该采用新的 IP 地址登录。

进入【管理配置】→【服务器设置】页面，选择服务器管理模式，若切换管理模式到【独立运行】，则设备将恢复默认配置并自动重启。

正确配置设备 ID（注意全网唯一，此 ID 需要和 VM 上设备管理中配置的 ID 一致）和服务器地址（VM3.5/VM2500 的 IP 地址），其他采用默认配置即可，如图 3-35 所示，然后单击【确定】按钮。启动后，如果 VM 上已经配置好，则 IPC 即可成功注册并上线。

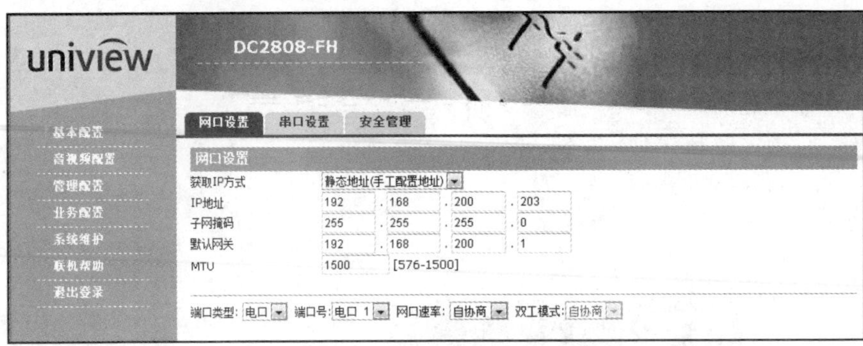

图 3-34　配置 IPC 网络参数

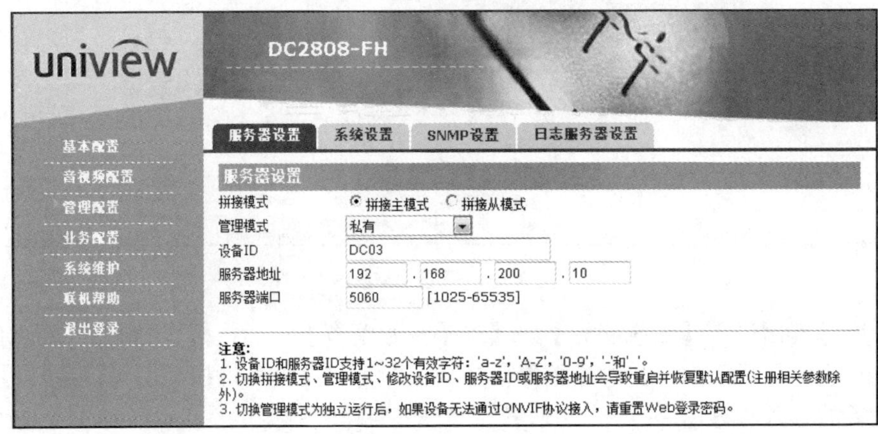

图 3-35　配置设备 ID

（4）配置 IP SAN。

VX1600 管理口默认 IP 地址为 192.168.0.1，若修改后忘记设备 IP 地址，则可以串口连接设备，使用 ifconfig 命令确认设备的 IP 地址，如图 3-36 所示。使用串口连接（设备后面的 RS232）后，波特率为 115 200 bps。

COM1 属性
端口设置
每秒位数(B): 115200
数据位(D): 8
奇偶校验(P): 无
停止位(S): 1
数据流控制(F): 无
还原为默认值(R)
确定　取消　应用(A)

图 3-36　串口配置

在 IE 地址栏中输入 http://192.168.*.*（按照前一步骤获得的网口 IP 地址输入），如果 PC 没有登录过 VX1600，则会出现如图 3-37 所示的内容，按顺序执行下列操作，如果已经登录过 VX1600，则直接登录 VX1600。

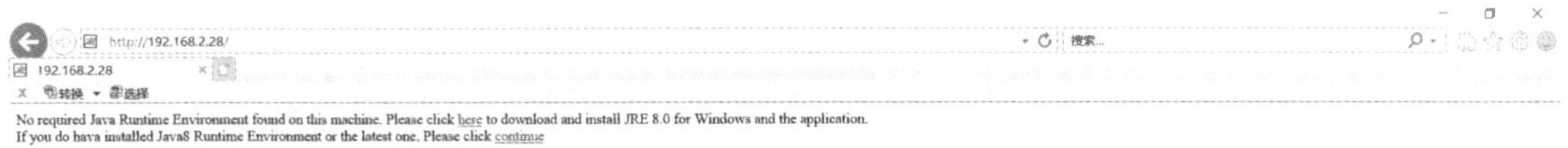

图 3-37　页面显示

下载安装软件，系统出现如图 3-38 所示的页面，单击【安装】按钮，继续下一步。

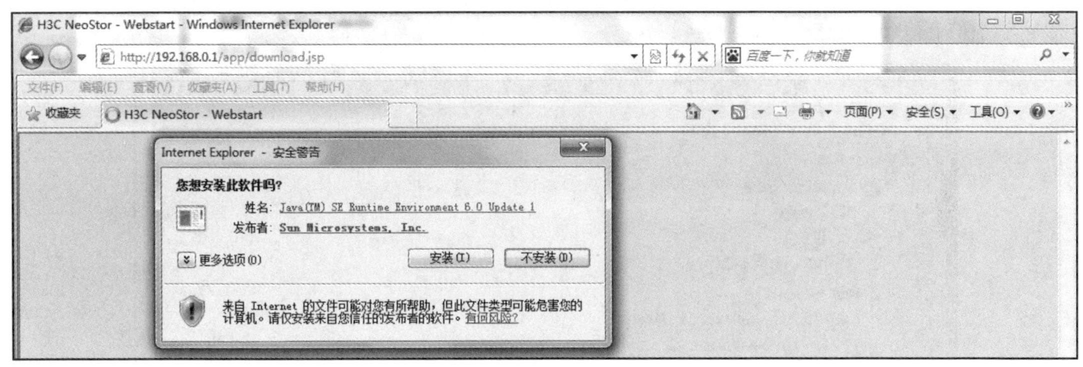

图 3-38　下载安装软件

系统将开始下载 JRE 控件，下载完成后将自动安装此控件，控件安装完成后，再次在 IE 地址栏中输入 VX1600 的网口 IP 地址，系统开始下载 IP SAN 管理软件存储控制台，如图 3-39 所示。

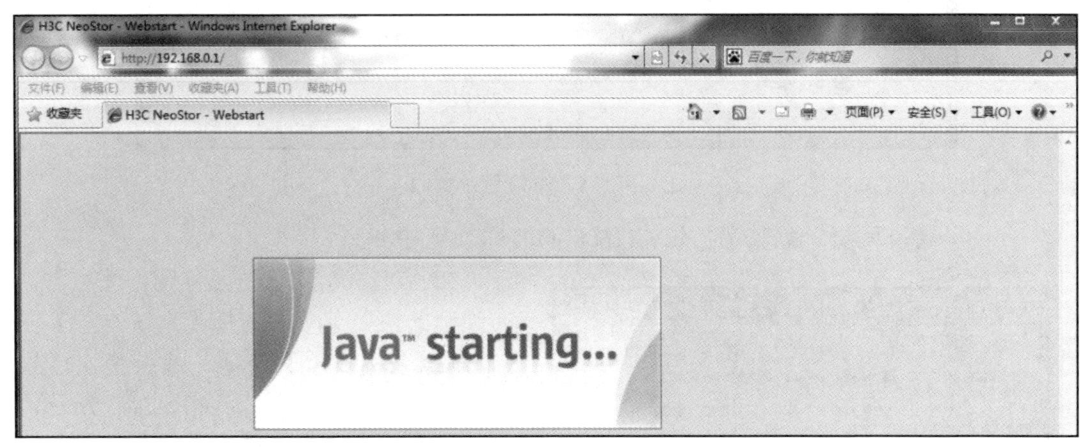

图 3-39　下载及安装控件

下载完成后，存储控制台自动启动，出现如图 3-40 所示的页面。

在控制台【设备】页面中，右击【存储控制器】选项，在弹出的快捷菜单中选择【添加服务器】选项，系统弹出【添加控制器】对话框，如图 3-41 所示。

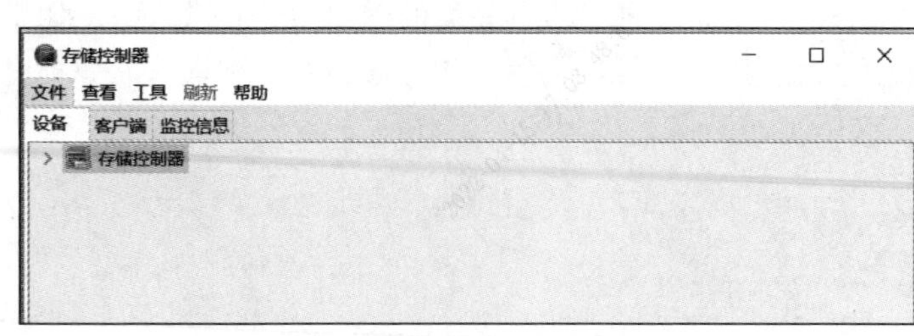

图 3-40　【存储控制器】页面

图 3-41　【添加控制器】对话框

输入 VX1600 网口的 IP 地址、用户名和密码（用户名为 admin，密码为 password），进入 VX1600 的管理页面，如图 3-42 所示。

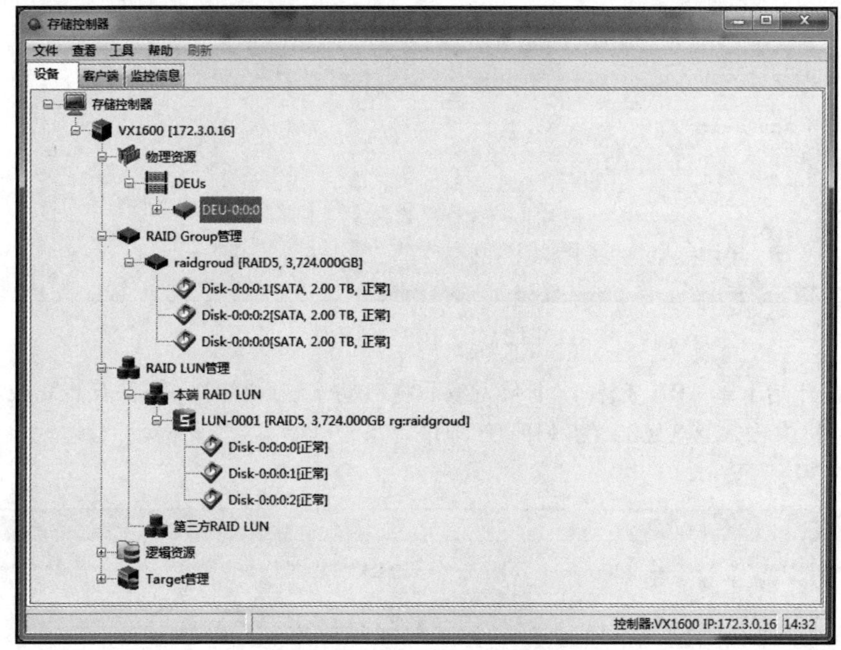

图 3-42　VX1600 管理页面

登录存储控制台，修改对应的 VX1600 的名称以及 IP 地址。

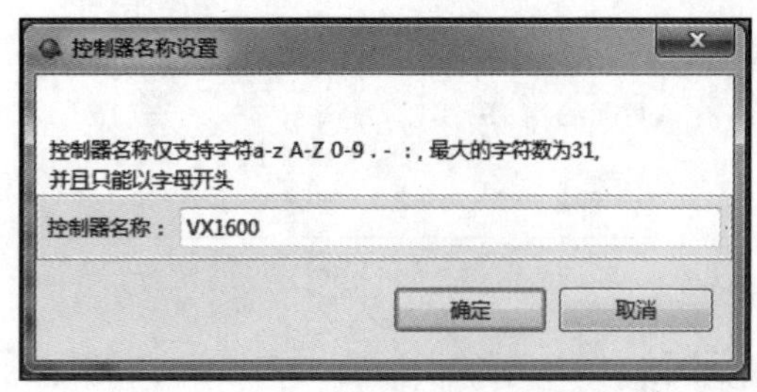

图 3-43　【控制器名称设置】对话框

在 VX1600 服务器名称图标上右击，在弹出的快捷菜单中选择【系统维护】→【控制器名称设置】选项，系统弹出【控制器名称设置】对话框，如图 3-43 所示，输入新的主机名称，单击【确定】按钮，完成主机名称的设置。系统弹出告警对话框，单击【确定】按钮后，系统重启。

在 VX1600 服务器名称图标上右击，在弹出的快捷菜单中选择【系统维护】→【网络配置】选项，进入【管理网口】对话框，如图 3-44 所示。

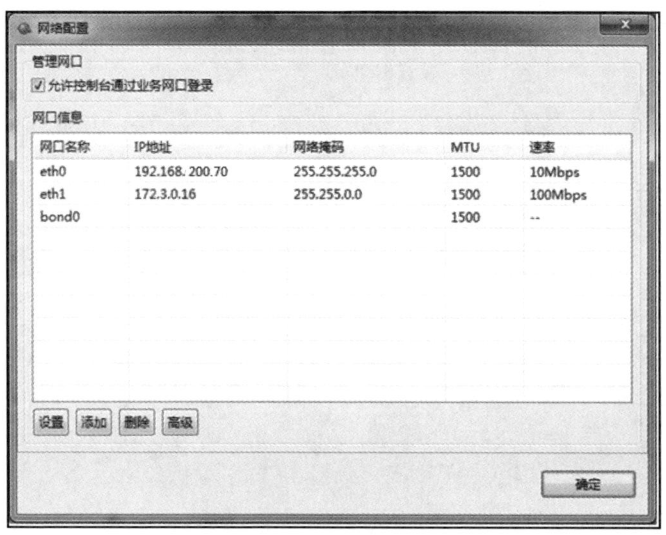

图 3-44　【管理网口】对话框

选择网口进行网络配置，如选择 eth0，单击【设置】按钮，系统弹出【网络配置】对话框，如图 3-45 所示。

> **注意：**
>
> 确保 3 个网口的 IP 地址都不在同一个网段，即任何两个网口的 IP 地址都在不同的网段。

选择网口进行高级网络配置，如选择 eth0，单击【高级】按钮，系统弹出【高级网络配置】对话框，如图 3-46 所示。

图 3-45　【网络配置】对话框

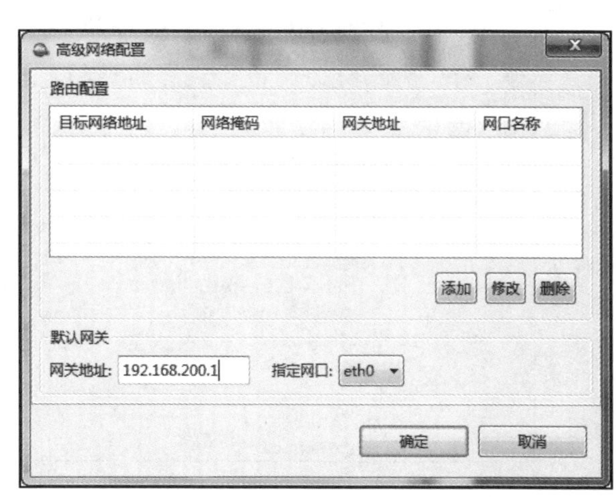

图 3-46　【高级网络配置】对话框

（5）配置 VX1600。

在 IE 地址栏中输入 VX1600 的 IP 地址，弹出 NeoStor 控制台，登录存储设备 VX1600，如图 3-47 所示。

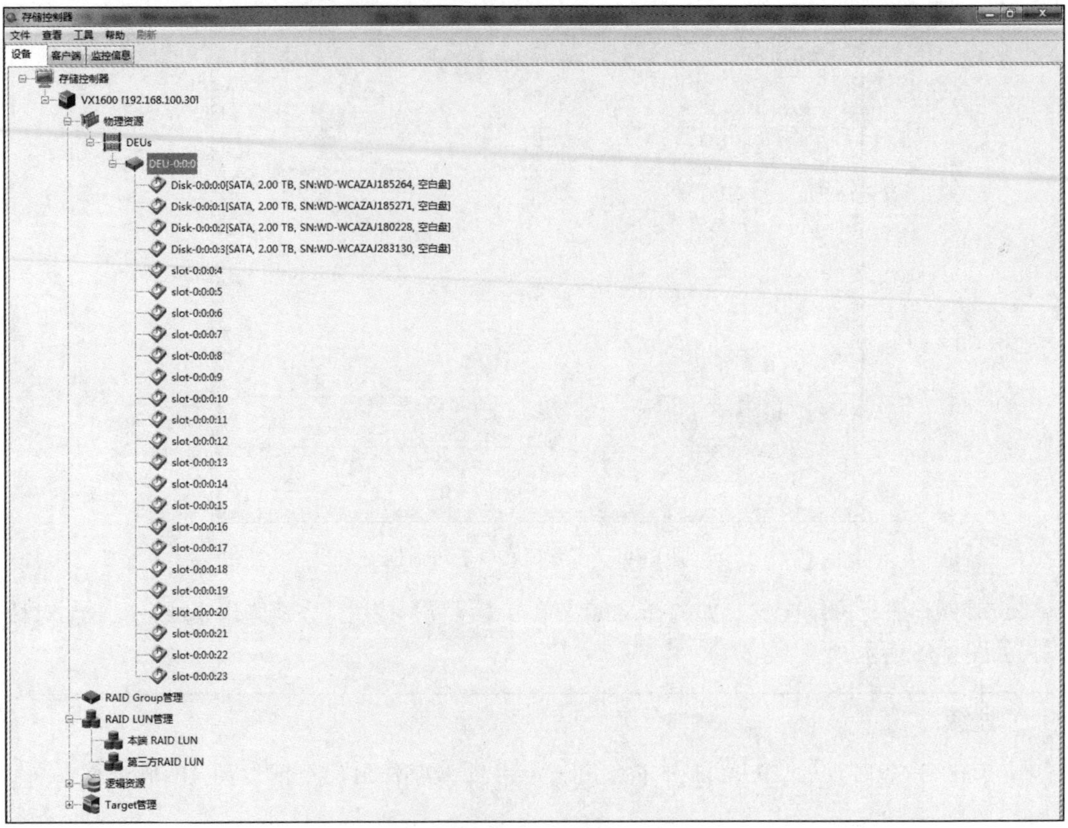

图 3-47　登录存储设备 VX1600

选择要做 RAID 的磁盘，并进行初始化，如图 3-48 所示。

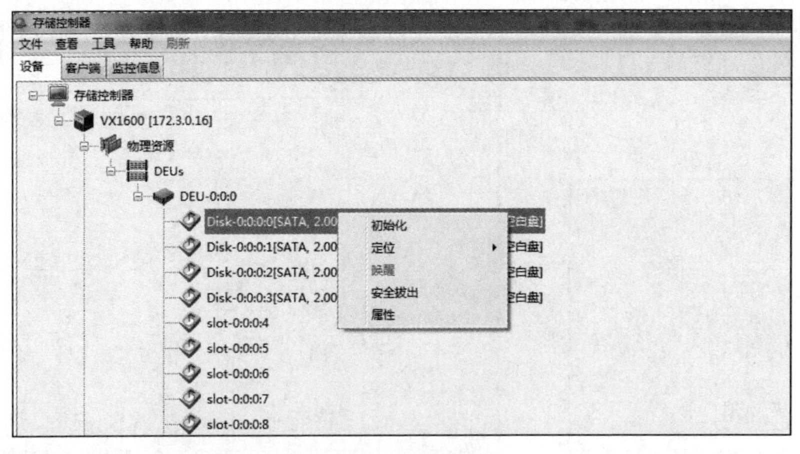

图 3-48　磁盘初始化

选择【初始化】选项出现提示对话框，输入“YES”并单击【确定】按钮后完成初始化，如图 3-49 所示。

在【设备】页面中，展开【RAID Group 管理】，右击展开菜单，选择【创建】选项，在弹出的对话框中输入参数、选择磁盘进行 RAID Group 的创建，如图 3-50 所示。

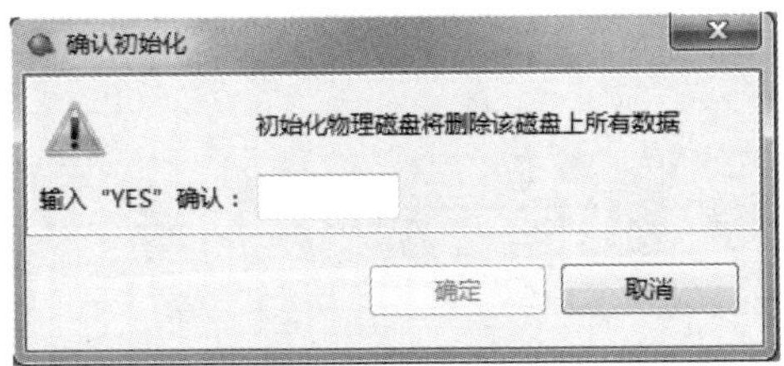

图 3-49　确认初始化

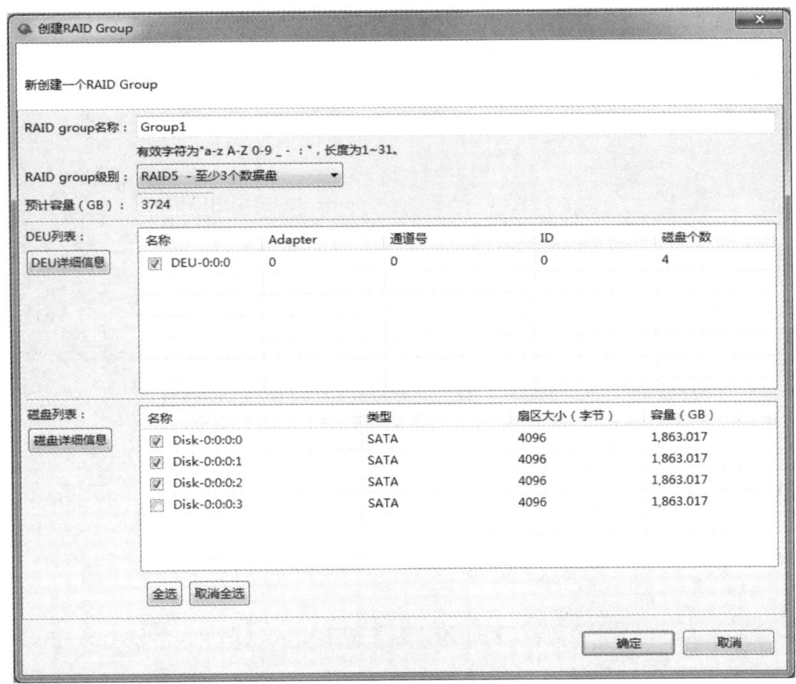

图 3-50　创建 RAID Group

如果有多余的磁盘，空白盘自动为全局热备盘，或者可以设置为阵列专用热备盘，如图 3-51 所示。

VX1600 的配置完成，其中要注意的是将阵列数据同步，以便完成 RAID5 的建立。

4. Web 客户端进行存储回放配置实训

1）实训目的

掌握通过 Web 客户端添加存储设备及存储服务器，制订存储计划。

2）实训设备及器材

实训设备及器材如表 3-14 所示。

表 3-14　实训设备及器材

所需设备类型	数　量
半球网络摄像机	1 台
筒形网络摄像机	1 台
球形网络摄像机	1 台
智能网络硬盘录像机	1 台
录像机硬盘	1 块
交换机	若干
显示器	1 台
解码器	1 台
PC（客户端）	1 台

图 3-51　设置为阵列专有热备盘

3）实训内容

完成在 Web 客户端添加存储设备及存储服务器、制订存储计划的配置。

4）实训步骤

（1）添加 DM。

在【设备管理】页面选择【数据管理服务器】选项，进行 DM 的添加，如图 3-52 所示。

图 3-52　【设备管理】页面

单击【增加】按钮，输入设备名称及其编码，此处设备名称为 dmserver，设备编码为 dmserver-20，如图 3-53 所示。

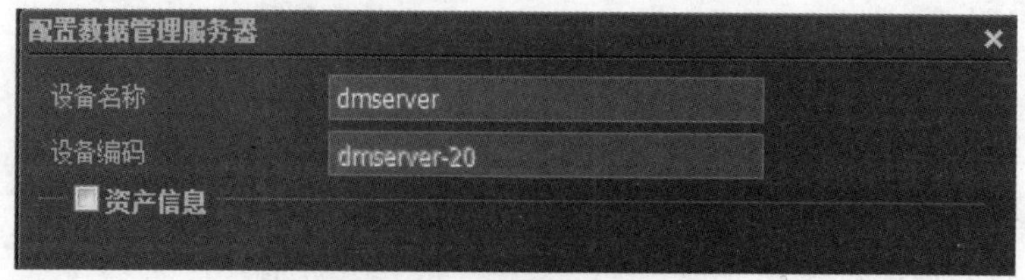

图 3-53　配置数据管理服务器

设置完成后，单击【确定】按钮，一段时间后，DM 显示在线，如图 3-54 所示。

增加　删除　刷新

	设备名称	设备编码	设备IP	设备类型	设备在线状态	配置与操作
1	dmserver	dmserver-20	192.168.200.10	DM8500	在线	

图 3-54　DM 显示在线

（2）添加存储 IP SAN。

添加 VX1500。在【设备管理】页面选择【IP SAN】选项，进行 VX1500 的添加，如图 3-55 所示。

设备管理

网络摄像机	编码器	解码器	ECR设备	透明通道
中心服务器	媒体服务器	数据管理服务器	备份管理服务器	IP SAN
VX500	第三方设备	外域		

图 3-55　添加 VX1500

单击【增加】按钮，输入 IP SAN 的类型、名称、编码、IP 地址以及用户名和密码，并为 IP SAN 指定一个当前在线的 DM 作为管理服务器，如图 3-56 所示。

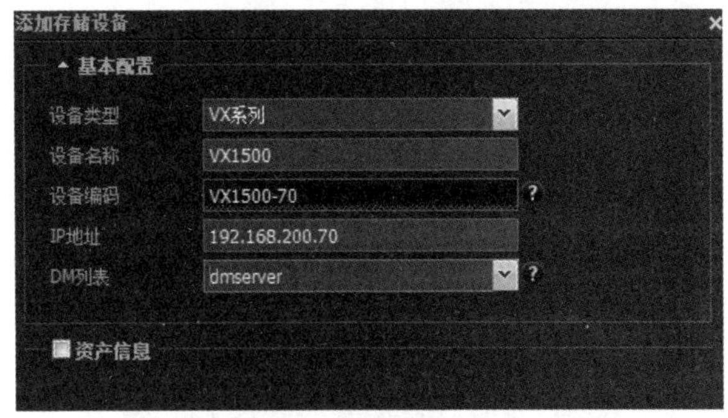

图 3-56　添加存储设备

单击【确定】按钮，可以看到 VX1500 添加成功，如图 3-57 所示。

增加　删除　刷新

设备名称	设备编码	设备IP	数据管理服务器	总容量（GB）	剩余容量（GB）	设备类型	存储运行状态	配置与操作
VX1500	VX1500-70	192.168.200.70	dmserver	743	383	VX系列	设备存储正常	

图 3-57　VX1500 添加成功

（3）在 VX1500 上制订存储计划并回放。

在【业务管理】页面选择【存储配置】选项，如图 3-58 所示。

业务管理

摄像机组管理	卡口组配置	轮切配置	组显示配置	轮巡配置
图像拼接配置	巡航配置	存储配置	备份配置	转存配置
告警配置	第三方告警配置	预案配置	干线管理	云台控制器配置
枪球联动配置	录像锁定	IPC图片播放	备份管理	LAPI协议设备
备份恢复	卡口目录锁定			

图 3-58　【业务管理】页面

选择需要存储录像的摄像机，选择【操作】→【配置】选项，如图 3-59 所示。

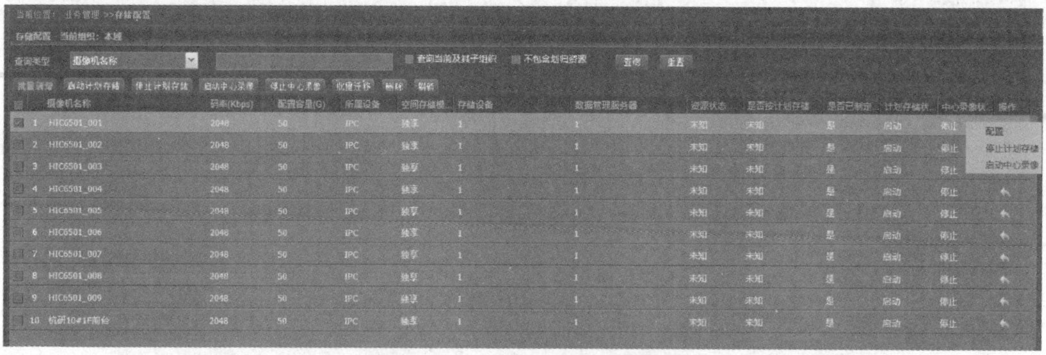

图 3-59　选择需要存储的摄像机

进入【存储配置】页面后，根据需求进行配置，如图 3-60 所示。此处，容量分配 180 GB，也可以选择按天数进行容量分配，系统会根据天数以及码流大小自动计算出所需的容量并分配。

设置完成后，单击【确定】按钮，完成存储配置。

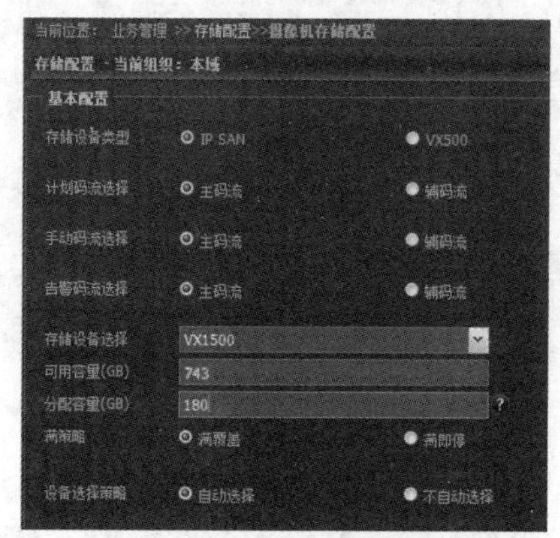

图 3-60　配置存储设备及容量

登录存储设备可以看到 VM 下发存储计划后，VX1500 上面自动创建了逻辑资源、Target 和客户端，如图 3-61 所示。

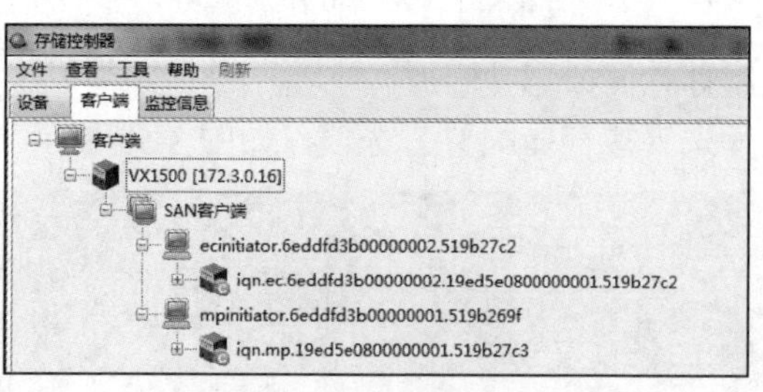

图 3-61　查看存储资源

右击【逻辑资源】选项，在弹出的快捷菜单中选择【性能统计】选项，查看性能统计，可以看到资源上在进行写操作，如图 3-62 所示。

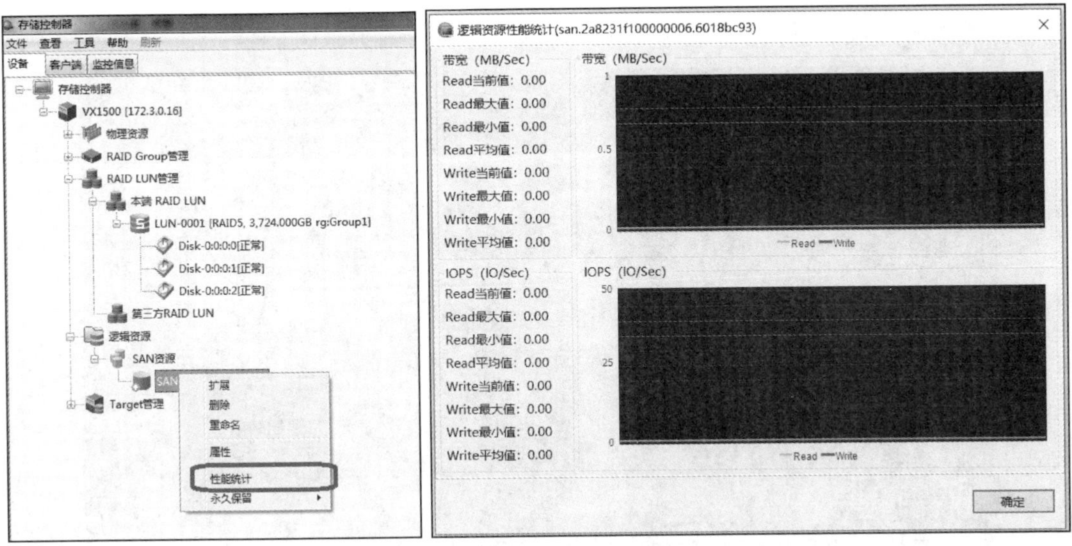

图 3-62 查看性能统计

在【实况回放】页面选择指定了存储计划的摄像机并右击，在弹出的快捷菜单中选择【查询回放】选项进行查询回放，或者单击查询回放按钮，如图 3-63 所示。

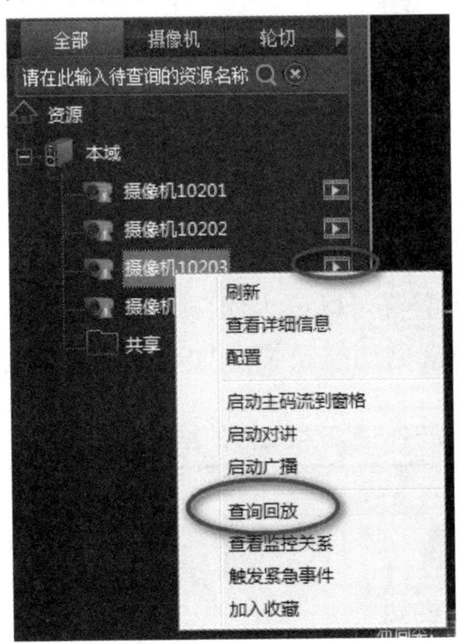

图 3-63 查询回放

选择开始时间和结束时间，单击【检索录像】按钮，如图 3-64 所示。

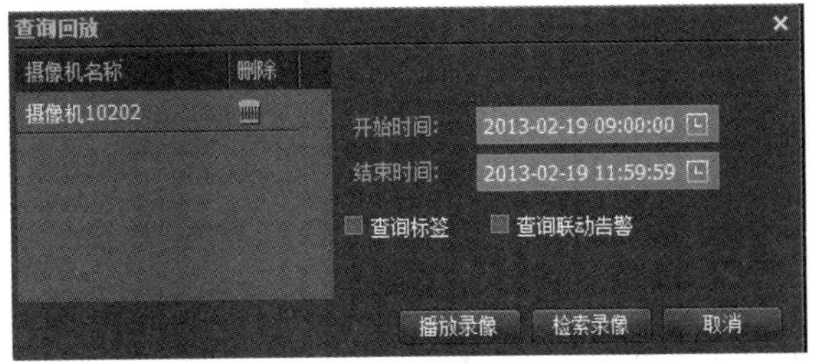

图 3-64 查询回放

查到录像后，选择窗口，单击【播放】按钮，可以看到存储录像的视频，如图 3-65 所示。

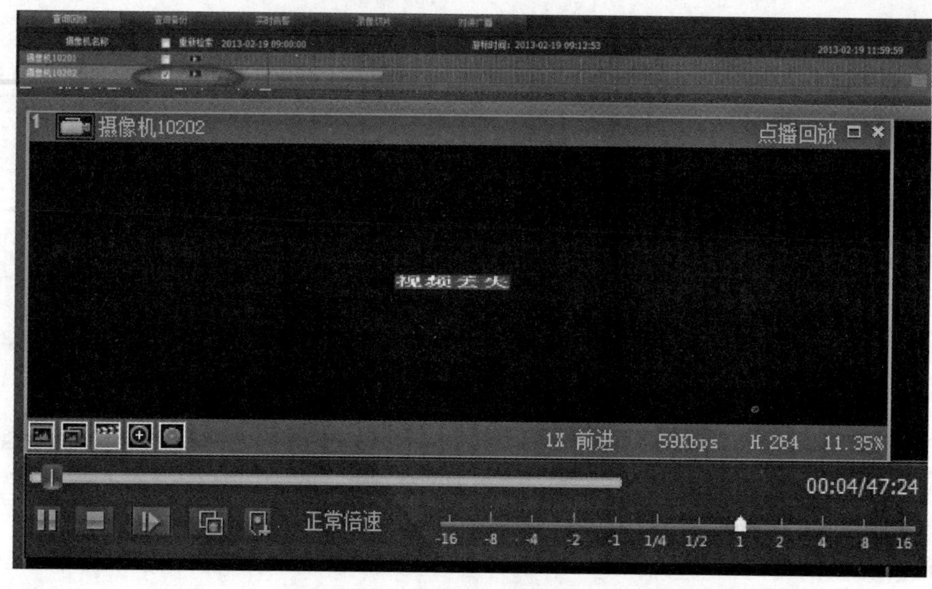

图 3-65　查看存储录像视频

注意：

手工录像中心存储和计划存储共享为该摄像机分配的存储空间。

3.1.5　常见功能业务

IP 监控系统常见功能业务配置可以分为 4 种：实况类业务、云台控制业务、存储备份业务和告警业务。各类业务的常见功能及描述如表 3-15 所示。

表 3-15　各类业务的常见功能及描述

业务类型	功　能	具 体 描 述
实况类业务	电视墙业务配置	电视墙显示了特定组织下的一组固定监视器位置的集合。通过电视墙可以管理多个监视器上的监控业务，如播放或停止实况、轮切，同时通过提示查看监视器对应的监控关系
	摄像机组配置	摄像机组就是一组摄像机的集合，若经常需要同时查看某些摄像机的实况，批量启动某些摄像机的中心录像或者对多个摄像机启动广播，则可通过摄像机组业务来快捷实现
	组显示业务配置	播放某个摄像机组中所有摄像机的实况
	轮切业务配置	通过某个视频窗格或监视器循环播放轮切资源中各个摄像机实况图像的一种资源集合
	组轮巡配置	在多个视频窗格或监视器上按照一定时间间隔对多个摄像机循环播放实况
云台控制业务	预置位配置	云台特定的位置，设置后可以让云台相机快速转回该位置
	看守位配置	一个特殊的预置位，在云台释放后可自动转回
	巡航业务配置	巡航路线中包含预置位巡航和轨迹巡航动作。预置位巡航是指一个云台摄像机在其多个预置位之间转动；轨迹巡航是指一个云台摄像机按照指定的轨迹（如向上、向左等）进行转动

续表

业务类型	功　能	具 体 描 述
存储备份业务	存储配置	直存配置可以根据客户的实际需要，为未配置转存的摄像机分配存储资源空间大小，同时配置不同的存储模式使摄像机按照不同的方式来进行存储
	备份配置	将原来保存在存储资源上的录像备份到备份资源上，以免录像丢失
	转存配置	将摄像机的实况流存入存储资源
	备份管理	可以查看备份任务的类型、提交时间、结束时间、任务状态、当前备份时间点以及进度等信息
告警业务	告警联动配置	通过配置联动动作将触发后的告警进行某类或某几类动作的联动，从而让用户及时处理有效告警及其相应的联动动作
	告警联动报表	可以查看所配置的告警联动的记录

1. 电视墙业务配置

当用户的监控大屏由大量监视器拼接组成时，很难实现解码器绑定的监视器和实际电视墙上监视器的一一对应关系，如果用户需要快速实现将某摄像机视频显示在电视墙的某个监视器上，则可以通过电视墙功能来实现。

通过电视墙功能，可以手工绘画和实际电视墙结构完全相同的逻辑电视墙，并且将逻辑电视墙上每一个窗格和实际的监视器绑定，这样将某摄像机视频拖放到逻辑电视墙的某个窗格时，实际电视墙的对应窗格就会显示该视频。

平台页面电视墙用颜色区分不同业务：灰色代表电视墙上无业务，蓝色代表电视墙建立了实况业务，红色代表电视墙建立了回放业务，橙色代表电视墙建立了轮切业务，如图 3-66 所示。

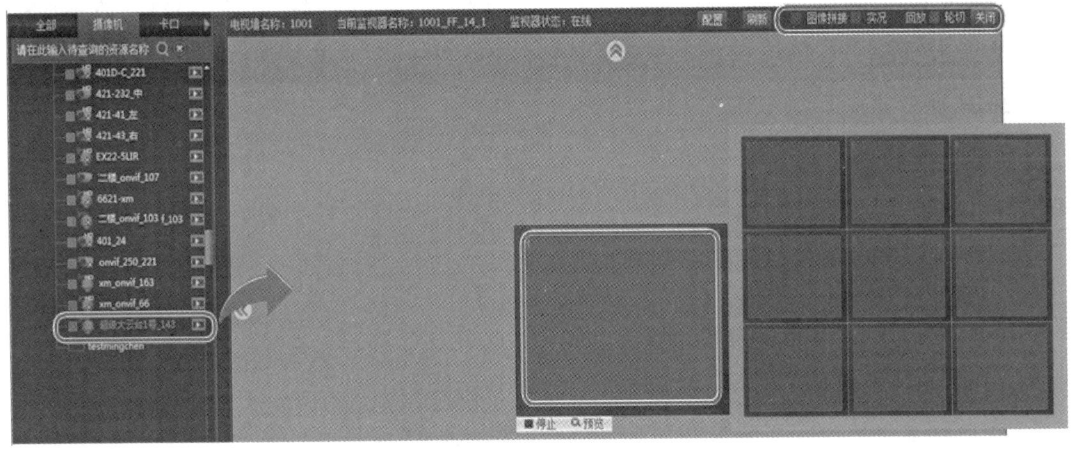

图 3-66　电视墙业务

2. 组显示业务配置

项目中若经常需要同时查看某些摄像机的实况，则可对这些摄像机配置摄像机组，然后通过摄像机组显示业务来快捷实现。

1）摄像机组

摄像机组即一组摄像机的集合，用于与窗格（客户端的 Web 播放器）建立视频播放的对应关系，配置摄像机组也是配置组显示和组轮巡的前提。如果要在电视墙播放摄像机组，则其摄像机的编码格式需要与电视墙的解码格式相对应。

2）组显示

将一组需经常查看的摄像机绑定到特定布局的客户端窗格或电视墙，以便快速进行实况播放，即为组显示。组显示的前提是配置摄像机组，并且配置摄像机组中的摄像机和监视器或监控窗格的对应关系。

组显示操作支持两种方式：一种是按照摄像机组快速添加；另一种是自定义选择摄像机添加。如果是按照摄像机组快速添加，则需要先到摄像机组配置处选中摄像机添加到组。在配置组显示时若选择摄像机组的方式，则摄像机会按照默认先后顺序添加到电视墙或实况页面分屏上，如图 3-67 所示。

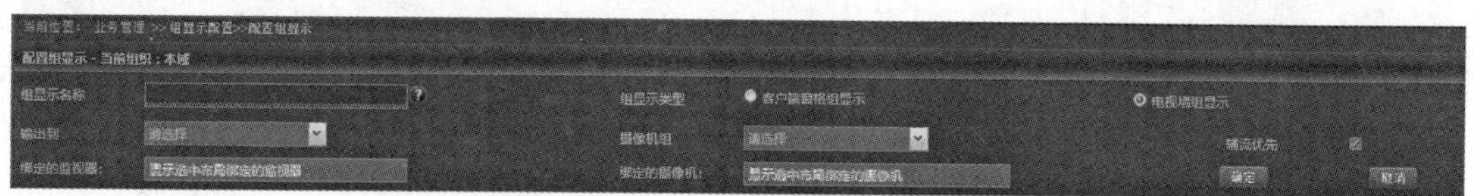

图 3-67　配置组显示

需要启动组显示时，只需要在实况回放页面找到组显示的图标双击即可，如图 3-68 所示。

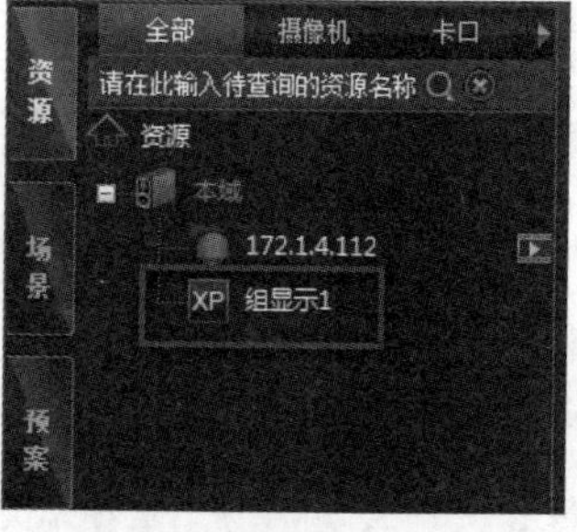

图 3-68　启动组显示

3．轮切业务配置

1）轮切

轮切是指在同一个窗格或监视器上分时段显示不同摄像机视频的功能。

2）轮切资源

轮切资源是一组有序摄像机的集合，它规定了哪些摄像机以何种流类型参加轮切、轮切的次序，以及各个摄像机视频播放的时间等。摄像机的时间间隔即代表轮切时该摄像机图像播放的时间。完成相关配置工作后，就可以通过窗格播放或监视器播放轮切资源了。

3）轮切计划

轮切计划规定了不同时间段内有哪些轮切资源在某监视器上播放。轮切资源可以在监视器或视频窗格上播放，但轮切计划播放则只能在监视器上播放。

4）轮切启用的方式

轮切的启用分为手动启用和按计划轮切两种方式。手动启用是指确定好轮切资源后，可以将轮切资源视为一个摄像机资源，并拖放到窗格或监视器上。按计划轮切是指轮切计划制订后，可以启用该计划，则对应的监视器上就会按计划执行设定的轮切。

4．组轮巡业务配置

轮巡是指在多个视频窗格或监视器上按照一定时间间隔对多个摄像机循环播放实况。

1）自动布局轮巡

轮巡时，摄像机与视频窗格或监视器的布局自动匹配，不固定。若出现摄像机或监视器故障，则直接跳过，无须修改。

2）组显示轮巡

摄像机与视频窗格或监视器配置成组显示，轮巡时，布局固定不变。若出现摄像机或监视器故障，则需要修改组显示配置。

若对摄像机与视频窗格或监视器的布局无要求，则推荐采用自动布局轮巡，可以快速将摄像机按默认方式排列进行轮巡。

5. 巡航业务管理

巡航业务是云台控制业务之一，通过设置可以使云台按照指定的方式实现转动。

1）预置位功能配置

预置位是针对云台摄像机以及球机的。通过设置预置位可以让球机记住特定场景，便于让球机快速转动到指定角度并且放大缩小到指定倍率。

预置位设置方式：先将云台转动至选中的预置位，单击【+】按钮添加；对外域云台摄像机，单击【域间同步】按钮将查询并获取共享摄像机的最新预置位列表，如图 3-69 所示。

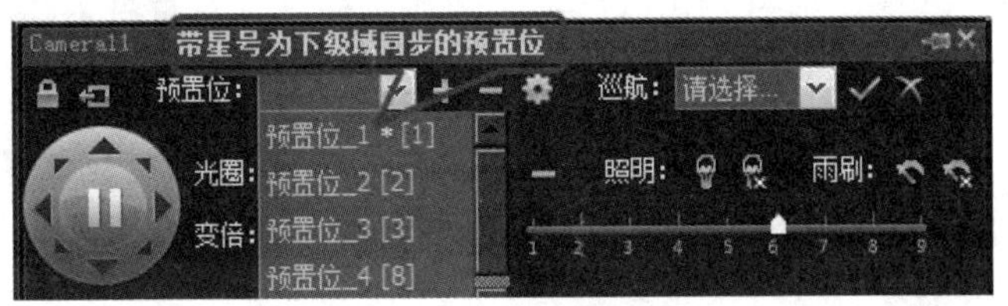

图 3-69　配置预置位

2）看守位功能配置

看守位是特殊的预置位。可以设置自动看守时间，令云台释放后一定时间自行转回指定位置。添加预置位的时候，选中【设置为看守位】后面的【是】单选按钮即可实现，如图 3-70 所示。

图 3-70　设置看守位

3）巡航功能配置

巡航功能有两种：一种是预置位巡航，指一个云台摄像机在其多个预置位之间转动；另一种是轨迹巡航，指一个云台摄像机按照指定的轨迹（如向上转、向左转等）进行转动。巡航可以通过计划定时启动巡航和手动启动巡航两种方式触发。具体操作时，可以先配置巡航路线，然后在云台控制面板选择相应路线手动启动巡航；也可以配置好巡航路线后再设置巡航计划，定时启动巡航。

6. 实时监控配置实训

1）实训目的

掌握通过 Web 客户端添加前端设备及相关配置，能在监视器上播放实况，配置电视墙等。

2）实训设备及器材

实训设备及器材如表 3-9 所示。

3）实训内容

在 Web 客户端添加前端设备 IPC 和 DC，完成相关配置。在监视器上播放实况，配置电视墙，实现组显示、组轮巡等功能。

4）实训步骤

（1）Web 客户端添加 DC、IPC 设备。

添加解码器的步骤包含添加解码器、在解码器通道绑定监视器。

在滨江区组织添加解码器。单击【配置】按钮，在【设备管理】选项区域中选择【解码器】选项，添加解码器，如图 3-71 所示。

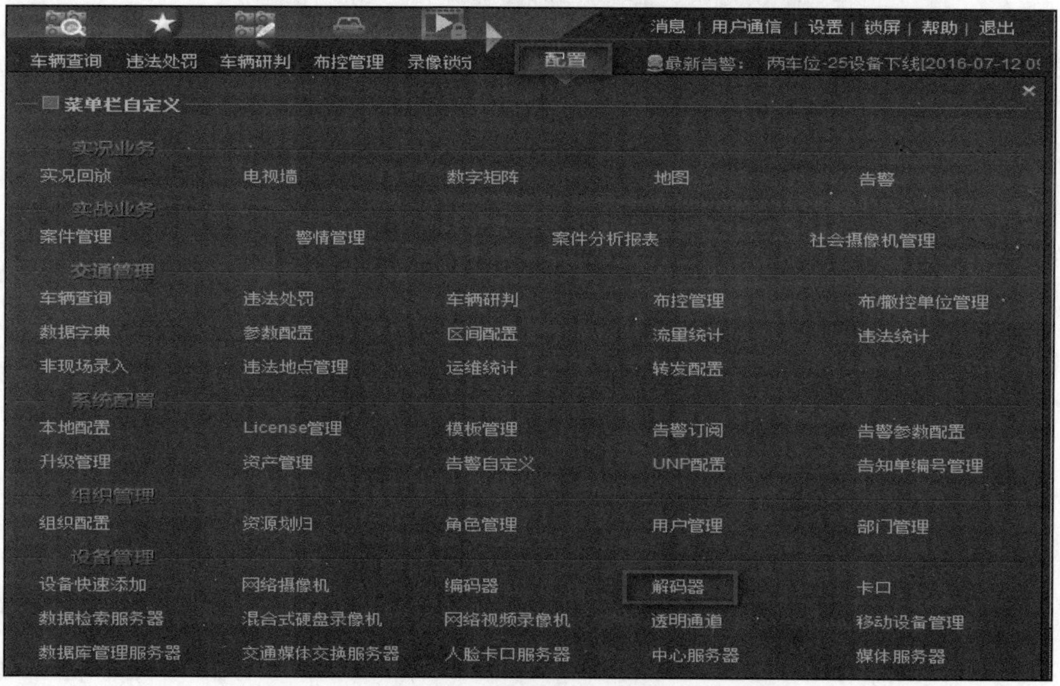

图 3-71　添加解码器（DC）

选择设备类型为 DC2804-FH，输入设备名称和设备编码。注意，设备编码必须和 DC 页面配置的设备 ID 保持一致，如图 3-72 所示。设备访问密码和登录 DC 的 Web 页面保持一致。

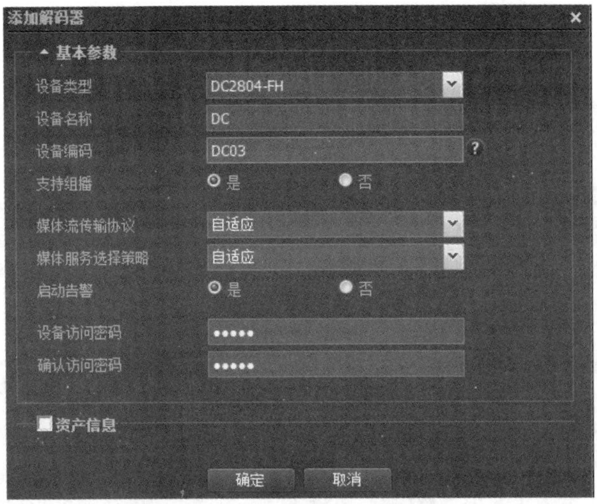

图 3-72　设置解码器参数

配置通道，为 4 个通道绑定监视器，如图 3-73 所示。

(a)

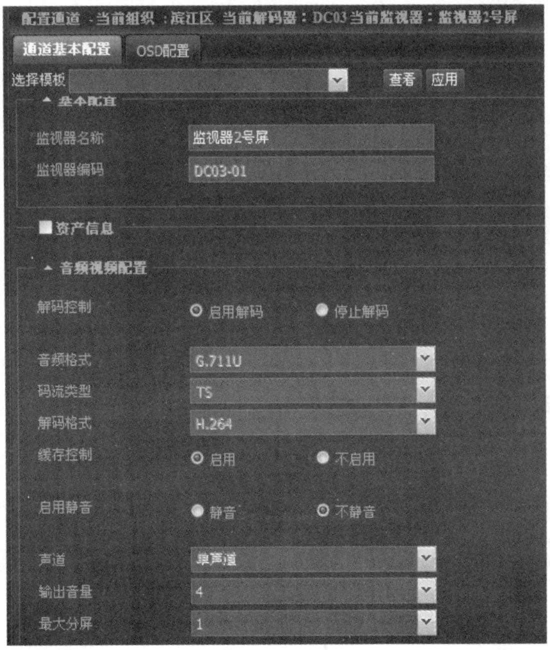

(b)

图 3-73　配置通道

添加了 DC 设备后，开始添加 IPC 设备。单击【配置】按钮，选择【设备管理】选项区域中的【网络摄像机】选项，如图 3-74 所示，进入 IPC 配置页面。

图 3-74　添加网络摄像机（IPC）

在左侧窗格中选择要添加 IPC 的组织，在右侧窗格中单击【增加】按钮，输入 IPC 的型号、名称和 ID 等信息，此处的设备访问密码即为 IPC 的 Web 页面登录密码，默认为 admin。

注意：

选择 IPC 的设备类型时，一定要与实际的型号匹配。在输入 IPC 的 ID 时，必须与 IPC 的 Web 管理页面上的 ID 保持一致。此处，在上城区组织中配置 IPC，如图 3-75 所示。

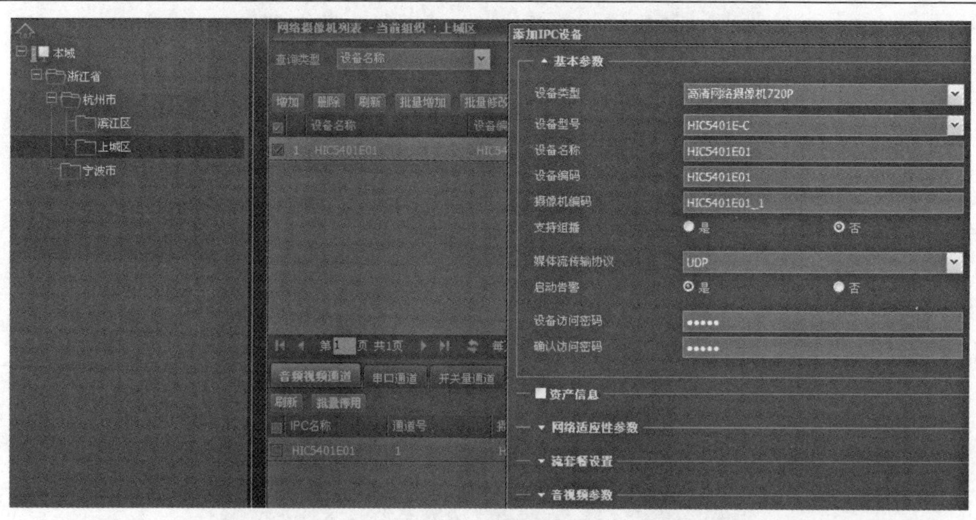

图 3-75　配置 IPC

音视频参数配置中可以配置 IPC 的制式。此处选择 720P@25，如图 3-76 所示。

图 3-76　配置 IPC 的制式

添加完成一段时间后，IPC 显示在线，表示添加成功，如图 3-77 所示。

增加　删除　刷新　批量增加　批量修改密码　导出IPC模板　导入IPC模板

	设备名称	设备编码	设备IP	设备类型	设备在线状态
1	HIC5401E01	HIC5401E01	192.168.200.103	高清网络摄像机1080P	在线

图 3-77　IPC 显示在线

单击右侧【配置与操作】图标，页面下方会显示 IPC 的通道信息，如图 3-78 所示。

音频视频通道　串口通道　开关量通道

刷新　批量停用

IPC名称	通道号	摄像机名称	摄像机类型	云台协议	云台地址码	组播IP地址	组播端口	配置
HIC5401E01	1	HIC5401E01	高清固定摄像机	INTERNAL-PTZ	0	228.1.103.1	16868	

图 3-78　显示 IPC 的通道信息

在【通道基本配置】页面中，显示摄像机类型为高清固定摄像机。同时可以进行组播配置和音频配置，如图 3-79 所示。

配置通道 -当前组织 ：上城区 当前IPC：HIC5401E01 当前摄像机：HIC5401E01

通道基本配置　码流配置　通用拉框放大配置　区域增强配置　运动检测配置　增强OSD配置

摄像机配置

摄像机名称　HIC5401E01

摄像机编码　HIC5401E01_1

摄像机类型　高清固定摄像机

经度

纬度

组播配置

组播IP　228.1.103.1

组播端口　16868

音频配置

启用静音　静音　不静音

声 道　单声道

音频编码　G.711U

采 样 率　8000

音频码率　64Kb

图 3-79　通道基本配置

（2）实况播放操作。

在【实况回放】页面中选择左侧窗格中的【资源】选项卡，在资源树中选择摄像机资源，双击某摄像机，如 HIC5401E01，即可在右侧窗格中播放实况视频。也可以直接将摄像机拖放到某窗格中。在播放窗格下方有一排工具栏，可以进行本地录像、抓拍等操作，如图 3-80 所示。

图 3-80　播放实况

Web 客户端默认通过单播接收视频。如果 Web 客户端需要接收组播视频，那么可以在【系统配置】页面中的【视频参数】选项区域中选中【是否支持组播】后面的【是】单选按钮，则该 Web 客户端将接收发送的组播视频流，如图 3-81 所示。

如果需要在监视器上播放实况，那么可以直接将摄像机拖至数字矩阵页面中的某个监视器图标上即可，如图 3-82 所示。

解码器默认通过组播方式接收视频，如果需要改为单播方式，那么需要在解码器的参数中选中【支持组播】后面的【否】单选按钮，如图 3-83 所示。

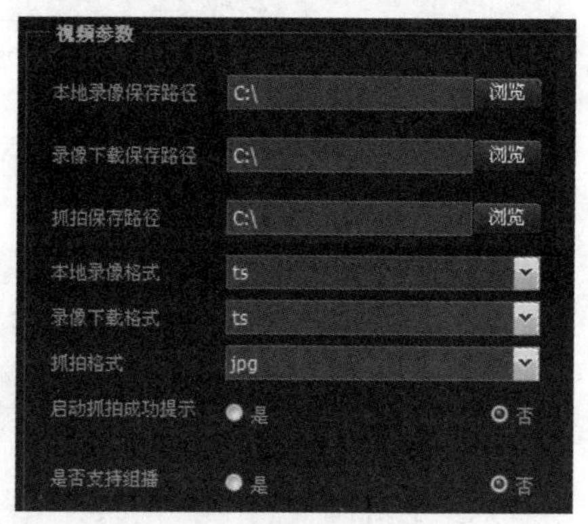

图 3-81　选择支持组播

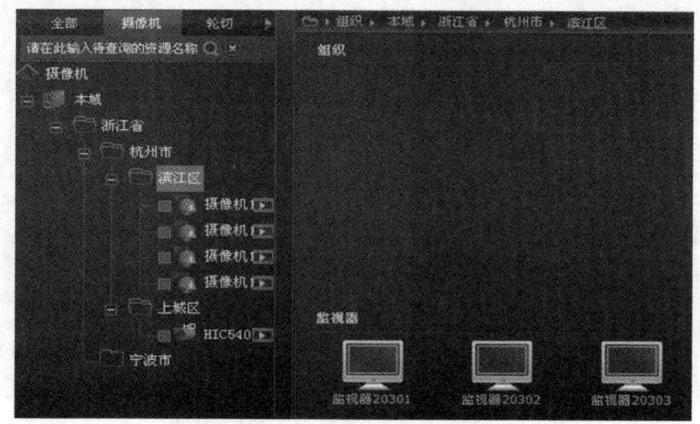

图 3-82　在监视器上播放实况

如果需要进行语音对讲，那么在资源树中右击所需摄像机，在弹出的快捷菜单中选择【启动对讲】选项即可，如图 3-84 所示。或者在实况播放时，单击播放窗格下工具栏中的【启动语音对讲】按钮，同样可进入语音对讲，如图 3-85 所示。启动语音对讲后，可以在对讲列表中选择查看状态、结束对讲，以及调整传声器和耳机音量大小。

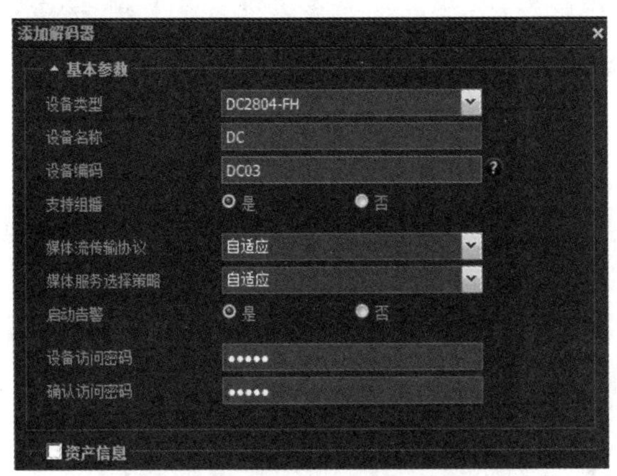

图 3-83　取消支持组播

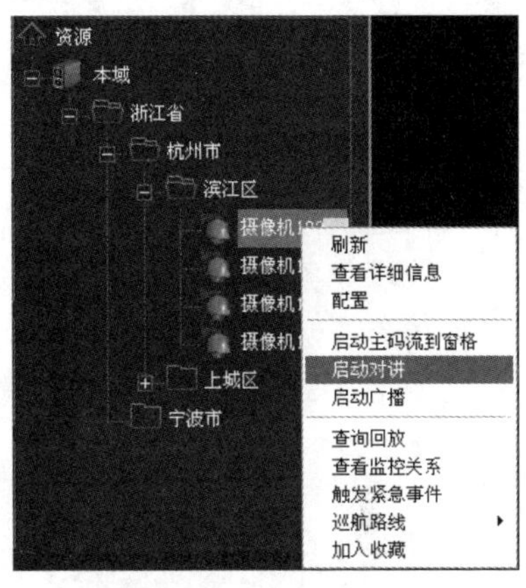

图 3-84　配置语音对讲

语音对讲时，首先必须保证编码器/IPC 远端综合接入设备在线，而且在编码器/IPC 远端综合接入设备端（传声器接口或支持语音对讲的凤凰钳位端子）已连接音频输入、输出设备，在客户端（管理平台对应的 PC 端）已连接音频输入、输出设备。

如果需要进行语音广播，则切换为摄像机标签后，可以在资源树中选择摄像机并右击，在弹出的快捷菜单中选择【启动广播】选项，如图 3-86 所示。

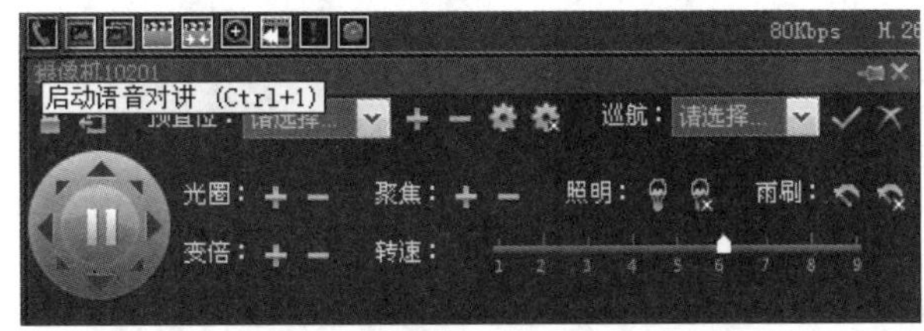

图 3-85　通过工具栏启动语音对讲

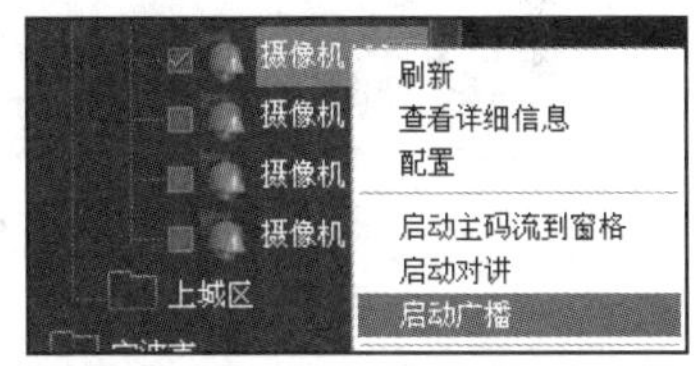

图 3-86　配置语音广播

（3）云台控制操作。

如果进行实况的摄像机为云台摄像机，那么可以对该摄像机进行云台控制。

在进行云台控制前，需要检查云台控制的协议、地址码和波特率等参数是否与云台本身参数相匹配。

设置云台预置位时，首先将云台转到对应的位置，然后单击【+】按钮，在弹出的窗格中输入预置位编号和描述，同时可选择是否设置看守位，并设置看守时间（10～3600 s），如图 3-87 所示。

当需要控制云台转到某个预置位时，可以在【预置位】下拉列表中选择该预置位即可，如图 3-88 所示。

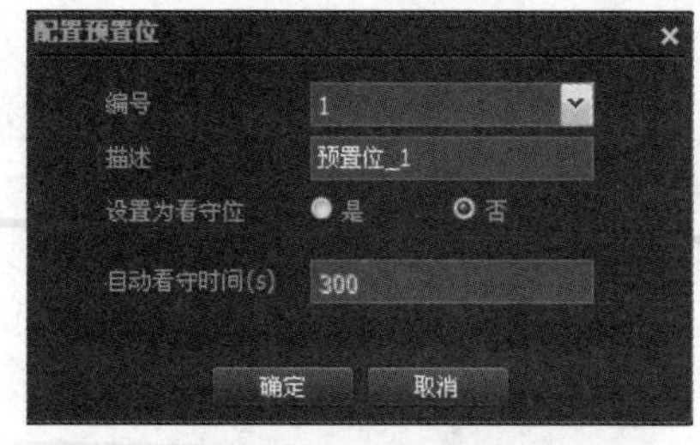

图 3-87　配置预置位

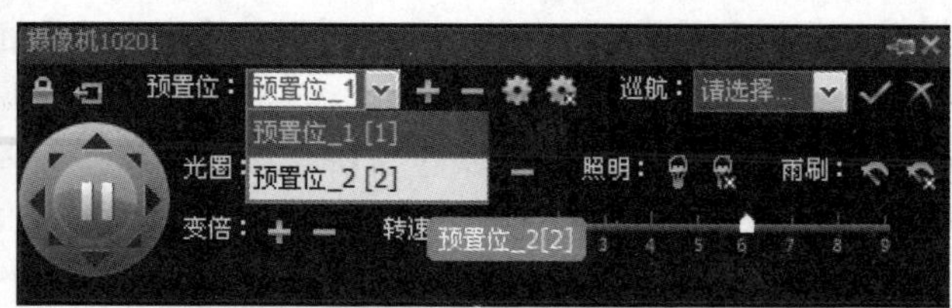

图 3-88　云台转到预置位

（4）巡航计划的配置及操作。

进入【业务管理】页面，可以对业务进行管理和配置。云台摄像机配置巡航前，必须先设置 2 个以上的预置位。

在【业务管理】页面选择【巡航配置】选项，如图 3-89 所示，进入【巡航配置】页面。

业务管理

摄像机组管理	轮切配置	场景配置	组显示配置	组轮巡配置
图像拼接配置	巡航配置	广播组配置	存储配置	备份配置
转存配置	告警配置	第三方告警配置	预案配置	干线管理
云台控制器				

图 3-89　【业务管理】页面

选择某一个在线的云台摄像机，在下方巡航路线列表窗格中单击【增加】按钮，如图 3-90 所示。

图 3-90　配置巡航摄像机

在【配置巡航规则】页面选择巡航类型，如图 3-91 所示。

图 3-91　选择巡航类型

配置巡航路线，单击【确定】按钮，保存该巡航路线，如图 3-92 所示。

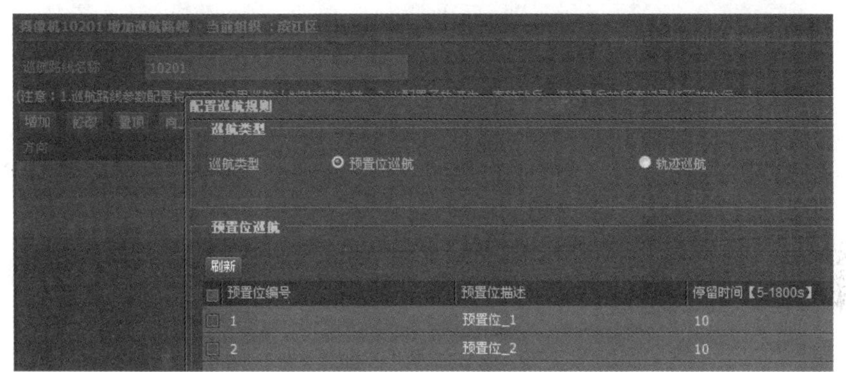

图 3-92　配置巡航路线

使用同样的方式添加巡航路线 10202，单击【配置巡航计划】按钮，如图 3-93 所示，进入巡航计划配置页面。

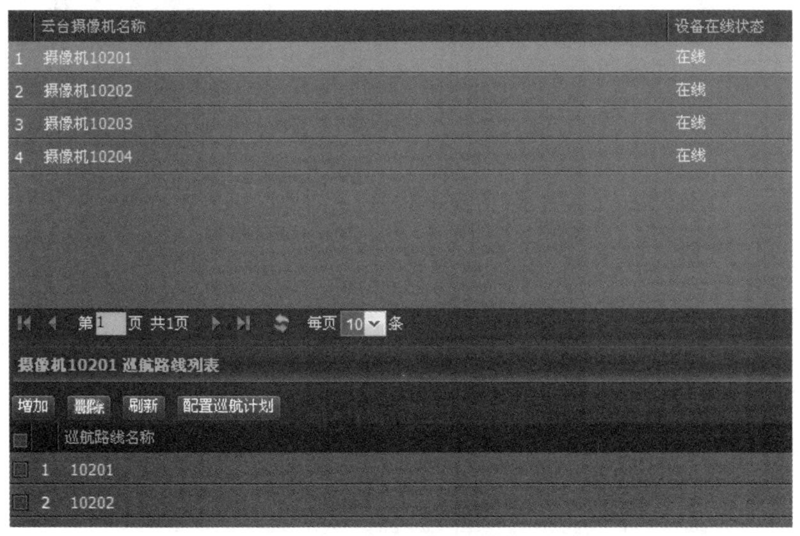

图 3-93　添加巡航路线

在【配置巡航计划】页面为计划定义名称。

在【计划模板】栏，可以套用【系统配置】页面的【模板管理】中所创建的计划模板，也可以手动在【计划时间】栏中按周或按日制订巡航计划。每天可以选择 4 个时间段，每个时间段都只能选择一个巡航路线。

在计划时间段内还可以指定一些例外时间段，在例外时间段内可以指定另一个巡航路线，如图 3-94 所示。

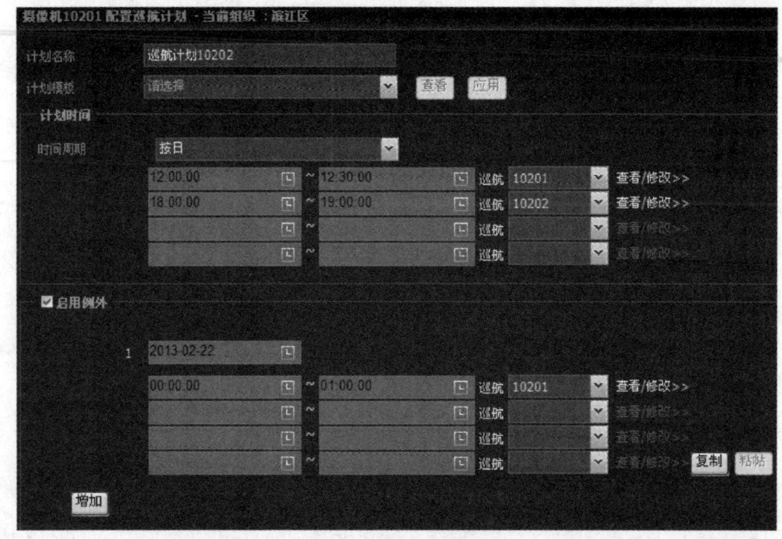

图 3-94　配置巡航计划

回到巡航路线列表，单击【启动巡航计划】按钮，在弹出的对话框中单击【是】按钮确认。此后云台摄像机会按照设定的计划时间，在巡航线路上巡航，如图 3-95 所示。

图 3-95　启动巡航计划

如果需要手动启用巡航，则可以在云台控制页面选择巡航路线，启动巡航即可，如图 3-96 所示。

图 3-96　手动启动巡航计划

（5）轮切配置及操作。

在【业务管理】页面选择【轮切配置】选项，如图 3-97 所示，进入【轮切配置】页面。

图 3-97　【业务管理】页面

在上侧窗格中单击【增加】按钮，创建轮切资源。在【增加轮切资源】页面，左侧为当前可参与轮切的摄像机，右侧为已添加到轮切资源中的摄像机。如果要将摄像机加入轮切资源，则要在左侧选择摄像机，然后设置轮切间隔时间，单击【增加】按钮即可。轮切间隔时间范围为 5～3600 s。同时可以选择轮切调用的媒体流类型，如图 3-98 所示，最后单击【确定】按钮。

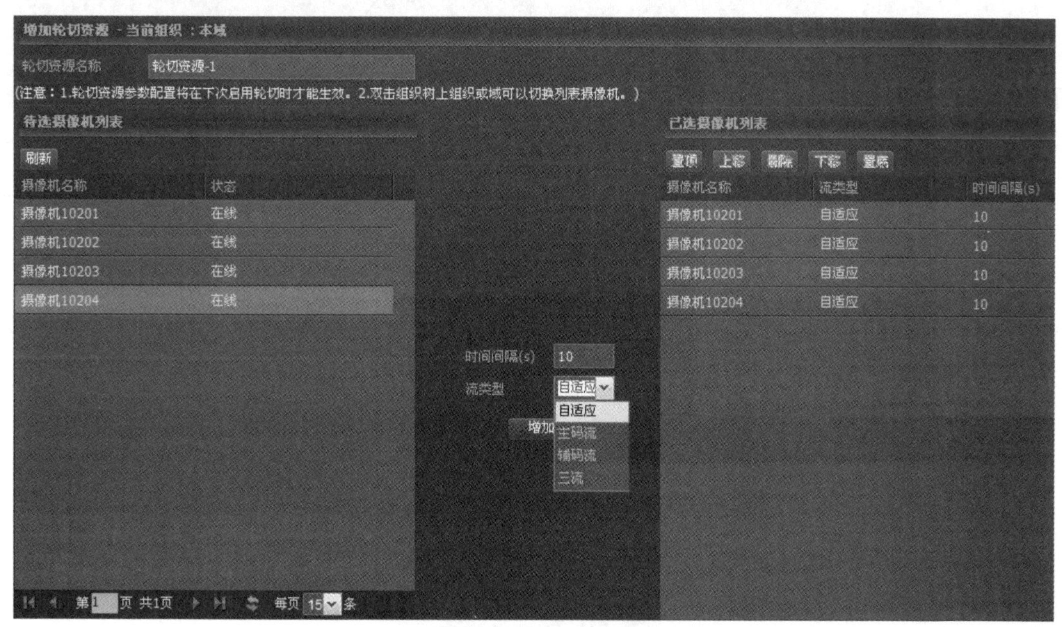

图 3-98　配置轮切资源

回到【轮切配置】页面，增加轮切计划，如图 3-99 所示。

配置轮切计划，选择轮切资源将要在哪个监视器上执行，如图 3-100 所示。

图 3-99　增加轮切计划

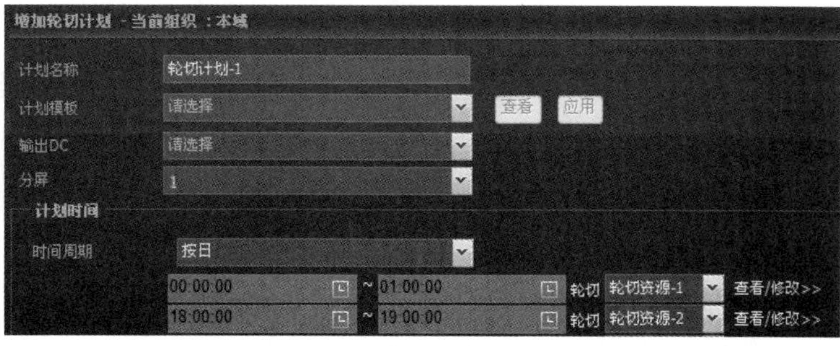

图 3-100　配置轮切计划

在树状（资源）页面，通过刷新，可以在左侧资源树中看到创建的轮切资源，如图 3-101 所示。

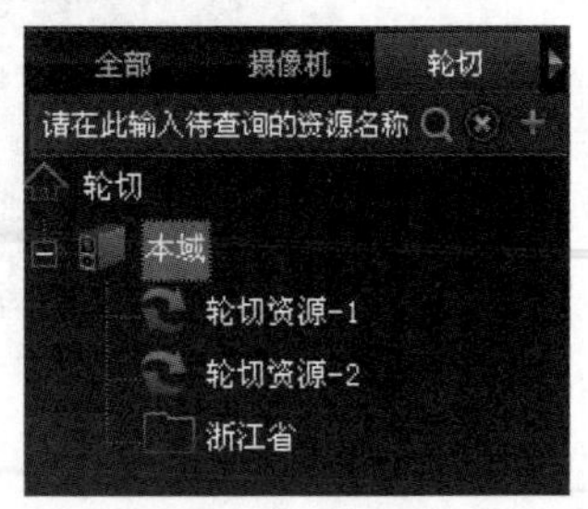

图 3-101　显示轮切资源

在【计划任务】页面选择【轮切计划】选项，然后启动某轮切计划，即可按照轮切计划在监视器上执行轮切。如果需要停止轮切计划的执行，则也在该页面中进行操作，如图 3-102 所示。

如果要手动轮切，则可以通过直接将该虚拟摄像机拖到窗格或监视器图标上，实现在某窗格或监视器上执行轮切，如图 3-103 所示。

图 3-102　启动或停止轮切计划

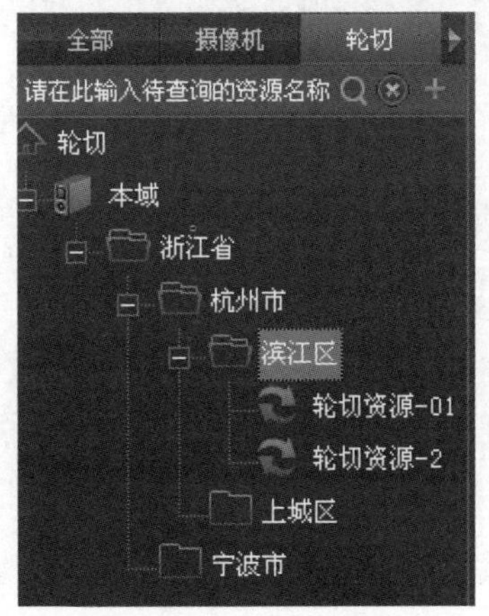

图 3-103　手动轮切

（6）配置电视墙。

在【实况业务】页面选择【电视墙】选项，进入【电视墙配置】页面，单击【增加】按钮添加电视墙，如图 3-104 所示。

(a)　　(b)

图 3-104　增加电视墙

为电视墙定义名称，如图 3-105 所示。

电视墙配置 - 当前组织 ：滨江区
电视墙名称　电视墙

图 3-105　定义名称

拖动监视器图标模拟电视墙设置，如图 3-106 所示。

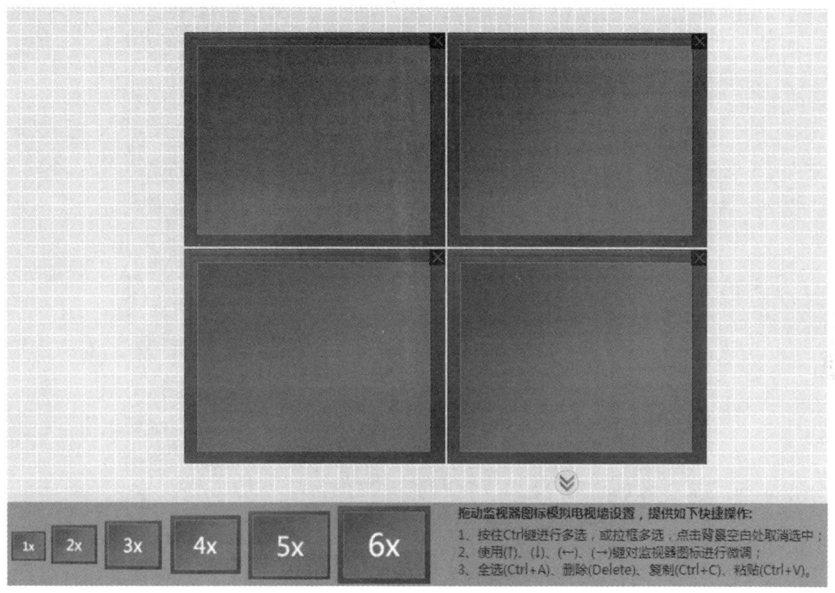

图 3-106　模拟电视墙设置

在左侧资源树中选择对应的监视器拖至模拟电视墙中进行对应，如图 3-107 所示。

假设实际电视墙上有 4 个监视器，排列为 2 行 2 列，则此处电视墙也添加 4 个监视窗格，按照 2 行 2 列布置，对应完成后，单击右上方【保存】按钮完成电视墙的设定。

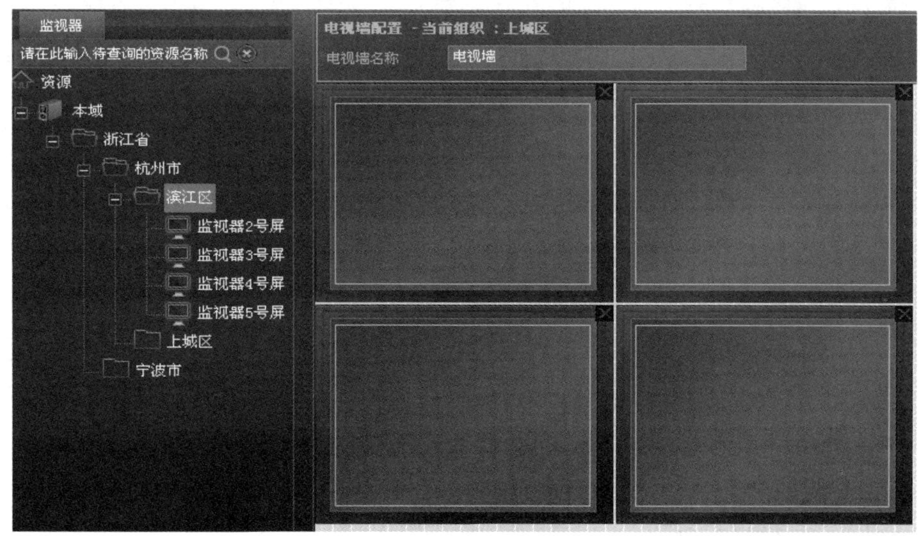

图 3-107　配置电视墙

进入【电视墙】页面，在下方窗格中选择创建的电视墙并双击，则电视墙会显示在窗格中，如图 3-108 所示。

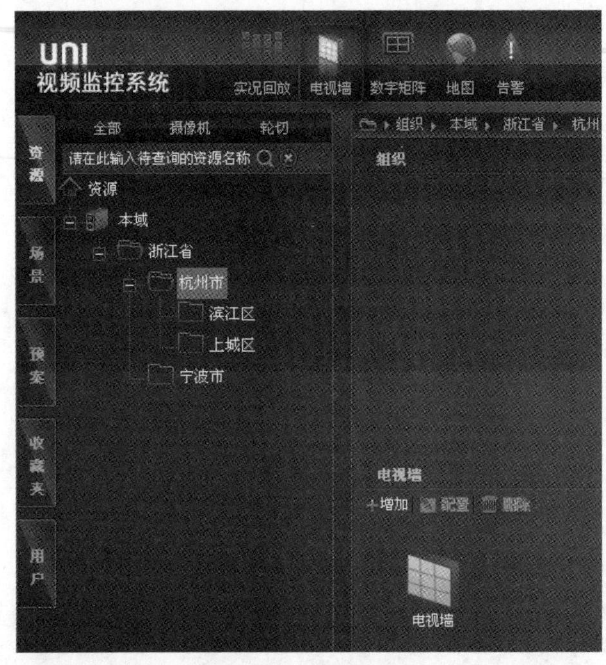

图 3-108　显示电视墙

将摄像机拖放至电视墙上的某监视窗格，则实际电视墙上的对应监视器会播放视频，如图 3-109 所示。

图 3-109　播放视频

（7）资源划归。

默认情况下，摄像机资源属于编码器/IPC 所在组织，一个组织中的用户登录后是无法查看其他组织中摄像机视频的。

例如，本实训中，编码器/IPC 添加在本域，则浙江省用户、杭州市用户、滨江区用户是无法看摄像机视频的，如图 3-110 所示。如果需要多个组织中的用户查看同一视频，那么可以通过配置资源划归来实现。

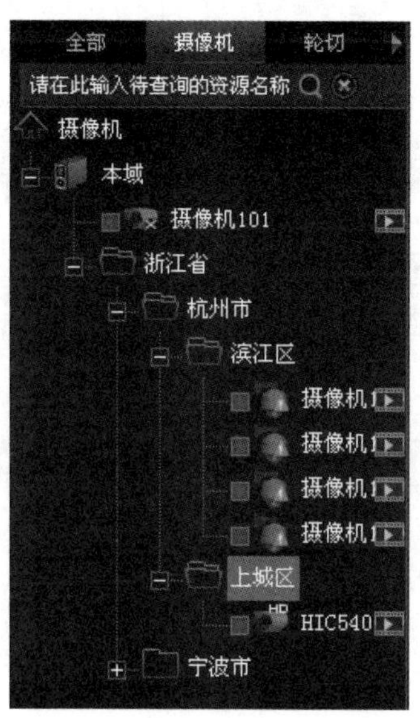

图 3-110　摄像机资源

在【组织管理】页面中选择【资源划归】选项，选择要划归的摄像机资源，单击【划归资源】按钮，如图 3-111 所示。

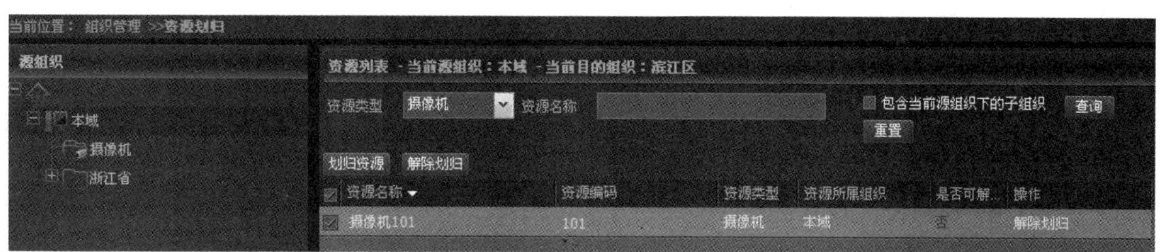

图 3-111　划归资源

选择划归的目标组织，如浙江省–杭州市–滨江区，如图 3-112 所示。

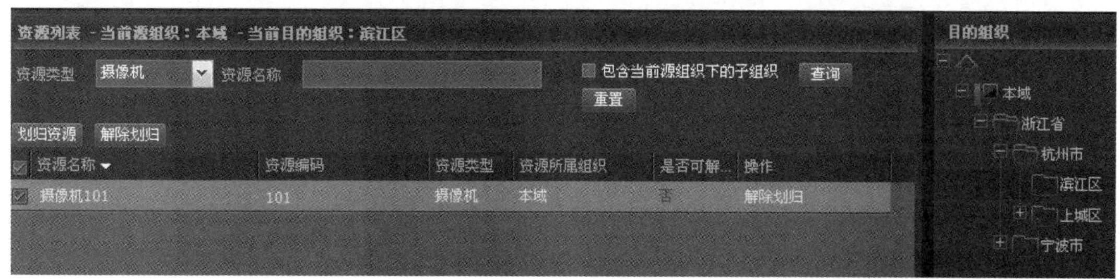

图 3-112　选择目标组织

回到首页【资源】页面，此时在滨江区组织下可以看到划归过来的摄像机资源，如图 3-113 所示。

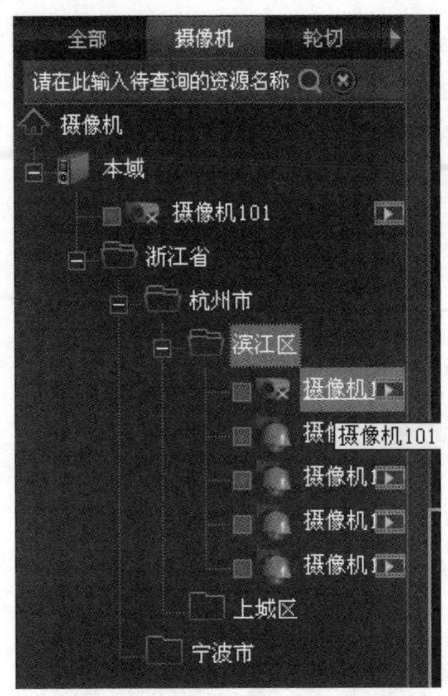

图 3-113　查看划归资源

此时滨江区的用户登录，就可以查看划归摄像机视频。

解除划归。如果某组织不需要再查看划归过来的摄像机的视频，那么可以在【资源划归】页面选择划归的目标组织，然后选择划归的资源，单击【解除划归】按钮即可，如图 3-114 所示。

图 3-114　解除划归资源

> **注意：**
>
> 摄像机资源只能从划归的目标组织中解除，而无法从源组织中解除，源组织中可以删除摄像机资源。

（8）配置组显示。

配置摄像机组，在【业务管理】→【摄像机组配置】页面增加摄像机组，如图 3-115 所示。

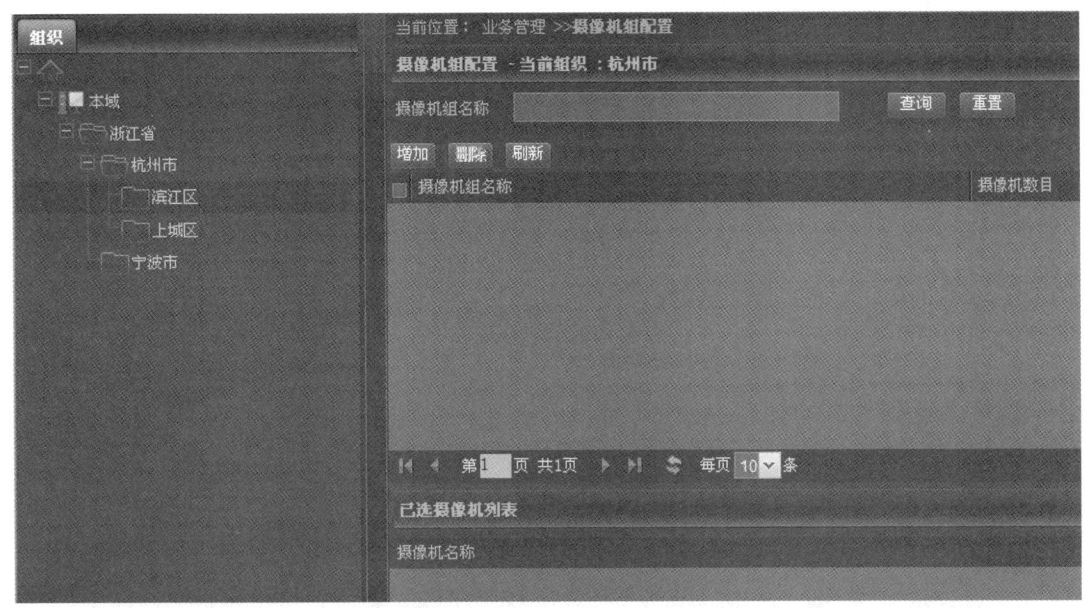

图 3-115　增加摄像机组

设置摄像机组名称，如“camgroup1”，然后选择当前已增加的摄像机，单击【增加】按钮，增加到已选择摄像机列表中，如图 3-116 所示。

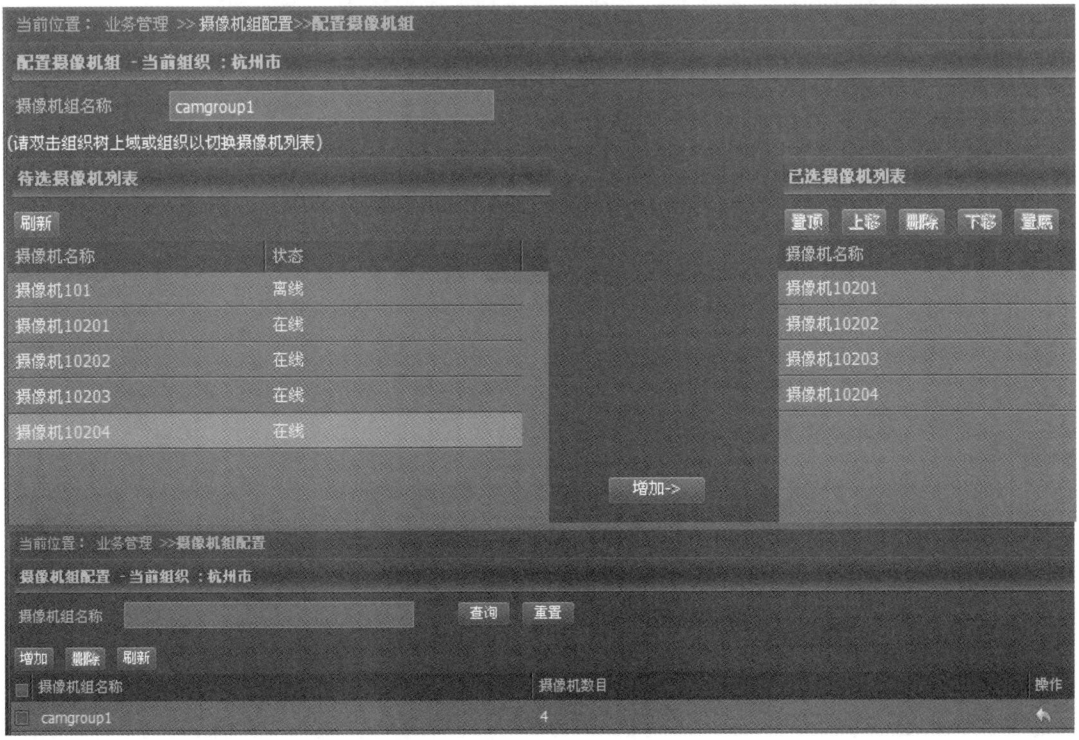

图 3-116　增加摄像机组

在【业务管理】→【组显示配置】页面增加组显示，如“groupplay”，选择客户端显示/电视墙显示的播放方式及对应的 XP 分屏/电视墙，页面下方将显示其布局，将需要组显示的摄像机组绑定到 XP 屏幕或监视器布局上，如图 3-117 所示。

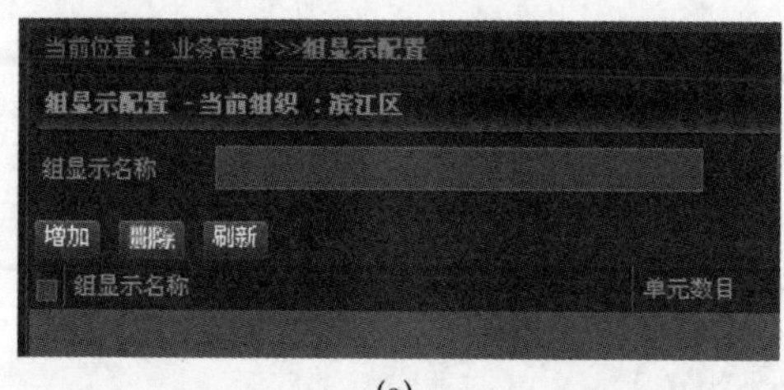

(a)

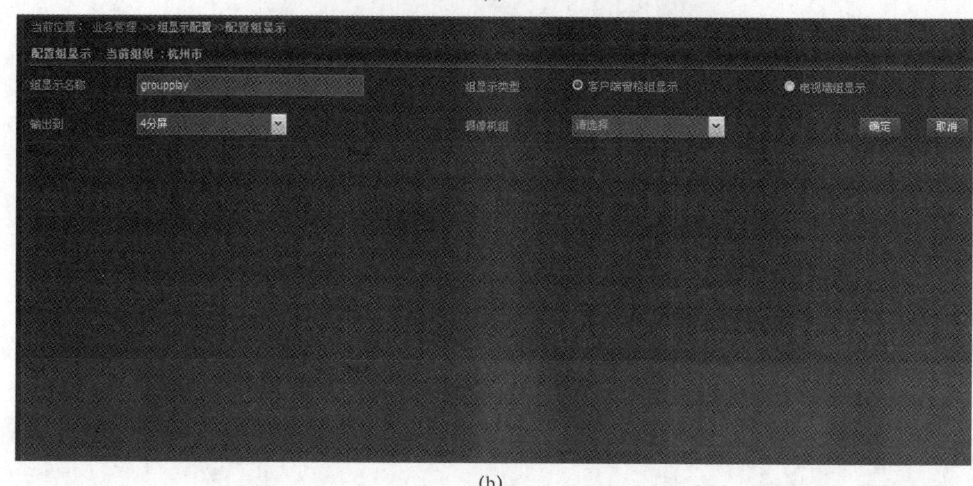

(b)

图 3-117　绑定摄像机

取消和更改屏幕和摄像机的绑定关系，在布局上右击后取消即可。可以在【摄像机组】下拉列表中选择某个摄像机组进行绑定，也可以选择资源树中的某个摄像机，拖动到对应的 XP 屏幕或监视器，直到完成所有需组显示的摄像机的绑定操作，如图 3-118 所示。

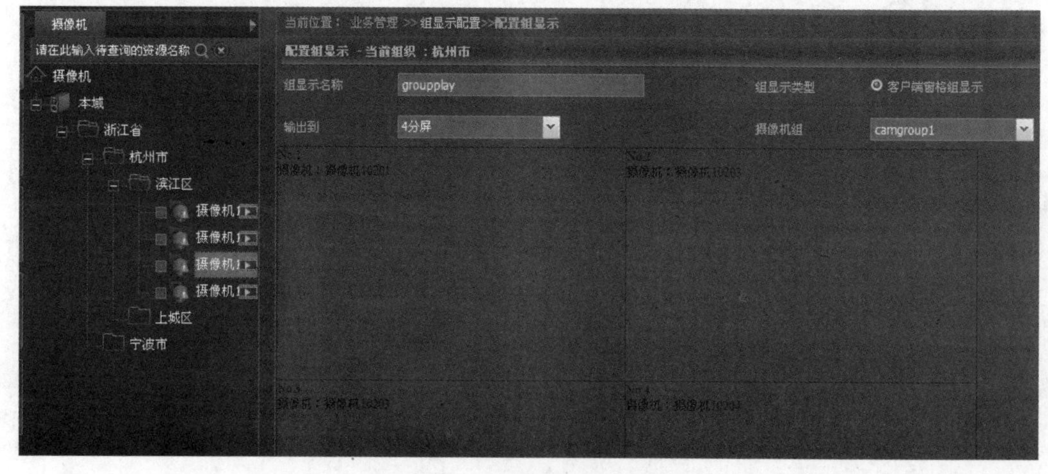

图 3-118　完成摄像机绑定操作

需要注意的是，采用摄像机组的方式进行摄像机绑定时，摄像机组中的摄像机会按照

XP 窗格顺序或电视墙中监视器顺序依次匹配。为了能看到该组中所有摄像机的实况，确保 XP 窗格或监视器数不小于摄像机数。若 XP 窗格或监视器数小于摄像机数，则无法查看多出的摄像机的实况；若 XP 窗格或监视器数大于摄像机数，则多出的 XP 窗格或监视器将空闲。

在【实况回放】页面左侧资源树中选择组显示资源（左侧“XP”字样），代表在 XP 窗格进行组显示，如图 3-119 所示。

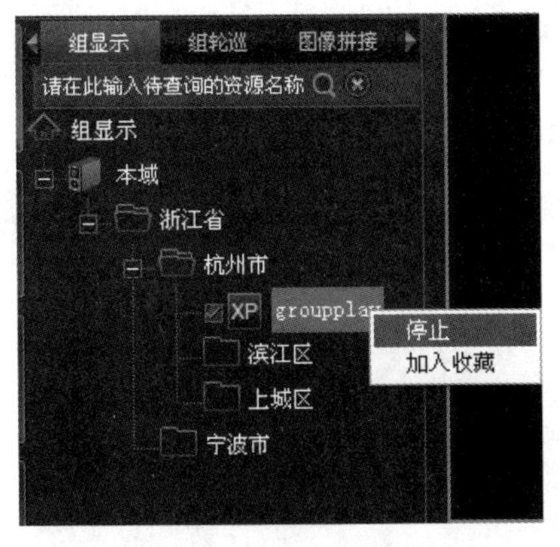

图 3-119　在 XP 窗格进行组显示

若需要停止组显示中某个摄像机实况，则单击对应窗格右上角的按钮，停止摄像机实况。若需要停止组显示，则在该组显示资源上右击，在弹出的快捷菜单中选择【停止】选项。若关闭组显示的所有摄像机实况，则该组显示也将停止。

（9）轮巡配置。

轮巡配置分为组显示轮巡配置和自动布局轮巡配置。

① 组显示轮巡配置。配置组显示轮巡前需要配置最少 3 个摄像机组，如图 3-120 所示。

当前位置： 业务管理 >>组显示配置

组显示配置 - 当前组织：杭州市

组显示名称　查询　重置

增加　删除　刷新

组显示名称	单元数目	类型	操作
groupplay	4	客户端窗格组显示	
groupplay-2	4	客户端窗格组显示	
groupplay-3	4	客户端窗格组显示	

图 3-120　配置完成 3 个摄像机组

单击【业务管理】标签，进入【业务管理】页面，选择【轮巡配置】选项，如图 3-121 所示，进入【组轮巡配置】页面。

图 3-121　【业务管理】页面

单击【增加】按钮，选择【组显示轮巡】选项卡。输入轮巡名称，选择组显示类型，显示对应的组显示列表，如图 3-122 所示。

增加所需的组显示，在【时间间隔】文本框中输入该组显示的播放时间，并按需调整位置，以决定其先后播放的顺序。在左边列表中选中组显示（支持按【Ctrl】键或【Shift】键加鼠标单击进行多选），再单击【增加】按钮，则所选组显示将被增加到右边列表中，如图 3-123 所示。

图 3-122　组显示轮巡配置

图 3-123　增加组显示

单击【实况回放】标签，进入【实况回放】页面。选择资源树中某组织下标有 XP 字样的组轮巡资源，用鼠标拖入某一窗格即可进行播放。对已启动的组轮巡资源，在其上右击，在弹出的快捷菜单中可进行切换组显示、暂停/恢复组轮巡等操作。若需要停止组轮巡，在该组轮巡资源上右击，在弹出的快捷菜单中选择【停止】选项，如图 3-124 所示。

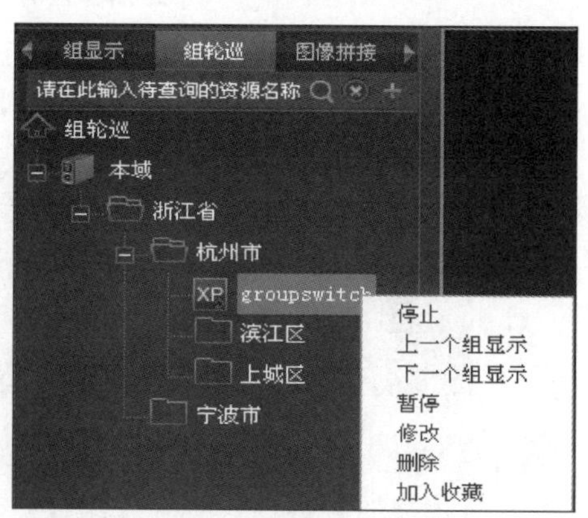

图 3-124　组轮巡操作

② 自动布局轮巡配置。在【轮巡配置】页面中选择【自动布局轮巡】选项卡，配置轮巡名称和间隔，并选择输出的分屏数。在左侧资源树中选择需要添加到轮巡的摄像机，单击【确定】按钮即可配置完成。自动布局启动参照组显示轮巡，如图 3-125 所示。

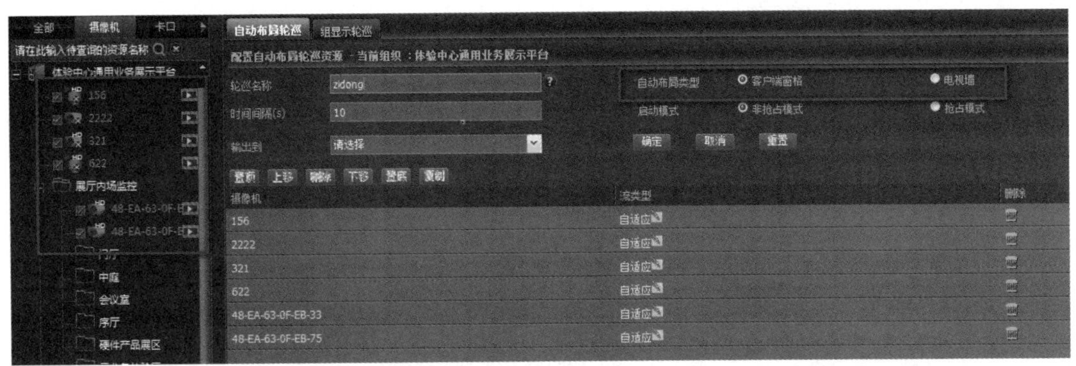

图 3-125　配置自动布局轮巡

3.2　常规功能业务基本操作

可视智慧物联系统广泛应用于城市、道路、机场、地铁、大型园区等领域。常规功能业务包含实况调用、轮切、回放、组显示、组轮巡、巡航、告警、系统维护等。通过项目的学习，将深入理解常见业务中各功能项的意义、作用及应用重点，并掌握具体的调试步骤及方法，具备可视智慧物联系统基本功能调试能力，能快速完成调试工作。

3.2.1　视频实况调用

可视智慧物联系统在后端显示时可实现实时观看视频实况信息，浏览过程中可完成本地录像、抓图、开启音频、语音对讲、即时回放录像、设置视频窗口显示模式、设置视频画面比例、保存视图、开启轮巡、控制云台、查看相关报警信息和日志信息等操作。视频实况调用可实现单屏实时预览、视频拼接显示、画面分割显示等多种显示方式。

1. 视频实况栏目介绍

当窗格播放实况时，在窗格左下方会显示实况工具栏，如图 3-126 所示，具体各栏目的功能如下。

图 3-126　实况工具栏

语音对讲：实现客户端与 IPC 间的语音对讲。

单张抓拍：对选中的实况窗格进行实况画面的抓拍。

连续抓拍：对选中的实况窗格进行实况画面的连续抓拍。

本地录像：将录像存到客户端本地；中心录像：将录像存在中心存储 IP SAN 上。

数字放大：通过数字的方式将图像放大以便看清细节；即时回放：倒序逐帧播放从当前时间点到之前 24 h 内的录像。

紧急事件：触发紧急事件告警；布局切换：进行实况布局的切换，也可新增/删除自定义布局；保存为组显示：快速保存当前实况为组显示；选中窗格最大化/还原：对选中的窗格进行最大化/还原操作。

全屏：窗口全屏显示。

恢复窗格业务：恢复上次业务操作时的窗格业务，包括分屏模式、实况业务、轮切业务。

所有窗格本地录像：将所有窗格的摄像机画面保存到客户端本地。

所有窗格中心录像：将所有窗格的摄像机画面保存到中心存储 IP SAN。

播放本地录像：在当前窗格播放客户端本地的录像文件。

录像合并：对已经保存到本地的录像文件进行合并（TS）。

所有窗格单张抓拍：对所有窗格的摄像机画面进行本地单张抓拍。

所有窗格连续抓拍：对所有窗格的摄像机画面进行本地连续抓拍。

抓拍间隔：连续抓拍的时间间隔设置。

抓拍张数：单个窗格连续抓拍的最多张数。

调节音量：调节音量的大小及是否静音。

关闭所有窗格对比度增强功能：关闭当前所有窗格的动态对比度增强设置。

发送实况：将当前的实况视频作为附件，利用用户间通信功能发送给他人。

2. 电视墙业务

电视墙是特定组织下的一组固定监视器位置的集合。通过电视墙可以管理多个监视器上的监控业务，如播放或停止实况、轮切，同时通过提示查看监视器对应的监控关系。

3. 组显示业务

摄像机组为一组摄像机的集合，用于与窗格（客户端的 Web 播放器）建立视频播放的对应关系，配置摄像机组也是配置组显示和组轮巡的前提。一组需经常查看的摄像机绑定到特定布局的客户端窗格或电视墙，以便快速进行实况播放为组显示。组显示的前提是配置摄像机组，并配置摄像机组中的摄像机和监视器或监控窗格的对应关系。若要在电视墙播放摄像机组，其摄像机的编码格式就要与电视墙的解码格式相对应。

4. 视频实况调用实训

1）实训目的

（1）完成视频实况基本操作。

（2）完成电视墙视频实况相关操作。

（3）组显示配置及功能实现。

2）实训设备及器材

实训设备及器材如表 3-9 所示。

3）实训内容

通过实训完成按照指定设备、指定场所，进行图像的实时点播，支持点播图像的显示、缩放、抓拍和录像，实现多用户对同一图像资源的同时点播。能够支持全部摄像机辅流（D1）实况上墙，实时进行监控显示。

4）实训步骤

（1）视频实况具体调用的操作。

通过视频实况调用，可将视频图像在固定窗格中实时显示出来，如图 3-127 所示，具体操作有以下 3 种方式。

① 拖动摄像机图标到实况窗格。

② 双击摄像机图标。

③ 右击摄像机图标，在弹出的快捷菜单中选择【启动主码流/辅码流到实况窗格】选项。

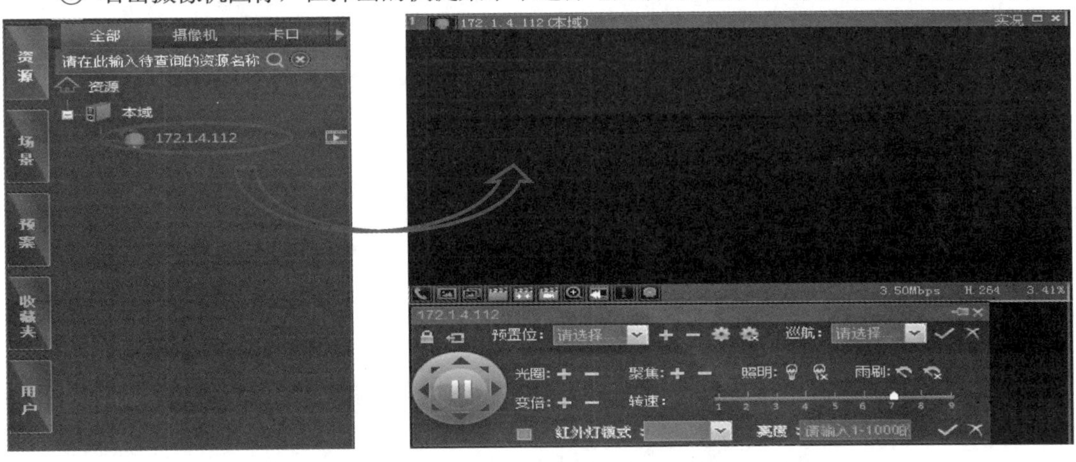

图 3-127　视频实况调用

（2）电视墙实况功能操作。

电视墙操作类似于普通实况的操作，可以通过以下 3 种方式将实况建立到电视墙页面，如图 3-128 所示。

① 拖动摄像机图标到电视墙页面的虚拟实况窗格。

② 先选中某个电视墙页面的虚拟实况窗格，再双击摄像机图标。

③ 先选中某个电视墙页面的虚拟实况窗格，再右击摄像机图标，在弹出的快捷菜单中选择【启动主码流/辅码流到实况窗格】选项。

平台页面电视墙颜色标识说明：灰色代表电视墙上无业务；蓝色代表电视墙建立了实况业务；红色代表电视墙建立了回放业务；橙色代表电视墙建立了轮切业务。

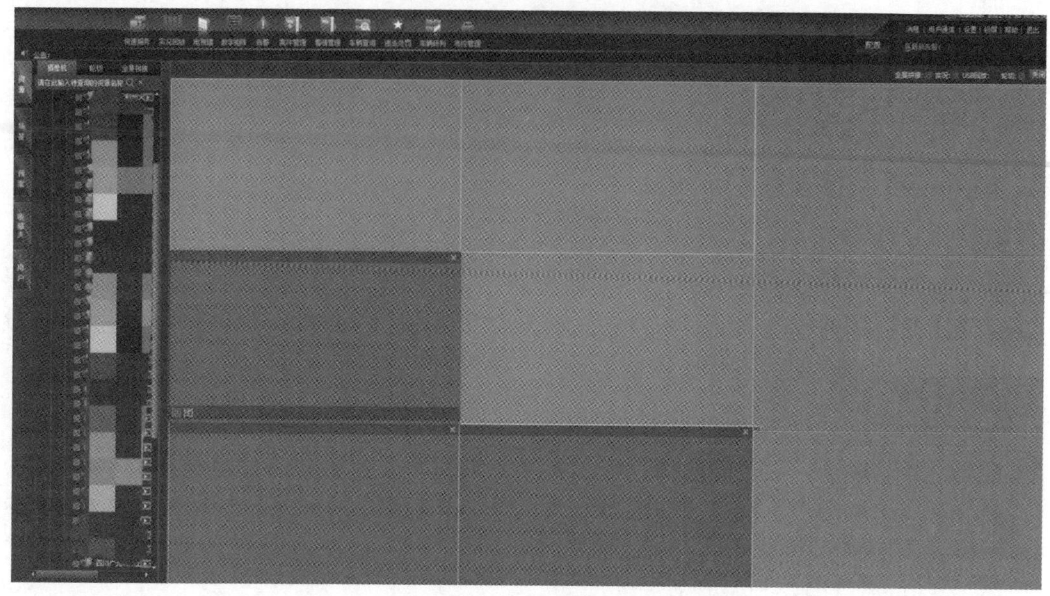

图 3-128　电视墙页面

（3）组显示操作。

组显示是将一组需经常查看的摄像机绑定到特定布局的客户端窗格或电视墙中，以便快速进行实况播放。智能监控系统中如果经常需要同时查看某些摄像机的实况，则可对这些摄像机配置摄像机组，然后通过摄像机组显示业务来快捷实现。组显示操作方式如下。

① 自定义选择相机添加。

② 按照摄像机组快速添加，需要先到摄像机组配置（图 3-129）处选中摄像机添加到组。在配置组显示时若选择摄像机组的方式，则摄像机会按照默认先后顺序添加到电视墙或者实况页面分屏上。

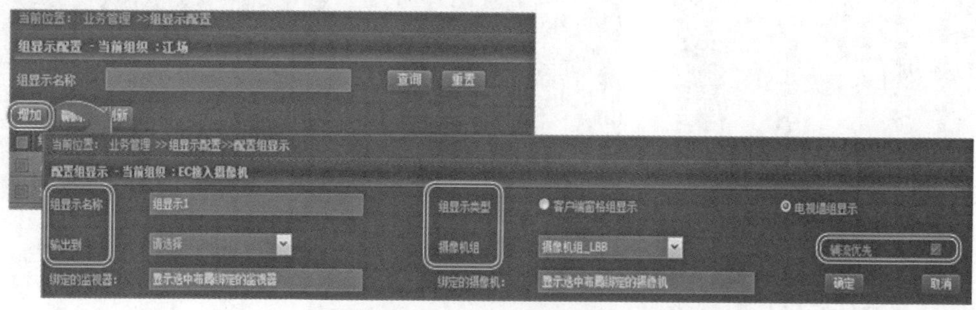

图 3-129　摄像机组配置

需要启动组显示（图 3-130）的时候，只需要在实况回放页面找到组显示的图标并双击即可启动。

图 3-130　启动组显示

3.2.2　视频画面切换

在网络视频监控业务中，监控摄像机的数量远远大于监控屏幕的数量，绝大多数情况下监控用户都需要将监控摄像机进行分组，以轮切方式依次将不同分组的摄像机画面在监控屏幕中按一定顺序循环播放。可以实现在同一个窗格或监视器上分时段显示不同摄像机的视频，完成轮切操作，也可以在多个视频窗格或监视器上按照一定时间间隔对多个摄像机循环播放实况，完成轮巡业务操作。

1. 平台轮切业务

平台轮切功能是指在同一个窗格或监视器上分时段显示不同摄像机的视频。先要设置好轮切资源（图 3-131），轮切资源是一组有序摄像机的集合，摄像机的时间间隔代表轮切时该摄像机图像播放的时间。轮切资源规定了哪些摄像机以何种流类型参加轮切、轮切的次序以及各个摄像机视频播放的时间等。轮切计划规定了不同时间段内有哪些轮切资源在某监视器上进行播放。

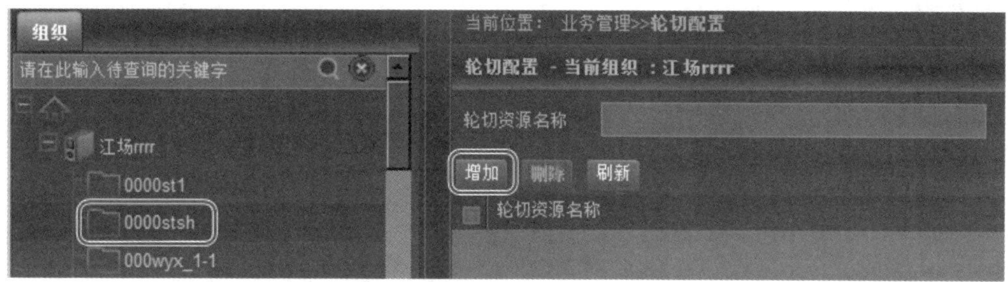

图 3-131　轮切资源配置

2. 轮巡业务

轮巡：在多个视频窗格或监视器上按照一定时间间隔对多个摄像机循环播放实况。

自动布局轮巡：轮巡时，摄像机与视频窗格或监视器的布局自动匹配，不固定。若出现摄像机或监视器故障，直接跳过，无须修改配置。

组显示轮巡：摄像机与视频窗格或监视器配置成组显示，轮巡时，布局固定不变。若出现摄像机或监视器故障，需要修改组显示配置。

3. 视频画面切换实训

1）实训目的

（1）熟练掌握不同视频的轮切操作。

（2）熟练掌握多个摄像机循环播放轮巡业务操作。

2）实训设备及器材

实训设备及器材如表 3-16 所示。

3）实训内容

通过实训完成按照指定设备、指定场所，进行视频轮切和轮巡操作。在同一个窗格或监视器上分时段显示不同摄像机的视频，完成轮切操作。在多个视频窗格或监视器上按照一定时间间隔对多个摄像机循环播放实况，完成轮巡业务操作。

表 3-16 实训设备及器材

所需设备类型	数　量
半球网络摄像机	1 台
筒形网络摄像机	1 台
球形网络摄像机	1 台
智能网络硬盘录像机	1 台
录像机硬盘	1 块
交换机	若干
显示器	1 台
解码器	1 台
PC（客户端）	1 台

4）实训步骤

下面分别介绍视频轮切和轮巡的实训步骤。

（1）轮切启用。

轮切的启用分为手动启用和按计划轮切两种方式。

手动启用是指制定好轮切资源后，可以将轮切资源视为一个摄像机资源，将其拖放到窗格或监视器上。

按计划轮切是指轮切计划制订后，可以启用该计划，对应的监视器上就会按计划执行设定的轮切。

轮切资源可以在监视器或视频窗格上播放，但按轮切计划播放只能在监视器上进行。轮切播放如图 3-132 所示。

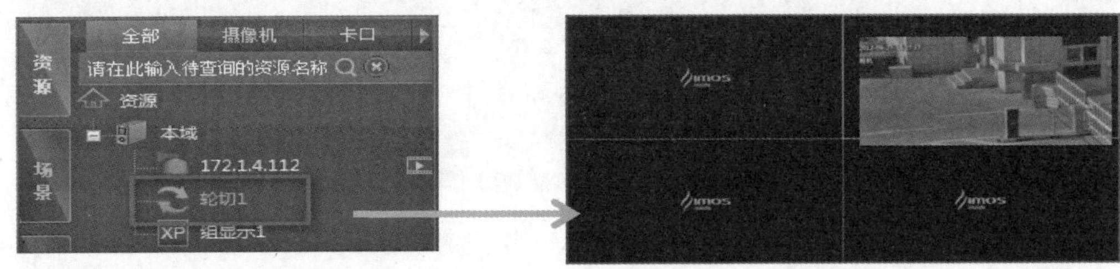

图 3-132　轮切播放

（2）轮巡操作。

若对摄像机与视频窗格或监视器的布局无要求，则推荐采用自动布局轮巡，可以快速将摄像机按默认方式排列进行轮巡，轮巡实况如图 3-133 所示。

图 3-133　轮巡实况

3.2.3　云台控制

云台控制是视频监控系统中必备的一个功能。例如，对球机进行上下左右的移动，还有镜头焦距的控制，云台和镜头在功能上主要是控制摄像头的转向、景深、焦距等，某些高端或特殊的云台还会提供雨刷、照明等功能。通常可进行常规画面的云台旋转和镜头焦距、聚焦、光圈的控制；设置预置位和看守位，需要重点监视的地方场景角度的调用；配置巡航录像，启用巡航功能，实现云台、镜头进入预定监视状态等操作。

1．云台控制面板介绍

在云台控制面板中有多个控制按钮，如图 3-134 所示，具体功能如下。

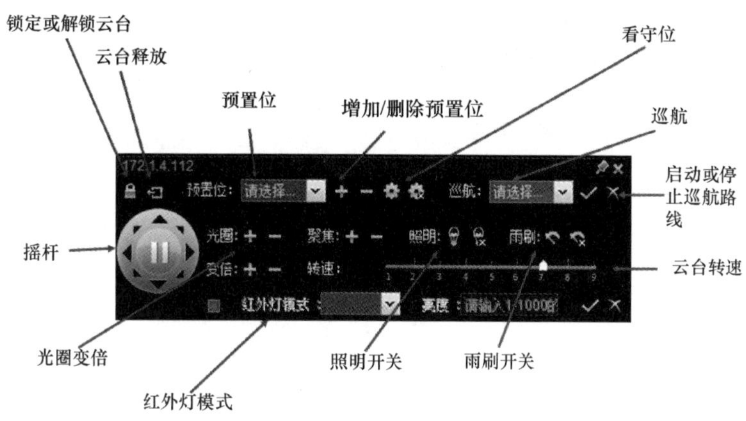

图 3-134　云台控制面板

锁定或解锁云台：用来锁定云台或者解锁云台。锁定云台后其他用户无法控制云台，直到解锁云台。

云台释放：用来释放云台的控制权限，当中心服务器设置同优先级先来先得的权限时，在不释放云台的情况下，后来的用户无法抢占云台。

预置位：将云台转动至选中的预置位。对外域云台摄像机，单击【域间同步】按钮将查询并获取共享摄像机的最新预置位列表。

增加/删除预置位：为本域、外域摄像机增加预置位，即根据当前的云台状态将该位置添加到预置位列表中，也可以将该新增的预置位设置为看守位并设置自动看守时间。

看守位：为云台摄像机设置看守位。

巡航：为本域、外域云台摄像机选择或新增巡航路线。

启动或停止巡航路线：选择好对应的巡航路线后，单击【开始】按钮或者【停止】按钮启动或停止巡航。

云台转速：用来控制云台的转速。

雨刷开关：用来控制云台摄像机的雨刷开和关（需要云台支持）。

照明开关：用来控制云台摄像机的照明灯开和关（需要云台支持）。

红外灯模式：用来控制摄像机的红外灯模式及亮度（需要云台支持）。

光圈变倍：调整摄像机镜头的光圈、焦距、变倍等。

摇杆：用来控制云台的转动方向。

2. 预置位和看守位

预置位是针对云台摄像机及球机的，通过设置预置位可以让球机记住特定场景，便于让球机快速转动到指定角度并且放大缩小到指定倍率。

看守位是特殊的预置位，可以设置自动看守时间，令云台释放后一定时间，自行转回指定位置。

3. 巡航管理

预置位巡航：指一台云台摄像机在其多个预置位之间转动。

轨迹巡航：指一台云台摄像机按照指定的轨迹（如向上转、向左转等）进行转动。

巡航的执行：计划触发巡航和手动启动巡航。

4. 云台控制实训

1）实训目的

（1）熟练掌握云台镜头控制操作。

（2）熟练设置预置位和看守位。

（3）熟练配置巡航，实现摄像机预定监视状态。

2）实训设备及器材

实训设备及器材如表 3-17 所示。

表 3-17 实训设备及器材

所需设备类型	数　量
球网络摄像机	1 台
筒形网络摄像机	1 台
球形网络摄像机	1 台
智能网络硬盘录像机	1 台
录像机硬盘	1 块
交换机	若干
显示器	1 台
解码器	1 台
PC（客户端）	1 台

3）实训内容

完成常规画面的云台旋转和镜头焦距、聚焦、光圈的控制。设置预置位和看守位，需要重点监视的地方场景角度的调用。配置巡航录像，启用巡航功能，实现云台、镜头进入预定监视状态。

4）实训步骤

（1）预置位设置。

将云台摄像机转到某个位置，然后单击预置位边上的【+】按钮进行预置位的添加。设置的时候选择相应的预置位编码，设置预置位的名称。预置位列表如图 3-135 所示。

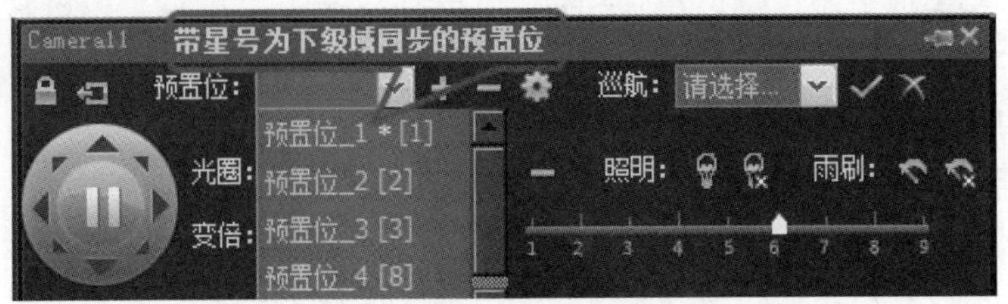

图 3-135 预置位列表

如果是外域的云台摄像机，则可以选择下拉列表中的【域间同步】选项，将下级域的摄像机查询出来并同步到本域平台。

（2）看守位设置。

添加预置位的时候，选中【设置为看守位】后面的【是】单选按钮即可，如图 3-136 所示。预置位只可以有一个，自动看守时间为云台释放后要自动转到看守位所需要等待的时间。

图 3-136　看守位设置

（3）巡航启用执行。

巡航启用执行分为计划触发巡航和手动启动巡航两种方式，具体操作如下。

先配置巡航路线，然后在云台控制面板选择相应路线手动启动巡航，也可以配置好巡航路线后再设置巡航计划，定时启动巡航，如图 3-137 所示。

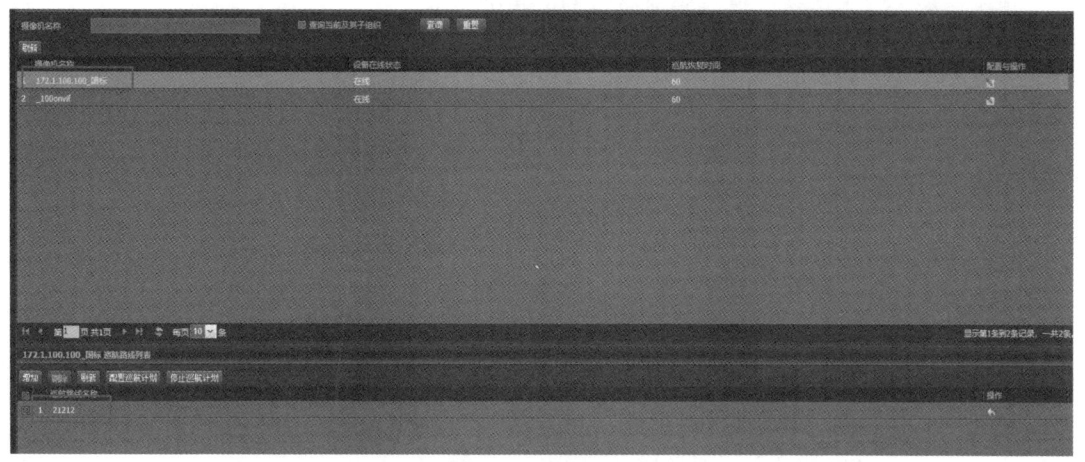

图 3-137　巡航配置及启用

3.2.4　录像回放

监控系统的普及越来越广，交通、公司、小区、校园到处可见。如果发生社会治安事件，则第一反应都是查找监控，此时查看监控回放录像就十分必要，实时监控录像可以随时调取监控记录，方便对不法活动等进行举证。

1. 回放工具栏介绍

通过回放操作查询出录像后会显示回放工具栏，如图 3-138 所示。

播放上一个录像段：跳转到上一条录像段。

播放：从播放条位置开始连续播放所有的录像段。

播放下一个录像段：跳转到下一个录像段。

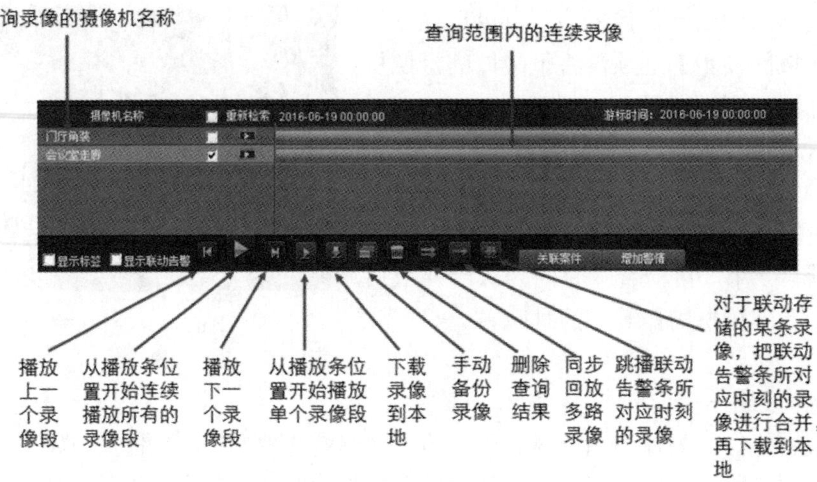

图 3-138　回放工具栏

单个播放：从播放条位置开始播放单个录像段。

下载：下载录像到本地。

备份：手动备份录像，即手动将该段录像备份到事先划分好的备份 IP SAN 资源。

删除：删除列表中的录像查询结果，不会影响录像。

同步回放：同步回放多路录像。

跳播：跳播联动告警条所对应时刻的录像。

合并下载：对于联动存储的某条录像，把联动告警条所对应时刻的录像进行合并，再下载到本地。

2．回放窗格浮动工具栏

当开始播放录像后，窗格左下方有浮动的工具栏，如图 3-139 所示。

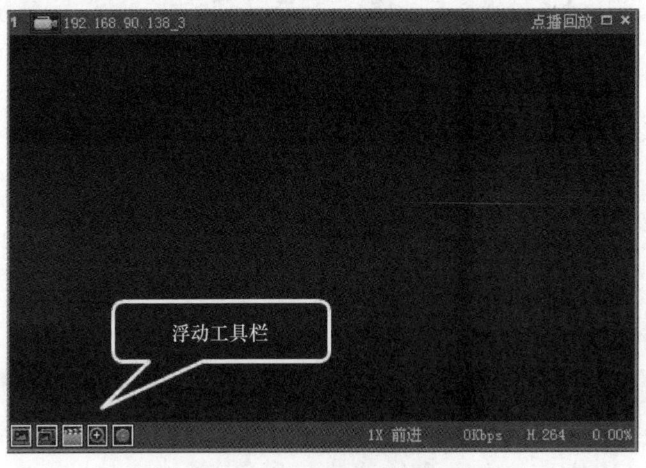

图 3-139　回放窗格浮动工具栏

单张抓拍：对当前窗格中播放的录像抓拍到本地。

启动/停止连续抓拍：对当前窗格中播放的录像连续抓拍到本地，再次单击则停止连续抓拍。

启动/停止本地录像：对当前窗格播放的图像录像到本地，再次单击则停止本地录像。

启动/停止数字放大：对当前窗格播放的录像进行局部图像放大，能更好地查看所关心的图像细节。

图像参数调节：调节当前窗格正在播放录像的窗格参数。

3. 多路同步回放

多路同步回放功能是用来同时回放多路录像的，可以在多个窗格中同步进行回放，方便观察业务。

4. 录像切片

录像切片就是将窗格中正在回放的录像每隔一段时间抓取一张图片，一段时间后形成一个图片列表展示出来。通过录像切片可以实现在一个较长时间段的录像中查找关键信息点并截取图片，如各个联动告警点的录像。

5. 历史录像回放实训

1）实训目的

（1）熟练掌握即时回放。

（2）熟练回放多画面。

（3）熟练操作截取录像切片。

2）实训设备及器材

实训设备及器材如表 3-18 所示。

表 3-18 实训设备及器材

所需设备类型	数 量
半球网络摄像机	1 台
筒形网络摄像机	1 台
球形网络摄像机	1 台
智能网络硬盘录像机	1 台
录像机硬盘	1 块
交换机	若干
显示器	1 台
解码器	1 台
PC（客户端）	1 台

3）实训内容

熟练操作即时回放及相关设置。在多个窗格同步回放多路视频录像。通过录像切片实现较长时间段的录像关键信息点的截取。

4）实训步骤

下面介绍历史录像回放实训步骤及操作。

（1）即时回放。

在实况页面中，单击【即时回放】按钮后，即可回放当前时间点开始之前的录像，如图 3-140 所示，即时回放的操作步骤如下。

① 进入【实况回放】页面。

② 在页面左侧【资源】中选择某组织下的在线摄像机，拖入某一窗格播放实况。

③ 需要进行即时回放时，单击实况窗格浮动工具栏中的【即时回放】按钮，开始即时回放。系统支持当前时间点到之前 24 h 内录像的即时回放。

④ 单击回放窗格浮动工具栏的，即可恢复实况播放。

图 3-140　即时回放

注意：

确保该摄像机在当前 24 h 内已存在录像，否则无法进行即时回放；不支持对第三方厂家编码设备接入的摄像机进行即时回放；不支持对转存的录像、中心域存储的备用录像进行即时回放。

回放的时候，还会出现一个单独的进度控制工具栏，如图 3-141 所示，功能如下。

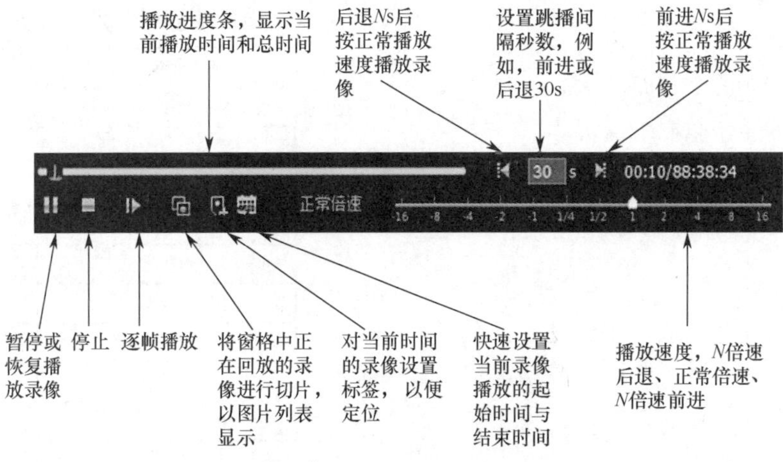

图 3-141　回放进度控制工具栏

暂停/播放：用来暂停或恢复播放当前选中的窗格中的录像。

停止：停止当前窗格中正在播放的录像。

逐帧播放：一帧一帧地播放录像。

录像切片：将窗格中正在回放的录像进行切片，以图片列表显示。

设置标签：对当前时间的录像设置标签，以便定位。

设置播放时间：快速设置当前录像播放的起始时间与结束时间。

播放速度：*N* 倍速后退、正常倍速、*N* 倍速前进。

播放进度条：显示当前播放时间和总时间。

间隔秒数：设置跳播间隔秒数，例如，前进或后退 30 s。

（2）多路同步回放。

多路同步回放可以同时回放多路摄像机的录像，如图 3-142 所示，操作方法如下。

图 3-142　多路同步回放

① 在摄像机资源树中批量选中需要同步回放的摄像机。

② 单击右侧【查询录像】按钮，选择好时间后单击【检索录像】按钮。

③ 页面下方会出现录像查询结果，选中所有需要同步回放的摄像机后，单击【同步回放】按钮启动多路同步回放。

（3）录像切片。

录像切片就是将窗格中正在回放的录像每隔一段时间抓取一张图片，一段时间后形成一个图片列表展示出来。录像切片的操作方法如下。

① 进入【实况回放】页面。

② 选中正在回放的窗格。

③ 单击窗格回放工具栏中的【录像切片】按钮，打开录像切片设置窗口，如图 3-143 所示，设置相关参数。

（a）

（b）

图 3-143　录像切片设置

录像切片参数说明见表 3-19。

表 3-19　录像切片参数说明

参　数	说　明
切片方式	按告警：在起止时间内，将录像按联动告警的时间点进行切片；按时间段：在起止时间内，将录像按切片间隔进行切片
开始时间/结束时间	录像切片的起止时间
切片间隔	录像切片的时间间隔。注意，当切片方式选择按时间段时方可设置

单击【确定】按钮，启动录像切片。

录像切片后，在页面下方的【录像切片】中显示图片列表，可进行如下操作。

① 双击图片，录像播放进度条将移动到图片所在的时间点。

② 单击【下一页】按钮进行翻页，或者在页数文本框中输入待跳转的页数，按【Enter】键可跳转到相应页面。

③ 单击【设置】按钮，可按原有切片方式重新设置起止时间或切片间隔进行切片。

④ 单击【扩展】按钮，可扩展图片页面。在扩展页面能显示更多的图片，也可以进行翻页及跳页操作，还能将图片显示为大图片，单击【退出】按钮退出扩展。

3.2.5　告警联动

监控告警联动系统通常采用综合监控设备告警联动实况的形式，提示监控人员某些区域异常情况，但随着集成系统的发展，告警类型越来越多，可视智慧物联系统可设置相应告警联动，完成对系统接入的摄像机和编码设备的告警联动设置；对外接设备（如红外、烟感、警铃等）的告警联动设置。

1．告警联动概述

告警联动是监控系统中的重要组成部分，用户以某类告警信号为触发条件，联动监控系统中某几种功能，达到预警和记录的作用。

告警联动的管理包含告警源的管理、联动类型和联动动作的管理以及布防的管理。

在 IP 监控系统中，告警源包括内部告警源、外部告警源、第三方告警源。内部告警源通常为摄像机和编码器等添加到系统中的设备。外部告警源为编码器 I/O 口外接设备，如红外、烟感、警铃等。第三方告警源是指通过设备管理添加进来的第三方设备发生的告警。

2．联动类型

先对紧急事件告警配置联动动作，每单击一次该紧急事件按钮，就会向系统上报一次告警，并执行相应的告警联动动作。还可以在实况回放页面通过资源列表或播放窗格的右键菜单触发紧急事件告警。

联动类型包含设备级的温度、风扇等告警，通道级的视频丢失、运动检测等告警以及外部的开关量告警。某种联动类型的告警发生后，可以联动的动作包括联动存储、联动备份、联动短信、联动邮件、联动预案、联动预置位、联动警前录像与实况到用户窗格、联动实况到监视器、联动开关量等。

3. 布防计划

布防计划即布置防御时间的计划，只有在设置的有效时间段内，中心服务器才能接受告警或根据配置产生相应的告警联动。可以根据实际需要，选择不同时间段进行布防。设备类告警及视频丢失告警是全天候布防的，不支持撤防，只要开启对应的告警功能就能上报，其他告警均需要配置布防计划。

4. 告警联动实训

1）实训目的

（1）熟悉各种联动的意义。

（2）熟练设置各种联动配置。

（3）检测各种联动效果。

2）实训设备及器材

告警联动实训设备及器材如表 3-20 所示。

表 3-20　实训设备及器材

所需设备类型	数　量
半球网络摄像机	1 台
筒形网络摄像机	1 台
球形网络摄像机	1 台
智能网络硬盘录像机	1 台
录像机硬盘	1 块
交换机	若干
显示器	1 台
解码器	1 台
PC（客户端）	1 台

3）实训内容

完成联动类型和联动动作的管理以及布防的管理。测试触发相应的告警联动动作，查看告警联动效果。系统在告警时能及时预警、外传报警信息及执行控制动作，记录、推送和显示告警信息。

4）实训步骤

告警联动配置在告警产生的时候，让系统自动联动产生某些动作。配置联动动作的步骤如下。

选择【配置】→【业务管理】→【告警配置】→【告警联动】选项，在页面左侧的告警源列表中选择并双击所需的告警源类型，然后双击选择某一设备，即可显示该设备下所有的告警类型。选择所需的告警类型并右击，在弹出的快捷菜单中选择【配置】选项，进入【配置联动动作】页面，如图 3-144 所示。

配置相应的联动动作，主要有以下几个方面。

（1）联动存储。

联动存储即当告警产生时，通过摄像机把告警发生时的情况进行录像存储，供事后查阅取证。联动存储的摄像机建议事先配置存储资源。

联动存储的操作步骤如下。

① 进入【配置联动动作】页面后，选择【联动存储】选项卡，单击【配置动作】按钮，出现【联动存储】页面，如图 3-145 所示。

② 在左侧的组织列表中双击所选组织，在右侧列表中选择需要联动的摄像机，单击【增加到列表】按钮，则所选摄像机将在页面下方的列表中显示。用户也可以单击【配置存储】按钮为选择的摄像机配置存储资源。

③ 单击【确定】按钮，返回【配置联动动作】页面。

④ 单击【确定】按钮，完成联动存储配置。

图 3-144　【配置联动动作】页面

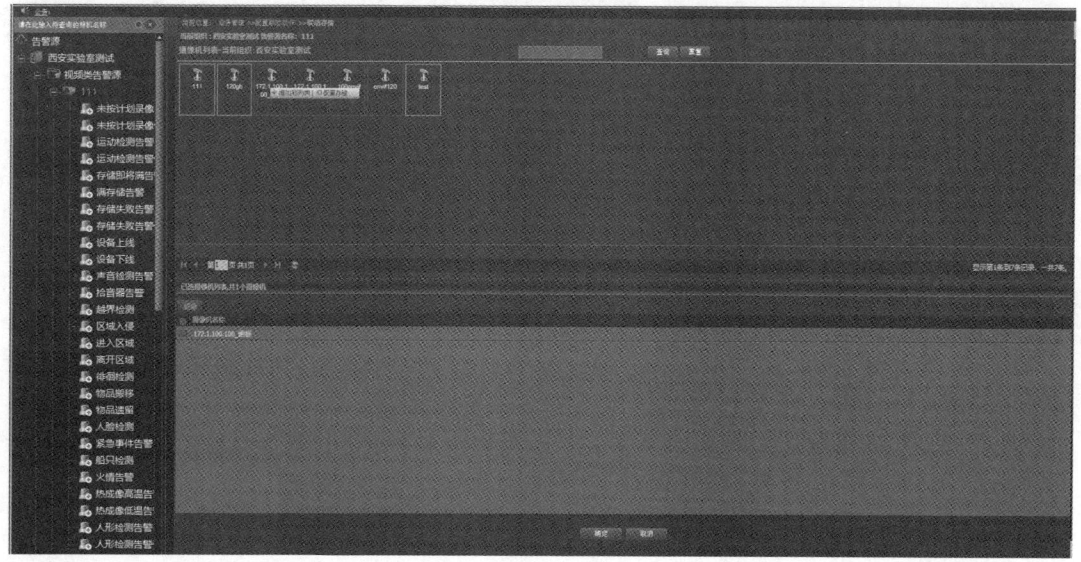

图 3-145　【联动存储】页面

查看联动存储的录像操作如下。

① 选择【配置】→【实况业务】→【告警】选项，单击【历史告警】标签，进入【历史告警】页面。

② 在告警列表中选择配置了联动存储的告警，单击【联动录像】列的图标，即可播放录像。

（2）联动预置位。

联动预置位即当告警产生时，通过联动预置位把云台摄像机调到指定位置，便于用户有针对性地捕捉现场画面。配置联动预置位前建议先配置预置位。联动云台预置位时，云台自动被告警联动抢占。

联动预置位的操作步骤如下。

① 进入【配置联动动作】页面后，选择【联动预置位】选项卡，单击【配置动作】

按钮，出现【联动预置位】页面，如图 3-146 所示。

② 在左侧的组织列表中双击所选组织，在右侧列表中选择需要联动的摄像机，单击【增加到列表】按钮，则所选摄像机将在页面下方的列表中显示。用户也可以单击【配置预置位】按钮为选择的摄像机配置预置位。

③ 在页面下方列表摄像机对应的预置位编号处单击，选择预置位。

④ 单击【确定】按钮，返回【配置联动动作】页面。

⑤ 单击【确定】按钮，完成联动预置位配置。

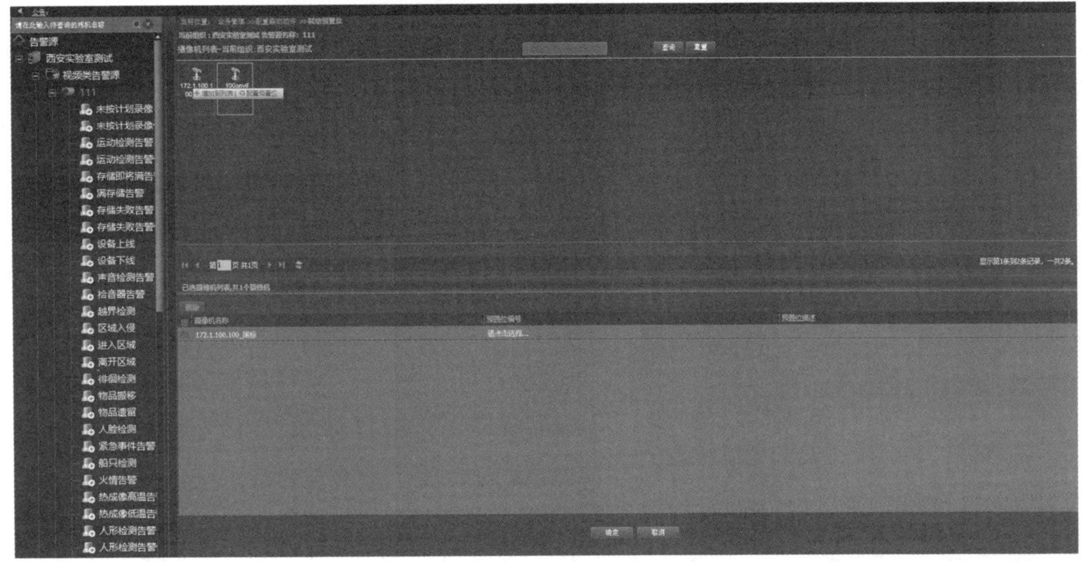

图 3-146　【联动预置位】页面

（3）联动警前录像与实况到用户窗格。

联动警前录像与实况到用户窗格，即当告警产生时，可在指定用户的指定窗格或以弹出独立窗口方式播放指定摄像机的实况；同时可以对该实况设定抓拍时间与抓拍张数。另外，还可以回放该摄像机在告警产生前指定时间内的录像，让用户了解告警发生前后的情况。

若选择【弹出窗口】选项，则以弹出独立窗口的方式播放联动情况，推荐使用此方式；若指定具体的窗格 ID，则在【实况回放】页面中通过该窗格播放联动情况（窗格边框显示为红色）。若指定具体的窗格 ID，则告警联动实况或警前录像会抢占该窗格上的当前业务；若选择【弹出窗口】选项，则不会抢占窗格中的业务。若启用警前录像功能，则联动的摄像机需配置存储资源、制订并启动存储计划，建议为全天存储。

若同时有多个联动实况与警前录像回放到同一窗格，则用户客户端 CPU 占用率会很高，可能导致部分联动动作未生效或影响其他业务功能，请根据需要合理配置。

联动实况到用户窗格的操作步骤如下。

① 进入【配置联动动作】页面后，选择【联动警前录像与实况到用户窗格】选项卡，单击【配置动作】按钮，出现【联动警前录像与实况到用户窗格】页面，如图 3-147 所示。

② 在页面下方已选摄像机列表中，选中某摄像机，单击【切换为用户数据源】按钮，选择对应的用户并单击【增加到列表】按钮，为该摄像机设置用户。

③ 单击某摄像机对应【实况窗格 ID】列的下拉按钮，选择弹出窗口或窗格 ID。

④ 选中【启用实况抓拍】复选框，设置抓拍实况的时间间隔及抓拍的张数。

⑤ 选中【启用警前录像】复选框，设置警前录像时间及回放窗格 ID。若实况窗格选择为弹出窗口，则回放窗格也默认选择弹出窗口。

⑥ 重复操作，完成所有相关设置，单击【确定】按钮，返回【配置联动动作】页面，再单击【确定】按钮。

配置完成后，当发生告警联动实况或警前录像时，就会在指定的窗格或弹出独立窗口播放实况或警前录像。如果是弹出独立窗口方式，那么可以根据实际需要，进行相关操作。

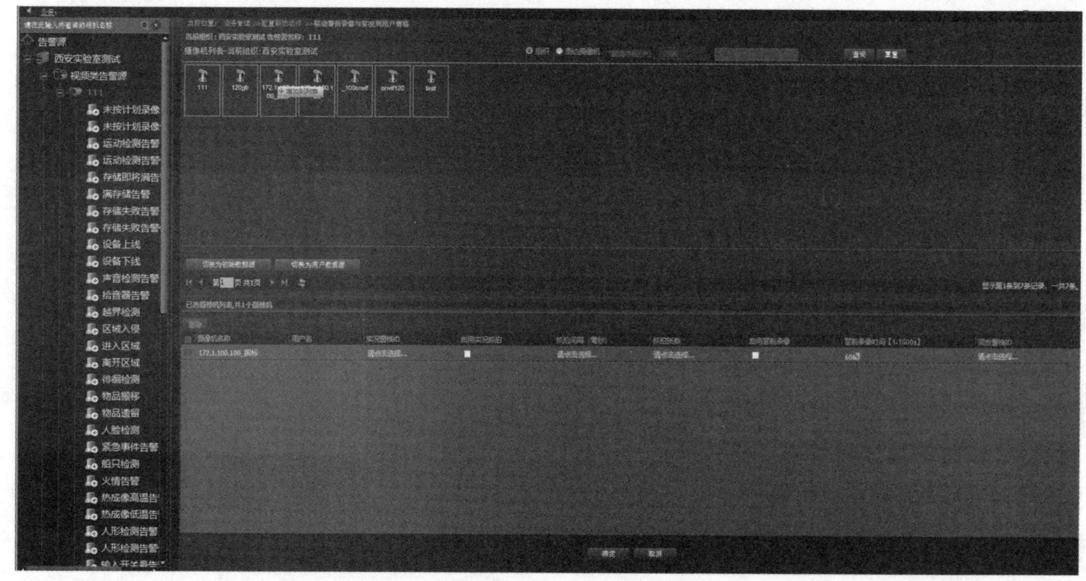

图 3-147 【联动警前录像与实况到用户窗格】页面

（4）联动实况到监视器。

联动实况到监视器，即当告警产生时，实况会直接在指定的监视器上根据设定的码流进行播放，让用户第一时间了解告警发生的情况。同时用户还可以根据需要设定时间对该监视器开启恢复原码流的功能。

联动实况到监视器的操作步骤如下。

① 进入【配置联动动作】页面后，选择【联动实况到监视器】选项卡，单击【配置动作】按钮，出现【联动实况到监视器】页面，如图 3-148 所示。

② 在页面下方已选摄像机列表中选择某摄像机，在【流类型】列设置码流，默认为【自适应】。如果流类型为【自适应】且联动前监视器正在播放该摄像机的实况，则联动后该摄像机实况码流不会发生变化。当前编码器、解码器的流套餐中的编解码格式需要保持一致，否则联动失败，若切换了流套餐，则需要重新设置流类型。

③ 在页面下方已选摄像机列表中选择某摄像机，单击【切换为监视器数据源】按钮，选择监视器并单击【增加到列表】按钮，页面下方的摄像机列表中将显示已选监视器及其对应的解码流套餐。

④ 单击【分屏】列的下拉按钮，选择分屏号。

⑤ 重复操作，完成所有已选摄像机对应的流类型、监视器及分屏的设置，单击【确

定】按钮，返回【配置联动动作】页面。

⑥ 单击【确定】按钮，完成配置操作。

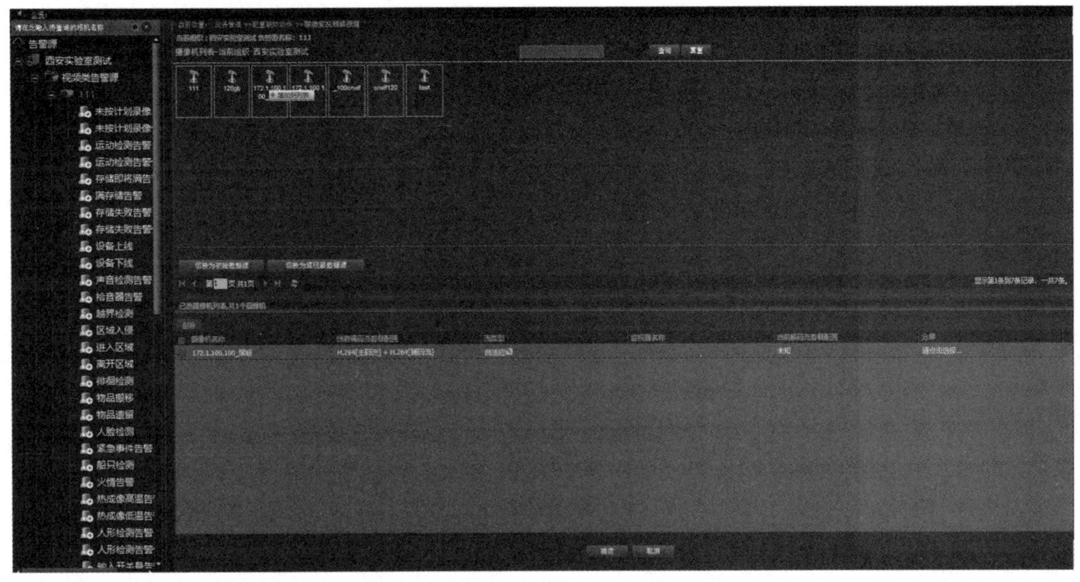

图 3-148　【联动实况到监视器】页面

（5）联动开关量。

联动开关量，即当告警产生时，设备会触发相应的开关量告警，以联动第三方设备的行为。

联动开关量输出的操作步骤如下。

① 进入【配置联动动作】页面后，选择【联动开关量】选项卡，单击【配置动作】按钮，出现【联动开关量】页面，如图 3-149 所示。

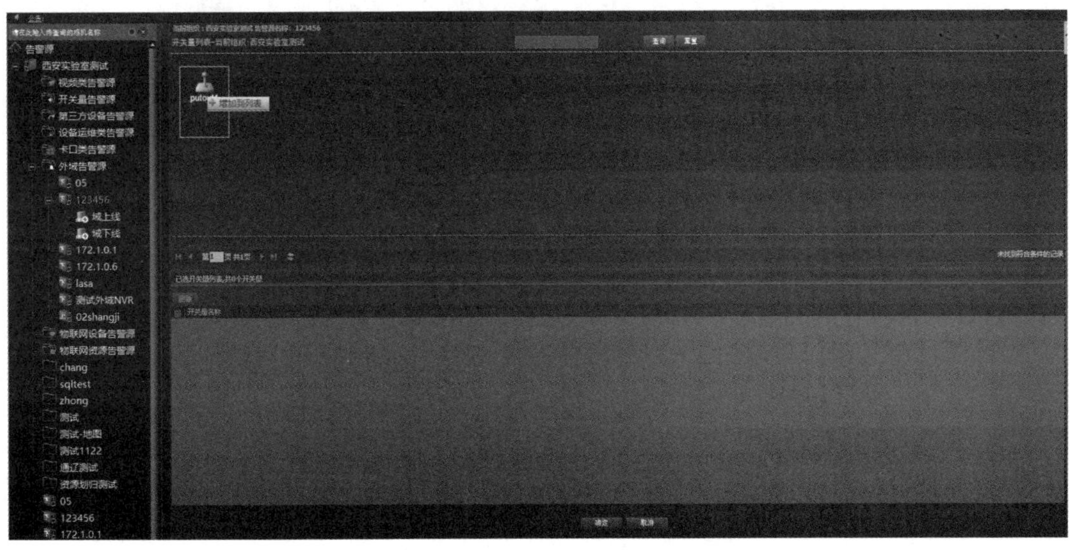

图 3-149　【联动开关量】页面

② 在开关量列表中选择需要进行联动的开关量，单击【增加到列表】按钮，则所选开关量将在页面下方的列表中显示。

③ 单击【确定】按钮，返回【配置联动动作】页面。

④ 单击【确定】按钮，完成联动开关量操作。

（6）联动备份。

联动备份，即按告警联动动作策略备份摄像机的录像，需要对告警源配置联动动作。当告警产生时，BM 将备份所联动的摄像机录像。联动备份的摄像机必须事先添加备份资源，并确保备份前该摄像机已存在录像，例如，通过配置告警联动存储来实现。联动备份的操作步骤如下。

① 进入【配置联动动作】页面后，如图 3-150 所示，在页面左侧的组织列表中双击某告警组织节点，在摄像机列表区域双击需要进行联动的摄像机和告警类型，选择【联动备份】标签，并单击【配置动作】按钮。

② 在摄像机列表中选择需联动的摄像机（支持按【Ctrl】键或【Shift】键加鼠标单击进行多选），单击【增加到列表】按钮，所选摄像机将在页面下方的列表中显示。

③ 单击【确定】按钮，返回【配置联动动作】页面。

④ 单击【确定】按钮，完成联动备份操作。

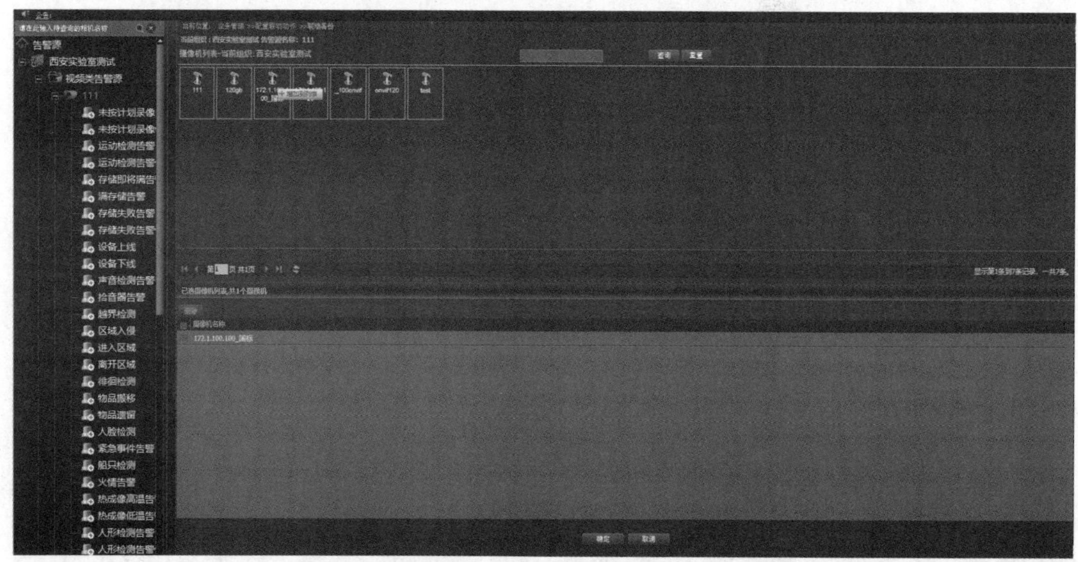

图 3-150 【联动备份】页面

查看联动备份的录像操作如下。

① 选择【配置】→【实况业务】→【告警】选项，单击【历史告警】标签，进入【历史告警】页面。

② 在告警列表中选择配置了联动备份的告警，单击【联动备份】列的图标，即可播放录像。

（7）联动短信。

联动短信，即当告警产生时，系统将告警信息以短信形式发送给指定的用户，让用户第一时间了解告警发生的情况。

联动短信前，进入【配置】→【系统配置】→【告警参数配置】页面，完成【短信服务器】配置操作，并确认接收告警联动短信的用户已设置移动电话（在【用户管理】页面更新）。

联动短信的操作步骤如下。

① 进入【配置联动动作】页面，选择【联动短信】选项卡，单击【配置动作】按钮，弹出【联动短信】页面，如图 3-151 所示。

② 在用户列表中选择需接收短信的用户（支持按【Ctrl】键或【Shift】键加鼠标单击进行多选），单击【确定】按钮，所选用户将添加到已选用户列表。

③ 在已选用户列表中单击【设置短信发送内容】按钮，在弹出框中设置短信内容，单击【确定】按钮。

④ 单击【确定】按钮，返回【配置联动动作】页面。

⑤ 单击【确定】按钮，完成联动短信操作。

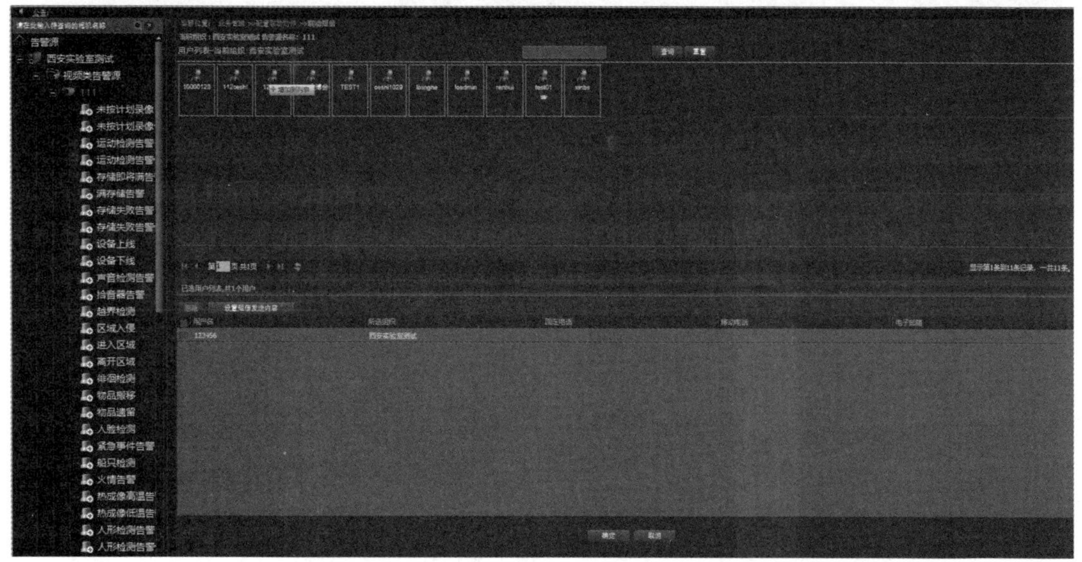

图 3-151　【联动短信】页面

（8）联动邮件。

联动邮件，即当告警产生时，系统将告警信息以邮件形式发送给指定的用户，让用户第一时间了解告警发生的情况。

联动邮件前，进入【配置】→【系统配置】→【告警参数配置】页面，完成【邮箱服务器】配置操作，并确认接收告警联动邮件的用户已设置电子邮箱（在【用户管理】页面更新）。

联动邮件的操作步骤如下。

① 进入【配置联动动作】页面后，选择【联动邮件】选项卡，单击【配置动作】按钮，出现【联动邮件】页面，如图 3-152 所示。

② 在用户列表中选择需接收邮件的用户（支持按【Ctrl】键或【Shift】键加鼠标单击进行多选），单击【确定】按钮，所选用户将添加到已选用户列表。

③ 在已选用户列表单击【设置邮件发送内容】按钮，在弹出框中设置邮件标题和内容，单击【确定】按钮。

④ 单击【确定】按钮，返回【配置联动动作】页面。

⑤ 单击【确定】按钮，完成联动邮件操作。

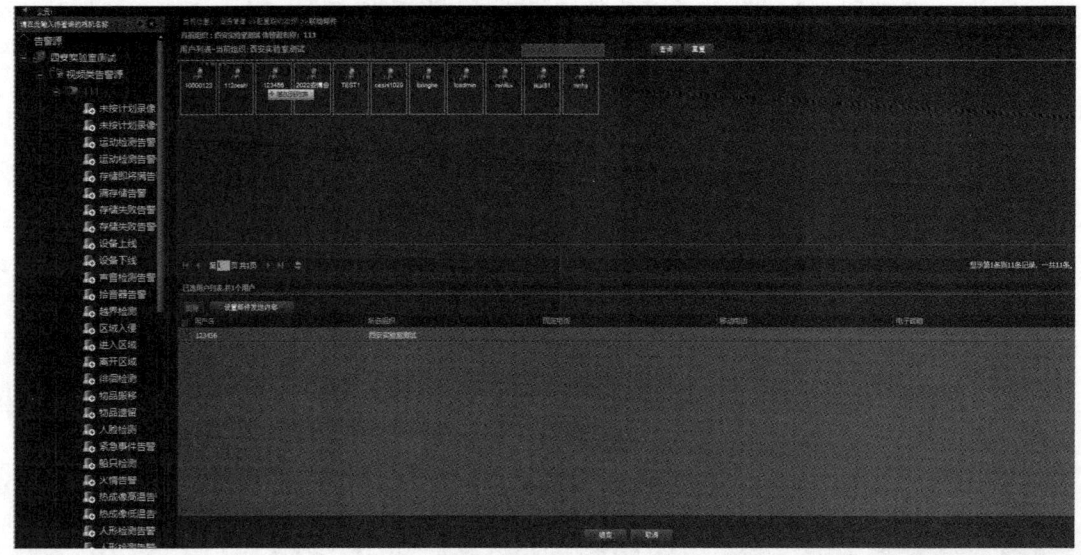

图 3-152 【联动邮件】页面

（9）联动预案。

联动预案，即当告警产生时，系统将联动执行预先设定的应急处理方案，实现告警产生时应急处理的各种方式。联动预案前先配置预案。

联动预案的操作步骤如下。

① 进入【配置联动动作】页面后，选择【联动预案】选项卡，单击【配置动作】按钮，出现【联动预案】页面。

② 在预案列表中选择需要进行联动的一个预案，单击【确定】按钮。

③ 单击【确定】按钮，返回【配置联动动作】页面。

④ 单击【确定】按钮，完成联动预案操作。

（10）联动中心域存储。

联动中心域存储，即告警发生时，触发摄像机把告警发生时的录像存储到中心服务器所管理的存储系统上（如 IP SAN 设备），供事后查阅。

联动中心域存储的摄像机包括双直存的混合式 DVR 设备接入的摄像机、双直存的外域摄像机和联动中心域存储的摄像机，但必须事先配置存储资源。

联动中心域存储的操作步骤如下。

① 进入【配置联动动作】页面，选择【联动中心域存储】选项卡，单击【配置动作】按钮，出现【联动中心域存储】页面。

② 双击左侧组织列表中的某一组织，右侧将显示该组织中的所有摄像机。

③ 选择需要联动的摄像机（支持按【Ctrl】键或【Shift】键加鼠标单击进行多选），

单击【增加到列表】按钮，则页面下方的列表将显示所选的摄像机。

④ 单击【确定】按钮，返回【配置联动动作】页面，然后单击【确定】按钮，完成联动中心域存储操作。

（11）联动用户语音对讲。

联动到语音对讲功能目前仅支持摄像机。每个告警类型，一个摄像机只能对应一个用户，一个用户也只能对应一个摄像机。

联动用户语音对讲的操作步骤如下。

① 进入【配置联动动作】页面，选择【联动用户语音对讲】选项卡，单击【配置动作】按钮，出现【联动用户语音对讲】页面。

② 单击【切换为初始数据源】按钮，选择摄像机列表下的语音对讲的摄像机，并单击【增加到列表】按钮。

③ 单击【切换为用户数据源】按钮，选择用户列表下的语音对讲的用户，并单击【增加到列表】按钮。

④ 在【已选择摄像机列表】中单击摄像机对应的源音频文件下的【浏览】按钮，选择用户提前准备好的音频文件（*.wav 格式）。用户设置源音频文件后就不能用话筒和摄像机对讲了，若不设置源音频文件，则可以直接用话筒和摄像机对讲。

⑤ 单击【确定】按钮，返回【配置联动动作】页面，然后单击【确定】按钮，完成联动配置。配置完成后，当有告警触发时：摄像机处于在线状态且配置的用户是单点登录，直接启动语音对讲；摄像机处于在线状态且配置的用户是多点登录，则弹出确认是否开启语音对讲的提示框，确认后方可开启。

告警联动配置成功后，在【配置联动动作】页面中单击相应联动配置标签，通过【配置动作】或【删除动作】可以修改或删除当前页签的联动动作；若单击页面最下方的【删除全部】按钮，则会删除所有告警联动动作。

3.2.6　系统维护业务

可视智慧物联系统项目的运维人员需要提供运维服务，要将设备故障发现、报修、维修、反馈、统计、考核等形成完整的闭环，因此其需要通过常规系统业务开展操作日志的管理、设备状态、在线用户报表、摄像机存储报表管理及对系统配置、数据库和系统日志进行备份等相关操作。可视智慧物联系统维护业务可以分为日志管理、报表管理以及系统备份三部分。

1. 日志管理

日志管理主要是指平台操作日志的管理，可以选中用户名称、IP 地址、操作类型、操作对象、日志类别、操作结果、操作日期、操作描述等，或者它们的任意组合，输入要查询的信息，单击【查询】按钮，将列出所有操作日志信息。配合日志服务器还可以进行日志审计。

2. 报表管理

报表管理是指对设备状态报表、摄像机存储报表、资产统计报表进行管理。分别可以查看目前系统中的设备运行状态，如是否在线等信息、查看摄像机的录像是否正常存储、各时间段的存储信息是否符合要求、查看并可导出目前系统中的设备故障、故障频次统计信息，以及查看并可导出目前系统中的资产统计信息。

3. 系统备份

系统备份指可以分别对系统配置、数据库和系统日志进行备份，然后导出至客户端本地进行保存，也可全部备份或导出。若选择导出全部信息，则除了导出系统配置、数据库和系统日志，还将导出客户端信息（包括客户端控件日志和操作系统、显卡、IE 浏览器信息），以方便系统维护。

4. 系统维护实训

1）实训目的

（1）熟练查询设备操作日志。

（2）熟练导出状态报表。

（3）熟练完成日志、备份导出。

2）实训设备及器材

实训设备及器材如表 3-14 所示。

3）实训内容

完成运行日志和操作日志的查询，运行日志能记录系统内设备启动、自检、异常、故障、恢复、关闭等状态及发生时间；操作日志能记录操作人员进入、退出系统的时间和主要操作情况，以方便内部的管理人员了解目前的监控设备的运行情况。

4）实训步骤

下面介绍系统维护实训步骤及操作。

（1）日志管理。

日志管理主要是指平台操作日志的管理，可以选中用户名称、IP 地址、操作类型、操作对象、日志类别、操作结果、操作日期、操作描述等，或者它们的任意组合，输入要查询的信息，单击【查询】按钮，将列出所有操作日志信息，如图 3-153 所示。配合 LOG 服务器还可以进行日志审计。具体操作步骤如下。

① 进入【操作日志】页面。

② 选择【操作日志列表】选项卡，根据条件查询操作日志。

③ 选中用户名称、IP 地址、操作类型、操作对象、日志类别、操作日期、操作描述等，或者它们的任意组合，输入要查询的信息，单击【查询】按钮，将列出所有操作日志信息。

（2）设备状态报表。

进入【系统维护】页面，单击【设备状态报表】按钮，进入【设备状态报表】页面，如图 3-154 所示。

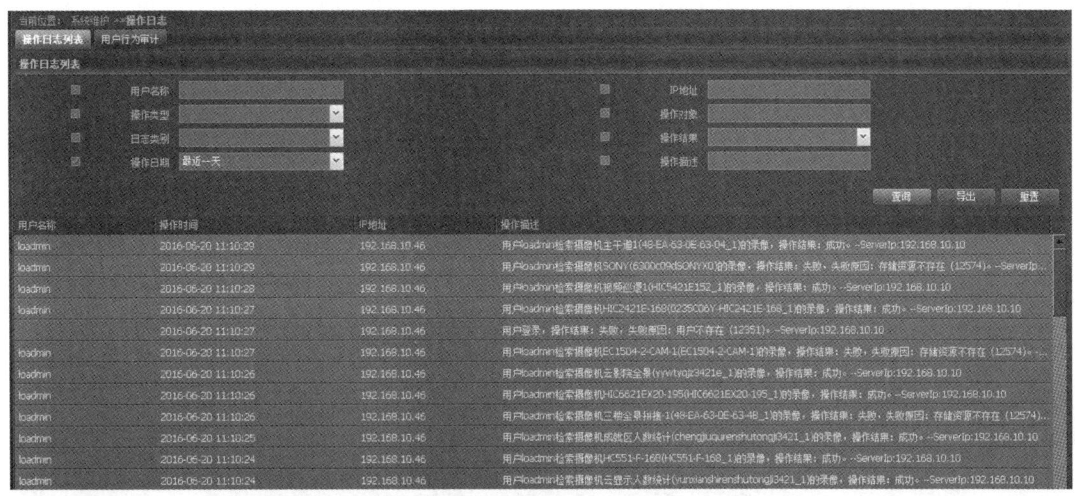

图 3-153　【操作日志】页面

公告：

当前位置：系统维护 >>设备状态报表

设备类型	正常	异常(在线)	离线
DM	2	0	0
MS	1	0	0
基础网络存储	0	0	0
EC/IPC	92	0	38
DC	21	0	12
摄像机	131	0	53

设备详情报表

设备类型 摄像机　设备状态 正常　导出　全部导出

设备编码	设备名称	设备类型	设备子类型	设备状态	设备IP	外域
0235C06Y-HIC2421E-121_1	HIC2421E-121	摄像机	固定摄像机	正常		是
0235C06Y-HIC2421E-123_1	HIC2421E-123	摄像机	固定摄像机	正常		是
0235C06Y-HIC2421E-124_1	HIC2421E-124	摄像机	固定摄像机	正常		是
0235C06Y-HIC2421E-127_1	HIC2421E-127	摄像机	固定摄像机	正常		是
0235C06Y-HIC2421E-130_1	HIC2421E-130	摄像机	固定摄像机	正常		是
0235C06Y-HIC2421E-131_1	HIC2421E-131	摄像机	固定摄像机	正常		是
0235C06Y-HIC2421E-132_1	HIC2421E-132	摄像机	固定摄像机	正常		是
0235C06Y-HIC2421E-134_1	HIC2421E-134	摄像机	固定摄像机	正常		是
0235C06Y-HIC2421E-135_1	HIC2421E-135	摄像机	固定摄像机	正常		是
0235C06Y-HIC2421E-136_1	HIC2421E-136	摄像机	固定摄像机	正常		是

图 3-154　【设备状态报表】页面

① 查询。

在【设备状态报表】栏，显示不同状态下的各类型设备数量。

在【设备详情报表】栏，选择设备类型以及设备状态，即可查询到满足条件的设备详细信息。

② 导出至 Excel 表格。

超级管理员用户可以把设备报表信息导出至 Excel 表格，保存到本地。

若是导出指定的某些设备信息，则在【设备状态报表】页面，参考上文根据需要查询到需导出的设备信息。若是导出所有设备信息，则可跳过此步骤。

若是导出指定的某些设备信息，则单击【导出】按钮，否则单击【全部导出】按钮，系统将弹出对话框，根据提示完成加载操作。

单击该对话框中的【导出】按钮，将数据导出至 Excel 表格。通过 Excel 的保存操作，可把报表文件保存到本地。

（3）摄像机存储报表。

通过摄像机存储报表功能，可以查询摄像机对应的存储信息（包括存储设备名称、存储计划制订与启动情况、存储状态等），还可以把报表导出至 Excel 表格，保存到本地，如图 3-155 所示，操作步骤如下。

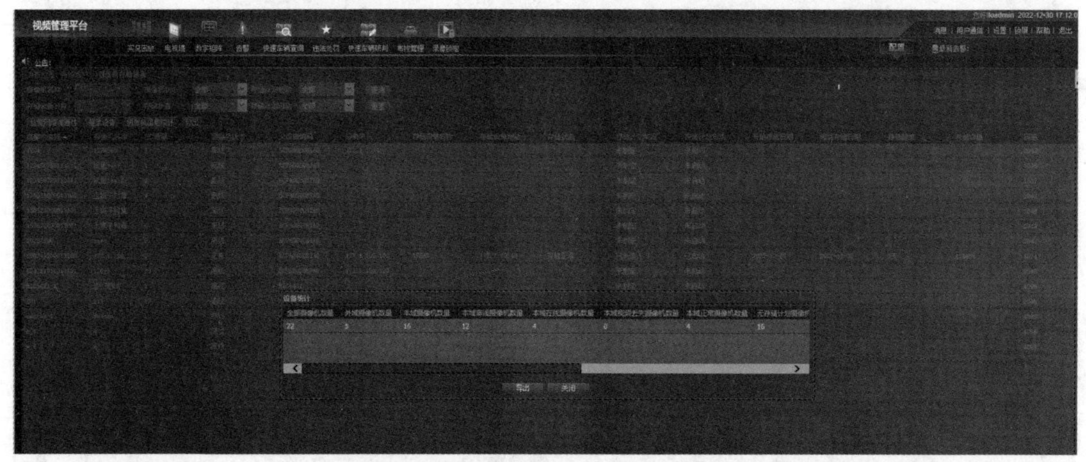

图 3-155 【摄像机存储报表】页面

进入【系统维护】页面，单击【摄像机存储报表】按钮，进入【摄像机存储报表】页面。

① 查询报表。

可以按照以下几种方式查询摄像机的存储报表：摄像机名称、存储设备名称、摄像机状态存储计划制订与否、存储计划启动与否、存储状态。根据上述方式，设置相关名称或选择相关选项，单击【查询】按钮即可显示符合条件的报表数据。

② 导出至 Excel 表格。

把上述查询到的报表数据导出至 Excel 表格，保存到本地。按照查询条件查询出报表数据。单击【导出】按钮，选择保存路径，并设置文件名称。单击【打开】按钮，即可保存到本地。

③ 检查网络连通性。

检查摄像机所属编码器、IPC 与中心服务器之间的网络连接是否正常。按照查询条件查询出报表数据。选择报表数据中的某摄像机。单击【检查网络连通性】按钮，即可确认该摄像机所属编码器或 IPC 与中心服务器之间的网络连接是否正常。

④ 登录摄像机所属的编码器或 IPC。

从中心服务器页面上登录摄像机所属编码器或 IPC 的管理页面。按照查询条件查询出报表数据。选择报表数据中的某摄像机。单击【登录设备】按钮，输入用户名和密码即可登录摄像机所属编码器或 IPC 的管理页面。

⑤ 统计摄像机信息。

按照多种方式（如外域摄像机、本域摄像机、本域在线摄像机等）统计摄像机数量。单击【摄像机信息统计】按钮，弹出显示各类摄像机数量的对话框。此时，也可以单击该对话框中的【导出】按钮，将摄像机信息导出至 Excel 表格，保存到本地。

（4）在线用户列表。

进入【系统维护】页面，单击【在线用户列表】按钮，进入【在线用户列表】页面，如图 3-156 所示。输入用户名称查看在线用户状态，其中用户状态包括用户名称、所属组织、用户 IP 地址等，同时拥有【用户管理】权限的用户还可通过【下线】按钮对在线用户进行强制下线操作。

当前位置： 系统维护 >>在线用户列表

在线用户列表

用户名称

用户名称	所属组织	登录时间	用户IP地址	强制下线
loadmin	本域	2022-03-03 09:51:39	127.0.0.1	
loadmin	本域	2022-03-03 09:51:30	192.168.2.10	
loadmin	本域	2022-03-07 14:35:21	10.10.10.8	
loadmin	本域	2022-03-07 14:29:07	10.10.10.7	
loadmin	本域	2022-03-07 14:23:15	10.10.10.8	

图 3-156　【在线用户列表】页面

（5）系统备份。

系统备份可以分别对系统配置、数据库和系统日志进行备份，然后导出至客户端本地进行保存，也可全部备份或导出，具体操作页面如图 3-157 所示。若选择导出全部信息，则除了导出系统配置、数据库和系统日志，还将导出客户端信息（包括客户端控件日志和操作系统、显卡、IE 浏览器信息），方便系统维护。只有超级管理员用户才能进行系统备份操作。

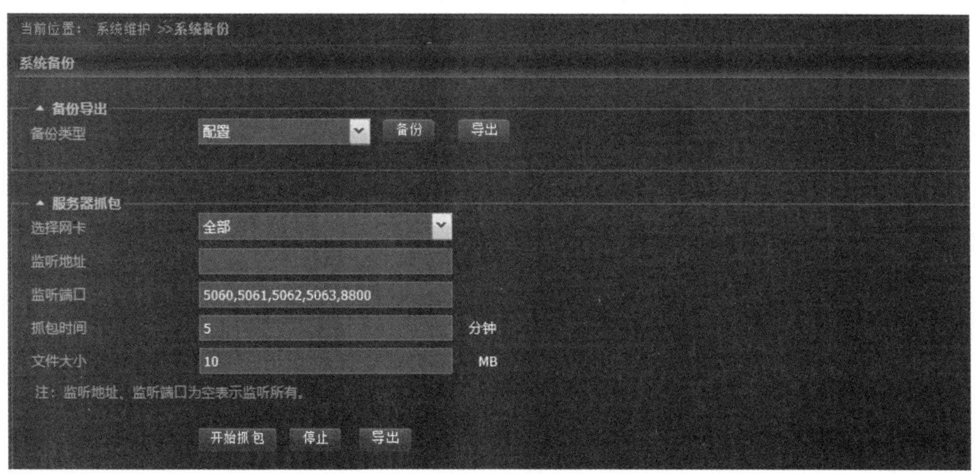

图 3-157　【系统备份】页面

3.3　业务扩展功能配置

业务扩展功能配置指的是智能业务配置，智能业务配置包括智能功能、高级参数和超感。本节着重介绍业务扩展功能；正确配置绊线检测等基本智能业务，以及联动报警功能；正确配置人脸检测配置，以及联动报警功能。

3.3.1 业务扩展功能介绍

智能视频分析：就是在实况播放时，用户对支持智能视频分析的编码器进行绊线/区域检测配置，当有物体接近配置的绊线/区域时，在窗格的实况画面中可以观察到目标物体的矩形框。若矩形框触碰了配置的绊线/区域则会变成红色框，并触发行为告警。

报警联动：监控系统中的重要组成部分，用户以某类告警信号为触发条件，联动监控系统中某几种功能，达到提醒和记录的作用。

绊线检测：检测是否有人、物体或者车辆突然从某个指定方向越过预定边界，系统会进行单向或双向规则检测。

人数统计：检测区域内，通行的人数进行统计，数据可及时上报中心。

人脸识别：根据需求画线布防，可以标注进入方向或者离开方向，自动识别人脸，联动方式可以报警上报中心、上传全景大图、上传目标小图、采集属性等。

3.3.2 智能业务配置流程

智能功能包括周界布防、异常检测和统计、目标检测、人数统计、自动跟踪、链式计算。其中周界布防包括越界检测、进入区域、离开区域、区域入侵、主从联动。异常检测&统计包括人员聚集、停车检测、物品搬移、物品遗留、徘徊检测、快速移动。

1. 配置绊线检测及联动报警实训

1）实训目的

熟练配置绊线检测等基本智能业务，以及联动报警功能实训操作。

2）实训设备及器材

实训设备及器材如表 3-9 所示。

3）实训内容

配置绊线检测等基本智能业务，以及联动报警功能实训。

4）实训步骤

配置绊线检测实训步骤如下。

（1）获取所需设置摄像机 IP 地址，通过登录 IE 浏览器进入摄像机内部配置页面。

（2）进入该页面后，选择【配置】→【智能监控】→【智能功能】选项，再选择页面左侧的组织列表智能功能。

（3）智能功能右侧有周界布防、异常检测&统计、目标检测、人数统计、链式计算等，配置绊线检测，选中【周界布防】选项区域中的【越界检测】复选框，再单击【越界检测】图标右侧的 ⚙ 按钮，进行越界检测，如图 3-158 所示。

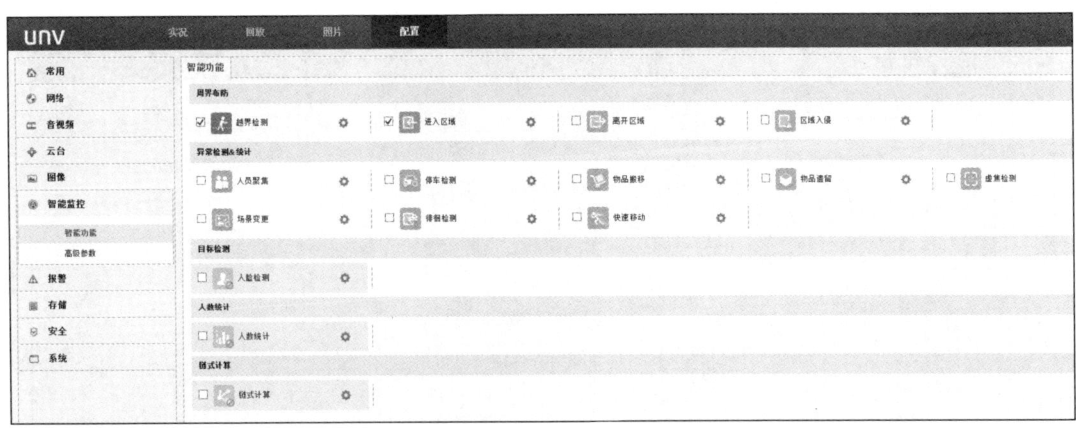

图 3-158　智能监控越界检测配置

（4）选中【启用越界检测】复选框，配置越界检测规则。选择【规则设置】选项卡，单击检测规则右侧的+按钮，新增规则 1，视频画面中出现的波浪线即为绊线，根据实际需求，可增加相应数量规则，如图 3-159 所示。

（5）配置规则 1，选择触发方向有 3 种模式，分别为：A↔B（人员从 A 面或 B 面通过触发报警）；B→A（人员从 A 面通过发出报警，反之不报警）；A→B（人员从 B 面通过发出报警，反之不报警）；灵敏度取默认值；配置完成，单击【保存】按钮。

图 3-159　智能监控规则设置页面

（6）配置联动报警。选择【联动方式】选项卡，根据业务实际选择联动方式，本实训中选中【联动云台】列的【联动跟踪】复选框，如图 3-160 所示，单击【保存】按钮。

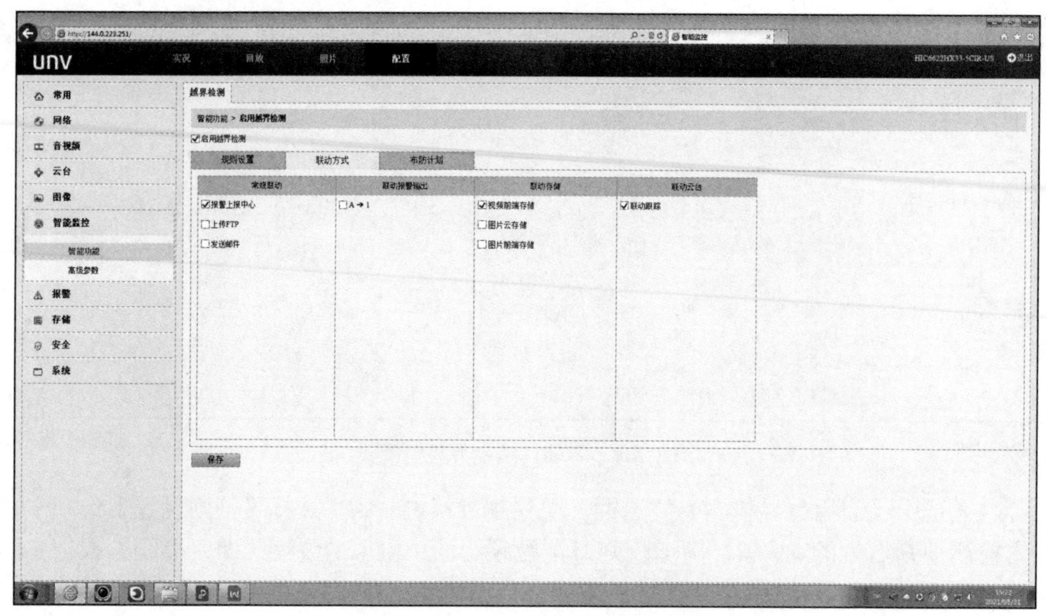

图 3-160　智能监控联动设置页面

（7）配置布防计划。根据业务需要设置布防计划，选中【启用布防计划】复选框，灰色方框表示布防，白色方框表示撤防设置，根据实际情况配置布防时间，单击【编辑】按钮，进行不同时间段布防、撤防时间设置，如图 3-161 所示，设置完成后单击【保存】按钮。

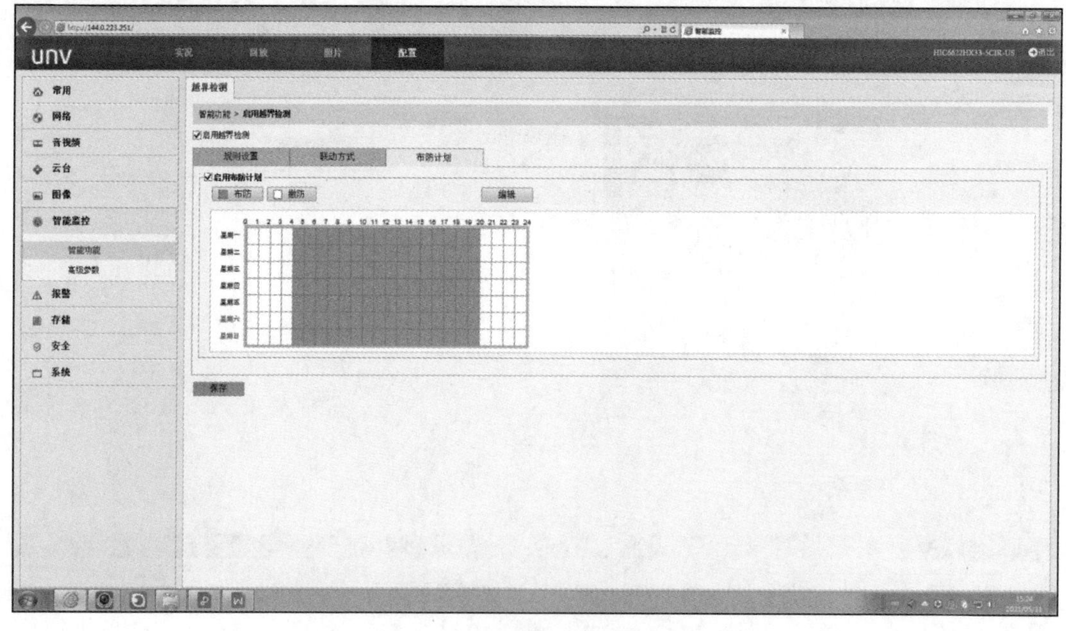

图 3-161　智能监控布防计划页面

（8）配置完成，人员通过绊线放线，球形摄像机对通过人员进行运动跟踪，实现摄像机联动告警，如图 3-162 所示。

图 3-162　智能监控人脸跟踪实景

2．人脸检测配置及联动报警实训

1）实训目的

熟练人脸检测等高级智能业务，以及联动报警功能实训操作。

2）实训设备器材

实训设备及器材如表 3-9 所示。

3）实训内容

人脸检测等高级智能业务，以及联动报警功能实训。

4）实训步骤

（1）打开摄像机登录页面，选择【配置】→【智能监控】→【智能功能】选项，如图 3-163 所示。

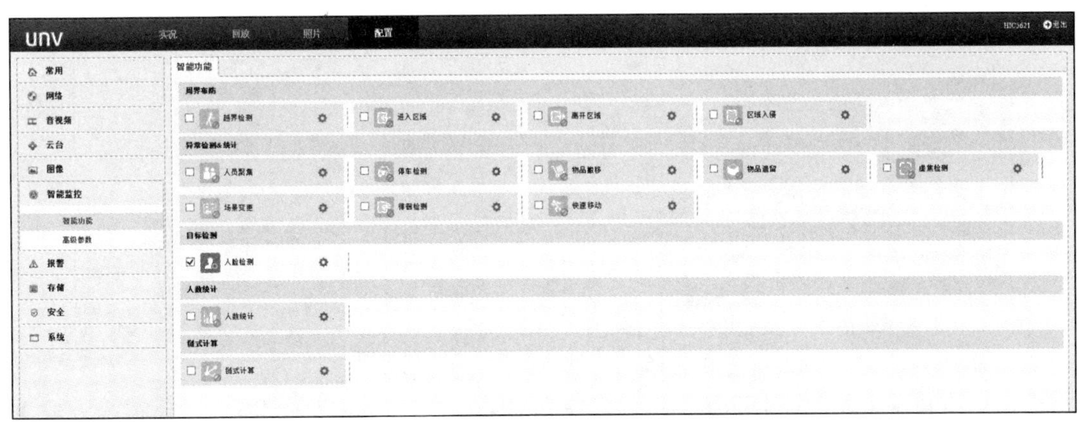

图 3-163　智能监控人脸检测配置页面

（2）根据画面设置画线区域。选择【人脸检测】→【规则设置】选项卡，根据需求画线布防（箭头方向为单击箭头方向，可以标注进入方向或者离开方向），如图 3-164 所示。

设置联动方式：选择【联动方式】选项卡，根据项目需求选中相应的功能，如图 3-165 所示。

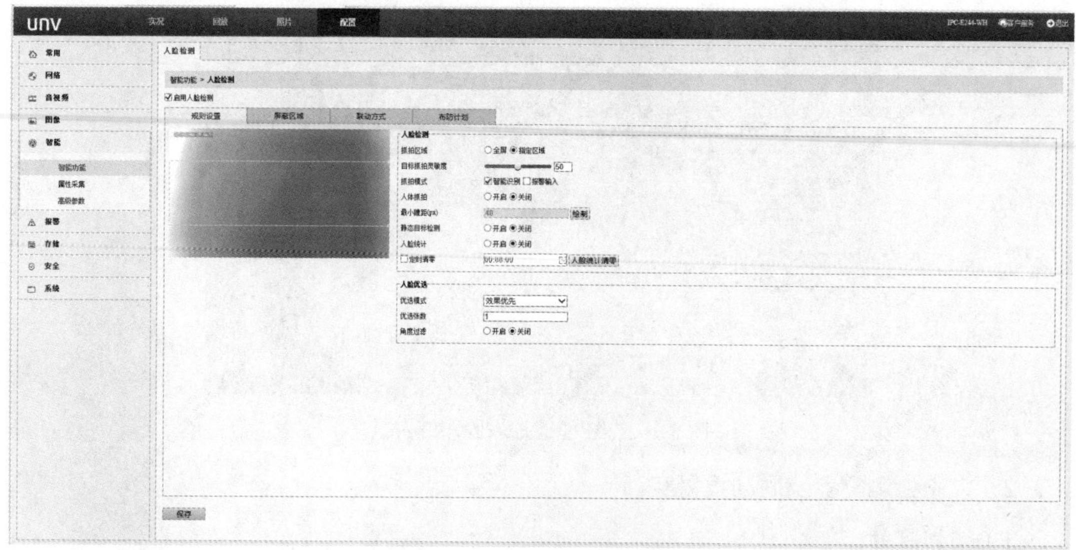

图 3-164　人脸检测区域绘制

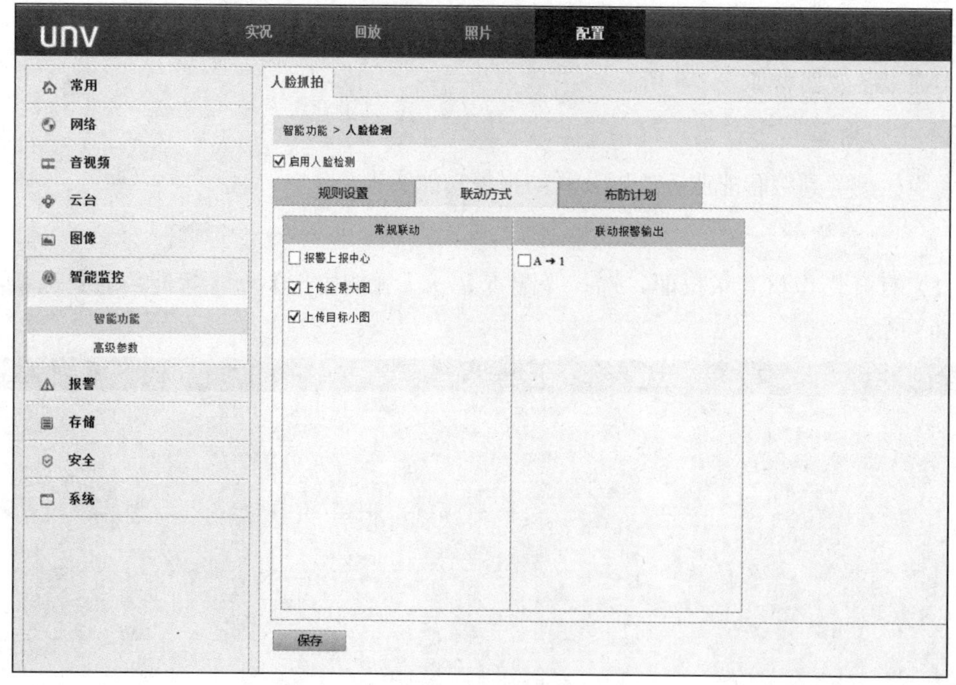

图 3-165　人脸检测联动方式设置

（3）选择【布防计划】选项卡，单击【编辑】按钮，设置日期和时间。根据项目需求设置布防日期以及每日的布防时间，如图 3-166 所示。

（4）添加存储服务器。

① 登录平台，单击【配置】→【设备管理】→【智能分析服务器】按钮，如图 3-167 所示。

图 3-166　人脸智能布防计划编辑页面

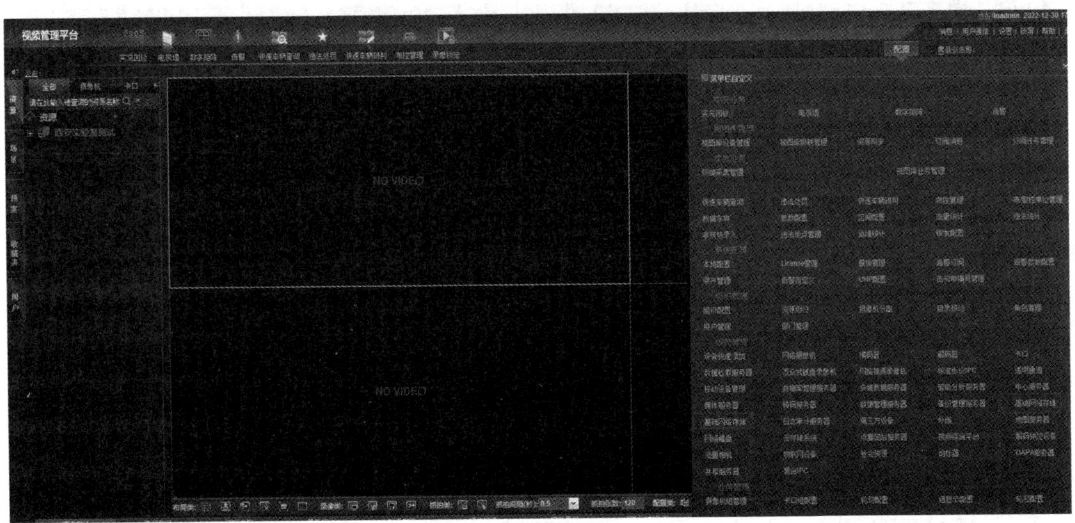

图 3-167　平台添加存储服务器

② 单击【添加】按钮，如图 3-168 所示。

③ 填写名称和设备 ID，根据项目情况命名即可；选择本项目的存储设备型号；部分设备需要输入 IP 地址，输入完成后单击【确定】按钮；添加完成后单击配置与操作下的黄色图标，单击右侧【配置存储资源】→【添加】按钮，如图 3-169 所示。

④ 设置资源名称、资源类型、资源用途、存储设备选择，完成分配容量后单击【确定】按钮。

（5）效果显示。

① 登录客户端，单击【应用中心】→【实时抓拍】图标，即可出现摄像头的实时画面，如图 3-170 所示。

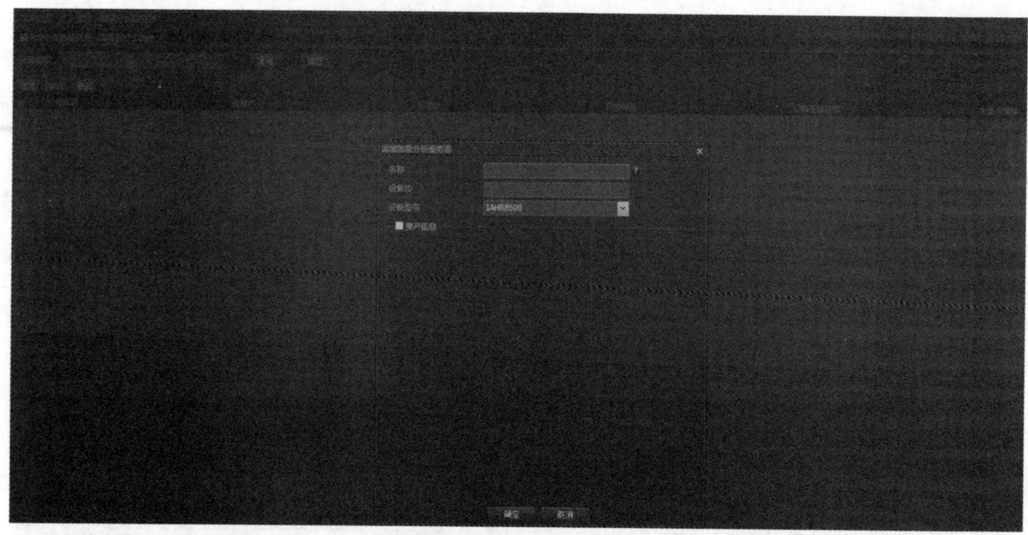
图 3-168　添加服务器信息

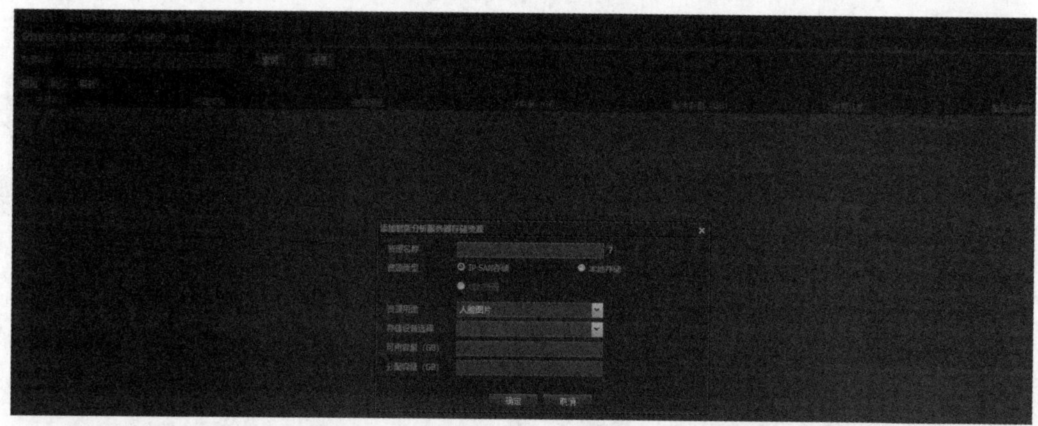
图 3-169　配置存储资源

图 3-170　实时抓拍效果

② 单击【应用中心】→【抓拍检索】图标，设置检索时间和地点后单击【开始检索】按钮，即可出现人脸抓拍的记录，如图 3-171 所示。

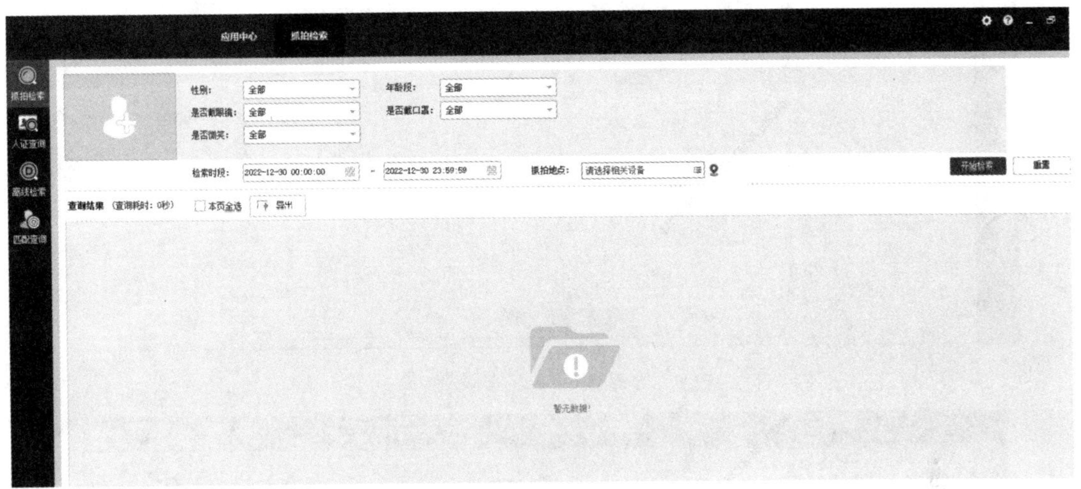

图 3-171　人脸实施抓拍记录检索

（6）添加黑白名单。

① 打开客户端，单击【应用中心】→【布控管理】→【名单库】→【黑名单】→【新增】按钮，如图 3-172 所示。

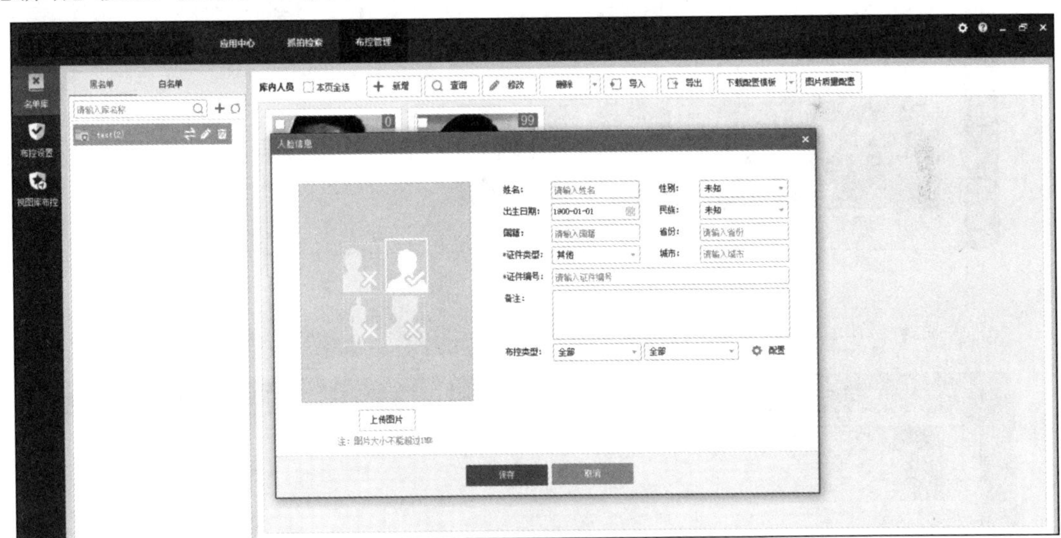

图 3-172　黑名单设置

② 按弹框需求依次填写资料，然后上传黑名单人员照片，填写完成后单击【保存】按钮。单击【名单库】→【白名单】→【新增】按钮，如图 3-173 所示。

③ 按弹框需求依次填写资料，然后上传白名单人员照片，填写完成后单击【保存】按钮。

（7）以图搜图。

① 单击【应用中心】→【抓拍检索】图标，设置好检索时间，单击【开始检索】按钮，选中需要以图搜图的图片，鼠标指针移到图片上面，图片下侧便会出现 6 个图标，单击第 2 个图标，如图 3-174 所示。

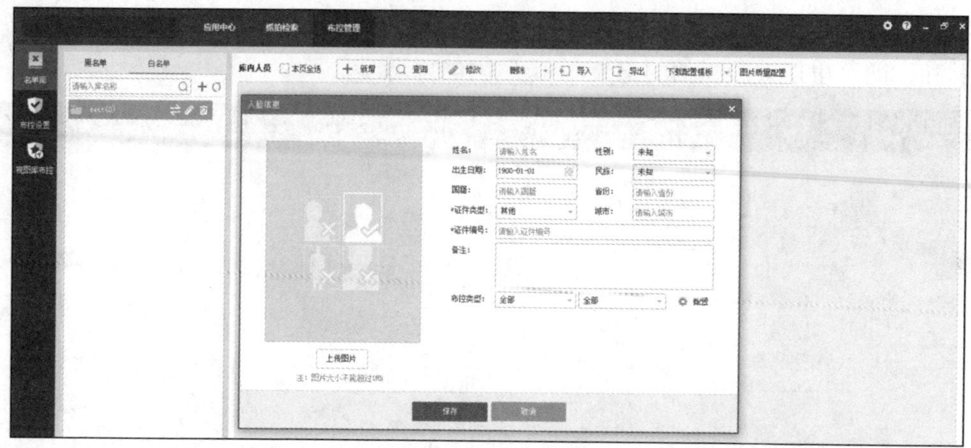

图 3-173　白名单设置

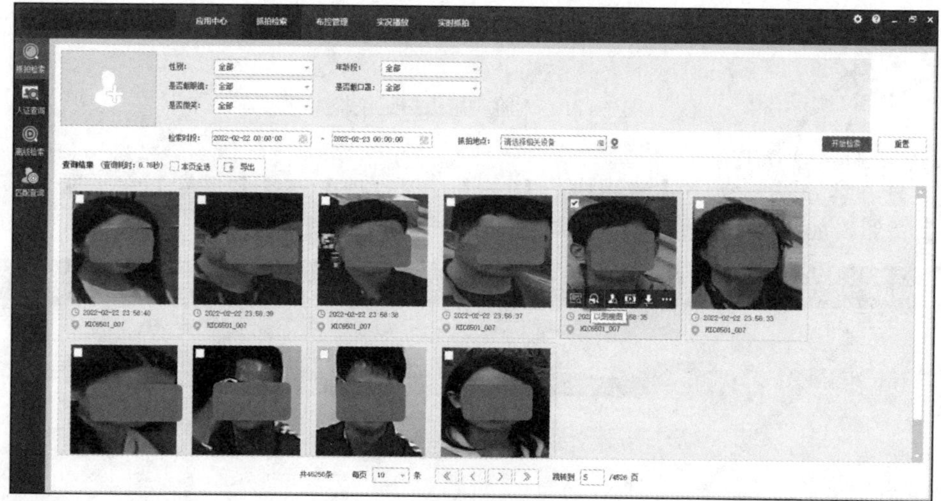

图 3-174　抓拍检索——以图搜图

② 单击【开始检索】按钮，下侧出现和图相似的图像，如图 3-175 所示。

图 3-175　抓拍检索结果

习题 3

一、单选题

3-1　下列关于 License 说法错误的是哪一项？（　　）

A．License 丢失，必须同时提供生成 hostiD.id 时填写的合同编号或客户名称、hostiD.id、授权码信息才能进行授权文件找回

B．下级域是 VM 服务器时，推送给上级域的摄像机不占用上级域摄像机授权数量

C．授权码是随项目一同发布给最终用户的许可申请序号，用户在宇视官网上激活授权时需要上传该授权码，用于生成最终的 License 文件

D．出厂时，系统只支持接入 8 个摄像机、1 个 DM、1 个 MS、1 个 TS 和 1 个存储设备

3-2　通过 Web 方式访问 DM，需要输入的地址正确的是哪一项？（　　）

A．http://DMIP:8080　　B．http://DMIP:8081

C．http://DMIP:8082　　D．http://DMIP:8083

3-3　下列哪项不属于可视智慧物联系统维护的功能？（　　）

A．操作日志　　B．设备故障报表

C．设备状态报表　　D．License 授权文件

3-4　下列关于 IPC 越界检测功能配置规则描述错误的是哪一项？（　　）

A．A↔B（人员从 A 面或 B 面通过触发报警）

B．B→A（人员从 A 面通过发出报警，反之不报警）

C．A→B（人员从 B 面通过发出报警，反之不报警）

D．B↔A（人员从 B 面或 A 面通过触发报警）

3-5　关于媒体服务直连优先策略描述错误的是哪一项？（　　）

A．对于本域摄像机，实况媒体流优先不经 MS 转发

B．对于本域摄像机，当直连数量超过本域的最大允许值时，若本域存在 MS 且编码器或网络摄像机允许经过 MS，则将经 MS 进行转发

C．对于外域共享摄像机，当直连数量没有超过本域或该下级域/平级域的最大允许值时，优先采用直连方式建立实况

D．对于外域共享摄像机，无论本域是否存在 MS，都将经 MS 进行转发

二、多选题

3-6　关于组织、角色、用户描述正确的有哪些？（　　）

A．组织是 IP 监控系统中资源的集合

B．角色是组织中权限的虚拟承载体

C．IP 监控系统默认有 3 种角色权限供选择：loadmin、高级管理员、普通操作员

D．用户是登录 VM 的实体，用户必须被赋予某一个或多个角色后才能拥有相关权限

3-7 关于实况类业务配置描述正确的是哪些？（ ）

A．电视墙用颜色区分不同业务：灰色代表电视墙上无业务，蓝色代表电视墙建立了实况业务，红色代表电视墙建立了回放业务，橙色代表电视墙建立了轮切业务

B．组显示业务配置是指播放某个摄像机组中所有摄像机的实况

C．摄像机组配置就是一组摄像机的集合，若经常需要同时查看某些摄像机的实况，批量启动某些摄像机的中心录像或者对多个摄像机启动广播，则可通过摄像机组业务来快捷实现

D．轮切业务配置是通过某个视频窗格或监视器循环播放轮切资源中各个摄像机实况图像的一种资源集合

3-8 关于云台控制相关功能描述正确的是哪些？（ ）

A．看守位是特殊的预置位。可以设置自动看守时间，令云台释放后一定时间，自行转回指定位置

B．云台释放：用来释放云台的控制权限，当中心服务器设置同优先级先来先得的权限时，在不释放云台的情况下，后来的用户无法抢占云台

C．预置位巡航是指一个云台摄像机按照指定的轨迹（如向上转、向左转等）进行转动

D．预置位可以让球机记住特定场景，便于让球机快速转动到指定角度并且放大缩小到指定倍率

3-9 下列告警联动功能描述正确的是哪些？（ ）

A．联动存储即当告警产生时，通过摄像机把告警发生时的情况进行录像存储，供事后查阅取证，联动存储的摄像机建议事先配置存储资源

B．联动预置位即当告警产生时，通过联动预置位把云台摄像机调到指定位置，便于用户有针对性地捕捉现场画面

C．联动警前录像与实况到用户窗格，即当告警产生时，可在指定用户的指定窗格或以弹出独立窗口方式播放指定摄像机的实况

D．联动开关量，即当告警产生时，设备会触发相应的开关量告警，以联动第三方设备的行为

3-10 登录后实况黑屏问题排查方法正确的是哪些？（ ）

A．确认 VM、MS 及客户端计算机的防火墙是否开启：需要将防火墙设置为关闭状态

B．确认报文的丢包率是否较高：确保网络传输不丢包或降低丢包率

C．确认客户端计算机的配置是否满足要求

D．确认是否有其他设备与 MS 的 IP 地址冲突：找到 IP 地址冲突的设备，修改其 IP 地址

三、判断题

3-11 在监控系统当中，赋予角色某种权限时系统会自动关联其他权限，当为用户配

置了告警配置权限时，将自动添加布防计划权限。（　）

3-12　登录 MS，需要在浏览器地址栏中输入 http://MSIP: 8083。默认的管理员密码是 admin。（　）

3-13　即时回放功能是播放从当前时间点到之前 5 min 内的录像。（　）

3-14　录像切片就是将窗格中正在回放的录像每隔一段时间抓取一张图片，一段时间后形成一个图片列表展示出来。（　）

3-15　在【设备状态报表】栏，单击【全部导出】按钮，可将摄像机所有信息（如所属组织、摄像机名称、摄像机编码、摄像机类型、摄像机离线原因、共享编码及经纬度等信息）导出至 Excel 表。（　）

第 4 章

可视智慧物联系统运维

本章主要对可视智慧物联系统中遇到的常见问题进行归类和总结，通过智能管理平台实现对海量设备的智能分析和管理，并提出常见问题的定位思路和方法，以便工程师能够快速定位问题并理解问题出现的原因，所谓“知其然”“知其所以然”都很重要。

4.1 智能运维管理

随着信息技术的发展，业务系统的架构越来越复杂，设备运营规模越来越大，如何把业务运行中产生的海量数据存储下来并进行智能运维管理则显得非常重要，这些数据经过智能分析并以报表的形式展现出来，从而为运维工程师提供决策。同时，运维工程师希望通过运维系统，快速、智能地分析和预测出各种业务故障，发现存在的隐患，及时制定维修策略来减少故障发生概率。配合传统运维工程师的技术定位、问题处理，减少问题诊断误判的概率。所以，今天的运维管理工程师更需要智能化的运维来帮助他们降低运维压力，提升服务质量。运维流程示例如图 4-1 所示。

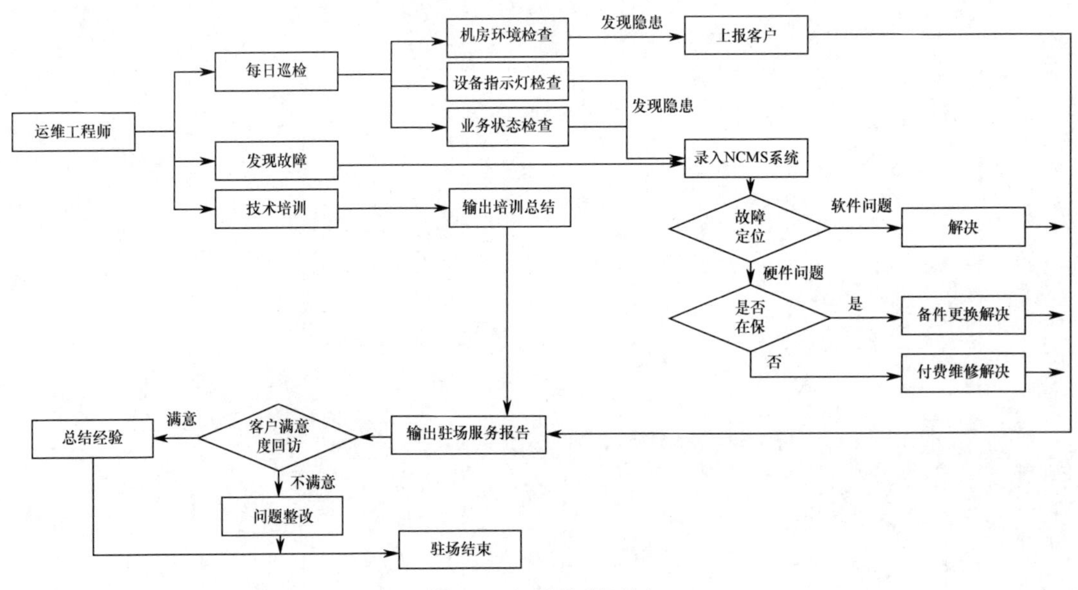

图 4-1　运维流程示例

智能运维管理平台（Intelligent Management Platform，IMP）是集智能视频、录像诊断和分析、网络拓扑管理等功能为一体，为用户提供大型可视智慧物联系统运维解决方案的智能化管理平台。

智能运维管理平台采用先进的 IP 多媒体操作系统（IP Multimedia Operation System，IMOS）架构，支持设备的批量配置和管理，支持对摄像机录像的批量下载，更全面地支持设备拓扑分析和设备管理、视频质量诊断管理、录像诊断管理、设备状态检测、设备异常告警、设备远程控制等功能。可以满足各种大、中型可视智慧物联系统的运营和维护工作。

智能运维管理平台具有海量管理、强兼容性、高效和高准确性、高可靠性、丰富功能集成等特点，可广泛应用于公安、金融、交通、电力、能源、教育、大型园区、楼宇、医疗等行业。

4.1.1　视频诊断

1. 诊断标准配置

（1）登录 IMP 客户端，选择【系统配置】→【视频诊断配置】→【诊断标准】选项。

（2）选择【默认标准】选项，可以查看每个诊断项的正常、警告、异常 3 种阈值范围。注意，默认标准不可编辑，不可删除，如图 4-2 所示。

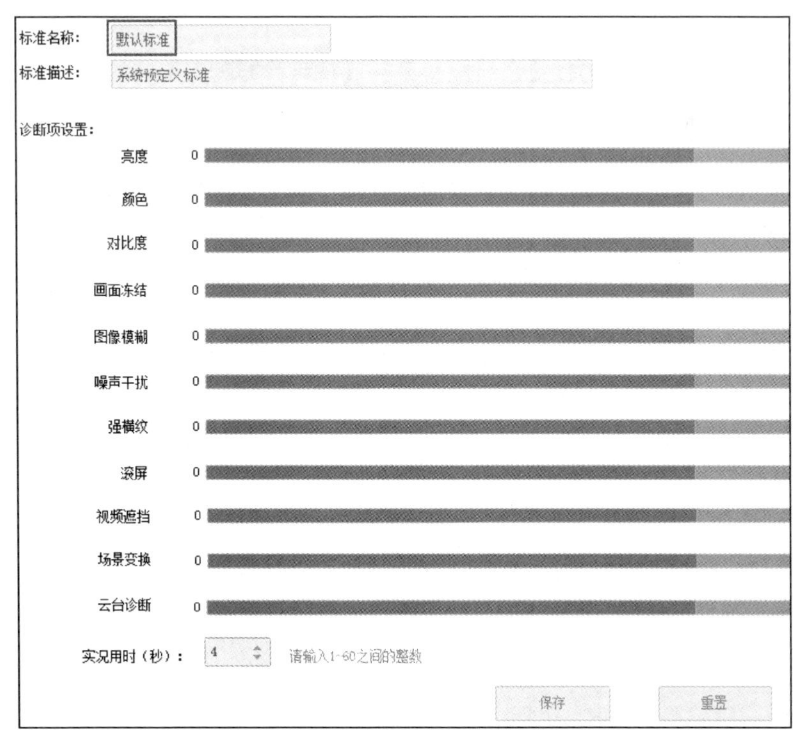

图 4-2　诊断标准配置

（3）单击【新增】按钮，可以添加自定义诊断标准。在弹出的对话框中，输入标准名称、标准描述（可选填），设置相应的诊断标准参数，单击【确定】按钮，如图 4-3 所示。

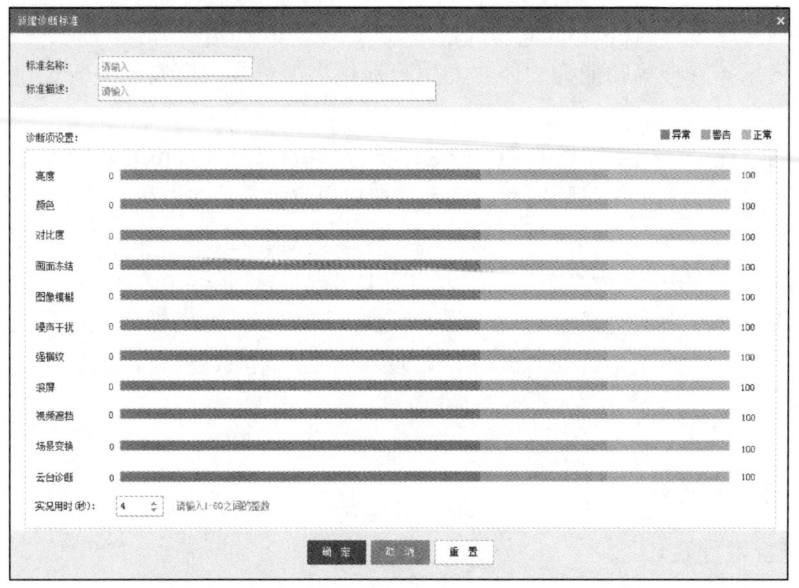

图 4-3　新建诊断标准

（4）选中某一个自定义的诊断标准，可以直接在右边进行编辑，单击【保存】按钮即可。

2．添加视频诊断任务

（1）登录 IMP 客户端，选择【系统配置】→【视频诊断配置】→【诊断任务】选项。

（2）单击【新增】按钮，弹出新建任务对话框。输入任务名称，选择智能诊断服务器地址（配置详见智能诊断服务器配置）、诊断标准、诊断项目和任务类型，其中任务类型包括立即型、按天型和按周型 3 种，可以满足各种不同的诊断需求，如图 4-4 所示。

图 4-4　新建任务

（3）各项功能说明。

①【离线】：默认选中，不可取消选中。

②【立即型】：任务配置完成则会马上进行视频诊断。

③【按天型】：可以设置开始时间和结束时间，任务配置完成后，会判断当前时间是否在任务的诊断时间内，是则立即诊断，否则等待；在智能视频诊断服务器不发生重启的情况下，每天只诊断一次。

④【按周型】：可以设置 7 天内每一天的开始时间和结束时间，包含按天的概念。

（4）注意事项。

① 每个智能诊断服务器的管理规格是 1 万路，但 IMP 的运维规格由 License 中的规格决定。

②【云台相关】和其他诊断项目是互斥的，同一个任务中不能同时选中。

③ 按照目前的方案，诊断后会对云台进行转动，不会还原，可能导致监控的画面有变化，并且转速也发生变化。

④ 转到顶了之后无法转动，会有误报。

⑤ 选择云台类相机进行诊断，如选择固定相机，云台诊断项不生效。

⑥ 单击【下一步】按钮，选择需要进行诊断的摄像机，单击【完成】按钮即可，如图 4-5 所示。

图 4-5　选择摄像机

3. 添加复查任务

复查任务是对已诊断任务中不达标诊断结果的摄像机重新诊断。在任务列表中选择有不达标诊断结果的任务后，单击【复查】按钮，即可生成复查任务，该任务的诊断过程、结果与其他任务一致。这里的不达标诊断结果是指失败、异常、警告 3 种，如图 4-6 所示。

图 4-6　添加复查任务

注意事项：

（1）仅支持一个【复查任务】，再次新建时将删除已有的复查任务；

（2）复查任务的摄像机诊断标准采用原任务的摄像机诊断标准。

4．视频诊断结果查询

1）状态概览

登录 IMP 客户端，选择【业务监控】→【视频诊断】→【状态概览】选项，这里显示视频诊断的总体情况。页面数据每 1min 自动刷新 1 次。

2）实时总览

进入【业务监控】→【视频诊断】→【实时总览】页面，可以根据监控组织/诊断任务进行筛选，显示摄像机的最新诊断结果，如图 4-7 所示。

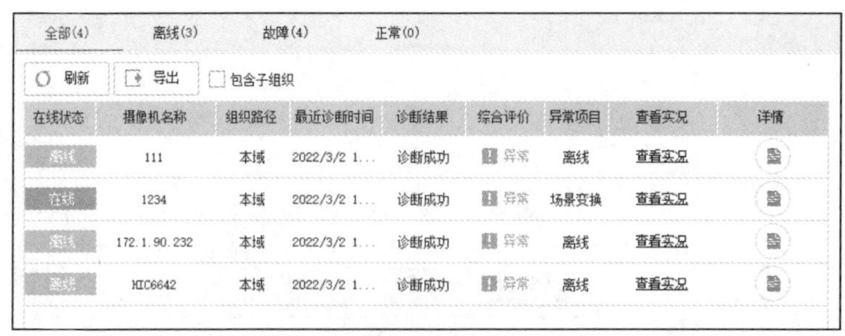

在线状态	摄像机名称	组织路径	最近诊断时间	诊断结果	综合评价	异常项目	查看实况	详情
离线	111	本域	2022/3/2 1...	诊断成功	异常	离线	查看实况	
在线	1234	本域	2022/3/2 1...	诊断成功	异常	场景变换	查看实况	
离线	172.1.90.232	本域	2022/3/2 1...	诊断成功	异常	离线	查看实况	
离线	HIC6642	本域	2022/3/2 1...	诊断成功	异常	离线	查看实况	

图 4-7　实时总览

3）历史结果

选择【业务监控】→【视频诊断】→【历史结果】选项，除了可以查询所有的视频诊断结果，还能对异常项进行统计，如图 4-8 所示。

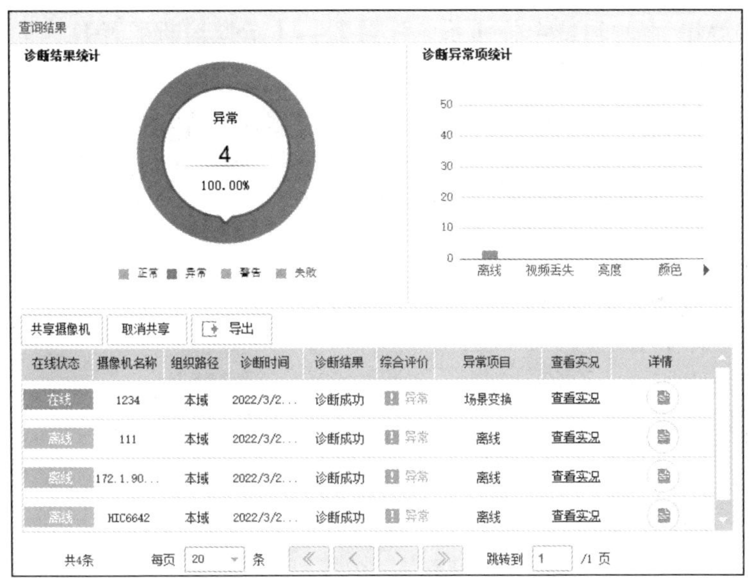

图 4-8　异常项统计

4）统计分析

选择【业务监控】→【视频诊断】→【统计分析】选项，可以根据按组织区域或按诊断项目进行统计，也可以进行组合查询，通过图表的方式展示视频诊断结果。统计数据每 2 h 更新一次，如图 4-9 所示。

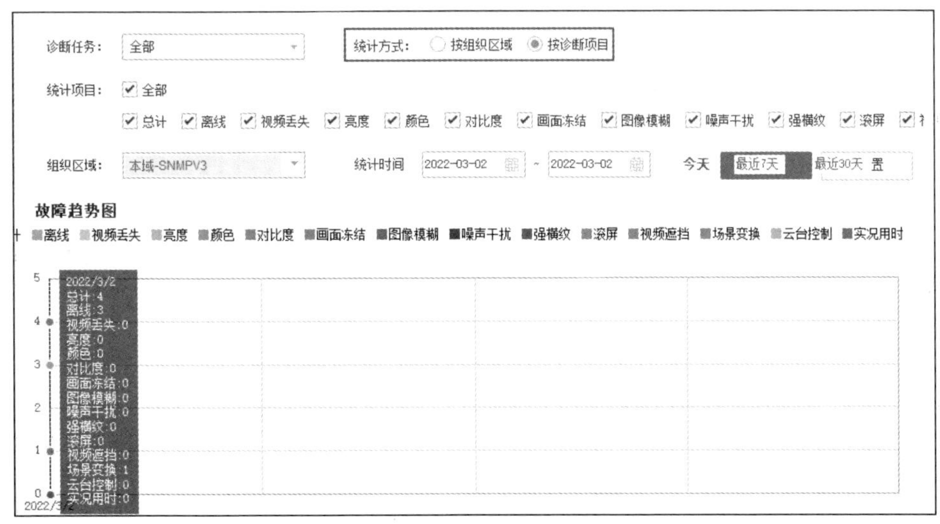

图 4-9　统计分析

4.1.2　录像诊断

1. 录像诊断配置

（1）在配置录像诊断任务之前，先设置巡检颗粒时间以及满覆盖报警阈值。

（2）登录 IMP 客户端，选择【系统配置】→【录像诊断配置】→【诊断配置】选项，配置后单击【保存】按钮，如图 4-10 所示。

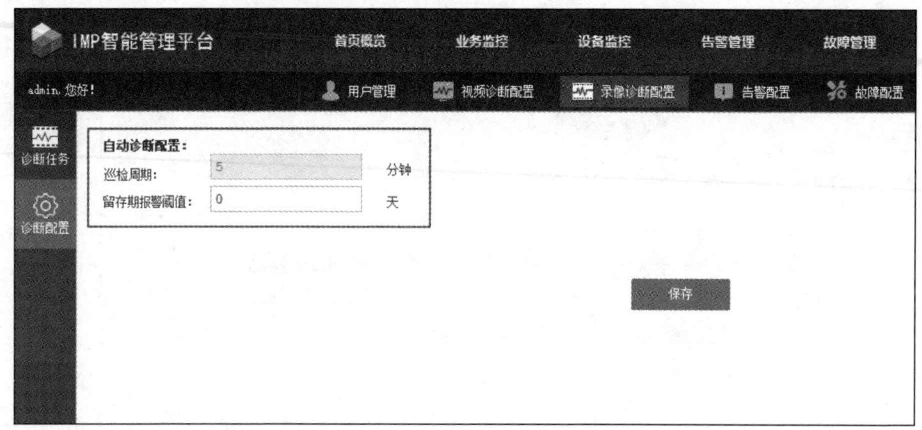

图 4-10　诊断配置

① 巡检周期：录像检索任务的检索时间。第一个周期默认为 5 min，之后时间由 IMP 后台智能判断。

② 留存期报警阈值：就是指留存期阈值，根据用户设置的阈值，IMP 去检查录像实际的存储天数是否满足，如果小于这个阈值，则会上报摄像机留存期告警。

（3）配置录像诊断任务：选择【录像任务】选项，单击【新增】按钮，弹出【新建任务】对话框，输入任务名称，设置录像检索延时，选择任务类型，如图 4-11 所示。

图 4-11　新建任务

注意，任务类型及任务时间需要按照 VM 上配置的存储计划进行设置。

（4）单击【下一步】按钮后，选择需要诊断的摄像机，然后单击【完成】按钮，如图 4-12 所示。

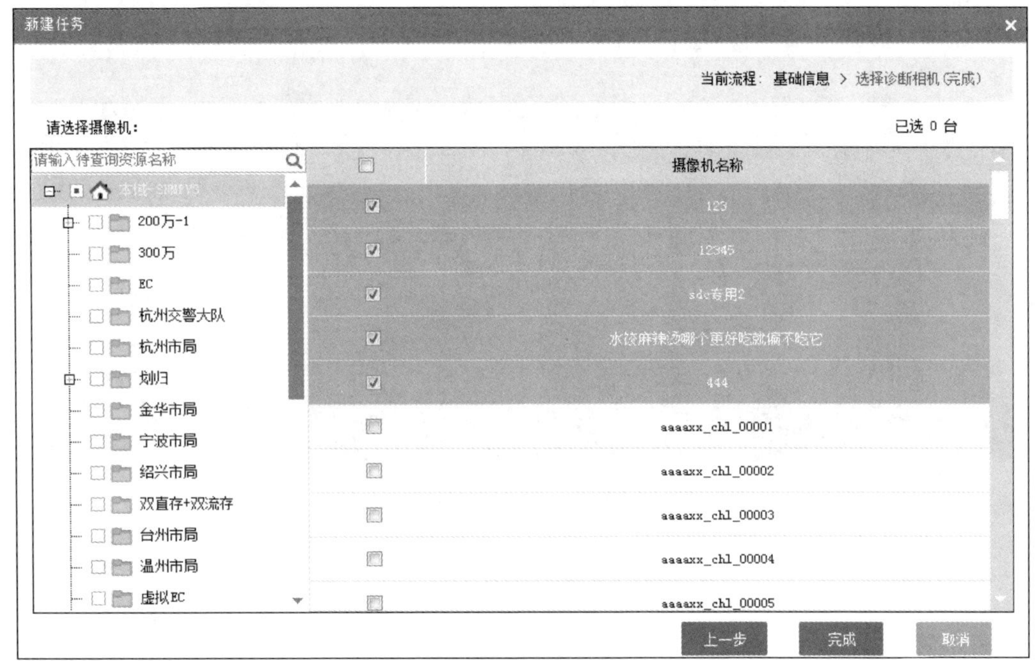

图 4-12　选择需要诊断的摄像机

2. 录像查询

1）状态概览

登录 IMP 客户端，选择【业务监控】→【录像诊断】→【状态概览】选项，显示录像检查的总体情况。

2）实时总览

选择【业务监控】→【录像诊断】→【实时总览】选项，可以根据组织进行筛选，显示摄像机当天的录像详情。【实时总览】页面主要展示摄像机的录像存储状态、资源状态、存储计划制订、存储计划状态、存储设备、诊断详情等。

注意，不用配置 IMP 检索任务的摄像机，录像存储状态和 VM 一致；否则由 IMP 后台判断。

3）历史结果

选择【业务监控】→【录像诊断】→【历史结果】选项，可以查询一段时间内摄像机的录像情况，包括完整天数、不完整天数、总天数、完整率等信息。

当天录像是否完整：当前查询时间往前 2 h 至 0 点，录像都完整，则当天录像完整。

非当天录像是否完整：一天 24 h 录像都完整，则该天录像完整。

4）统计分析

选择【业务监控】→【录像诊断】→【统计分析】选项，通过图、表的方式，展示组织下录像完整率的趋势，如图 4-13 所示。

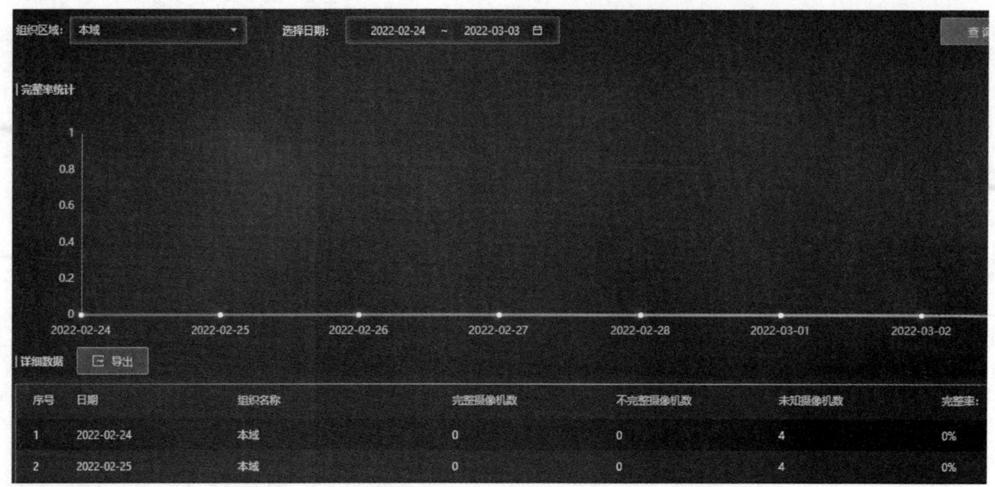

图 4-13　统计分析数据

5）外域录像查询

IMP 查询外域录像时，若外域录像无法查询，则要在 IMP 客户端修改外域数据库密码，如图 4-14 所示。

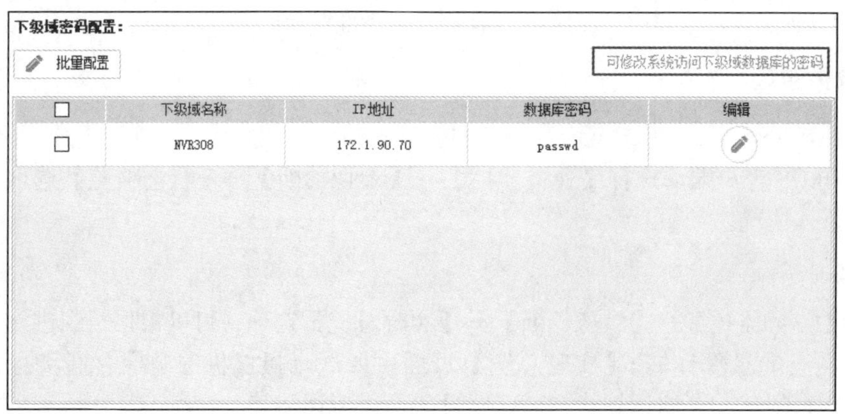

图 4-14　修改外域数据库密码

4.1.3　图像诊断

1. 状态概览

（1）使用图像诊断之前，必须进行设备同步，否则卡口设备名称等信息可能会和平台不一致。登录 IMP 客户端，选择【业务监控】→【图像诊断】选项，首先进入【状态概览】页面。进入【卡口相关资源概览】页面，如图 4-15 所示。

（2）最新告警信息：这里显示了 5 种告警类型下的最新 TOP13 设备，其中有 4 种告警可以通过调整相应的阈值（详细操作见监控配置）来控制告警是否上报以及上报的告警级别，分别是卡口图片告警、卡口存储告警、卡口性能告警、服务进程告警，如图 4-16 所示。

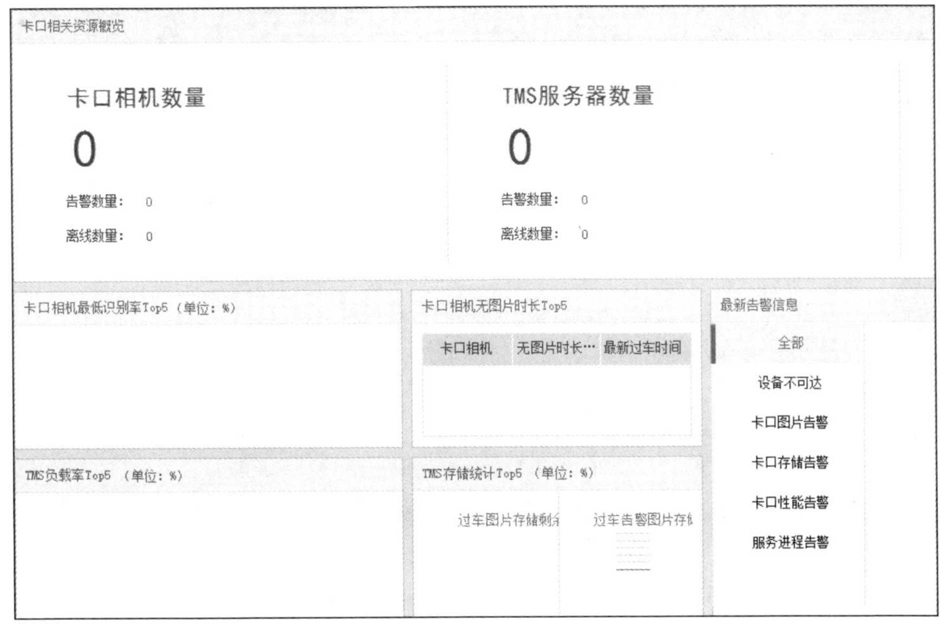

图 4-15　【卡口相关资源概览】页面

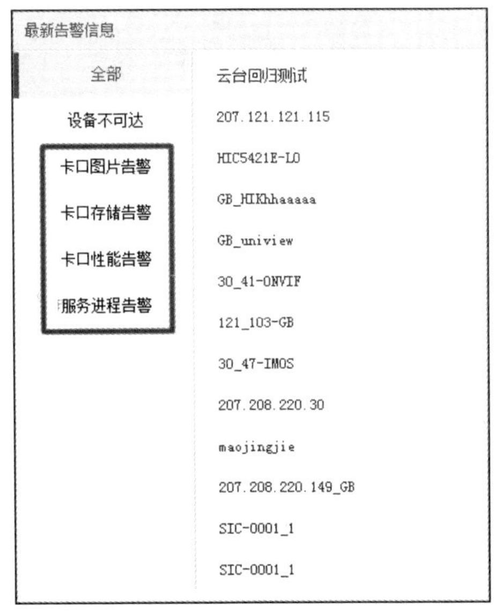

图 4-16　【最新告警信息】页面

2. 车辆卡口

针对卡口相机的 CPU、内存、带宽利用率进行检测，如图 4-17 所示。

（1）【卡口相机】【服务器】【存储设备】3 个列表中，双击设备可以进入【设备详情】页面［图 4-18（a）］，其中 CPU 利用率、内存利用率、带宽利用率、硬盘利用率这 4 个监控项（卡口相机和存储设备没有硬盘利用率），需要配置相应的 SSH 参数、Telnet 参数、SNMP 参数，配置性能诊断任务后才可以采集，并显示在页面上。详细内容见配置性能诊断及参数。在【存储资源】页面中可以查看所有存储资源信息，如图 4-18（b）所示。

图 4-17　车辆卡口

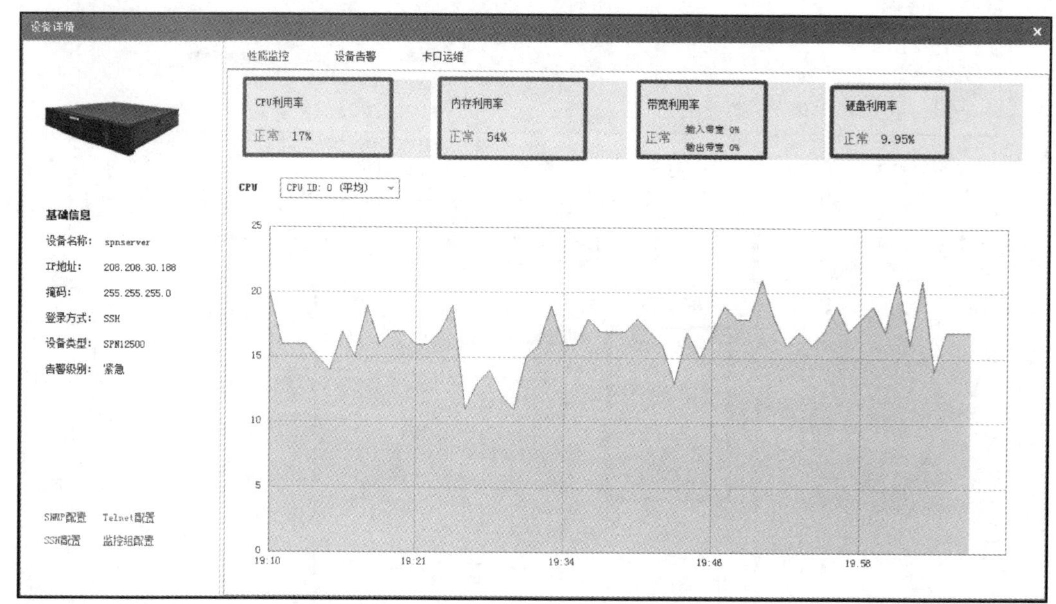

(a)

序号	资源名称	所属IPSAN	IPSAN地址	所属TMS	TMS地址	资源使用	资源用途	资源类型	资源状态	剩余容量(GB)	总容量(GB)	满策略
1	[illegible]	ipsan	[illegible]	[illegible]	[illegible]	是	[illegible]	IPSAN存储	正常	[illegible]	[illegible]	[illegible]
2	ipsan	ipsan	208.208.30.204	tmsserver	202.5.33.90	是	存储过车图片	IPSAN存储	正常	97.688	100	满覆盖
3	gaojing	ipsan	208.208.30.204	tmsserver	202.5.33.90	是	存储过车告警图片	IPSAN存储	正常	97.688	100	满覆盖

(b)

图 4-18　基础信息

（2）在【设备详情】页面中也可以进行 SNMP 配置、Telnet 配置、SSH 配置、监控组配置，如图 4-19 所示。

（3）在【卡口相机】选项卡中选择相机后单击【违章抓拍告警阈值配置】按钮，可对该相机进行卡口抓拍图片告警阈值配置，如图 4-20 所示。

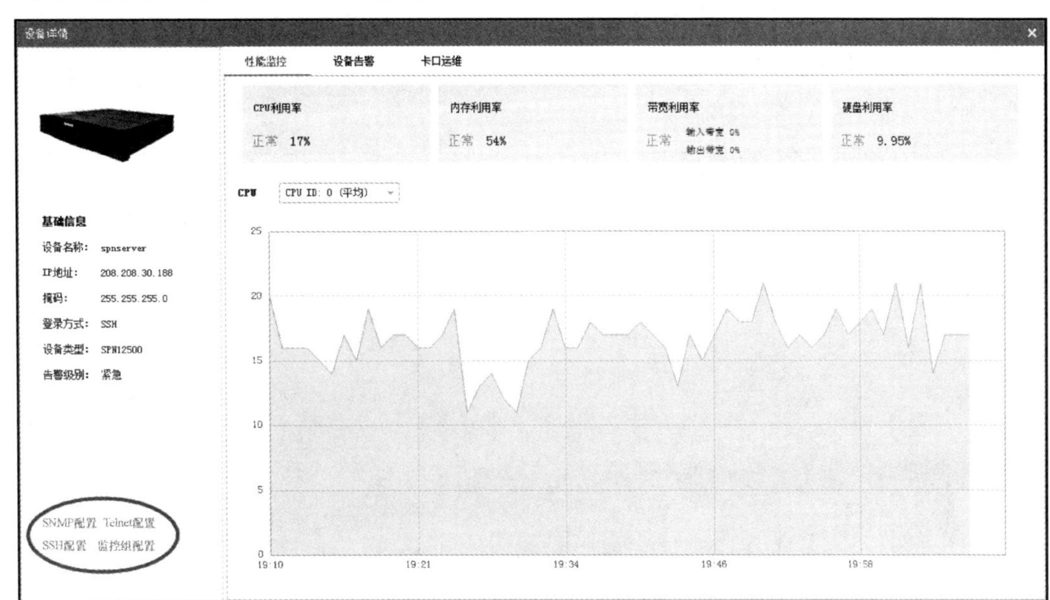

图 4-19　配置相关参数

图 4-20　违章抓拍告警阈值配置

3．车辆考核

选择【业务监控】→【图像诊断】→【车辆考核】选项，可以进行组合查询，对所有的卡口相机进行评分，根据综合得分进行排序，将倒数 TOP10 的卡口及对应的分数展示出来，如图 4-21 所示。

综合评分=［30%×（8s×100%+60s×60%+180s×30%）+特征图片识别率×（10%）+号牌识别率×（60%）］

4．人脸相机

人脸相机功能是该版本新增的一个特性，选择【业务监控】→【图像诊断】→【人脸相机】选项，可以进行多条件查询人脸相机，双击设备可以进入设备详情页面，其中性能监控包括 CPU 利用率、内存利用率、带宽利用率，这 3 个监控项需要配置相应的 SSH 参数、Telnet 参数、SNMP 参数，配置性能诊断任务后才可以采集，并显示在页面上，如图 4-22 所示。

图 4-21　车辆考核

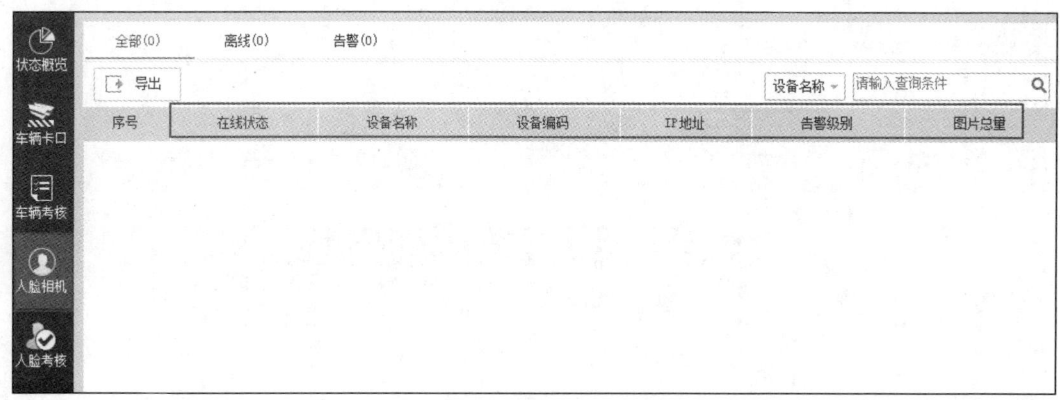

图 4-22　人脸相机配置

设备告警包括该设备所有的告警信息，如图 4-23 所示。

性能监控　设备告警　关键进程

级别	告警描述	告警时间	确认告警
重要	所属组织（本域）下的摄像机（111），未按计划存储。	2022-03-02 14:55:34	✔
重要	所属组织（本域）下的摄像机（1234），未按计划存储。	2022-03-02 14:55:34	✔
重要	所属组织（本域）下的设备（1234）视诊断项异常。	2022-03-02 14:45:25	✔
重要		2022-02-12 09:05:29	✔

图 4-23　设备告警信息

卡口运维统计该设备抓拍的所有图片，如图 4-24 所示。

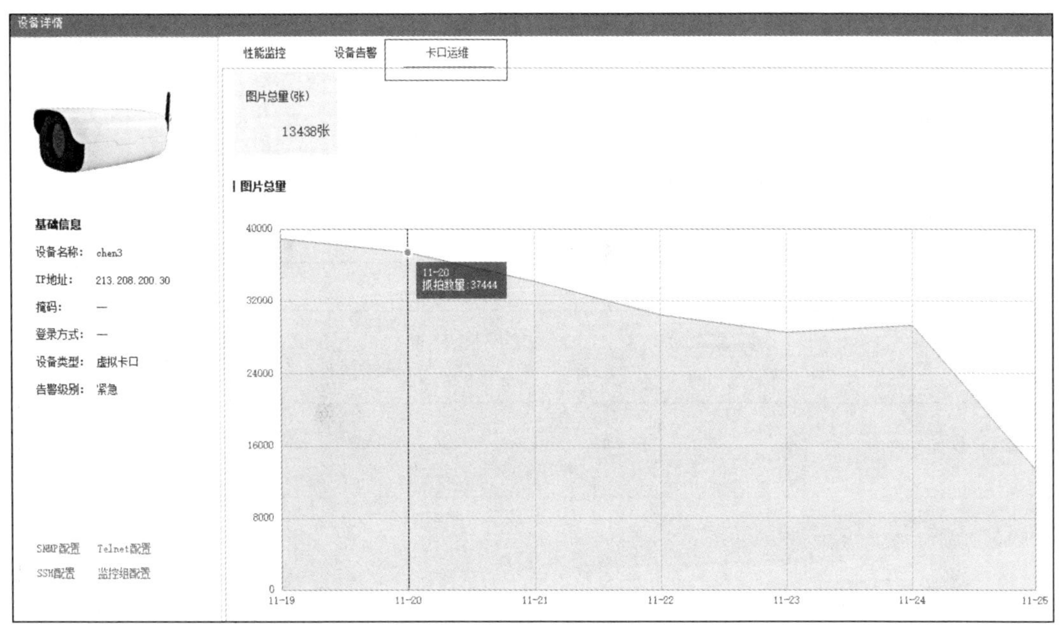

图 4-24　卡口运维信息

5. 人脸考核

选择【业务监控】→【图像诊断】→【人脸考核】选项，可以按今天/最近 7 天对人脸相机的图片抓拍数量进行统计，如图 4-25 所示。注意，最大时间间隔为 7 天。

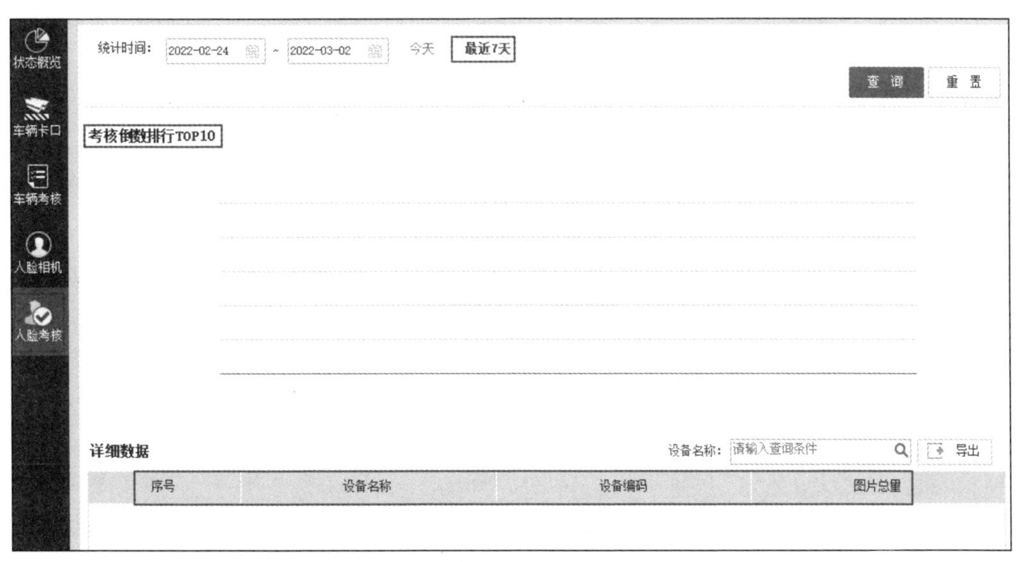

图 4-25　人脸考核信息

4.1.4　设备详情诊断

【设备详情】页面的入口为：选择【设备监控】→【全部设备】选项，在列表中找到设备后，双击即可。

【设备详情】页面主要显示设备的基础信息、性能监控、设备告警、关键进程及部分配置的入口。

1. 性能监控

性能监控主要包括 CPU 利用率、内存利用率、带宽利用率、硬盘利用率这 4 种，如图 4-26 所示。

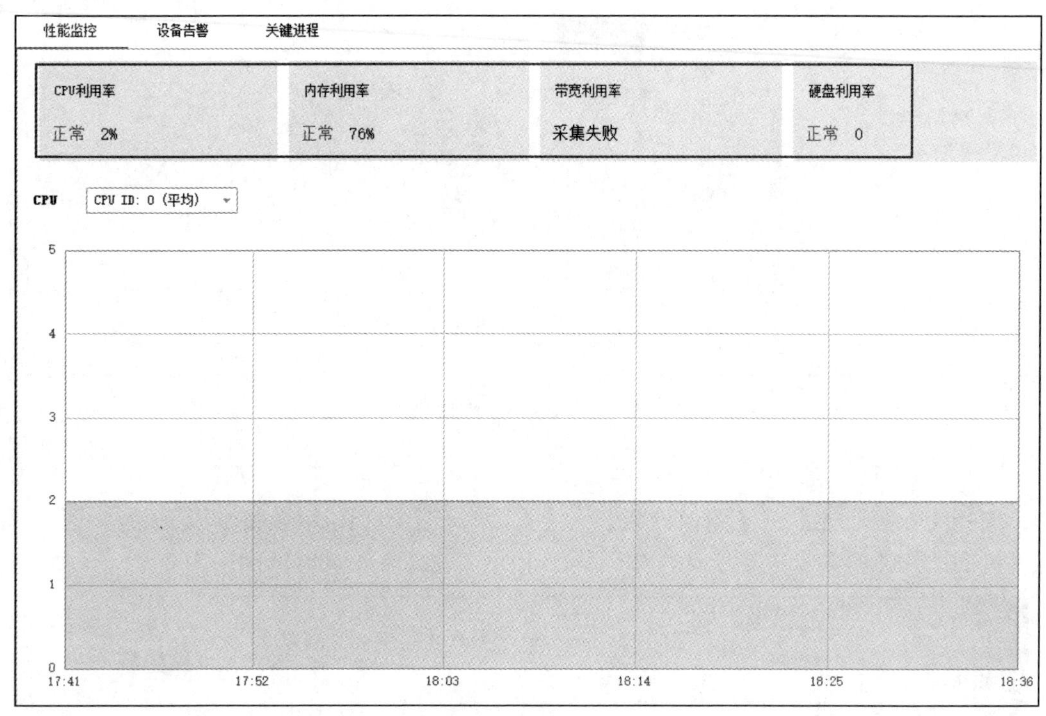

图 4-26　性能监控信息

2. 设备告警

设备告警显示该设备涉及的所有告警，包括级别、告警描述及告警时间。手动确认告警后，告警不会再显示在该页面中，如图 4-27 所示。

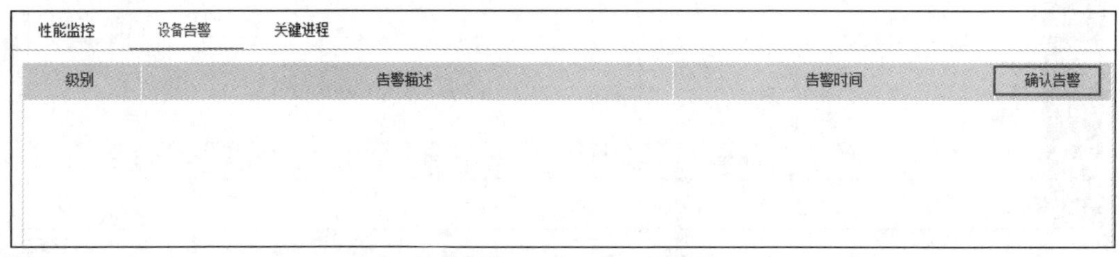

图 4-27　设备告警信息

3. 关键进程

设备的性能监控值（CPU、内存等）超过设定的阈值后，如果要上报告警，则需要把监控项添加到监控组后，再上报告警，如图 4-28 所示。

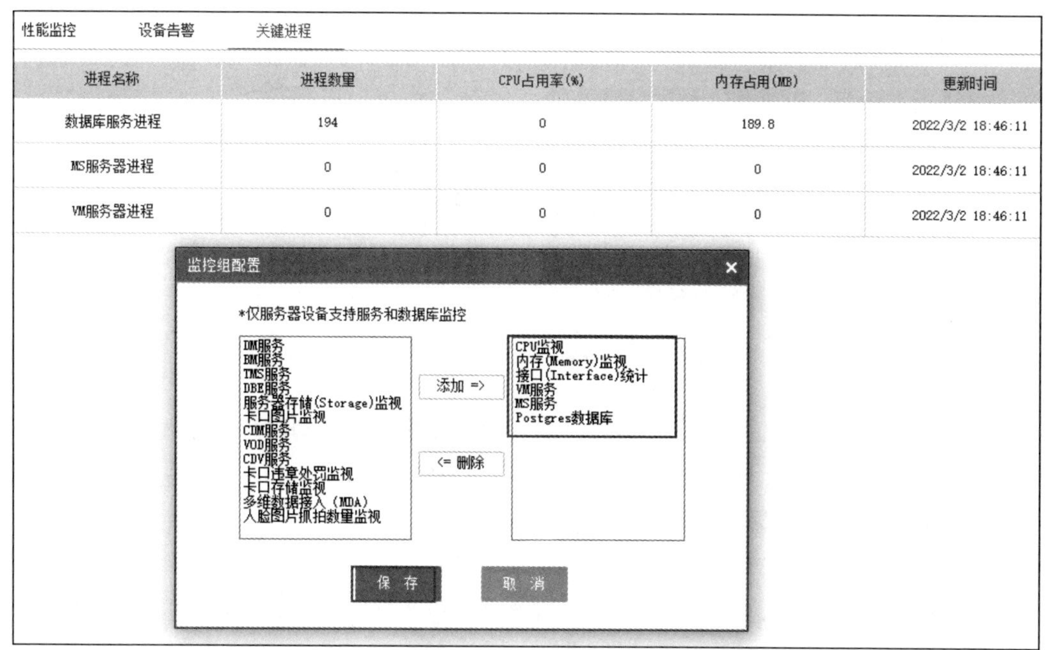

图 4-28　关键进程信息

4．监控阈值配置

可以自定义监控阈值，若监控组中存在某个监控项，且该监控项的值超过了设置的阈值，则能够上报相应的告警。

选择【告警管理】→【监控配置】选项，选择某个监控项，在右边的窗格中进行编辑，单击【保存】按钮，如图 4-29 所示。

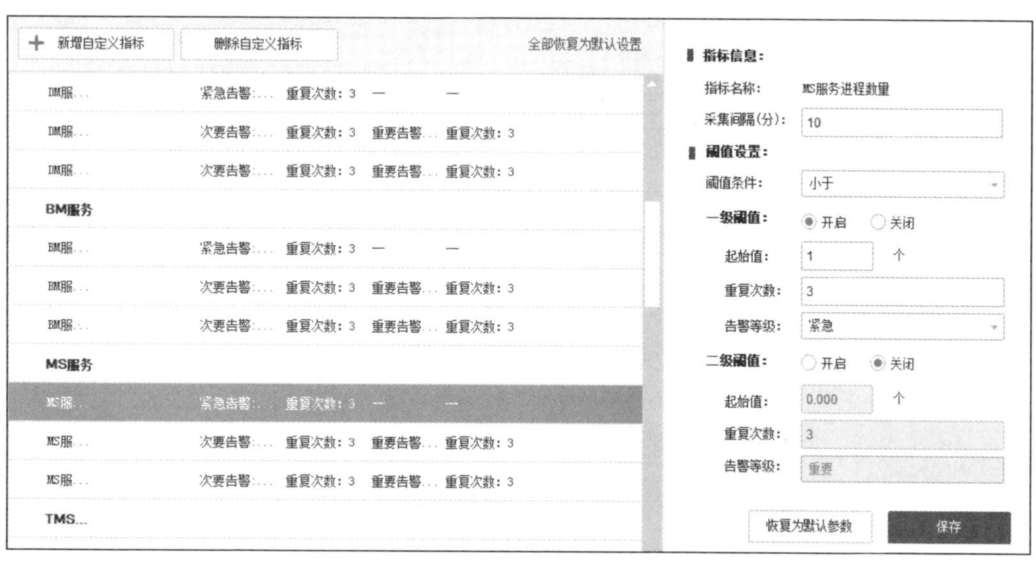

图 4-29　监控阈值配置

4.1.5 故障管理

1. 故障上报

故障类型可分为6种，其来源主要为服务器自动上报和客户端上报。

服务器自动上报的故障类型主要是设备离线、视频丢失、视频质量异常等情况。

客户端上报包含3种上报方式，分别为人工上报（上报方式：手动上报、资产损坏上报、告警转故障上报）、未按计划存储（上报方式：告警转故障上报）、人工诊断异常（上报方式：人工诊断上报）。

1）服务器自动上报

保证IMP服务和VM服务正常的情况下，设备离线故障自动上报。

配置视频诊断任务且诊断为异常后，视频质量故障异常自动上报。

2）客户端上报

（1）手动上报。

登录IMP客户端，选择【故障管理】→【故障报修单】选项，单击【手动上报】按钮。

在弹出的对话框中选择需要报修的设备，输入故障描述，还可以上传故障图片，单击【确认，提交下一环节】按钮即可，如图4-30所示。

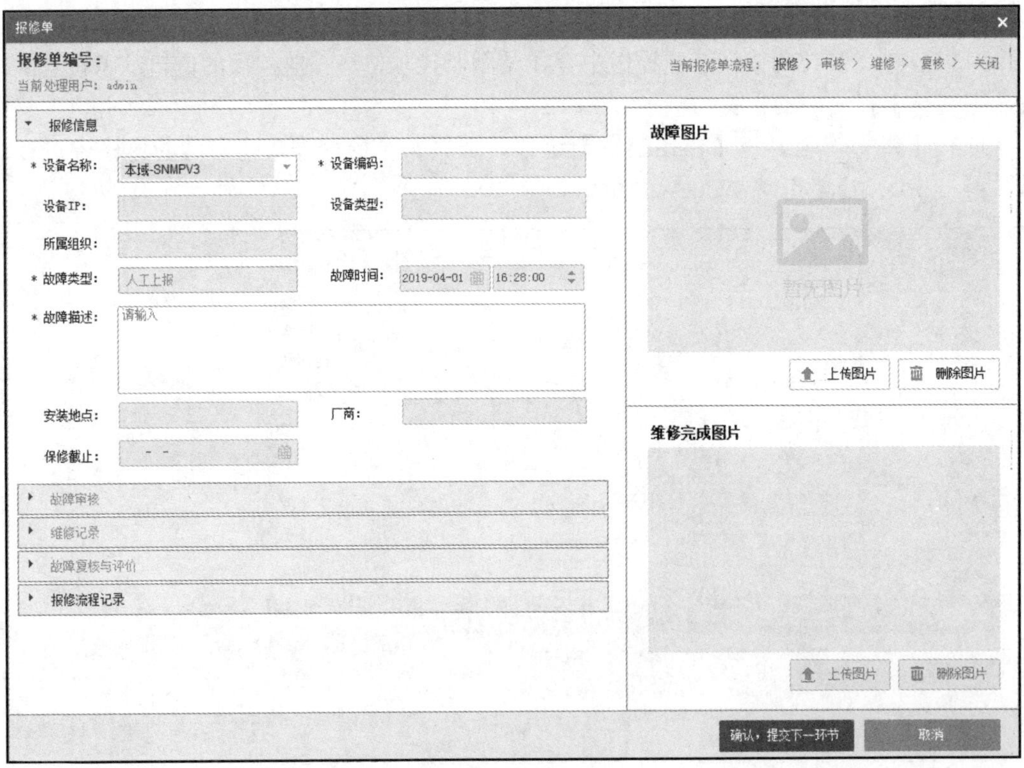

图4-30 报修单填写

（2）资产损坏上报。

① 登录 IMP 客户端，选择【资产管理】选项，选择一条资产信息，单击【配置与操作】按钮。

② 在弹出的对话框中将资产状态改成【损坏】，然后单击【确定】按钮即可，如图 4-31 所示。

图 4-31　资产配置

（3）人工诊断上报。

① 登录 IMP 客户端，选择【业务监控】→【视频诊断】→【人工诊断】选项。

② 在组织树中选择需要进行人工诊断的组织，单击菜单栏中的【诊断】按钮，如图 4-32 所示。

③ 诊断完成后选择某个摄像机并右击，在弹出的快捷菜单中选择【添加到异常列表】选项，如图 4-33 所示。

④ 在异常列表中可以看到对应的摄像机，随后单击【保存异常摄像机到服务器】按钮就可以成功上报。

（4）告警转故障上报。

在【告警管理】页面中，处理告警为故障上报。

图 4-32　人工诊断配置

图 4-33　添加异常列表

2. 故障报修单

1）审核阶段

审核分为手动审核、自动审核。

（1）手动审核是指故障派单模式为手动模式，手动指派。

（2）自动审核是指故障派单模式为自动模式，故障单自动派发到某个维护人名下，处于维修中状态。

具有审核权限的用户登录 IMP，选择【故障管理】→【故障报修单】选项，在该页面中可以选择单个或多个报修单，填写审核意见，选择相应的审核处理，单击【确认】按钮，提交下一环节即可，如图 4-34 所示。

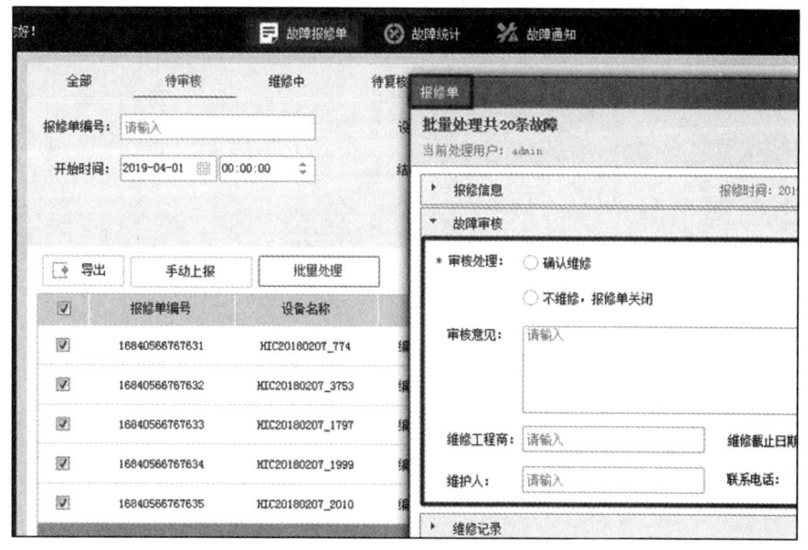

图 4-34　故障报修单

2）维修阶段

具有维修权限的用户登录 IMP，选择【故障管理】→【故障报修单】选项，填写维修记录，单击【确认】按钮，提交下一环节即可（用户只赋予维修权限，则只能查询出该用户所属名下的故障单，其他权限可以查询所有故障单），如图 4-35 所示。

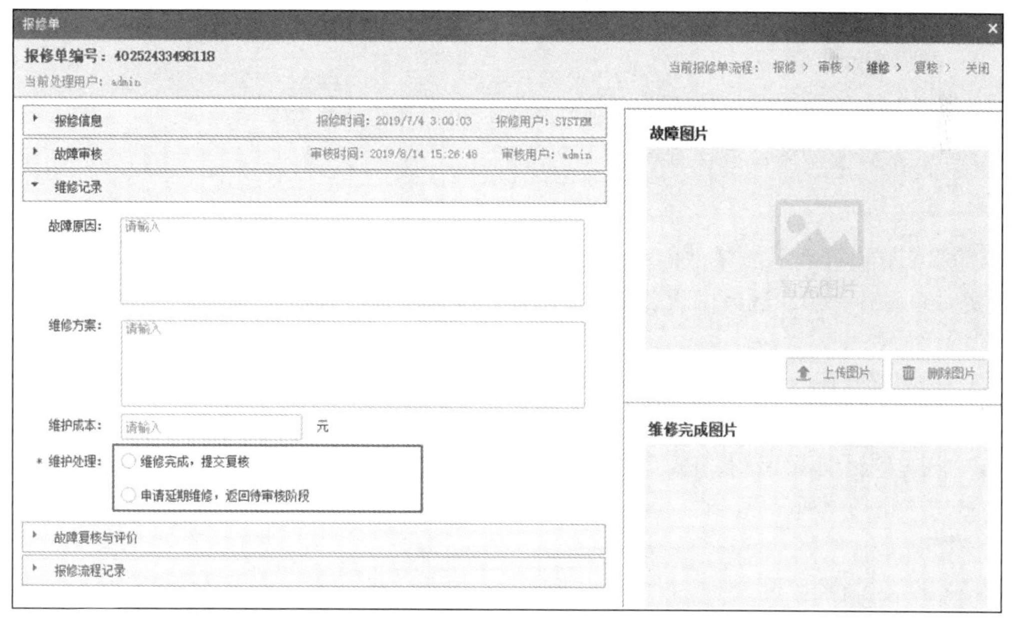

图 4-35　维修阶段

3）复核阶段

具有复核权限的用户登录 IMP，选择【故障管理】→【故障报修单】选项，填写故障复核与评价记录，单击【确认】按钮，提交下一环节即可，如图 4-36 所示。

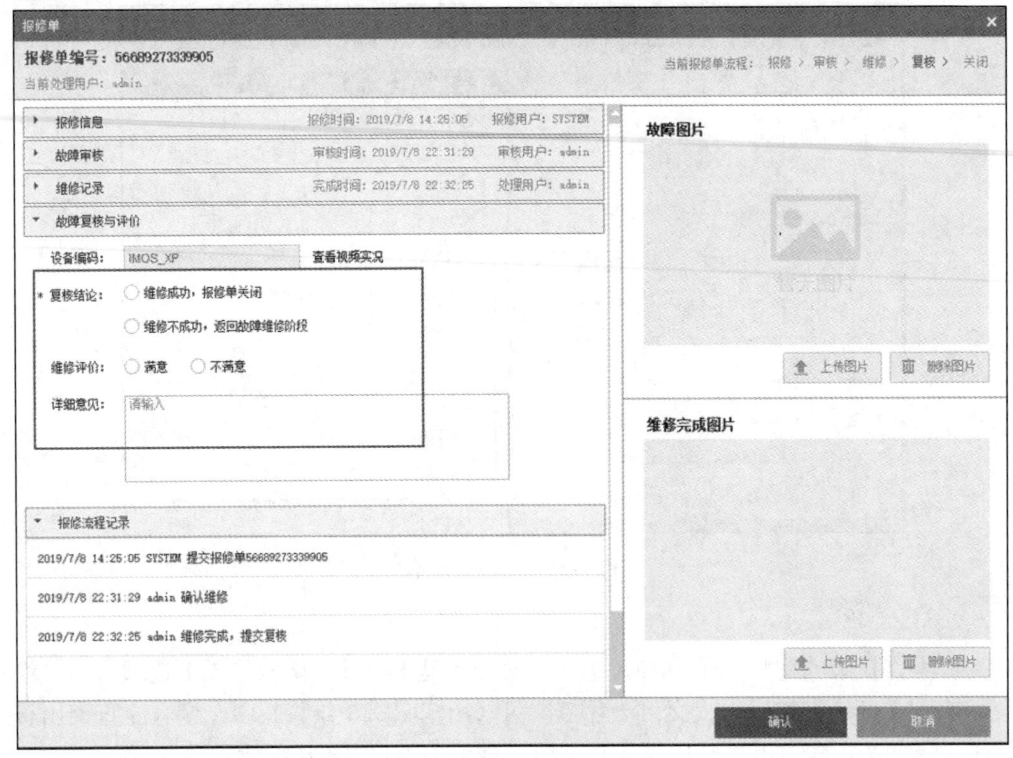

图 4-36　复核阶段

3．故障统计

系统提供基于设备和组织区域的故障统计，可根据组织区域、设备编码、设备名称、设备类型、故障类型条件进行查询。

1）实时总览

选择【故障管理】→【故障统计】→【实时总览】选项，支持按组织或设备进行统计，实时查看各个组织区域的设备故障统计情况。

（1）组织统计。

① 选择【组织统计】选项卡，如图 4-37 所示，该页面主要显示各组织故障率统计图和故障情况的详细数据。

② 在左侧组织树中选择任意组织，可统计区域故障个数、区域设备总数、区域故障率。

③ 支持设备类型、故障类型多条件查询实时故障，支持导出当前统计故障率到 Excel 中，保存到本地。

（2）设备统计。

① 选择【设备统计】选项卡，如图 4-38 所示，该页面主要统计设备的故障类型、最新故障时间、故障图片等。

② 在左侧组织树中选择任意组织，可统计区域设备的故障数据。

③ 支持按组织、设备编码、设备名称等多条件查询实时故障，支持导出当前统计故障率到 Excel 中，保存到本地。

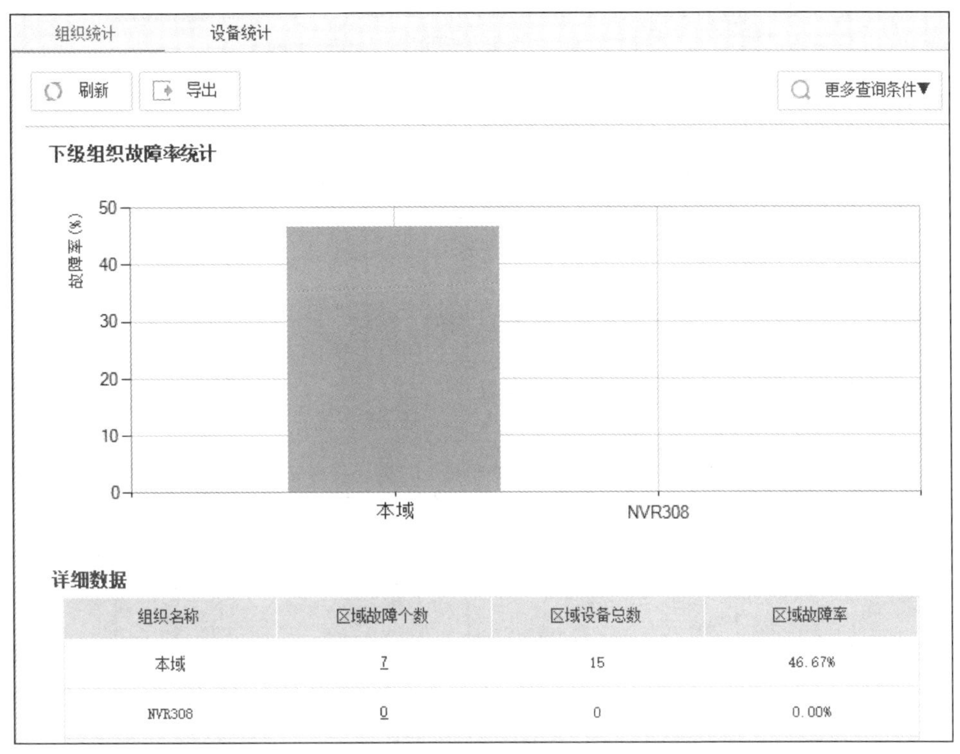

组织名称	区域故障个数	区域设备总数	区域故障率
本域	7	15	46.67%
NVR308	0	0	0.00%

图 4-37　组织统计

设备状态	设备名称	设备编码	设备类型	故障类型	最新故障时间	故障…	查看…	所属组织	IP地址
离线	EC_PAG_M...	ECPAGMOBILE	编码器/网...	设备离线	2022-01-28 1...			本域	虚拟设备无IP
离线	IMOS_XP	IMOS_XP		设备离线	2022-01-28 1...			本域	虚拟设备无IP
离线	172.1.90...	C0-B6-AF	摄像机	设备离线	2022-01-28 1...		查看...	本域	172.1.90.232
离线	HIC6642	HIC6642_1	摄像机	设备离线	2022-01-28 1...		查看...	本域	172.1.90.79
离线	HIC6642	HIC6642	编码器/网...	设备离线	2022-01-28 1...			本域	172.1.90.79
离线	111	3402000000132...	摄像机	设备离线	2022-01-28 1...		查看...	本域	172.1.90.245
在线	1234	3402000000132...	摄像机	视频图像质量异常	2022-03-02 1...		查看...	本域	172.1.90.245

图 4-38　设备统计

2）统计分析

（1）故障率统计。

① 如图 4-39 所示，在【统计报表】下拉列表中选择【故障率统计】选项，可显示故障率统计页面。

② 主要统计区域故障个数、区域设备总数、区域故障率。

③ 支持按组织区域、设备类型、故障类型、日期多条件统计。

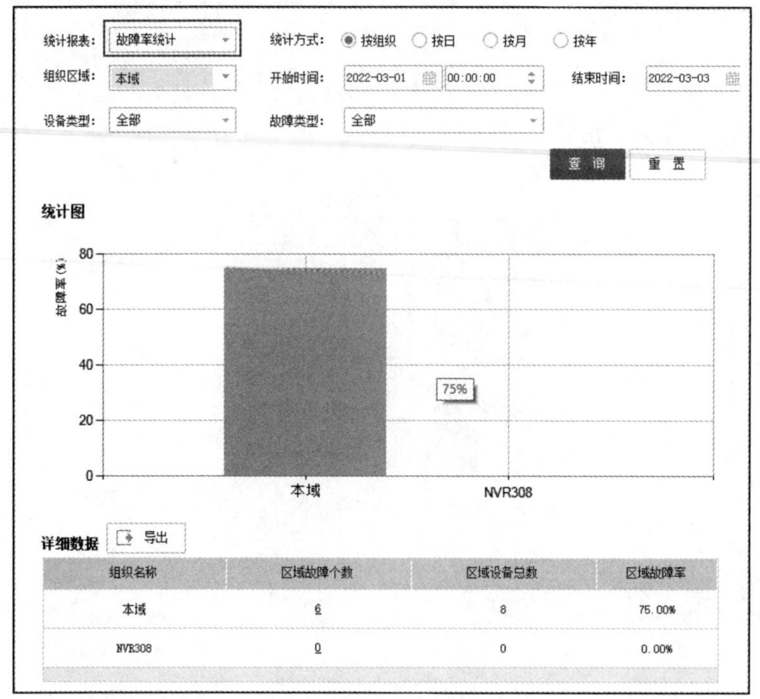

图 4-39　故障率统计

④ 单击区域故障个数，可查看故障设备详情，如图 4-40 所示。

导 出

所属组织	设备编码	设备名称	IPv4地址	设备状态	设备类型	设备子类型	故障图片	查看实况
本域	340200000013...	111	172.1.90.245	离线	摄像机	标清固定摄像机		
本域	C0-B6-AF	172.1.90.232	172.1.90.232	离线	摄像机	标清云台摄像机		
本域	HIC6642	HIC6642	172.1.90.79	离线	编码器/网络...	3M高清网络摄...		
本域	HIC6642_1	HIC6642	172.1.90.79	离线	摄像机	高清云台摄像机		
本域	spnserver	spnserver	172.1.90.198	离线				
本域	340200000013...	1234	172.1.90.245	在线异常	摄像机	高清云台摄像机	查看图片	查看实况

共6条　每页 20 条　跳转到 1 /1 页

图 4-40　故障设备详情

（2）故障次数统计。

① 如图 4-41 所示，在【统计报表】下拉列表中选择【故障次数统计】选项，可显示故障次数统计页面。

② 主要统计故障次数、最近一次故障起始时间。

③ 支持按组织区域、设备类型、故障类型、日期多条件统计。

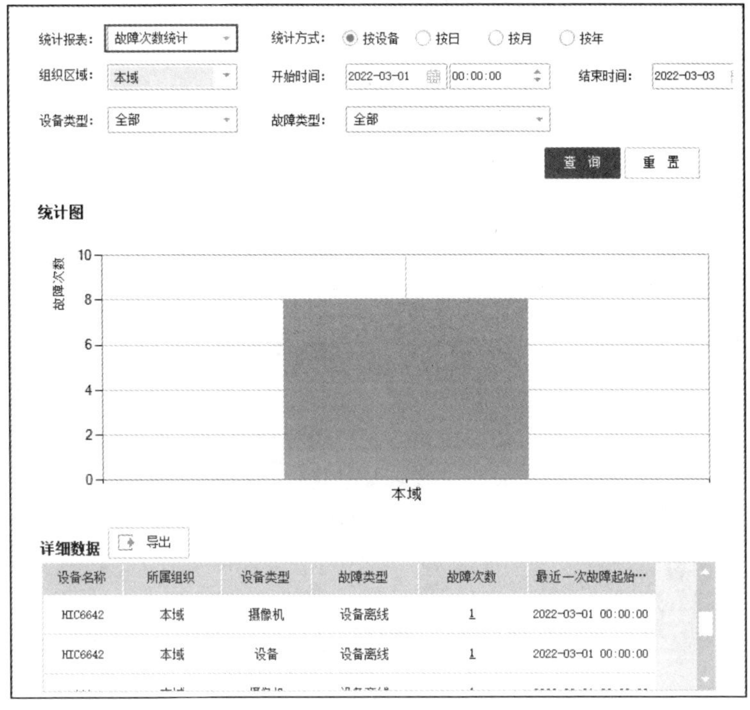

图 4-41　故障次数统计

④ 单击故障次数，可查看故障次数详情，如图 4-42 所示。

故障详情

导 出

设备名称	所属组织	设备类型	故障类型	故障次数	最近一次故障起始时间
172.1.90.232	本域	摄像机	设备离线	1	2022/3/1 0:00:00
IMOS_XP	本域	设备	设备离线	1	2022/3/1 0:00:00
EC_PAG_MOBILE	本域	设备	设备离线	1	2022/3/1 0:00:00
HIC6642	本域	摄像机	设备离线	1	2022/3/1 0:00:00
HIC6642	本域	设备	设备离线	1	2022/3/1 0:00:00
111	本域	摄像机	设备离线	1	2022/3/1 0:00:00
NVR308	本域	设备	设备离线	1	2022/3/1 0:00:00
1234	本域	摄像机	视频图像质	1	2022/3/2 14:45:25

共8条　每页 20 条　跳转到 1 /1 页

图 4-42　故障次数详情

（3）故障时长统计。

① 如图 4-43 所示，在【统计报表】下拉列表中选择【故障时长统计】选项，可显示故障时长统计页面。

② 主要统计故障时长、最近一次故障起始时间。

③ 支持按组织区域、设备类型、故障类型、日期多条件统计。

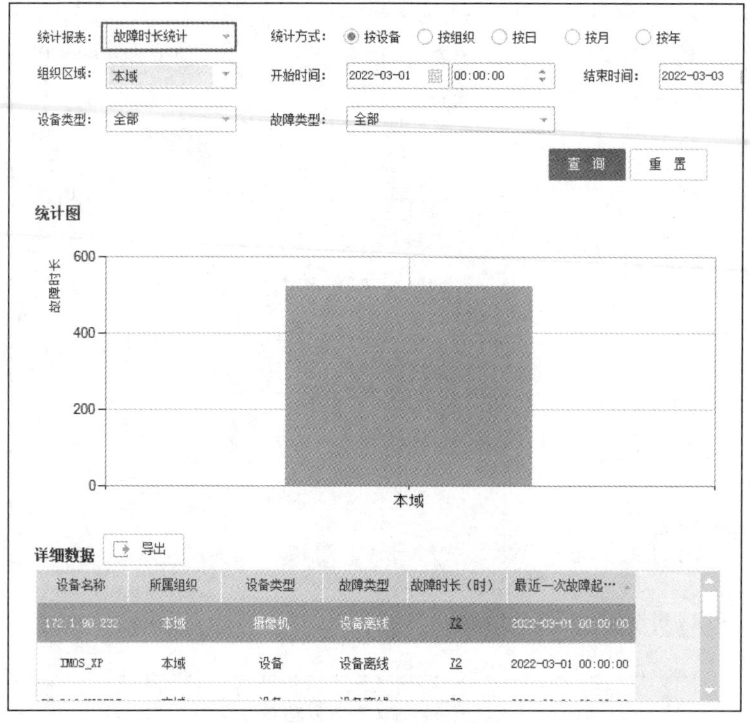

图 4-43　故障时长统计

④ 单击故障时长，可查看故障时长详情，如图 4-44 所示。

故障详情

导 出

设备名称	所属组织	设备类型	故障类型	故障时长（时）	最近一次故障起始时间
172.1.90.232	本域	摄像机	设备离线	72	2022/3/1 0:00:00
IMOS_XP	本域	设备	设备离线	72	2022/3/1 0:00:00
EC_PAG_MOBILE	本域	设备	设备离线	72	2022/3/1 0:00:00
HIC6642	本域	摄像机	设备离线	72	2022/3/1 0:00:00
HIC6642	本域	设备	设备离线	72	2022/3/1 0:00:00
111	本域	摄像机	设备离线	72	2022/3/1 0:00:00
NVR308	本域	设备	设备离线	72	2022/3/1 0:00:00
1234	本域	摄像机	视频图像质	19.11	2022/3/2 14:45:25

共8条　每页 20 条　跳转到 1 /1 页

图 4-44　故障时长详情

4.1.6　统计报表

统计报表是为了将所有的状态按一定的维度进行整体展示，包含摄像机、资产和运维的统计。

1. 摄像机统计

（1）在线率支持按组织区域、时间类型统计，用户通过数据表和统计图观察，如图 4-45 所示。

图 4-45　在线率

（2）视频质量支持按诊断任务、组织区域、时间类型统计，用户通过数据表和统计图观察，如图 4-46 所示。

图 4-46　视频质量

（3）录像质量支持按组织区域、时间类型统计，用户通过数据表和统计图观察，如图4-47 所示。

（4）标点质量支持按组织区域、时间类型统计，用户通过数据表和统计图观察，如图 4-48 所示。

图 4-47　录像质量

图 4-48　标点质量

2．资产统计

（1）故障率支持按时间类型统计，用户通过数据表观察，如图 4-49 所示。

图 4-49　故障率

（2）故障时长支持按时间类型统计，用户通过数据表观察，如图 4-50 所示。

日期	资产厂商	故障总时长(天)
2019-05-08	001	1.88
2019-05-08	002	1
2019-05-08	003	0.88
2019-05-08	004	0.88
2019-05-08	005	0.15
2019-05-08	006	0.01

图 4-50　故障时长

（3）维护成本支持按时间类型统计，用户通过数据表观察，如图 4-51 所示。

日期	资产厂商	设备总成本
2019-05-08	001	0
2019-05-08	002	0
2019-05-08	003	0
2019-05-08	004	0
2019-05-08	005	0
2019-05-08	006	0

图 4-51　维护成本

3．运维统计

运维统计是对维护及时率、延期率、未完成率、维护时长和维护成本进行统计和记录。

（1）及时率支持按时间类型统计，用户通过数据表观察，如图 4-52 所示。

① 需完成故障数：未修复的故障+当日修复的故障。

② 及时完成数：finish_time（故障维修成功时间）≤mw_time（维修截止时间）。

（2）延期率支持按时间类型统计，用户通过数据表观察，如图 4-53 所示。

图 4-52　及时率

图 4-53　延期率

① 需完成故障数：未修复的故障+当日修复的故障。

② 超期完成数：finish_time（故障维修成功时间）＞mw_time（维修截止时间）。

（3）未完成率支持按时间类型统计，用户通过数据表观察，如图 4-54 所示。

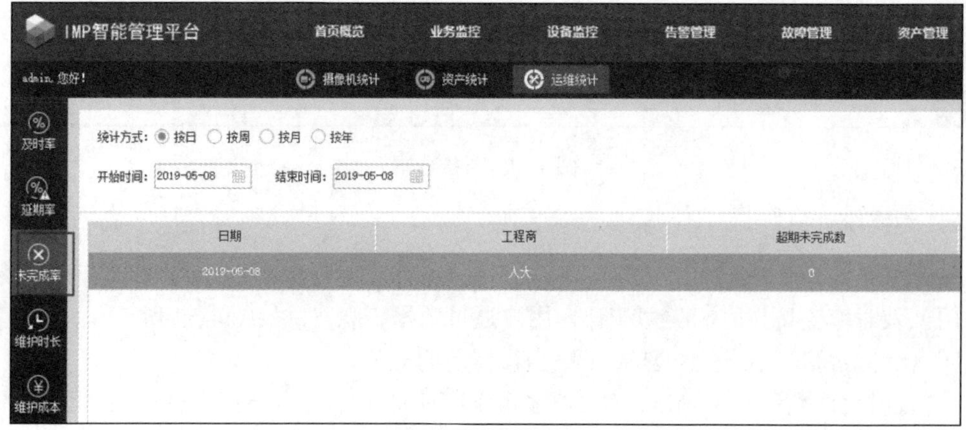

图 4-54　未完成率

① 需完成故障数：未修复的故障+当日修复的故障。

② 超期未完成数：finish_time=空&后台统计时间＞mw_time。

（4）维护时长支持按时间类型统计，用户通过数据表观察，如图 4-55 所示。

图 4-55　维护时长

① 维护总时长：finish_time−trouble_time（故障单复核成功后累加）。

② 维护次数：故障单复核成功后累加。

（5）维护成本支持按时间类型统计，用户通过数据表观察，如图 4-56 所示。

图 4-56　维护成本

① 维护总成本：维护成本（故障单复核成功后累加）。

② 维护次数：故障单复核成功后累加。

4.2　问题排查

视频监控系统是个比较庞大的 IT 系统，其系统组成按硬件划分有网络摄像机、交换机、各种线路接口、管理服务器、存储设备、编解码器、显示设备等。设备与设备之间交互的协议种类繁多，如 SNMP 协议、SIP 协议、RTP 协议、RTSP 协议等。设备众多、线路连接复杂，其间交互的信息也比较复杂，一旦表象层故障，就很难一下子断定故障的缘由。本节介绍面对故障问题，如何进行对问题的排查、定位及解决，并且从几个比较常见的故障进行问题排查分析。

因为故障问题种类繁多，很难通过一个综合案例说明所有的问题及分析思路，往往不同的问题采用不同的定位分析思路，以及排查方法。本节将通过多个案例进行场景模拟。

4.2.1 问题描述

一个专业的问题描述是问题定位的基础，不仅对问题的排查会起到事半功倍的作用，而且体现了问题描述人的技术水平和职业素养。

一个专业的问题描述，应遵循以下原则：客观、准确、清晰，需要包含具体的项目信息、涉及的产品和产品的版本、具体的组网信息以及详细的故障信息，如果有初步的排查步骤，则需要描述做过哪些操作和步骤以及对应的结果是什么样的。

案例一

×工，我现在点播前端摄像机的实况，发现看不了了，问题紧急，快帮我解决一下！

点评：

问题描述不准确，所谓“看不了”是一个模糊的问题现象，工程师应该给予准确描述。

更好的描述：

××局点，组网是 IPC—VM—PC，IPC 版本是×××，VM 版本是×××，在 Web 客户端上点播实况，实况可以建立，但是窗格显示黑屏，且无码流。

案例二

×工，我发现在 DC 上硬解码上墙会出现实况卡顿的情况，所有摄像机都是这样的。一定是你们的解码器有问题，赶紧来定位解决。

点评：

问题描述应客观，如果工程师判断是某方面存在问题，应该说明判断的方法和依据。

更好的描述：

DC 解码上墙所有摄像机都会出现卡顿的情况，Web 客户端和 DC 在同一网络同一交换机，对同一批摄像机，DC 卡顿时 Web 客户端解码正常；为了排除网络原因，把 DC 的网口和 Web 客户端互换，问题现象依然存在，据此怀疑是 DC 问题，附件是 DC 的日志，请定位。

4.2.2 故障排除的常见方法

视频监控系统是个比较复杂的系统，面对故障的表象层很难一步确定故障源。掌握故障排除的流程与常见方法，面对故障能够展开有条理的排查，是作为视频监控工程师非常重要的素质。本节将梳理故障排查的流程与常见的方法，建立基本的框架逻辑。

1．故障排除基本步骤

首先介绍故障排除的基本步骤，如图 4-57 所示。

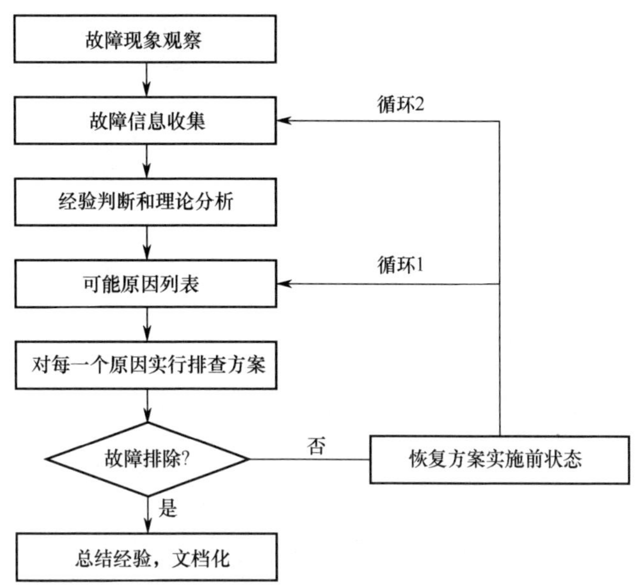

图 4-57　故障排除的基本步骤

第 1 步，需要对故障的现象进行观察。

第 2 步，进行信息收集，收集信息的方式可以为记录现象，也可以导出设备的日志文件，或者是设备的提示信息。

第 3 步，根据经验进行分析，罗列出可能的原因。

第 4 步，对每个可能性进行逐一排查，这是基本步骤。针对前面讲到的每个可能性进行排查的时候，可以应用一些常见的方法：替换法、分段故障排查法、配置分析与修改法。

2．故障排查常见方法

下面针对上述 3 个故障排查的常见方法，针对业务场景进行演练。

1）替换法

替换法就是使用一个正常工作的设备去替换一个被怀疑工作异常的设备，以达到定位故障、排除故障的目的。

（1）应用场景。

在实际工作中，多用于硬件类故障的排查。通过替换法，可以迅速判断故障是设备本身导致的还是外部因素导致的。替换法常用于现场级修复级别低的不可修复产品，主要用于硬件类故障的排查。既可用于视频监控系统外部设备的排查，如光纤、网线、交换机、供电设备等，也可用于视频监控系统内部设备的排查。

例如，按图 4-58 所示的视频监控系统硬件设备拓扑图，可以针对性地更换对应设备进行故障定位。图中的视频监控系统由两路现场枪机、传输设备、解码器、视频监控平台、电视墙组成，目前一路电视墙 TV1 正常播放 HIC 枪机 1 画面，另一路电视墙 TV2 不正常，无法播放 HIC 枪机 2，可以通过监控平台，把不正常的监控视频 HIC 枪机 2 切换到正常电视墙 TV1 上，观察是否正常，然后用备用电视屏替换异常电视墙设备 TV2 后，再把 HIC 枪机 2 切回 TV2，即可恢复功能。

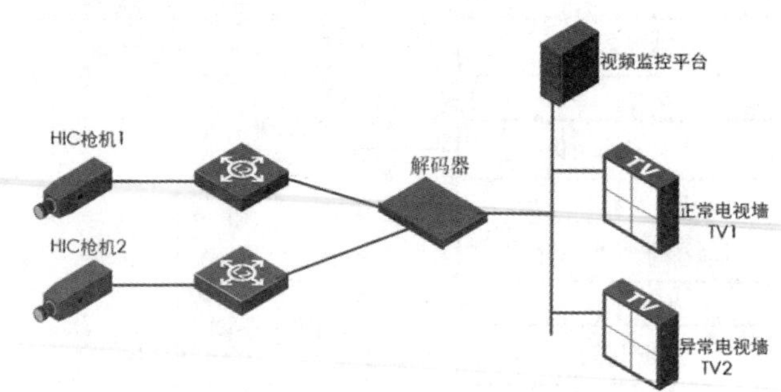

图 4-58　视频监控系统硬件设备拓扑图

（2）优点：简单、实用，对维护人员技能要求不高。

（3）缺点：替换法要求现场有多余的设备，实际操作没有其他方法方便。

2）分段故障排查法

分段故障排查法是根据数据流（包括媒体流和信令流）的走向，按组网进行分段，人为把流量路径分为多个节点，然后逐个节点排查的方法。分段故障排查法多用于复杂组网的故障定位，采用分段的方式，把复杂问题逐点分解。

（1）应用场景。

实况卡顿故障拓扑图如图 4-59 所示，图中的实况卡顿故障涉及 NVR、交换机，以及视频监控平台的性能，它们都正常才能解决故障。可以通过 Web 客户端，从信息流头开始，直接接入摄像头，观察是否卡顿，然后修改配置和接入点，接入 NVR，看卡顿是否解决，然后再换第一级交换机，第二级交换机，最后到视频监控平台，这样逐一排查出性能瓶颈设备，找到故障点。分段故障排查法用于多设备组网的问题定位。要求使用者熟悉监控系统的业务流程，能依据业务流程中所涉及数据流的走向来对故障进行分段排查。

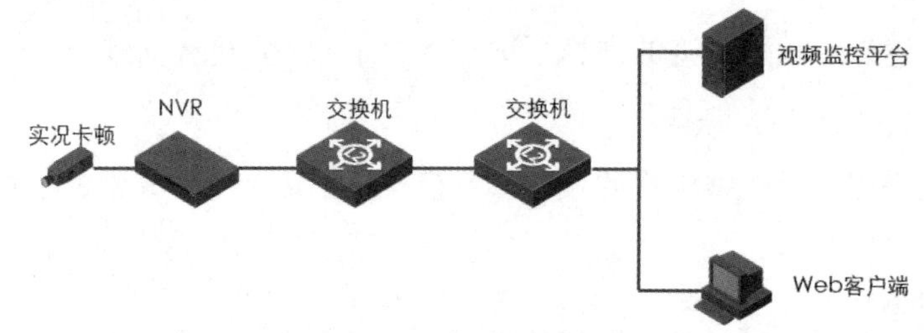

图 4-59　实况卡顿故障拓扑图

（2）优点：通过分段排除，能快速缩小怀疑范围，提高定位效率。

（3）缺点：对维护人员的技术能力有一定要求，只有熟悉常见业务流程才能较好使用分段故障排查法。

3）配置分析与修改法

配置分析与修改法是通过变更和分析配置，来定位故障的方法。配置分析法的使用效果在很大程度上取决于使用者的经验。

（1）应用场景。

在多种原因无法确定故障源的情况下使用配置分析与修改法。例如，云台不可控，则可以分析设备的串口配置和云台的串口配置是否一致来定位问题；又如，怀疑视频卡顿是由于 MS 转发导致的，可以修改配置让媒体流不经过 MS 来判断。

视频监控中心设备拓扑图如图 4-60 所示，视频卡顿故障有可能是 NVR 的问题，也有可能是流媒体服务器的问题，可以修改 Web 客户端的目的 IP 配置，绕过流媒体服务器，直接从 NVR 或者视频监控平台观察画面来判断是不是流媒体服务器性能故障引起的。

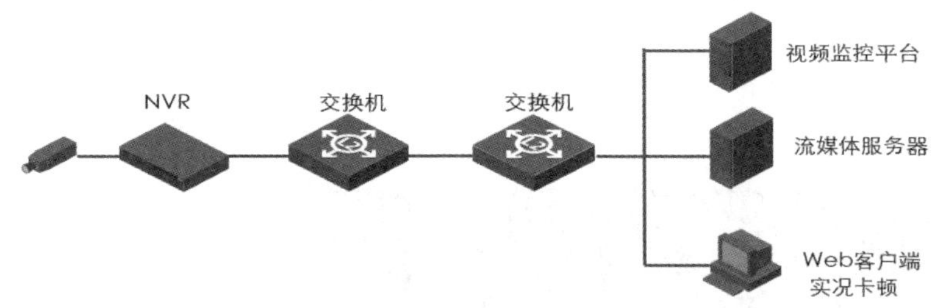

图 4-60　视频监控中心设备拓扑图

（2）优点：以配置调整为基础，能快捷方便地定位或排除问题。

（3）缺点：要求维护人员能根据以往处理问题的经验来调整配置，对于初学者来说，难度较高，适用于有一定维护经验的人员。

4.2.3　常见问题分类和定位思路

对于常见故障的分析定位是作为视频监控工程师必备的素质要求，常见问题可分为实况问题、云台控制问题、录像问题。这 3 类常见问题占了视频监控系统常见问题的一半以上，本节将针对这 3 类问题进行重点剖析。

1. 实况问题定位和方法

实况问题是视频监控系统最常见的一类问题，从实况问题的现象来看，主要分为两类：实况黑屏和实况卡顿。一般来说，实况播放成功需要 3 个条件：有视频流，且无严重的丢包和乱序；能够正常解码；显卡支持显示。

所有的实况类问题的定位都可以围绕这 3 点来进行。

1）实况黑屏问题分析

某视频监控系统出现实况黑屏，经分析该系统的组网如图 4-61 所示，分析思路如图 4-62 所示。

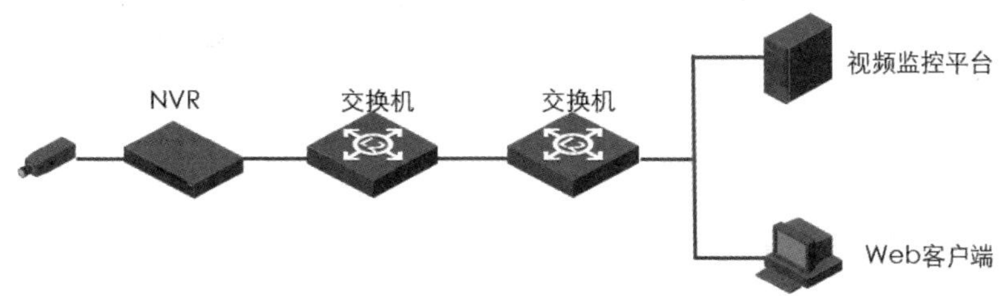

图 4-61　某视频监控系统的组网

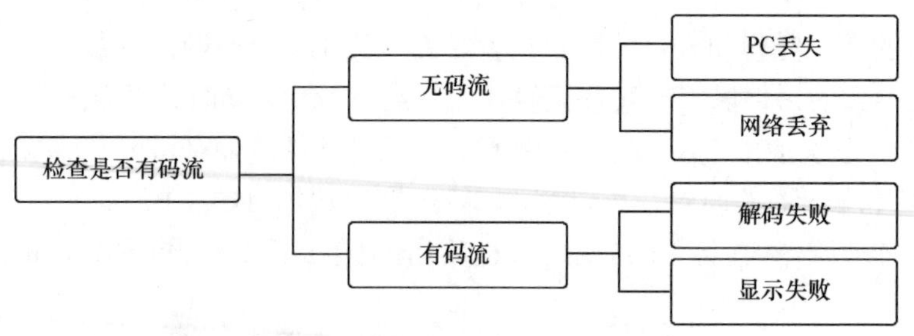

图 4-62　实况黑屏问题分析思路

（1）登入 Web 客户端（图 4-63），查看码率是否为零。

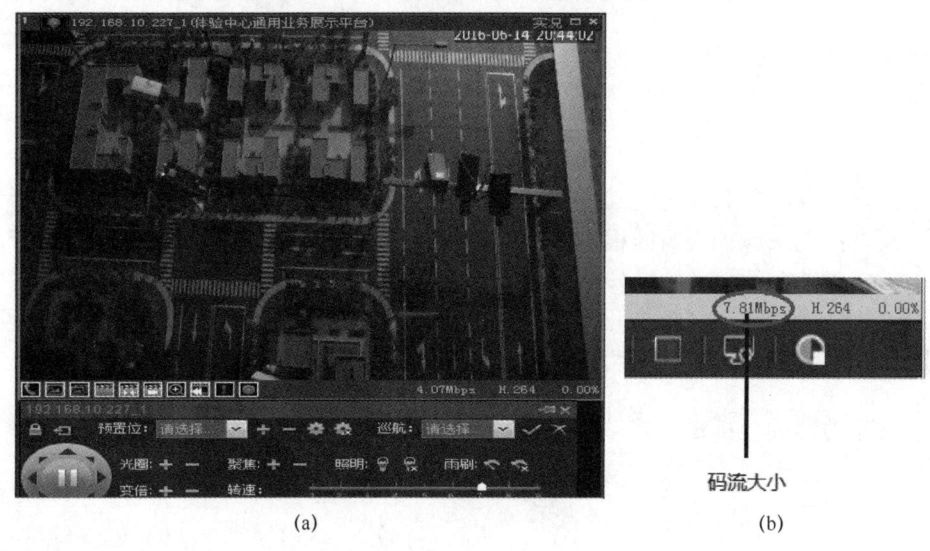

(a)　　(b)

图 4-63　Web 客户端

（2）若码流为零，则先排查是否 PC 丢弃，检查客户端 PC 是否开启防火墙，如图4-64所示。

（3）若排除 PC 问题，仍无法收到码流，则说明是网络的问题。可使用分段故障排查法来缩小范围。通过分段故障排查法定位到接入交换机至前端 IPC 网络存在问题，接下来使用替换法定位问题具体所在位置。

（4）若码流不为零，则检查丢包率，判断是否丢包导致解码失败，如图 4-65 所示。

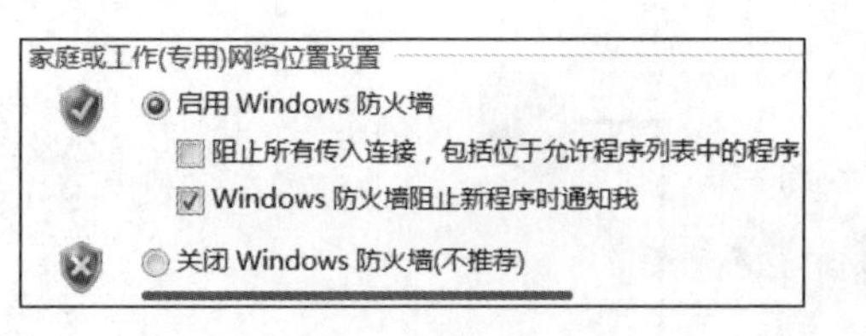

图 4-64　防火墙设置

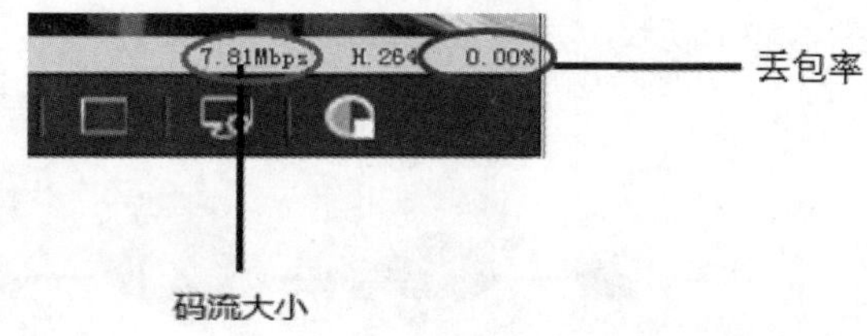

图 4-65　丢包查看

（5）如果丢包率为 0，则可以通过 DirectX 诊断工具来判断是否为显卡问题，如图 4-66 所示。

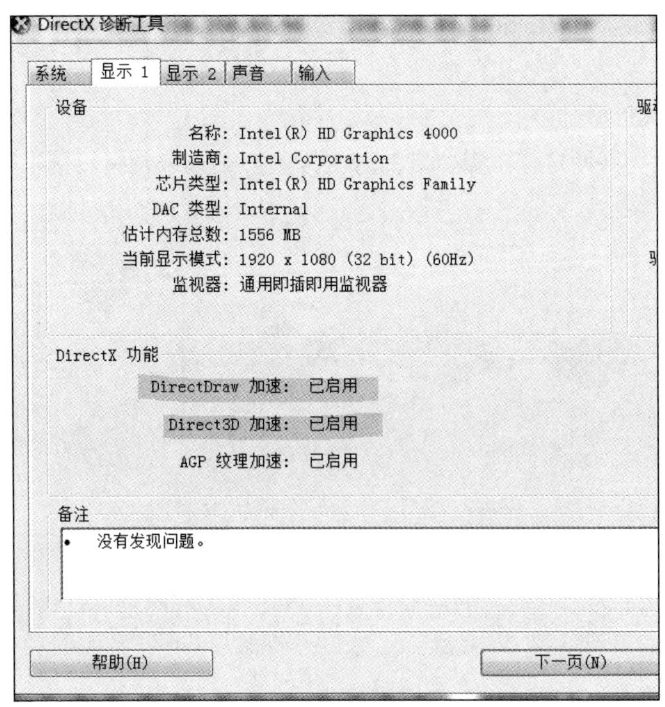

图 4-66　DirectX 诊断工具

2）实况卡顿问题分析

实况出现的问题不是黑屏而是卡顿，分析思路如图 4-67 所示。

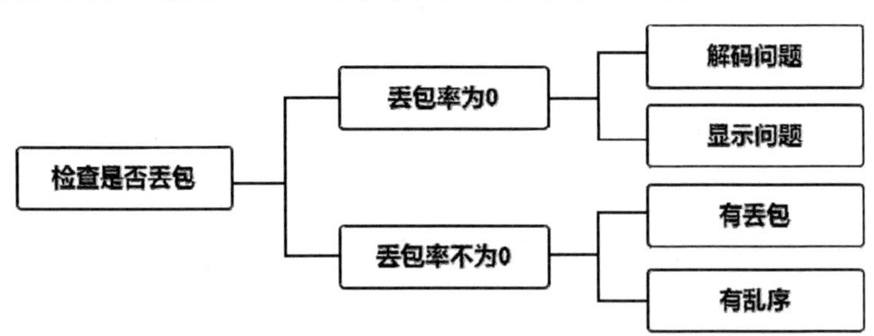

图 4-67　实况卡顿问题分析思路

（1）若丢包率为零，则先排查是否为解码问题，常见原因有因未开启流畅性优先导致解码丢帧，本地配置设置流畅性优先，如图 4-68 所示。

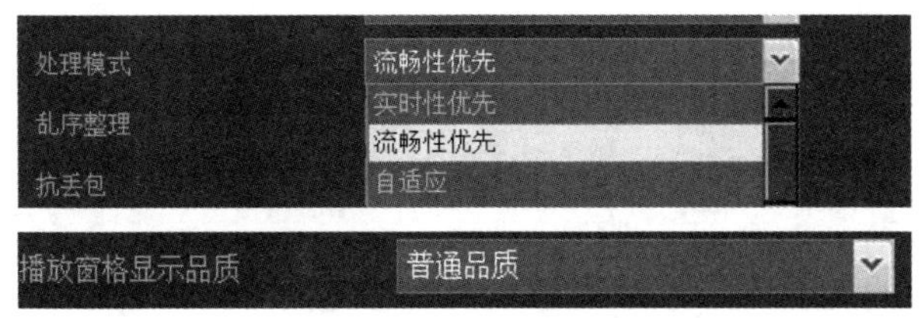

图 4-68　流畅度设置

（2）显卡显示常见问题可以通过修改显示品质为“普通品质”来解决。

（3）假如丢包率不为 0，则要判断是丢包引起的还是乱序引起的。可以在客户端本地配置中开启“乱序整理”功能，看实况卡顿问题是否缓解来做一个初步判断。

3）实况问题进阶排错

更复杂的实况类问题定位，需要借助 Wireshark 工具来判断。接下来用一个例子进行介绍，如图 4-69 所示。

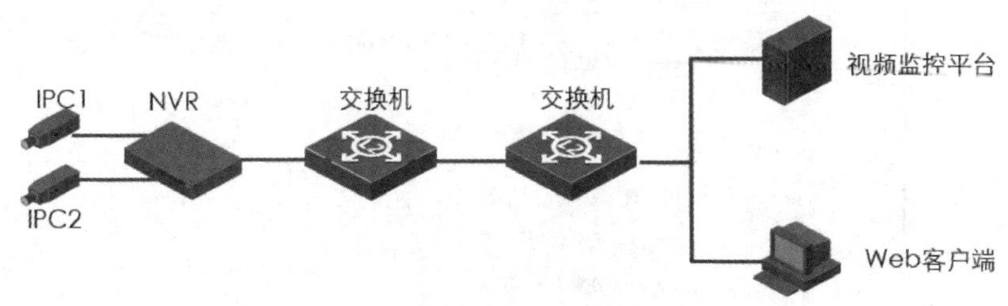

图 4-69　实况问题进阶排错组网示例

（1）问题描述和初步分析。

① IPC1 和 IPC2 为不同厂家的前端设备，IPC1 出现解码黑屏，IPC2 正常。

② 在实况窗格上观察到 IPC1 黑屏，观察到码流大小正常且无丢包。因此排除网络丢包和乱序。

③ 通过配置分析与修改法，IPC1 和 IPC2 的前端配置完全一样，IPC2 可以正常显示，因此可以排除 PC 显示问题。

如前所述，在排除网络和显卡显示问题后，需要排查是否因码流本身的问题导致无法解码，这里要用到 Wireshark 工具。

（2）具体步骤如下。

① 利用 Wireshark 工具在 Web 客户端获取码流的报文。

② 由于 ONVIF（开放式网络视频接口协议）通常采用 RTP 来封装视频流，因此需要把报文解码 RTP，如图 4-70 所示。

nvr-客户端抓包.pcap.pcapng

文件(F) 编辑(E) 视图(V) 跳转(G) 捕获(C) 分析(A) 统计(S) 电话(Y) 无线(W) 工具(T) 帮助(H)

udp

No.	Time	Source	Destination	Protocol	Length	Info
1	0.000000	172.17.10.6	172.17.10.253	UDP	393	27706 → 36028 Len=351
2	0.000756	172.17.10.6	172.17.10.253	UDP	1454	27706 → 36028 Len=1412
3	0.000757	172.17.10.6	172.17.10.253	UDP	1454	27706 → 36028 Len=1412
4	0.000758	172.17.10.6	172.17.10.253	UDP	1454	27706 → 36028 Len=1412
5	0.000759	172.17.10.6	172.17.10.253	UDP	1454	27706 → 36028 Len=1412
6	0.001506	172.17.10.6	172.17.10.253	UDP	1454	27706 → 36028 Len=1412

(a)

Wireshark · Decode As...

字段	值	类型	默认	当前
UDP port	27706	整数，底数 ...	(none)	RTP

(b)

图 4-70　解码 RTP

③ RTP 码流如图 4-71 所示。

Time	Source	Destination	Protocol	Length	Info
1 0.000000	172.17.10.6	172.17.10.253	RTP	393	PT=DynamicRTP-Type-96, SSRC=0x11E1A499, Seq=41349, Time=560930608,
2 0.000756	172.17.10.6	172.17.10.253	RTP	1454	PT=DynamicRTP-Type-96, SSRC=0x11E1A499, Seq=41350, Time=560934208
3 0.000757	172.17.10.6	172.17.10.253	RTP	1454	PT=DynamicRTP-Type-96, SSRC=0x11E1A499, Seq=41351, Time=560934208
4 0.000758	172.17.10.6	172.17.10.253	RTP	1454	PT=DynamicRTP-Type-96, SSRC=0x11E1A499, Seq=41352, Time=560934208

图 4-71　RTP 码流

④ 在菜单中选择【Telephony】→【RTP】→【Stream Analysis】选项，如图 4-72 所示。

Telephony　Tools　Internals　Help
ANSI
GSM
H.225...
IAX2
ISUP Messages
LTE
MTP3
RTP　Show All Streams　Stream Analysis...
RTSP
SCTP
SIP...
SMPPOperations
UCP Messages
VoIP Calls
WAP-WSP...

图 4-72　Stream Analysis

⑤ RTP 流分析结果如图 4-73 所示，单击【Save payload】按钮，可以将报文保存为文件。

⑥ 将文件用 VLC 等通用播放工具打开，如果不能正常播放实况，就说明是码流本身存在问题导致无法解码。

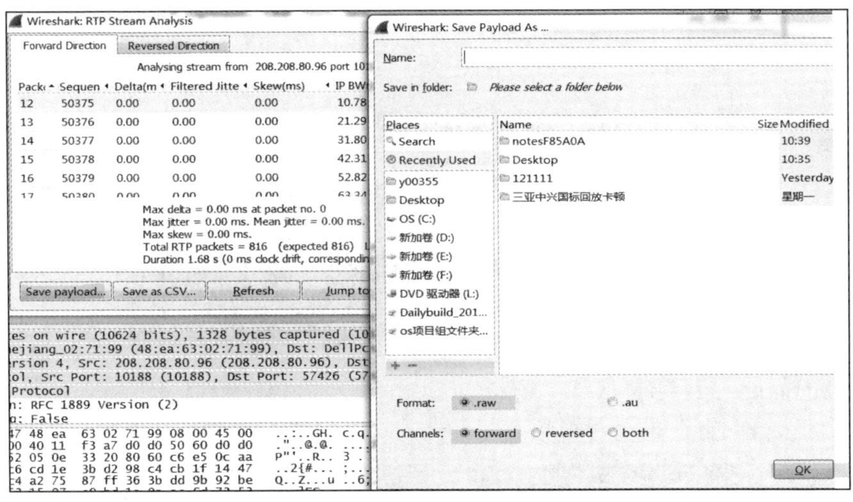

图 4-73　RTP 流分析结果

2. 云台控制问题

云台控制问题主要分为云台完全不可控和云台部分不可控（如不能变倍或者只能放大不能缩小、不能聚焦、无法开启雨刷等）。

云台控制问题的定位策略如下。

第一，确认云台自检、基本配置、连线均正确。

第二，通过分段故障排查法，逐段定位，缩小范围。

云台控制问题分析思路如图 4-74 所示。

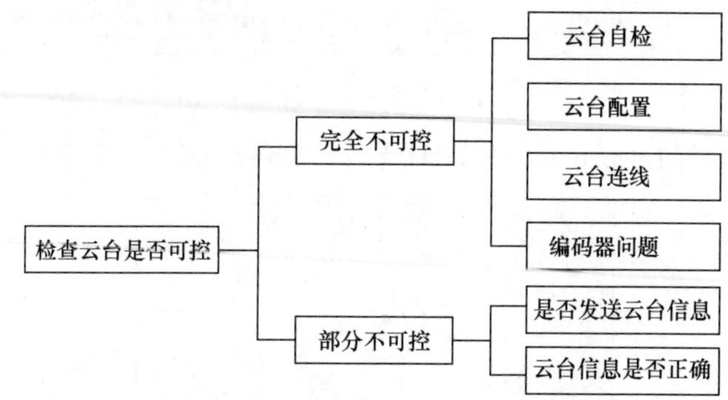

图 4-74　云台控制问题分析思路

1）云台完全不可控

云台完全不可控是云台故障常见的情况。下面对云台完全不可控组网示例（图 4-75）进行分析。

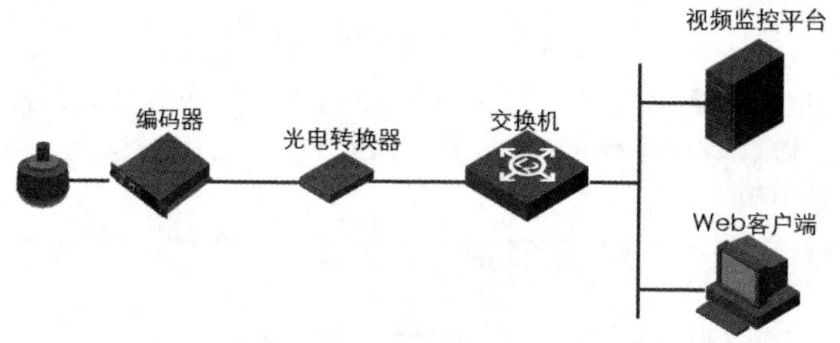

图 4-75　云台完全不可控组网示例

（1）在 Web 客户端上点播前端不可控摄像机的实况，然后将云台摄像机断电重启，可观察到云台自检的过程，如图 4-76 所示。

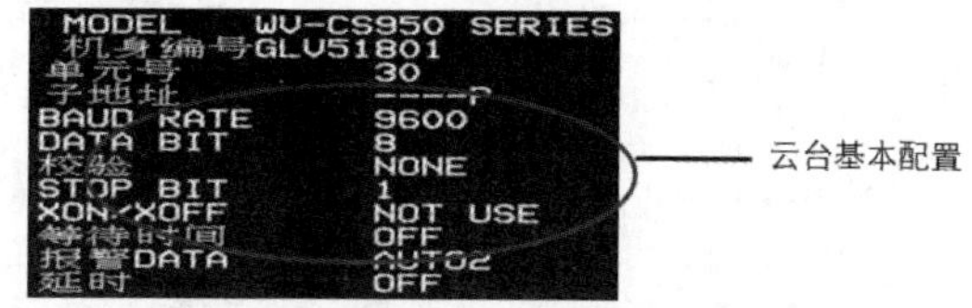

图 4-76　云台自检

（2）若云台自检异常，则可确定是云台摄像机的问题。若自检正常，则根据自检显示的云台配置，来核对视频监控平台的对应配置，如图 4-77 所示。

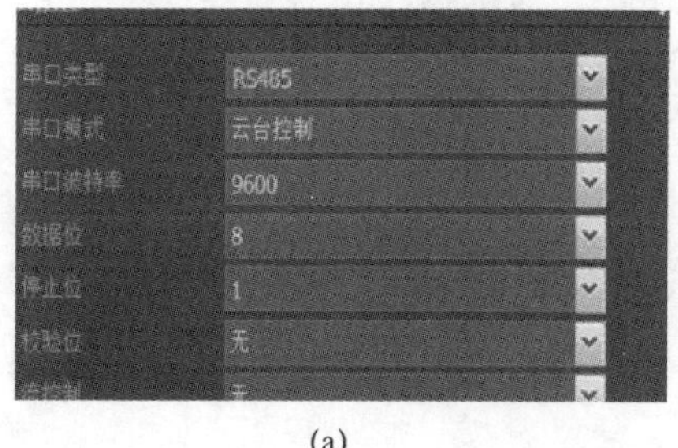

(a)

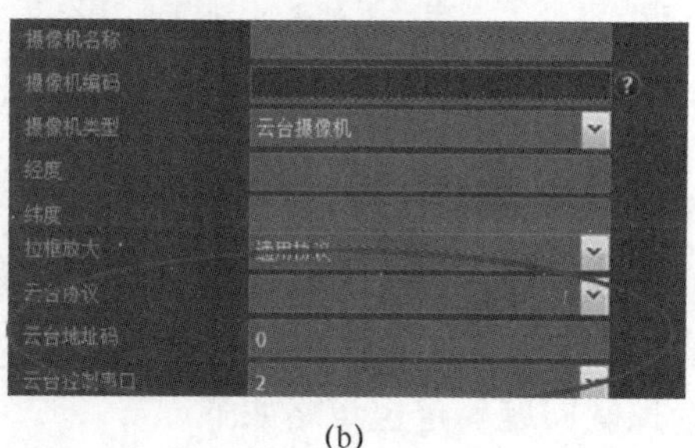

(b)

图 4-77　VM 云台配置页面

特别需要注意的是，视频监控平台的云台配置必须与实际云台的配置一致。

（3）若配置核对无误，则检查云台连线。云台连线方式为：RJ-45 的 T+与云台控制线的 A（RS485+）连接；RJ-45 的 T-与云台控制线 B（RS485-）连接，如图 4-78 所示。

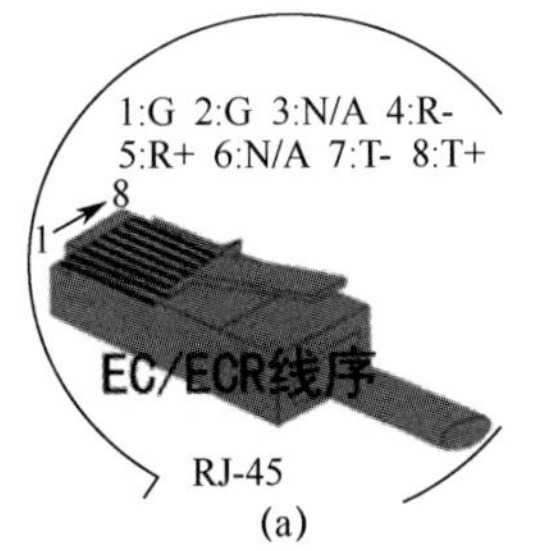

(a)

端子	说明	端子	说明
T+	RS485发送正	R+	RS485接收正
T-	RS485发送负	R-	RS485接收负
G	大地	N/A	空

(b)

图 4-78　云台控制线连接示意及端子说明

（4）如果 1 个编码器连接多个云台设备，应采用 T 形连接方式，而不能采用星形连接方式，如果发现已经采用星形连接，而重新布线又很困难，可以采用 RS485 集线器进行改造，如图 4-79 所示。

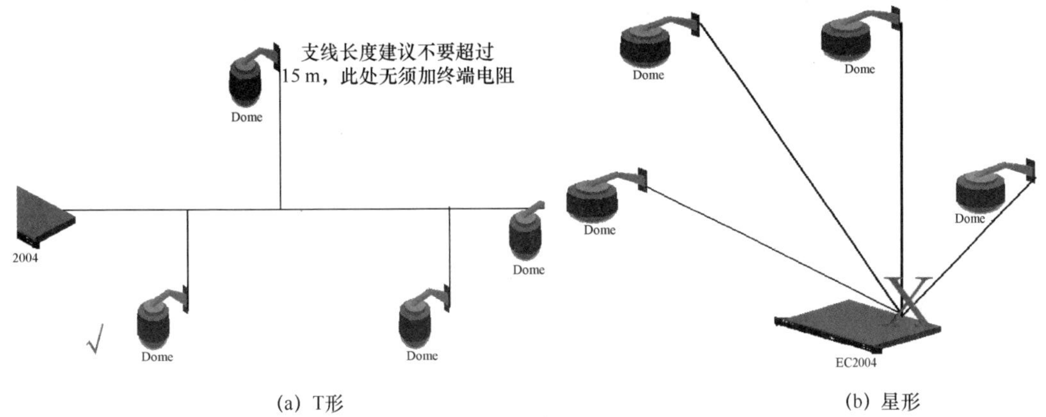

(a) T形　　(b) 星形

图 4-79　网络拓扑图

（5）若云台连线也正常，则需要考虑编码器设备是否正常。常见的原因是编码器 RS485 口损坏导致不可控。判断 RS485 接口是否损坏常用的方法有以下两种。

① 通过替换法，更换设备判断。

② 通过 RS485 是否有数据输出判断，通过 485 转 232 的转接器连接到 PC 的串口，打开串口调试工具可判断是否收到了编码器发送的数据，如果确定编码器已经收到平台发出的指令，但 PC 无法从串口收到编码器 RS485 发送的控制指令，就说明 RS485 已损坏。

2）云台部分不可控

云台部分不可控的问题较为复杂，对维护人员的要求也比较高，不仅要求维护人员熟悉视频监控平台云台业务流程，也要求掌握常见云台协议（如 PELCO-D/P）。限于篇幅，不在此介绍具体的协议内容。云台部分不可控组网示例如图 4-80 所示，表示如何根据组网进行分段，然后使用分段故障排查法来定位和排查问题。

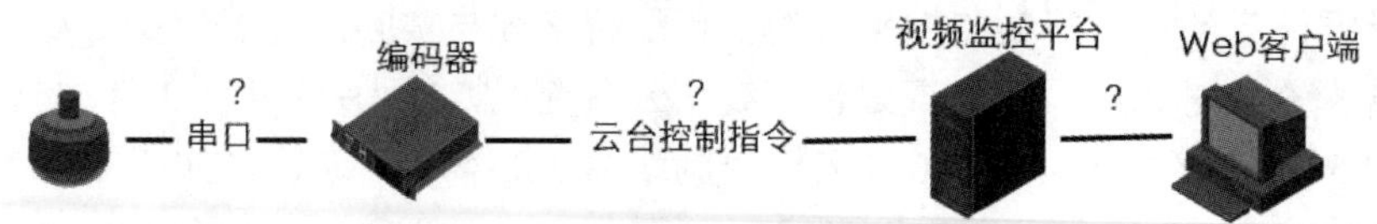

图 4-80　云台部分不可控组网示例

分析：

Web 客户端与视频监控平台之间、编码器与视频监控平台之间、云台设备与编码器之间的交互指令是否正常，需要收集 Web 客户端日志、平台日志、编码器的日志、云台控制 SIP 消息、编码器发出的串口指令进行排查。

3. 录像问题常见分类

录像问题主要有录像检索不到、录像检索出现丢失、录像无法正常回放。

1）录像检索不到

录像检索指的是通过 Web 客户端查询到指定时间段的录像，需要注意的是，录像检索不到或者检索报错并不意味着录像丢失，按照业务流程，录像查询是由 DM 负责的，而存储流则由前端设备直接发到存储设备上，录像的存储与 DM 无关。因此，对于无法检索到录像的情况，需要明确到底是录像丢失导致无法查询还是 DM 存在问题导致录像无法查询。

2）录像检索出现丢失

录像丢失的情况下，通常视频监控系统会收到“存储读写失败告警”，对于录像丢失问题主要排查 IP SAN、IP SAN 至前端设备的网络和前端设备。多数情况下录像丢失多是由于网络问题或存储设备问题（阵列异常、超过性能规格）导致的。

3）录像无法正常回放

录像回放类问题的定位与实况类问题的定位基本一致，唯一需要注意的是，回放的信令流通常是由 Web 客户端发起的，回放媒体流是由 DM 设备发送的，这两点和实况业务不同。

录像问题定位分析主要针对大的存储架构，如 IP SAN 存储架构，其组网具有一定的复杂性，录像问题分析思路如图 4-81 所示。

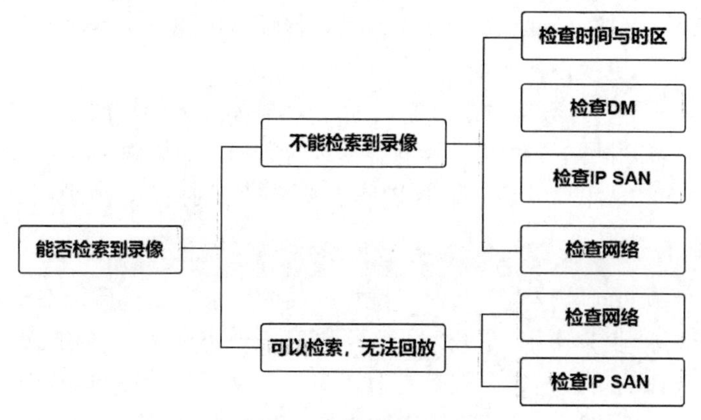

图 4-81　录像问题分析思路

录像无法正常播放组网示例如图 4-82 所示，该系统出现录像回放问题，分析步骤如下。

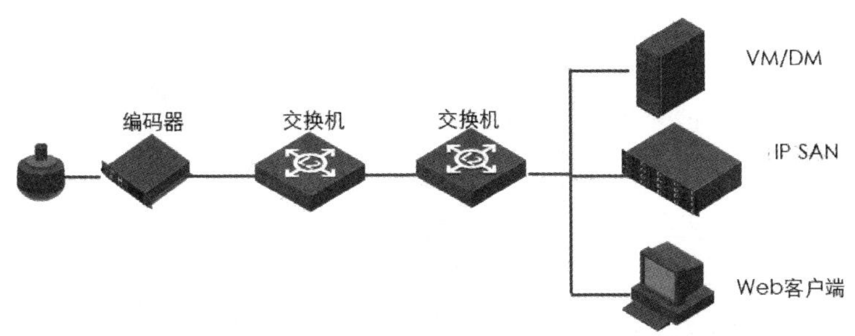

图 4-82　录像无法正常播放组网示例

（1）先排查 VM 的时间及时区是否正确，可以通过 date 命令判断时区应为 CST 时区。

```
[root@localhost vm8500_Uniview]# date
Mon May 16 16:16:26 CST 2022
```

（2）若时区及时间正常，则排查 DM：一是排查 DM 服务是否正常；二是排查 DM 与 IP SAN 的连接是否正常。DM 的状态如图 4-83 所示。

```
[root@vm_16 ~]# dmserver.sh status
================= DM8500 STATUS ==================
Service[httpvodserver]                    [ Running ]
Service[dmndserver]                       [ Running ]
Service[httpd]                            [ Running ]
Service[DiskReadOnlyCheck]                [ Running ]
Service[serversnmpd]                      [ Running ]
Service[dmserver]                         [ Running ]
Service[unpserver]                        [ Running ]
Service[dmdaemon]                         [ Running ]
[root@vm_16 ~]# ping 172.1.0.17
PING 172.1.0.17 (172.1.0.17) 56(84) bytes of data.
64 bytes from 172.1.0.17: icmp_seq=1 ttl=64 time=0.241 ms
64 bytes from 172.1.0.17: icmp_seq=2 ttl=64 time=0.139 ms
64 bytes from 172.1.0.17: icmp_seq=3 ttl=64 time=0.114 ms
64 bytes from 172.1.0.17: icmp_seq=4 ttl=64 time=0.133 ms
64 bytes from 172.1.0.17: icmp_seq=5 ttl=64 time=0.129 ms
64 bytes from 172.1.0.17: icmp_seq=6 ttl=64 time=0.087 ms
```

图 4-83　DM 的状态

（3）若 DM 也正常，则需要排查 IP SAN 自身的问题；如果磁盘被点亮了，告警灯被标记为“F”，则表明软件认为该盘存在问题。磁盘状态如图 4-84 所示。

Disk-0:0:0:5[SATA, 1.00 TB, SN:9QJ37ZA7, 有数据的空闲盘]

图 4-84　磁盘状态

（4）若 IP SAN 正常，则需要排查前端设备到 IP SAN 之间的网络是否存在问题。先检查客户端 PC 是否开启防火墙；若排除 PC 问题，仍无法回放，则检查 PC 至 DM 网络是否连通。

（5）若网络正常，则需要排查 IP SAN 自身的问题；在【RAID LUN 属性】页面查看写缓存高、低水位线是否为 70%和 50%。IP SAN 状态如图 4-85 所示。

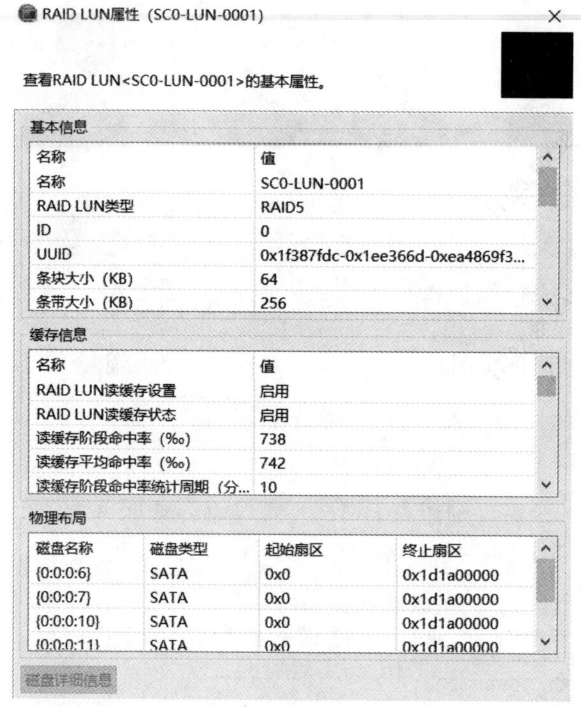

图 4-85　IP SAN 状态

4．摄像机注册离线问题定位和方法

常见的摄像机注册离线类问题主要有两类：一是摄像机添加到平台之后一直显示离线；二是摄像机添加的时候没有选择对应型号导致设备无法添加上线。

在定位摄像机离线类问题时，常用分段故障排查法以及配置分析与修改法来定位。

首先要排查前端到平台网络是否互通，如果互通则可以继续排查配置是否错误，每个摄像机编码和地址都不能冲突，如果配置都没有问题，则可以继续排查摄像机是否做过定制，从而导致设备无法添加上线或者添加的时候选择不了具体型号。

5．电源故障问题常见分类

按照电源故障处理流程处理电源故障点，直到电源恢复运行，如图 4-86 所示，图中列出两个常见排查点：交流故障、直流故障。需要逐一走完所有分支。例如，交流故障排除后，如果依然无法恢复电源正常运行，则需要走第二条路径，第二条路径直流故障又需要检查输出是否过欠压或者蓄电池是否欠压，也就是第二条路径有两个分支需要走完。

6．设备删除报错常见问题分类及定位思路

设备删除的时候经常会遇到删除不掉、删除报错的情况，那么常见的删除报错的主要原因有以下几个。

（1）设备已被共享。通常指的是多级多域之间，组织、相机、卡口、告警源等被共享

到上级域，或者又被共享到上级域的上级域，等等。

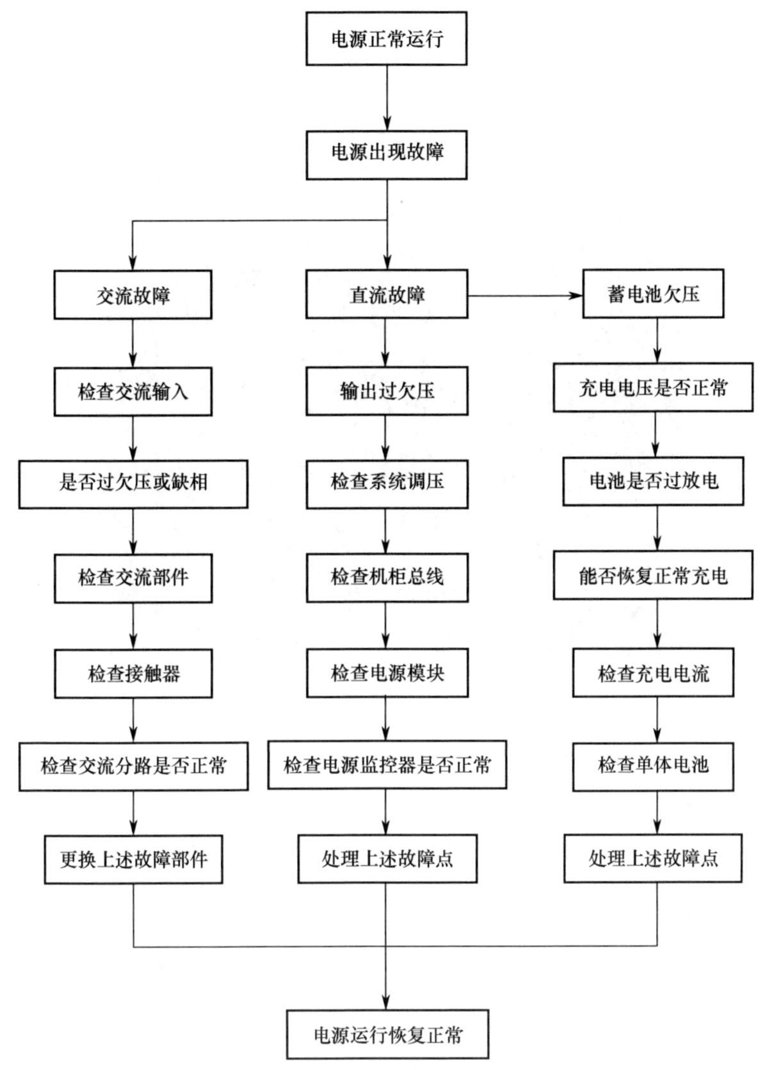

图 4-86　电源故障处理流程

（2）设备下存在子资源。这种一般是在删除外域或者删除组织的时候才会经常报的错误，通常是外域下的资源没有完全取消共享，或者组织下还有资源存在，等等。

（3）通道没有停止。这个指的是编码器通道，删除摄像机的时候经常会遇到此错误，需要先停止绑定在此摄像机的编码器通道。

4.2.4　信息收集方法

日志文件可以用来诊断故障，是个重要的信息来源，在远程检查故障的时候，设备的状态指示与线路连接情况无法获取，那么获取日志信息，对故障进行初步诊断往往是唯一可行的途径。

对日志文件的收集，在设备的页面上都有相应的入口，如 VM、NVR 登入页面、编码器登入页面、存储设备的登入页面都有相应的菜单栏提供日志文件的下载，用户可以下载查看日志文件。此外获取服务器网络环境的信息还可以采用 TcpDump 命令进行抓取。

1. 通过页面收集日志

（1）通过 Web 页面收集 VM 信息，如图 4-87 所示。

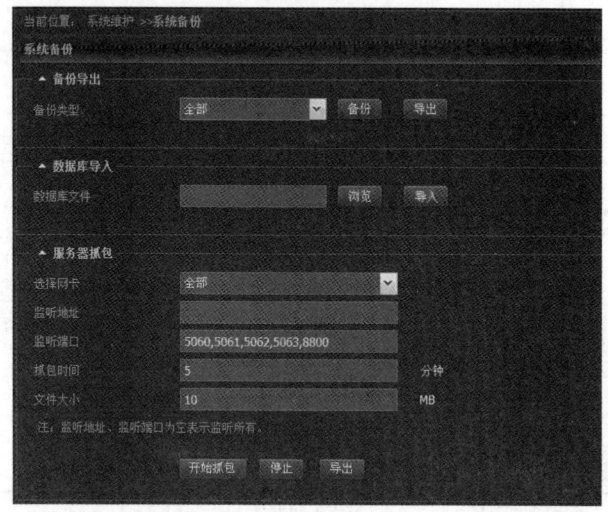

图 4-87　通过 Web 页面收集 VM 信息

（2）通过 Web 页面收集 MS/DM 信息，如图 4-88 所示。

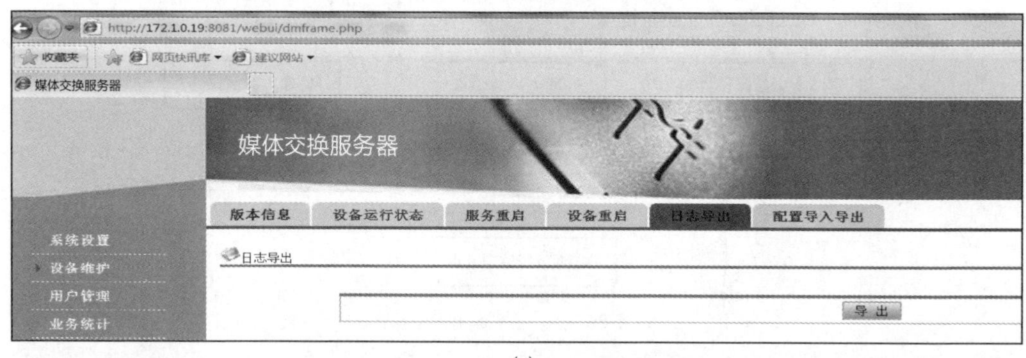

(a)

(b)

图 4-88　通过 Web 页面收集 MS/DM 信息

（3）通过登录存储控制台收集诊断信息。登入网络存储设备，右击选择【诊断日志】选项，输入起始日期和结束日期，然后单击【确定】按钮，如图 4-89 所示，在新对话框中设置保存路径，单击【保存】按钮。

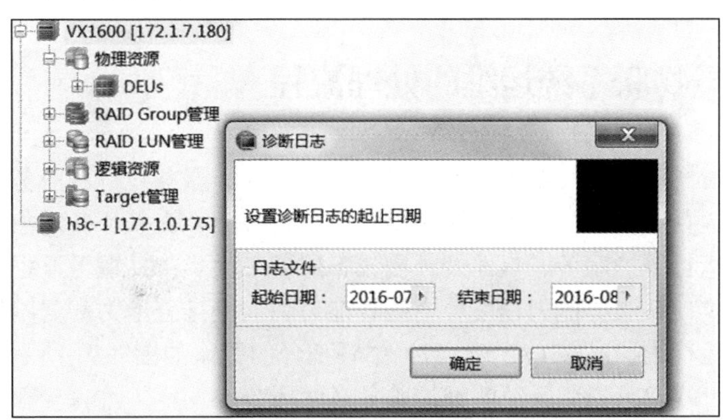

图 4-89　IP SAN 信息收集

2．使用 systemreport 命令收集服务器信息

除了从页面获取日志，还可以使用 systemreport 命令收集 VM/DM/MS 等服务器信息。参数 dir 表示信息收集完毕后，所放置的目录，参数 simple 表示不收集数据库信息：

```
    [root@localhost vm8500_Uniview]# systemreport.sh
    Usage:  systemreport.sh  vm/isc/dm/bm/ms/vx/ec/dc/da/cdm/cdv/vod/md/spn
dir [simple]
```

以 VM 信息收集为例说明其用法，最终生成 vmsystemreport.tgz 文件，并放置在对应目录下，如图 4-90 所示。

```
[root@vm_19 ~]# systemreport.sh vm /root simple
Begin to collect information, please wait a moment.
Collecting system information......
Collecting network information.....
Collecting disk information......
Collecting memory information......
Collecting process information......
Collecting dt information......
Collecting log information......
/root
system report collect completely
Report file: /root/vmsystemreport.tgz
```

图 4-90　systemreport 命令导出

3．使用 tcpdump 命令收集报文

使用 tcpdump 命令收集报文：参数 I 表示获取报文的网口；参数 S 表示获取报文的大小；参数 port 表示获取报文的端口；参数 or 表示“或”关系，and 表示“与”关系；参数 host 表示获取某一指定主机的报文；参数 w 表示将获取的报文保存到文件中。

获取主机 172.1.1.1 的报文信息：

```
    [root@vm_19  ~]# tcpdump -g 0 -I any host 172.1.1.1-w host.cap
```

获取 5060/5061/8800 端口的报文信息：

```
    [root@vm_19  ~]# tcpdump -g 0 -I any port 5060 or 5061 or 8800 -w sip.cap
```

4.3 可视智慧物联系统运维的处理流程

如何为可视智慧物联系统维护服务？根据服务对象、服务过程和服务能力进行抽象和评价，从而能对运行维护服务过程和服务交付内容进行分类。从服务对象内容角度分类有数据中心服务、运行维护服务、桌面及外围设备服务三大类；从服务过程角度分类有交付和应急响应两大类；从服务能力程度分为巡查能力、问题排查能力和问题处理能力。参考《信息技术服务 运行维护》（GB/T 28827）中各部分的关系如图 4-91 所示，该项目的问题处理环节是保障可视智慧物联系统的维护服务必然环节。

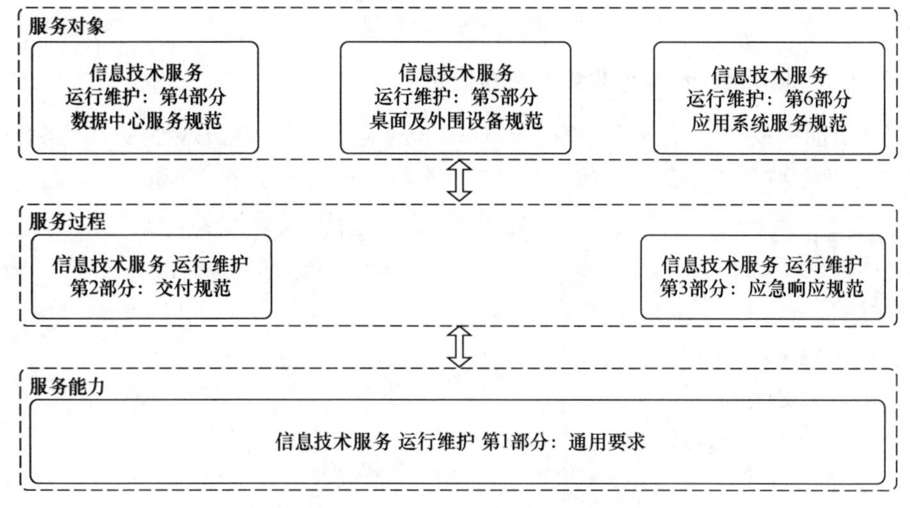

图 4-91　GB/T 28827 中各部分的关系

4.3.1　问题处置场景介绍

问题处理能力是提供可视智慧物联系统维护服务能力的最高级别，包括系统运行常规巡检和系统问题排查后的一些对策。

故障排查一般遵循以下步骤。

第 1 步，故障现象观察。在这一步，维护人员要对问题做出完整的描述，包括组网、版本、具体现象等。通过对故障现象的观察，有经验的维护人员可以完成问题定位方向的大致判断，确定下一步信息收集的范围。

第 2 步，故障信息收集。故障信息收集要注意信息收集的有效性，如收集的日志信息最后时间要覆盖问题的发生时间；收集问题发生时的报文。

第 3 步，经验判断和理论分析。当完成信息的收集后，需要对已有的信息进行分析，并给出可能的几种原因。

涉及知识点主要是软件资源管理及维护，包括软件工具使用、页面运维、日志收集、数据库备份等。

举例如下：

××市社管指挥中心和××科技公司，为维护现有社管平台可视智慧物联系统正常运行，达成甲乙双方的维护系统责任关系。小明是乙方××科技公司的技术人员，刚刚收到甲方报障电话。为了迅速排除故障，小明在问题处置前，仔细向甲方系统值班员和甲方的维护人员了解系统发生故障的时间、发生故障的部位，并查阅维修记录，查看巡检设备报表、使用说明书和系统维修图样。小明到达现场维修之前，需要记录问题的详细现象、问题的基本定位思路和方法，并且针对故障进行分类识别问题处置的紧急程度和优先级别。小明到达现场维修后，按照定位思路验证能否定位出故障原因，再修正故障分类和紧急程度优先级别。向甲乙双方领导确认紧急程度和处置方案。甲乙双方达成一致后，按既定的方案处置问题。

4.3.2　详细描述和记录问题现象

故障信息收集要注意信息收集的有效性，如收集的日志信息最后时间要覆盖问题的发生时间；收集的报文必须为问题发生时的报文。

排除故障任务的时间紧迫，往往会忽视记录故障问题，影响故障处理，还可能形成差错，造成不必要的损失。因此在故障处理前必须详细描述问题，为故障分析做准备。

描述故障问题现象，维护人员应该能够做到以下几点。

（1）乙方维护人员能够向甲方系统值班员和甲方的维护人员询问，并作记录。记录要点有系统发生故障的时间、故障发生的部位和故障现象。

（2）乙方维护人员能够查阅巡检报障记录、维护记录，查看使用说明书和维修图纸，能够复现或者回溯甲方描述的故障现象，确认故障有效性和准确描述故障。

（3）乙方能够查阅平台巡检和值班日志，发现异常现象。乙方维护人员能够打开系统日志和设备巡检日志，发现异常现象。

记录问题的具体步骤如下。

第 1 步，在记录故障信息之前，先着手调查摸清故障情况，向用户调查询问故障发生时的系统状态，哪些设备发生了故障，故障的表现形式如何，是否有使用操作不当的情况。所有设备的故障发生，都会有其外部的原因，故障发生时都会有一定的现象，掌握这些现象有利于故障的分析。例如，故障发生时，天气处在严寒酷暑，还是梅雨季节，是否有刮大风、下大雨，雷击等自然现象发生时故障发生的那个时刻，哪个部位是否有异常的响声，哪个部位是否有冒烟的现象发生，如果系统在雷击时发生故障，就先从雷击的易损部件着手不断延伸分析，调查询问到每一个细节，将会对故障分析起到一定的帮助，不要漏掉一个很小的环节。

第 2 步，在故障维修前还要检查运行状态，仔细检查用户操作历史记录、台账、日志，根据相关信息检查系统的状态、资源和使用情况。查看导出的备份信息，导出设备状态、摄像机在线用户设备故障和资产统计等报表，这相当于看一下这个系统的体检情况。能完成前端设备运行状况巡检。排查发生问题的系统环境，包括涉及故障设备的 IP 地址、版本及补丁、组网拓扑、设备具体型号等，服务器的运行状态及系统软件运行情况、资源占用情况。

第 3 步，准备系统组网的图纸和相关维修工具。

故障修理前应该详细记录故障现象、描述故障现象，能够让维修记录更加完整，特别是远程接收到用户或者值机员报告的故障时，维修人员应该通过表格或者语音指导的方式，帮助现场人员描述故障的发生时间、发生故障前的事件和当前故障现象，如故障前是否发生过断电或者雷击现象，哪些功能消失了，哪些状态灯发生了变化，等等。只有完整和详细的描述，才能够高效定位问题范围，缩短维修时间。

4.3.3　准确定位问题的原因

记录问题后，着手分析问题，也就是定位和判断发生故障的原因。分析的次序从外到内，先简单后复杂。

1．从外到内

在安全防范系统内部发生的故障都有其外在的表现，不同的外部表现，会反映出相应的内部组件元器件的不良情况。诊断和维修故障时要从机外开始，逐步向内部深入。例如，设备有故障时，应首先检查是否发生过操作不当的情况；设备正面板和背面板的各种测试指示灯、开关和旋钮，位置是否正确；设备之间的关系，如视频管理服务器、监视器、编解码器之间的联系，各种电源插头插座是否有问题，许多故障在排除外部电源插头的连接故障就可能被排除。

2．先简单后复杂

维修实践证明，多数故障是由简单原因，甚至只是单一的原因引起的，而同时由几个原因或者复杂的原因引起的故障情况较少。因此进行系统设备维修时，首先要检测可能会引发故障的最直接、最简单的原因，大多数待修设备经过此步骤处理后，就能找出故障原因。当上述步骤仍未找到故障点时，表明所发生的故障可能是由一些较复杂或其他原因引起的，或者这种情况在维修中不经常遇到。维修过程中对普通的、带共性的故障要优先考虑排除，然后考虑个别特殊的故障。普通的、带共性的故障容易发现和排除。还能以点带面，在排除一个故障的同时，可能会排除其他故障。安全防范系统频发故障，大多分布在电源部分、传输部分和各子系统设备部位。

3．先检查机械部分，再深入检查电气部分

有些故障往往先表现在机械部分。例如，云台的限位开关故障，首先发现云台不转动或机械振动。在维修故障时，应先检查机械方面的故障，并且排除机械故障。这样才能避免盲目性，减少不必要的损失，大大提高维修的效率。

4．经过判断后再整理

在设备检修过程中，有时需要对可调元器件进行必要的调整，但是在调整之前要慎重考虑，如果判断不准，调整就失去意义。另外要特别注意的是，经过调整后，故障仍不能改善时，应将调整点复原。这是因为，可调元器件进行调整后，可能会使设备工作状态达到改善或者故障消除。有时也可能使设备的工作状态变差或调整作用不明显，那么一定要

将这些调整的元器件恢复到以前的状态，以免给以后的检修带来人为的麻烦。

下面介绍准确定位问题原因的具体实施步骤。

（1）从外到内对设备清洁处理。

设备清洁就是去除污物，打扫灰尘。清洁的次序为，从外到内，先清洁外壳灰尘，再打开机壳，清洁内部灰尘。安全防范系统的设备不少故障都是由于工作环境差而引起的。例如，安装在野外的摄像机、云台和报警探测器，经受长期风吹雨淋、严寒酷暑或者环境污染等，都会导致其功能下降。深埋在土壤里的电缆和接头，长期受雨水浸泡，安装在海岸边的安全防范系统，长期受到盐碱腐蚀等，同样会导致功能和性能下降。在维修故障时，首先排除由灰尘污染引起的故障，然后进行其他相应检测。例如，在维修监视器时先将外部清洁，再将机壳打开。看见监视器内部的元器件上堆积一层灰尘，尤其在高压包附近，此时可用毛刷、吸尘器、吹风机等进行清除，清除灰尘后，有的故障可能就会自然消失了。有的户外设备使用在有灰尘粉尘的地方，天长日久，设备防护罩内聚集了很多灰尘，尤其是当电缆接头内粘满会导电的煤灰，遇到阴雨天气，空气湿度明显增大，灰尘受潮产生电阻变化，而出现漏电或者电阻阻抗变化等现象，有的故障在清洁后设备又能恢复到正常工作状态，因此除了经常清除设备表面的灰尘，还应该定期对设备内部的灰尘进行清除。

（2）检查电源和负载。

电源系统是所有设备的动力，失去电源的系统只能瘫痪。由于突然停电而发生的故障，可先从电源部分着手。一般在系统维修时，应该首先检查电源电路。在设备维修时，也应该先从设备内部的电源着手。在确认电源系统无异常后，再进行各功能电路的检查。电源供给电能，负载消耗电能，负载的绝大多数故障，往往是其电源供给不稳定造成的，而电源供给不稳定的内部原因往往是由于设备内部的电源部分元器件耐压不足造成的。电源供给不稳定的外部因素，可能是供电电网不稳定或电网遭雷击等造成的。

（3）故障树分析法。

故障树分析法就是对系统造成故障的各种原因，包括对软硬件环境、人为因素逐一进行分析，画出逻辑框图及故障树，确定故障原因，有几种可能的组合方式或者发生概率，以计算系统故障概率，并采取相应的纠正措施，提高系统可靠性的一种设计分析方式。故障分析法也可以用来排除和定位故障。

故障排除的常用方法有 3 种，分别为替换法、分段故障排查法和配置分析与修改法。在定位问题的过程中，这 3 种方法往往交替使用。

4.3.4　分类识别常见故障

在故障处理中，首先要判断问题处理的紧急程度和优先级别，然后针对常见故障进行分类识别。

把问题按照重要程度和紧急程度分为 4 个层次的处理优先次序级别为：重要且紧急的问题；重要但不紧急的问题；紧急但不重要的问题；不紧急也不重要的问题。

（1）第一级：重要且紧急的问题。优先级最高，这类问题处理对服务业务用户的维护员来说是最重要的事情，而且是当务之急，有的是实现问题处理流程和目标的关键环节，有的则和全局性的业务活动息息相关，只有合理高效地解决，才有可能顺利地进行别的问题排查处理工作。这种问题紧急而重要，必须尽快把它们处理好，不能拖延。

（2）第二级：重要但不紧急的问题。这类问题不是最重要的，但是关系到问题处理流程关键环节。对这些问题的处理好坏，从一定角度反映了一个人对故障定位和流程的判断能力。因为这些问题是业务中经常会遇到的重要而又不是必须立即完成的事情。这些问题的最大特点是没有规定的期限制订计划，如果没有被其他人催促或有现实因素的刺激，可能将被永远搁置下去。

（3）第三级：紧急但不重要的问题。可以说，每个人都会遇到这样的问题。这类问题表面上看起来是需要去处理的，而且要立刻采取行动，但是如果客观地来审视这些问题，我们就应把它列入次优先的事项中去。

（4）第四级：不紧急也不重要的问题。以上剩下的没有规定期限处理，也不影响全局的问题，排在最后处理。

4.3.5 反馈与同步故障处理结果

在常规维护过程中，不同级别的反馈和同步故障处理方法有差别，发现响应级别为一级和二级的事件，需要按照图 4-92 所示的流程处理及反馈。发现响应级别为三级及以下的事件，遵循图 4-93 所示的处理流程。

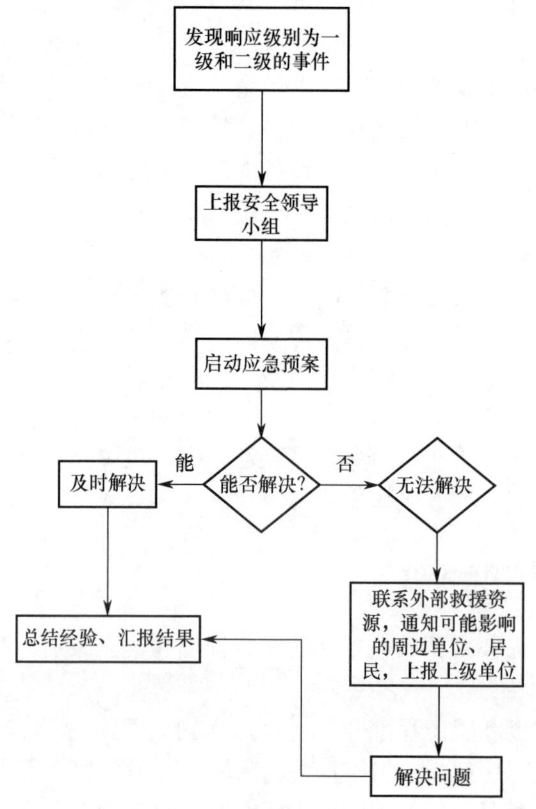

图 4-92　发现响应级别为一级和二级的事件处理流程

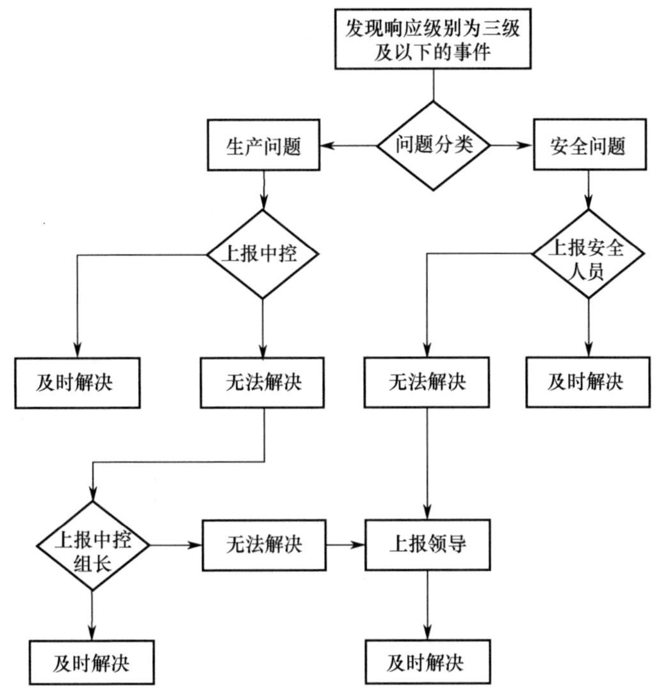

图 4-93　发现响应级别为三级及以下的事件处理流程

图 4-92 中，响应级别高，需要上报安全领导小组同意后，启动应急预案，再联系外部救援资源排除故障。

图 4-93 中，响应级别低，可以判断为安全问题或生产业务问题，分别报告中控或安全领导，按故障范围报运维技术内部排障，或者邀请厂家技术支撑，或者专家会诊。发现响应级别事件处理流程如图 4-94 所示。

1．故障处理类型

故障处理根据类型分为通信故障、系统安全、系统故障和其他故障。根据不同类型的应急预案，处置不同。

（1）通信故障：在用户量激增、网络设备故障、通信线路被破坏、网络受到攻击等原因导致用户通信中断和拥塞时，应该采用通信故障应急预案，同时与公安、电信部门应急协调与保障。

（2）系统安全：因病毒暴发、网络入侵攻击、篡改网站等导致的故障属于系统安全，应急预案需要与公安、电信部门协调。

（3）系统故障：因主要信息系统出现应用故障、数据库故障、存储设备故障、主机硬件故障等属于系统故障。需要厂家和其他外联单位、系统重要服务商的应急协调与保障。

（4）其他故障：机房各区域相关资源（如机房空调故障、机房电力故障、机房大火等）出现故障时，与外部支撑队伍应急协调。

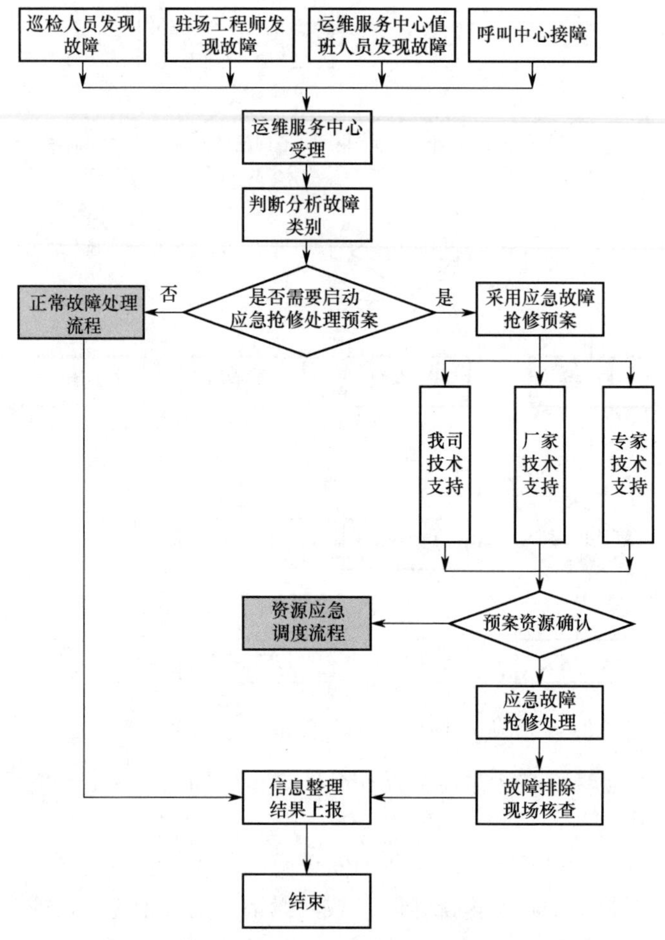

图 4-94　发现响应级别事件处理流程

2．修复工作流程

（1）准备工作。包括检查、获得维修所需要的工具设备备件、上电检测和鉴定状态、填写故障描述表。必须进行维修工作的简要而直接的陈述，针对具体维修对象特征指明对其进行的维修活动内容。

（2）故障诊断工作。查找和确定故障的原因。这里是指引起故障产品所在的部位。

（3）组建或元件的更换。进行分解拆卸，并以功能和性能都正常的相同产品更换故障产品，重新装配。

（4）系统和设备的数据配置、调整和校准。

（5）在常规的计划维护中，为保证设备处于工作状态，要定期进行清理、加润滑剂等工作。检查润滑，拆卸安装调整校准功能，性能测试保留或去除防护物，修复故障隔离，搬运清洗等。

（6）设备自检测试和检查检测，让设备恢复到完好的状态。

（7）产品修复。对换下来的故障产品进行修复，达到良好的状态。

（8）对故障修复进行登记反馈。

3．建立安全管理体系

建立完善的信息系统安全管理体系是信息安全保障体系的重要组成部分，安全管理体系包括安全策略、安全管理机构、人员安全管理、安全管理制度、运行维护管理等，为信息安全提供管理方面的指导和支持。

1）安全策略

根据信息系统的保护等级、安全需求和安全目标，结合自身实际情况，并依据国家有关安全法规和国家保密标准，制定明确的信息系统安全管理策略，并将策略文档化。安全策略的建设目标是通过制定安全策略，使安全管理能够落到实处，达到等级保护、分级保护管理的标准并能通过相关测评。

2）安全管理机构

结合等级保护、分级保护、国家电子政务网相关标准，在组织机构建设方面，司法行政应坚持责任明确、分工负责、统一管理的原则，集中指挥，协同分层管理。在司法行政信息系统成立信息安全领导小组和应急小组，作为司法行政信息系统安全管理机构，负责信息安全领导小组的日常事务和特殊应急任务。

3）人员安全管理

司法行政信息系统在现有的人员安全管理制度基础上，根据等级保护三级系统、分级保护的管理要求，对现有的制度进行修改完善，使人员安全管理制度符合等级保护、分级保护管理要求，从人员录用、人员离岗、人员安全培训、涉密人员管理等几个方面，根据具体需要修改完善。

4）安全管理制度

给业务和运营人员等提供必要的信息操作规范和指南，安全管理制度应当是一个特定的强制性规则，从技术、人员、物理等安全方面提出制度层面的硬性要求。结合等级保护关于管理制度、制定发布、评审修改等方面的要求，应该制定制度类、记录类、证据类三类文档，以此作为安全管理的制度保障。

习题 4

一、单选题

4-1　故障排查的时候，经常需要收集 VM 信息，使用 systemreport 命令收集服务器信息，以下哪个指令是正确的？（　　）

A．vmserver.sh status　　B．systemreport.sh vm /root simple

C．tcpdump -s 0 -i any host　　D．vmcfgtool.sh -q

4-2　一个专业的问题描述，不包含以下哪个原则？（　　）

A．客观　　B．准确　　C．清晰　　D．简洁

4-3　实况黑屏无码流，以下哪个不是问题排查内容？（　　）

A．可能防火墙阻挡实况数据　　B．网络故障导致

C．解码失败导致　　D．网络摄像机故障，未发送实况数据

4-4　在故障排查时，有一种情况是码流本身存在问题导致无法播放，那么这时经常需要抓取数据包，以下哪种是实况流数据包格式？（　　）

A．SIP 协议数据包　　B．RTP 协议数据包

C．SNMP 协议数据包　　D．RTCP 协议数据包

4-5　故障排查时，经常需要检测服务器状态，以下哪个指令能查看 VM 状态情况？（　　）

A．vmserver.sh　status　　B．vmcfgtool.sh

C．ifconfig　　D．dmserver.sh　status

4-6　故障排除的常用方法有三类，下面哪个不属于故障排除法？（　　）

A．替换法　　B．全局图纸法

C．分段故障排查法　　D．配置分析与修改法

4-7　故障处理最高优先级是哪一项？（　　）

A．重要且紧急的问题　　B．不重要也不紧急的问题

C．重要但不紧急的问题　　D．紧急但不重要的问题

4-8　故障处理最低优先级是哪一项？（　　）

A．重要且紧急的问题　　B．不重要也不紧急的问题

C．重要但不紧急的问题　　D．紧急但不重要的问题

4-9　IPC 不能在 VMS 上实况问题排查，下面哪一个不对？（　　）

A．确认 IPC 本身实况正常且在 VMS 上已经上线

B．VMS 上对异常 IPC 进行抓包，然后复现问题，再停止抓包；同时收集 IPC 和 VMS 的诊断信息

C．检查实况时是否有码流：无码流，检查防火墙/杀毒软件是否关闭；有码流，可更换计算机登录测试，PC 显卡驱动有问题也会导致实况异常

D．NVR 上是否有录像

二、多选题

4-10　实况黑屏通常分为有码流与无码流两种情况，在有码流情况下以下哪几种情况会导致实况黑屏？（　　）

A．网络不通畅　　B．解码失败

C．显示失败　　D．出现实况数据丢包

4-11　实况播放成功需要具备以下哪几个条件？（　　）

A．有视频码流　　B．无严重丢包和乱序

C．解码正常　　D．显卡支持显示

4-12　云台控制异常，首先需确认云台的配置参数是否正确，以下哪 3 个参数是云台的关键配置参数？（　　）

A．云台地址　　B．波特率

C．云台控制协议　　　　　　　　　　D．云台的线路连接

4-13 录像回放时，检索不到录像的原因可能是哪些？（　　）

A．VM 的时区错误　　　　　　　　　B．DM 服务未正常运行

C．IP SAN 存在故障　　　　　　　　D．网络异常

4-14　摄像头接入 NVR 离线故障，需要排查哪些设备配置？（　　）

A．上行端口号、用户名和密码配置是否正确

B．网络是否连通及丢包

C．NVR 不使用的网口地址不能和监控在用网段冲突，需更改

D．日志服务器 IP 配置错误

4-15　服务器性能出现故障，需要排查哪些方面？（　　）

A．CPU 占用率是否过高　　　　　　B．IO 读写占用率是否过高

C．内存占用率是否过高　　　　　　D．显示器添加不正确

三、判断题

4-16　实况问题主要分为实况黑屏与实况卡顿，网络丢包是造成实况卡顿的主要原因。（　　）

4-17　常见的故障排查方法有替换法、分段故障排查法、配置分析与修改法。（　　）

4-18　使用 tftp 日志导出，登录后输入“systemreport.sh 192.168.0.100”，192.168.0.100 为 tftp 服务器 IP。（　　）

4-19　定位和判断发生故障的原因，分析的次序从外到内，先简单后复杂。（　　）

第 5 章

可视智慧物联系统优化

可视智慧物联系统在各行业应用广泛，面对多样化需求，如何利用数以万计的 AIoT 产品，设计一个满足用户需求、经济合理的可视智慧物联监控系统是非常重要的。

5.1 可视智慧物联系统应用需求分析

随着经济和信息技术的发展，可视智慧物联系统在平安城市、地铁、机场、企事业园区、社区、连锁商场、写字楼、学校等行业应用，在治安监控、安保监控、工业生产等各种应用中发挥的作用越来越大。

本章首先对可视智慧物联系统的应用需求进行分析，从而得出系统设计要素，然后针对几个关键的要素分别进行选型设计介绍，最后结合可视智慧物联系统的规模对典型组网进行介绍。

5.1.1 可视智慧物联系统应用总览

可视智慧物联系统应用总览如图 5-1 所示。

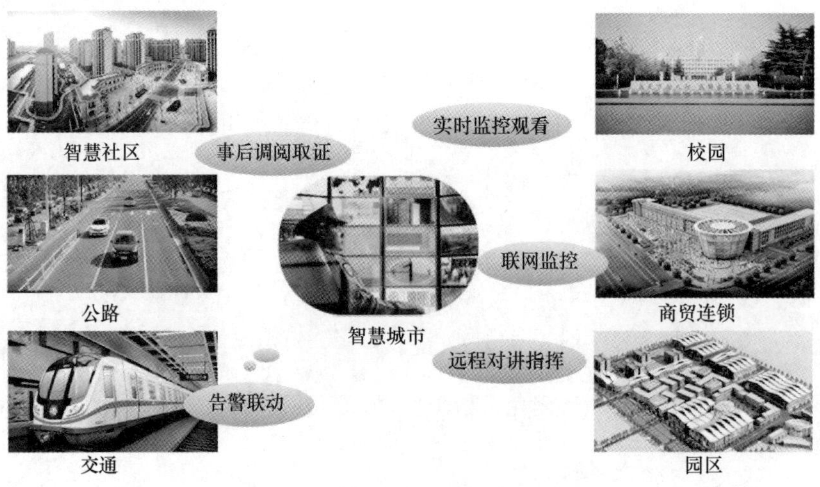

图 5-1 可视智慧物联系统应用总览

可视智慧物联应用在各行各业、各个领域，有共同的需求；但又由于其自身的特点，决定了各种监控系统多样化的业务需求。

智慧城市是城域化、智慧化的大规模治安监控，覆盖主要路口、重点单位、公共场所，要求实时的现场视频监控，高清接入；高效可靠的存储策略，录像、图片随时调用、管理及回放；针对公安业务的多种实用功能，通过网闸实现安全的隔离；与 GIS 系统、接处警系统对接集成等。

园区和楼宇安保监控要求出入口、楼道、车间等区域概况的实时监控；与门禁、报警、消防等子系统对接联动；录像可靠存储及调阅等。

商场、连锁店铺监控要求出入口、柜台等重点区域的实时监控；总店对各分店的统一联网监控管理；录像取证等。

校园监控要求出入口、公共区域人员动态、考场纪律等的实时监控；远程联网监考；录像调阅等。

公路、轨道交通监控要求对道路交通状况、收费站或站台情况实时监控；告警快速上报或联动；事故录像调阅取证等。

其中，视频监控是可视智慧物联产品的重要组成部分，也是可视智慧物联行业的核心环节，其产品占整个可视智慧物联产品的市场比例约为 50%。芯片技术和高清镜头等上下游产品的改进和发展，让数字和高清视频设备逐步取代了以往的数字化视频设备。未来，随着视频监控设备逐步与人工智能、5G 等新一代信息技术融合，还将进一步推进视频监控产业的智能化和应用普及化进程。

5.1.2 主要发展及需求变迁

2006 年，宇视提出安防进入安防 IT 化 1.0，以推动基础视频监控系统更好实现联网。安防采集、存储、传输、管理发生重大变革，宇视是受益者之一。

2011 年，安防监控系统联网变得规范，宇视提出安防 IT 化 2.0。安防不再仅是看、控、存、管、用业务，开始融合 IT，呈现行业可视化管理、智慧型平安城市和局域安防的三大应用场景。

2016 年，随着人工智能在安防领域的逐步落地，宇视提出安防 IT 化 3.0。安防行业是 AI 技术落地的最佳场景，基于深度学习的 AI 技术促进安防迎来发展拐点，呈现“看得清、看得广、看得快、看得稳和看得懂”五大变革主线。

1. 安防 IT 化 1.0

安防 IT 化 1.0 是指部件技术的 IT 化，主要体现采集、存储、传输、管理四大技术的变革。2006—2010 年安防 IT 化 1.0 情况如图 5-2 所示。

2. 安防 IT 化 2.0

安防 IT 化 2.0（图 5-3）是指应用和建设模式的 IT 化，本质是安防业务与 IT 业务在数据应用上的深度融合，安防系统不再以设备为核心，而是以数据为核心；主要体现为行业可视化管理、智慧型平安城市、局域安防三大业务应用场景的融合，推动行业化的应用和业务结合。

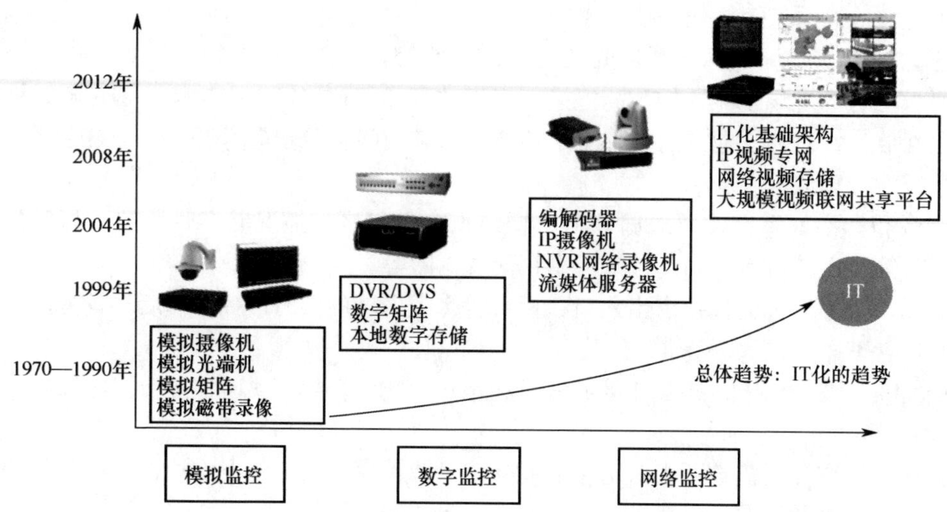

图 5-2　安防 IT 化 1.0（2006—2010 年）

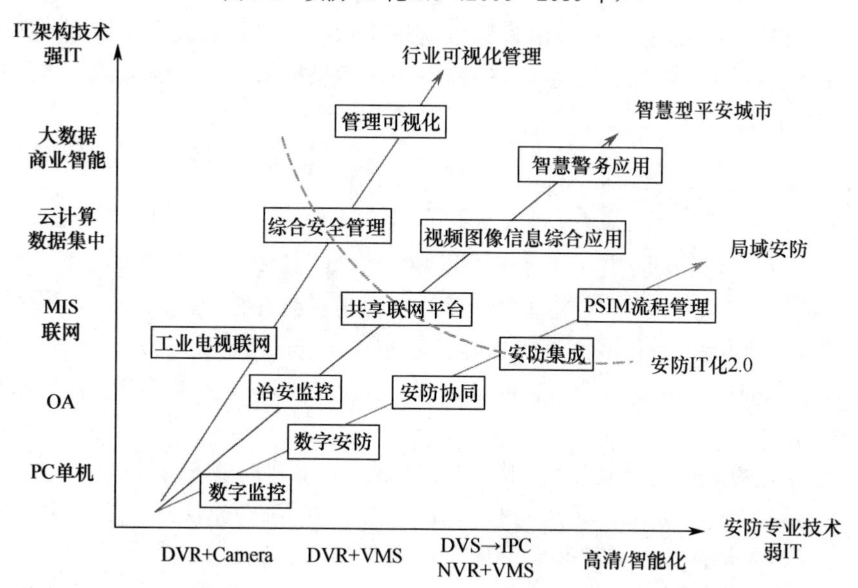

图 5-3　安防 IT 化 2.0（2011—2015 年）

3. 安防 IT 化 3.0

安防 IT 化 3.0（图 5-4）是指安防与基于 AI 的 IT 技术实现融合，当前整个安防行业，随着 AI 技术的成熟与融入应用，迎来安防 IT 化 3.0 的时代，其标志是基于深度学习的 AI 人工智能技术促进安防和 IT 行业共同迎来发展的拐点，安防和 IT 趋势第一次呈现融合趋势。五大变革主线包括高清、大联网、视图分析、信息安全、大数据。AI 技术变革带来了趋势与架构的融合。

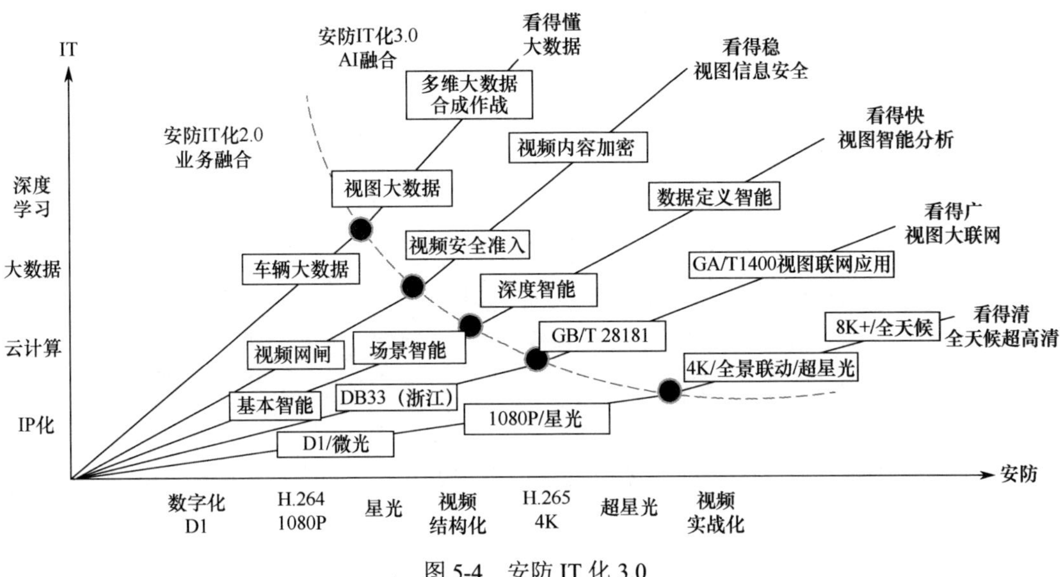

图 5-4　安防 IT 化 3.0

5.1.3　安防 IT 化融合的主要业务

如图 5-5 所示，安防和 IT 原是平行的，前者是视频采集、传输和切换、录像以及实况与回放；IT 是信息产生、交换与准入、存储与数据仓库、数据检索与分析研判、基础业务和增值业务。随着 AI 成熟，视频图像成为可识别和结构化的信息，视频图像处理就变成了信息的处理过程，而信息处理过程也呈现出类似云计算的三层架构。

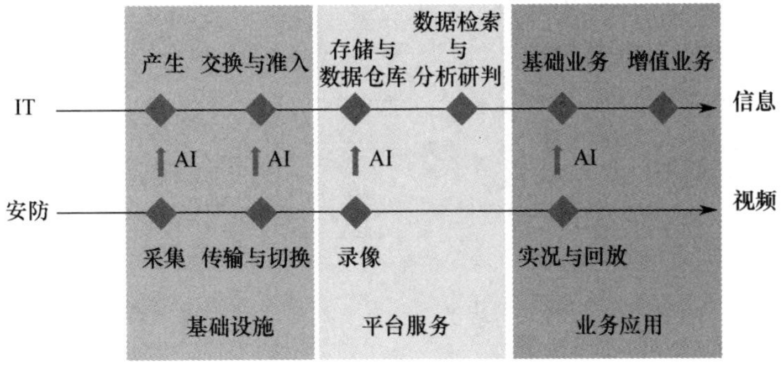

图 5-5　安防 IT 化融合

我们习惯把可视智慧物联系统分为终端、后台、中台和前台，同时通过标准体系、大安全体系、运维服务体系拉通组成一个立体矩形形态。可视智慧物联系统架构如图5-6 所示。

终端通过各种前端场景的采集设备收取数据，网络层将数据传输到平台层（后台和中台），平台层提供基础视频联网共享平台，然后共享给应用层（前台）的各类子系统，最后在用户应用层（前台）的不同客户终端上实现应用。

感知层和网络层可合并为基础设施层，将平台层和应用层合并为平台服务层，最上面是业务应用层。这是一个类似云计算 IaaS（Infrastructure as a Service，基础设施即服务）、PaaS（Platform as a Service，平台即服务）和 SaaS（Software as a Service，软件即服务）的三层架构。

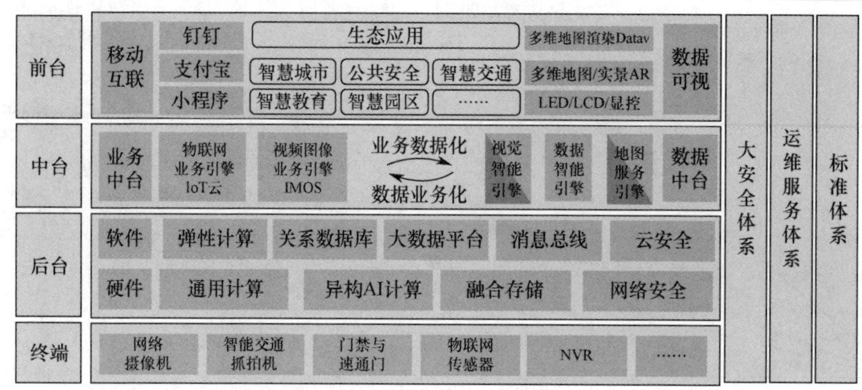

图 5-6　可视智慧物联系统架构

如图 5-7 所示，可视智慧物联系统采取三域三网的三层架构：中心域、边缘域、终端域，分别对应核心网、汇聚网、接入网。有人把中心和边缘当作集中式/分布式云管理。中心趋势是云化，边缘是去云化。大规模可从云起步，统一建设可使用中心云进行管理，但缺乏标准。分开部署也可基于国标互联互通，中心知道边缘状态，基于两大标准交换视图数据，满足客户需求。

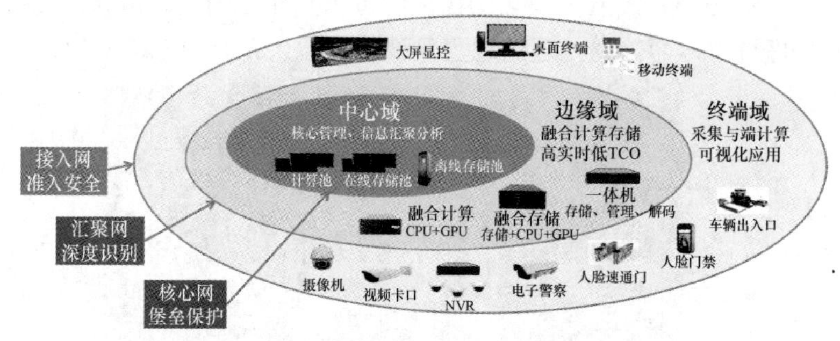

图 5-7　可视智慧物联系统的三域三网

5.1.4　可视智慧物联业务需求分析

1．需求分析——看

“看得更清晰”是视频监控始终不变的追求。看，要求视频实时性好，图像清晰度高。图像效果能达到动态图像清晰流畅，静态图像清晰鲜明。

监控质量主要用清晰度衡量，影响监控质量的关键指标是图像采集清晰度、图像编码分辨率、显示分辨率，如图 5-8 所示。

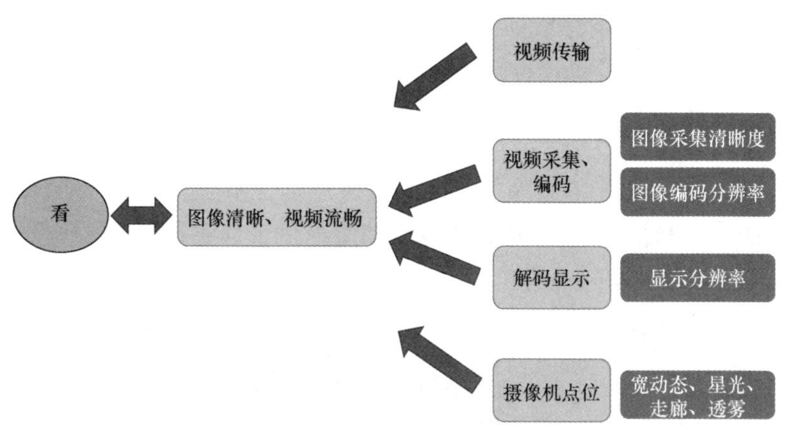

图 5-8　可视智慧物联看得清

图像采集清晰度，是获取高质量输出图像的前提和基础，通常指前端视频采集设备采集的视频源的清晰度，反映了视频源图像的精细程度，清晰度越高，图像越细致。

主要的图像采集设备是摄像机，常见的采集清晰度有 480 线、540 线、600 线、700 线、750 线、720P、1080P、3MP、8MP、4K 等。

图像编码分辨率，是编码设备的重要参数。“更清晰”也需要后端编码存储设备的支持，选用与采集清晰度相匹配的编码分辨率才能更好地保留视频的细节信息，更好地体现采集图像的效果。例如，NVR 的分辨率为 1080P，主要对应于 1080P 的 IPC，若采用 720P 编码，会白白损失大量的图像细节信息，高清的视频源只能达到标清的效果，这是对于视频资源的极大浪费。

主要的图像编码设备有编码器、NVR，编码分辨率常见的有 720P、1080P、3MP、8MP、4K 等。

显示分辨率，是保证图像最终清晰输出的重要参数。显示设备尺寸有大有小，支持的分辨率也很多，使显示设备的最佳分辨率与输入信号分辨率相匹配，能达到更好的图像还原效果。例如，当液晶显示器呈现低于最佳分辨率的画面时，有两种方式进行显示。第一种为居中显示：例如，在 XGA（1024 px×768 px）的屏幕上显示 SVGA（800 px×600 px）的画面时，只有屏幕居中的 800px×600px 被呈现出来，其他没有被呈现出来的像素则维持黑暗。第二种是更常用的扩展显示：各像素点通过差动算法扩充到相邻像素点显示，从而使整个画面被充满，这样也使画面失去原来的清晰度和真实的色彩。反之，当液晶显示器呈现高于最佳分辨率的画面时，也有两种显示方法。第一种是局部显示：即屏幕的像素有多少就显示多少像素，这时只能看到图片的某一部分。第二种是：在屏幕内显示完整的图像，这时图片的像素会被压缩，如 2560 px×1600 px 的图片会删去一部分像素，以 1920 px×1080 px 的分辨率来显示。

常见的显示设备有 LCD 液晶显示器、等离子显示器等，显示分辨率按计算机标准分辨率分为 XGA（1024 px×768 px）、WXGA（1280 px×768 px）、SXGA（1280 px×1024 px）等；按模拟电视标准分辨率分为 EDTV 480P（704 px×480 px）、D-1 PAL（720 px×576 px）、HDTV 720P（1280 px×720 px）、HDTV 1080i（1920 px×1080 px）等。一般，19 寸普屏（5∶4）液晶显示器的最佳分辨率是 1280 px×1024 px，19 寸宽屏（16∶10）液晶显示器的最

佳分辨率为 1440 px×900 px，21 寸的普屏最佳分辨率为 1600 px×1200 px，22 寸宽屏最佳分辨率为 1680 px×1050 px，24 寸宽屏最佳分辨率为 1920 px×1200 px。

2．需求分析——控、管

如图 5-9 所示，控制是多方面的：一方面是对实时图像的切换和控制，要求控制灵活，响应迅速；另一方面是对异常情况的快速告警或联动反应。由于现在摄像机的规模越来越大，存储数据量越来越大，还要求系统操作、管理数据、获取有效信息上的便捷性。

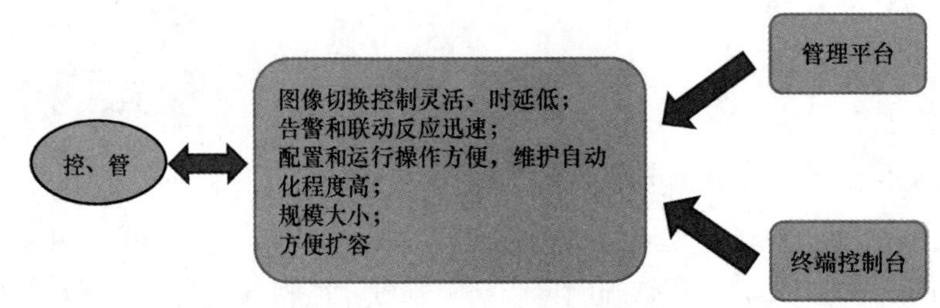

图 5-9　可视智慧物联业务需求分析——控、管

管，即系统的运维管理，包括配置和业务操作、故障维护、信息查找等方面的内容。系统运维管理要求操作简单、自动化程度高，同时兼顾系统信息数据安全。

控制和管理各方面的要求，主要取决于管理平台的性能、功能。若使用终端控制台，如 PC 远程操作、控制，由于解码图像将大量消耗 CPU 资源，则终端控制台的硬件配置高低也会对整体的操作体验有一定的影响。

3．需求分析——存、查

存、查（图 5-10），即视频录像的存储和查询回放。视频的存储要求能够实现对视频数据的可靠存储，在必要的时候，能够实现对录像的可靠备份；视频录像的查询要求能够方便快速地查询到精确的结果；视频录像的回放要求回放录像清晰流畅。

清晰的录像，需要清晰的视频采集源、视频编码分辨率来保障。存储作为事后取证的重要依据，对其可靠性的要求不言而喻，存储可靠性主要取决于存储磁盘、阵列、存储控制器的性能和可靠性。对于大容量的存储，流畅的回放录像还需要提供充足、稳定的传输带宽。

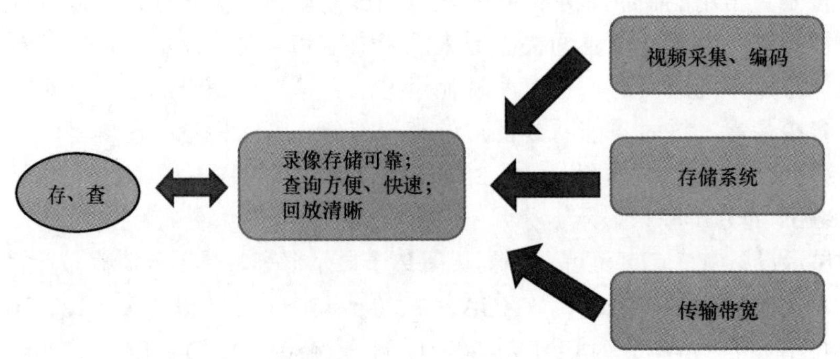

图 5-10　可视智慧物联业务需求分析——存、查

5.2　可视智慧物联系统的勘察与布点

这里的工程勘察是指在开展安全防范工程项目过程中，对保护对象所进行的、与安全防范系统设计、施工有关的各方面情况的了解和调查。工程勘察是设计和施工的基础，既是一个用户需求细化的过程，也是一个项目实施方案优化的过程，工程勘察在安全防范工程项目实施中具有非常重要的地位，除特殊情况外（如新建工程或因保密等原因无法进行工程勘察），均应开展安全防范工程项目的工程勘察。

5.2.1　工程勘察总体要求

工程勘察的具体内容依防范对象而定，一般应包括地理环境、人文环境、物防设施、人防条件、气候（温度、湿度、降雨量、霜雾等）、雷电环境、电磁环境等。上述所列项目并不要求每项工程都要全项勘察。

工程勘察的内容要求或侧重点随不同的项目阶段会有所不同，考虑安全防范工程项目的特殊性，勘察内容主要有以下几点。

1．调查和了解保护对象本身的基本情况

调查和了解保护对象本身的基本情况有助于我们了解勘察对象的风险级别、防护级别、人防组织管理、物防设施能力、机房系统建设等情况。

（1）保护对象的风险等级与所要求的防护级别。根据安全防范的风险状况以及工程实际情况，其中包括资金投入等，从而综合确定安防系统达到的防护等级。国家公共安全主管部门对各类功能建筑的安全防护等级的规定及要求是我们在工程设计中确定防护等级的基本依据。

（2）保护对象的人防组织管理、物防设施能力与技防系统建设情况。

（3）保护对象所涉及的建筑物、构筑物或其群体的基本概况：建筑平面图、使用（功能）分配图、通道、门窗、电（楼）梯配置、管道、供电线路布局、建筑结构、墙体及周边情况等。

2．调查和了解保护对象所在地及周边的环境情况

调查和了解保护对象所在地及周边的环境情况将有助于进一步全面掌握保护对象的实际情况。

（1）地理与人文环境。调查了解保护对象周围的地形地物、交通情况及房屋状况；调查了解保护对象当地的社情民风及社会治安状况。

（2）气候环境和雷电灾害情况。调查工程现场一年中温度、湿度、风、雨、雾、霜等的变化情况和持续时间（以当地气候资料为准）；调查了解当地的雷电活动情况和所采取的雷电防护措施。

（3）电磁环境。调查保护对象周围的电磁辐射情况，必要时，应实地测量其电磁辐射的强度和辐射规律，以作为系统抗干扰设计的依据。

（4）其他需要勘察的内容。

5.2.2　工程设计阶段勘察要点

按照纵深防护的原则，草拟布防方案，拟订周界、监视区、防护区、受控区的位置，并对布防方案所确定的防区进行工程勘察。

（1）根据工程的具体建筑各功能区域的平面布置、用户对房屋的使用要求和防区内防护部位、防护目标的具体情况，确定划分一、二、三级防护区域和位置。

（2）重点安全保卫部位（监视区、防护区、受控区）的所有出入口的位置、通道长度、门洞尺寸、用途、数量、重要程度等进行勘察记录，以此作为防入侵报警和出入口控制系统的设计依据。

（3）勘察确定受控区的边界（如金库、文物库、中心控制室），则要按照有关标准规定或建设方提出的防护要求，勘察实体防护屏障（该实体建筑所有的门、窗户、天窗、排气孔防护物、各种管线的进出口防护物也组成屏障的一个部分）的位置、外形尺寸、制作材料、安装质量。

（4）勘察确定监视区外围警戒边界、形状，测量周界长度，确定周界大门的位置和数量，周界内外地形地物状况等并记录四周交通和房屋状态，根据现场环境情况提出周界警戒线的设置和基本防护形式，以作为周界防护设计的依据。

（5）勘察确定防护区域的边界，防护区域的边界应与室外警戒周界保持一定的距离，所有分防护区域都应划在防护区域边界内，防护区域边界需要设置周界报警或周界实体屏障时，要对设置位置进行实地勘察，作为周界报警或周界屏障的设计依据。

（6）勘察确定防护区域的所有门窗、天窗、气窗、各种管线的进出口、通道等，并标注其外形尺寸，作为防盗窗栅的设计依据。

5.2.3　项目施工阶段勘察要点

项目施工阶段勘察要点如下。

（1）勘察并拟订前端设备安装方案，必要时应做现场模拟试验。

① 各种探测器的安装位置要进行实地勘测，进行现场模拟试验，覆盖范围应符合探测范围要求，方可作为预定安装位置，对安装高度、出线口位置应考虑周到并作记录。此外，现场环境（如通风管道、暖气装置及其他热源的分布情况）也应作记录。

② 测量记录摄像机的安装位置、监视现场一天的光照度变化和夜间提供光照度的能力、监视范围、供电情况，作为选择摄像机的安装方式并进行监视系统设计的依据。

（2）勘察出入口执行机构的安装位置、设备形式。

（3）勘察并拟订线缆、管、架（桥）敷设安装方案。

（4）勘察并拟订监控中心位置及设备布置方案。

（5）其他，例如，监控中心面积，终端设备布置与安装位置，线缆进线、接线方式，电源，接地，人机环境等。

5.2.4　前端监控点位勘察要点

摄像机的点位选择非常重要，选择一个合适的位置，可以让监控的场景更加符合用户的需求和降低对设备的要求。

1．合理选择点位与拍摄方向

良好的点位，需要避开强光直射，以避免出现强逆光下的过曝现象；同时，相机不能被遮挡，包括避开飞行干扰物，否则监控场景就会不完整或画面受干扰；远离振动、电磁干扰、冷热风口、人员易接触等位置。另外，需综合考虑项目对监控图像的要求，根据现场条件合理选择摄像机点位。例如，在人员卡口项目中，摄像机拍摄方向需基本正对人员行进方向，在现场可根据摄像机及智能识别算法允许的偏差角范围、可能的摄像机安装高度、需识别的最矮身高和现场的监控范围来确定摄像机的合适位置，具体如图 5-11 所示。

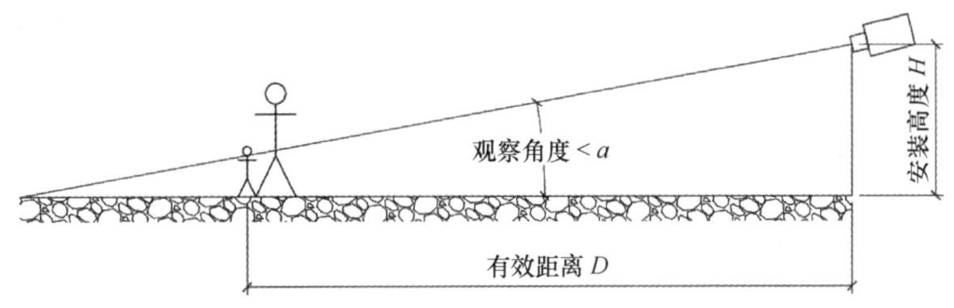

图 5-11　人员卡口摄像机点位设置要素

2．合理选择摄像机的功能类别

应根据现场条件和监控需求，合理选择摄像机的功能及类别。例如，根据现场光线环境及补光条件，确定选用普通、红外、星光还是超星光摄像机，是否选用宽动态或防炫功能；根据现场是否容易起雾或有较多水蒸气等工作环境确定是否选用透雾功能；根据环境振动条件选用防抖功能；根据现场设备受损坏的可能性确定是否选用防暴力功能；根据现场是否存在防爆炸、防水、防高温、防粉尘等要求分别选择适合的摄像机及配件。

3．合理确定摄像机的安装方式

根据现场安装固定条件、布线条件，以及出于取电、防雷、防水、防人为破坏等因素，合理选择摄像机的安装方式，确定所需的安装辅件规格尺寸。例如，确定需要立杆安装，则工程勘察需考虑立杆位置、立杆样式、颜色、布线条件、接地条件等应与现场环境相协调；再如，室内吊顶安装球机需现场确认固定方式，是否可通过加固原有吊顶直接吸顶安装。

4．综合考虑施工及运行维护

建议选择方便布线的点位，会给安装施工带来便利，且会让设备的安装更加美观。避开施工及维护人员难以到达或存在潜在危险的位置，如车船行驶限界内或可能的高空坠物区域。工程勘察还需明确施工现场涉及的物权归属和开工许可有关信息（如临时占道施工许可等）以及施工时间段的限制信息。

5.2.5 后端监控中心勘察要点

监控中心作为安全防范系统的“神经中枢”，通常是系统后端及核心设备的安装场所，并具备跨系统、跨部门数据整合、对接、联动和共享的功能。对其开展工程勘察需注意以下几个方面。

1．监控中心的位置和空间布局

监控中心的位置应远离产生粉尘、油烟、有害气体、强震源和强噪声源以及生产或贮存具有腐蚀性、易燃、易爆物品的场所，应避开发生火灾危险程度高的区域和电磁场干扰区域。

监控中心往往有大量的传输线缆需要进出，因此其位置应有利于布线、有利于设置必要的进出线端口、有利于方便获得电力及外部通信线路接入、有利于设置防雷接地。其内部设备安装及空间布局视不同的工程项目，可有很大的区别，简单的就相当于一个设备机房，安装安全防范系统设备，满足基本的系统运行、操作、维护工作需要；复杂的可按不同的功能和专业来区分和布局，其中包括安装安全防范设备（包括网络交换机、服务器群、存储设备、视频编解码及传输设备等）的核心机房区域，满足监控值守功能的操作区域，以及保障系统运行、业务开展需要的各种辅助区域（如会议室、资料室、运维办公室、运维值班室、卫生间、备件间、维修室、电源室、蓄电池室、发电机室、空调系统用房、灭火钢瓶间、储藏室、更衣换鞋室、缓冲间等），在工程勘察时根据实际情况做出必要记录。

2．关于设备安装条件的勘察内容

有的安全防范系统设备较重，如不间断电源的蓄电池柜、大屏幕显示装置等，在工程勘察时，需注意建筑物承重因素，表 5-1 根据《建筑结构荷载规范》（GB 50009—2012）列出了常见民用建筑楼面均布活荷载标准值。

表 5-1 常见民用建筑楼面均布活荷载标准值

场　所	荷载标准值/（kN/m^2）
住宅、办公楼、医院病房、幼儿园	2.0
实验室、阅览室、会议室、医院门诊室	2.0
教室、食堂、餐厅、一般资料档案室	2.5
礼堂、剧场、电影院、有固定座位的看台、公共洗衣房	3.0
商店、展览厅、车站、港口、机场大厅及其旅客等候室	3.5
健身房、演出舞台、运动场、舞厅	4.0
书库、档案库、贮藏室	5.0
密集柜书库	12.0
通风机房、电梯机房	7.0
走廊、门厅（办公楼、餐厅、医院门诊部）	2.5
走廊、门厅（教学楼及其他可能出现人员密集的情况）	3.5

楼面承重需注意与室内地面装修的区别，如实木地板、演讲台、地毯、静电地板等地面装修物，其承重要远小于楼面结构承重。另外，地面下若装有地暖，或者铺设有大理石等场合，则需注意不适合采用膨胀螺栓的固定方式。

对于需要安装较重或单体尺寸较大的项目，在工程勘察时，需注意运输过程是否存在通畅路径（如门、廊、梯尺寸，电梯管理规约等）和楼层运费问题。

对于像电视墙等需要防倾防倒固定的场合，在工程勘察时，需关注墙体和天花板的结构，选用合适的固定方式，如避免固定锚点在石膏板、吊顶及其他结构受力较弱的室内隔断上；空心砖墙体应选用专用的膨胀螺栓。如图 5-12 所示。

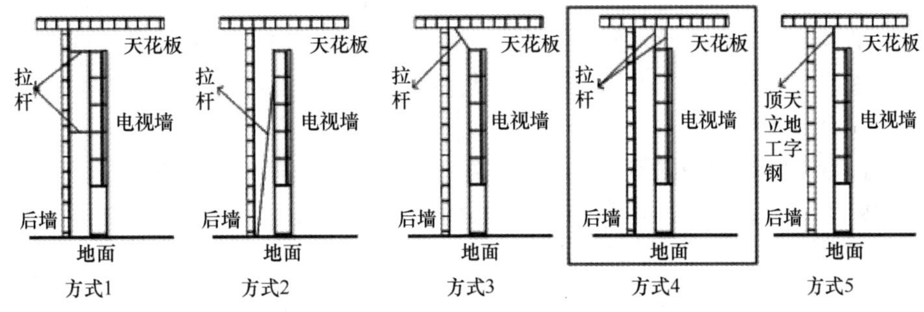

图 5-12　常见的电视墙固定方式

3．关于监控中心安全防护的勘察内容

根据《安全防范工程技术标准》（GB 50348—2018）的要求，监控中心的值守区与设备区宜分隔设置，应设有保证值班人员正常工作的相应辅助设施。

为保证监控中心自身安全的防护措施和进行内外联络的通信手段，勘察过程中需注意是否存在合适的紧急报警装置安装位置和向上一级接处警中心报警的通信接口是否满足防破坏的要求。

监控中心出入口、监控中心内需设置视频监控和出入口控制装置，需针对这些点位做出相应的勘察结果，并特别注意对相应的出入口控制系统管理主机、网络接口设备、网络线缆等采取强化保护措施。应检查监控中心的顶棚、壁板和隔断是否采用不燃烧材料；是否存在室内环境污染问题，以及装饰装修材料是否环保节能。

检查监控中心的疏散门是否采用外开方式，能自动关闭并保证在任何情况下均能从室内开启，门的宽度和高度是否符合规范要求（应不小于 0.9 m×2.1 m）。

检查监控中心室内地面是否防静电、水平度如何、是否易起尘。检测监控中心内的温度是否在 16～30℃之间，相对湿度是否在 30%～75%之间，是否有良好的通风换气措施。检查监控中心是否有良好的照明和合规的应急照明装置；是否存在高噪声设备及是否有相应的有效隔声措施；检查监控中心所采取的防鼠害和防虫害措施。

4．关于设备布置的勘察内容

控制台是监控中心的主要设施之一。一般经常操作的各类键盘、控制开关及经常操作的设备都布置在台面上，因此控制台的选用不但要考虑各设备的安排要方便操作，布设合理美观，还要考虑到人机关系，操作员的舒适等要求，《电子设备控制台的布局、型式和基本尺寸》（GB/T 7269—2008）说明了基本要求。工程勘察时应结合现场环境和用户需求做出合理选择。

显示是可视智慧物联监控系统图像信号的探测采集、传输、控制质量的客观反映，因此，监控中心通常需要考虑显示设备的规格型号和安装设置，除了考虑值班人员对显示图像的观察的人机关系因素，主要结合监控中心光线条件、室内交通规划组织，合理确定显示设备安装位置。

另外，根据机架、机柜、控制台等设备的相应位置，综合考虑设置电缆槽和进线孔的具体位置，特别需要注意槽的高度和宽度应满足敷设电缆的容量和电缆弯曲半径的要求，室内设备的排列应便于维护与操作，满足人员安全、设备和物料运输、设备散热的要求，其空间布置应满足：①控制台正面与墙的净距离不应小于 1.2 m，侧面与墙或其他设备的净距离，在主要走道不应小于 1.5 m，在次要走道不应小于 0.8 m；②机架背面和侧面与墙的净距离不应小于 0.8 m。

若监控中心建设与智能建筑的其他机房（如楼宇智能控制机房、通信机房、计算机网络机房、消防控制室、卫星接收机房、视频会议控制机房等）有合建问题，则在工程勘察中自动增加相关的内容要求。另外，在国家机关、军队、公安、银行、铁路等单位需要有效地防止电磁干扰式噪声、辐射对电子设备和测量仪器的影响，并严防电子信号泄漏从而威胁到机关机密信息安全的场合，工程勘察需遵循屏蔽机房的相关规定。

5.2.6 工程勘察报告

工程勘察结束后应编制工程勘察报告。工程勘察报告应包括项目名称、勘察时间、参加单位及人员、项目概况等内容。

首先，工程勘察时，对相关勘察内容所作的勘察记录。

勘察记录作为工程设计初始的文档资料，是核查工程设计的依据，主要包括：防区的区域划分平面图；出入口、窗的位置和地下通道的走向平面图；摄像机、探测器、报警照明灯等各种器材的数量和安装位置平面图；管线走向，出线口平面图；中心控制室平面布置图以及控制室管线进出位置图；光照度变化、电磁波辐射强度数据表；总体平面图；系统方框图。

其次，根据工程勘察记录和设计任务书的要求，对系统的初步设计方案提出建议。

最后，工程勘察报告经参与勘察的各方授权人签字后作为正式文件存档。

以智能枪人员卡口项目实施为例，人员卡口项目工程性要求较高，工程勘察需要最终确定点位的各种信息，以达到最佳的应用效果。其中需要现场实地进行测量表 5-2 所示的几项数据，并详细记录，避免出现工程勘察反馈的数据信息不全或收集的工程勘察数据与实际场景偏差较大的现象。

表 5-2 项目监控点位勘察记录表

勘测地点：			勘测人员		勘测日期		现场照片
编号	点位名称	安装高度/m	水平距离/m	监控宽度/m	是否补光	选用镜头	

5.3　可视智慧物联系统的设计要素及方案选型

可视智慧物联系统的设计要素如图 5-13 所示。可视智慧物联系统的设计来源于需求，需求是多种多样、千变万化的，但是都可以归纳为 5 个设计要素，包括前端设计、传输设计、显示设计、控制设计和存储设计。

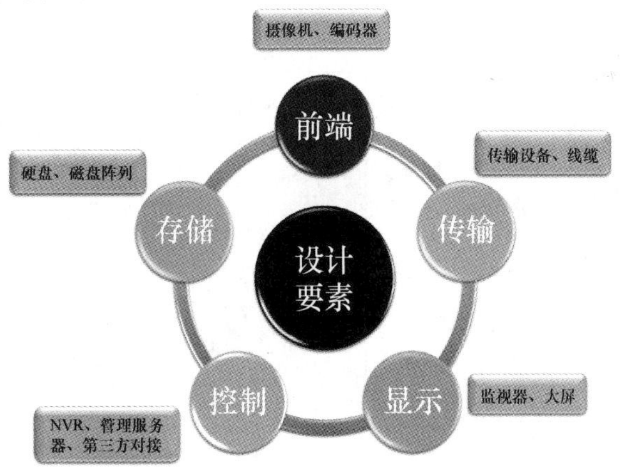

图 5-13　可视智慧物联系统的设计要素

前端设计主要涉及视频采集设备的选型，如摄像机类型、分辨率、接口形式等的选择；编码器分辨率、接口形式、路数的选择。

传输设计主要是传输设备的选型、传输方案的设计，如光端机、交换机的选择；传输线缆、传输协议的选择。

显示设计主要是视频输出方式的选择、显示设备的选型，如显示设备类型、色彩、大小、分辨率的选择。

控制设计主要是对中心管理控制设备的选型，如 NVR、管理服务器、控制键盘的选择。

存储设计主要是对音视频存储方式选择、存储设备的选型，如存储容量、阵列的选择。

5.3.1　前端摄像机选型设计

前端采集设备的选型，一般可以根据实际的使用环境、视野需求、清晰度、业务应用等方面去选择。摄像机选型如图 5-14 所示。

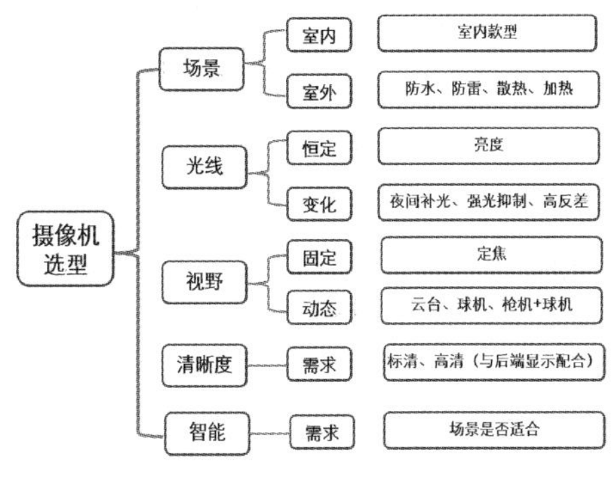

图 5-14　摄像机选型

视频采集设备基本分类如图 5-15 所示。一般环境下，可以选择通用型摄像机。高温、严寒等恶劣环境，需要根据现场具体温差范围选择温度适应范围更宽的摄像机，或者选择防护罩调温控制、防雨、防雪、防沙尘等摄像机。在空旷，尤其是山区地形，需要考虑防雷接地。

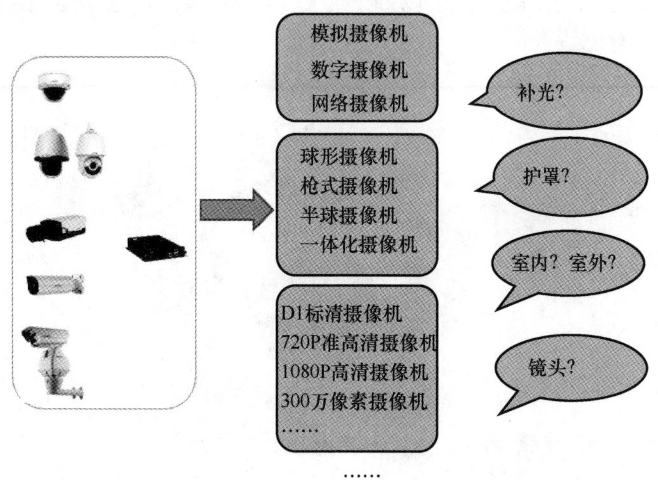

图 5-15 视频采集设备基本分类

强反光环境，需要选择具有宽动态或背光补偿功能的摄像机；安装在道路上的摄像机，受车辆大灯影响，需要考虑具有强光抑制功能；夜间没有灯的环境下，需要考虑安装红外或白光补光灯，其中红外补光灯需要和日夜型镜头配合使用才能达到比较好的效果。

需要多角度、全方位监控的场景，如广场、大厅，一般使用球机或云台摄像机配合固定焦距的枪机或筒形机，来满足大视野的需求。固定小场景监控场景，如走廊、道路、出入口等，一般使用枪式或半球摄像机。

对于重要监控场所，如柜台、出入口等需要重点关注人员或事物特征，一般使用高清摄像机。选择高清摄像机时要注意，摄像机的分辨率是否与编码器（若是数字型摄像机要考虑，网络摄像机不用考虑）、解码器、显示器相匹配，只有整个系统都支持高清的制式，才能够呈现高清的效果。对清晰度要求较低的普通场景可选用标清摄像机。

在一些特殊场合（如出入口、重点监控地点等），可以根据业务的需要部署人脸识别、人数统计、智能跟踪等摄像机，减轻人工压力。

摄像机是监控系统的重要组成部分，摄像机之间的用途、形态、性能和功能有很大的差异，在选型时，除了基本的形态，还有很多需要注意的地方。

摄像机按照传输信号的不同，可以分为模拟摄像机、数字摄像机和网络摄像机，前端视频采集系统与后端解码系统要一致，否则无法正常解码。模拟摄像机通过同轴线缆配合 DVR（数字硬盘录像机）使用；数字摄像机通过同轴线缆接入高清编码器配合 NVR（网络视频录像机）或监控平台；网络摄像机直接通过网线连入 NVR 或监控平台，目前市场上这 3 种组网方式较为常见。

摄像机按照形态划分，可以分为球形摄像机、半球摄像机、枪式摄像机、筒形摄像机、一体化摄像机、针孔摄像机、卡片摄像机等，可根据摄像机安装的环境选择合适形态的摄像机。不同形态摄像机，需要注意室内外的区别，室外型摄像机的防护等级更高，至少应该达到 IP65 以上，若是枪式摄像机则要选择室外型护罩。室外型设备可以在室内使用，但室内型设备不能在室外使用。根据摄像机监视的区域，还要选择合适焦距、光圈的镜头以及考虑夜间补光。

摄像机按照分辨率划分，有标清 D1 分辨率，常见的高清有 720P、1080P 等分辨率，还有更高的 300 万像素、500 万像素、800 万像素的摄像机，理论上，像素点越多的摄像机清晰度越高，同时占用的带宽和存储资源就越多。

1．根据摄像机传输信号

网络摄像机比模拟摄像机能提供更高的清晰度，更适用于高清监控场所。此外，网络摄像机能通过远程访问方便地实现统一管理，维护更加简单、高效。在布线上，网络摄像机用一条网线便可实现音视频信号和控制信号的双向传输，部署灵活、布线简单、成本低，适用于各种应用场景。摄像机类型选择如图 5-16 所示。

- 模拟摄像机
  - 经济、安装使用方便、对网络要求低，适合小型、中小型应用场所或电梯等特殊监控应用。
- 数字摄像机
  - 原始图像未经压缩，清晰度较高，时延小，在地铁等特殊场合应用较多。
- 网络摄像机
  - 清晰度选择范围更广，能提供更高质量的视频图像；远程管理访问方便；布线成本低；扩展性强；软件平台兼容性强。适合于中小型、大中型及大型监控系统中的部署应用。

图 5-16　摄像机类型选择

2．根据摄像机形态

摄像机形态选择如图 5-17 所示。摄像机包含球形摄像机、枪式摄像机、半球摄像机、一体化摄像机。

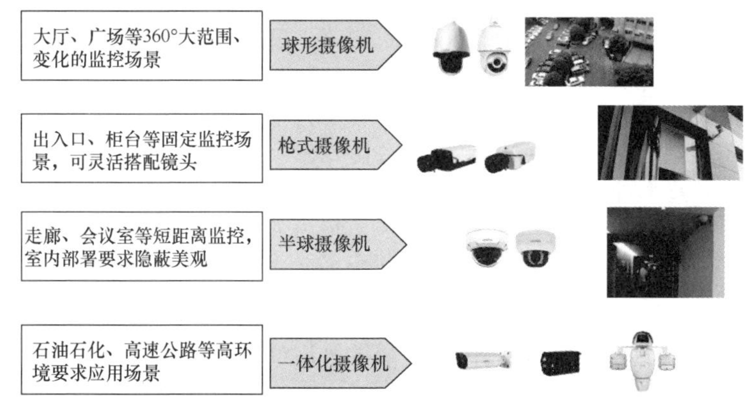

图 5-17　摄像机形态选择

（1）球形摄像机：一般应用于长距离大范围的监控，可以应用在多个领域，如大型商场、机场、广场、港口、大中型会议室、厂房、公园、室外停车场等，通过变倍可以轻易地捕捉到各种监控细节。

（2）枪式摄像机：这是摄像机最开始的形态，不含镜头，能自由搭配各种型号的镜头。安装方式使用吊装、壁装均可，室外安装一般要加配防护罩。枪式、筒形摄像机可应用在对摄像机外形没有什么要求的场景。

（3）半球摄像机：一般用于室内，吸顶式安装，受外形限制一般镜头焦距不会超过 20 mm，监控距离较短；可应用在走廊、办公室、会议室等对整体建筑风格有一定要求的场所。

（4）一体化摄像机：常见的一体化摄像机有的也可以称为筒形摄像机，它融护罩、镜头、补光灯为一体，也可与云台配合，应用在石油石化、高速公路、智慧城市等高清监控环境。

3. 根据摄像机分辨率

摄像机分辨率选择如图 5-18 所示。分辨率是体现图像细致程度的参数，直接反映了图像所包含的数据信息量。低分辨率图像包含数据不够充分，当把图像放大到较大尺寸观看时，会显得相当粗糙。所以必须根据图像的最终用途决定正确的分辨率：保证图像包含足够多的数据，能满足最终输出的需要。对于道路车辆监控、金融、图像处理等特殊场合，需要关注车辆车牌、货币交易对象及实物、图像像素清晰的细节等的应用，需要使用 720P、1080P 或更高分辨率的摄像机才能满足高清晰度要求。

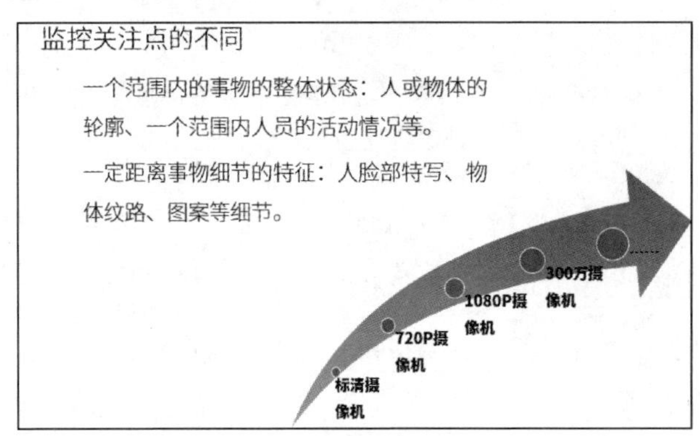

图 5-18　摄像机分辨率选择

4. 根据摄像机场景

摄像机低照度场景选择如图 5-19 所示。在医院、金融、酒店、写字楼、住宅小区、校园、港口、高速公路等场合，对摄像机性能要求比较高，由于常规型摄像机难以满足 24 h 连续监控的需求，因此低照度摄像机成为首要选择。特别对于夜间光照不足，又不可能大规模安装补光照明设施的情况，要得到较好的监控效果，就需要安装低照度摄像机，既能保证监控效果，又能简化系统构成和实现较好的可靠性和较低的成本。

低照度摄像机一般是指无须辅助灯光就能够辨别低照度环境下的目标，其原理是运用摄像机本身的感光组件 Sensor、图像处理单元 ISP/DSP 及镜头光学作用共同实现。低照度摄像机主要依靠自身的性能来实现在微弱光线下获得较好的监控效果，对外部环境依赖较小，对于特殊场合，夜间能实现隐蔽监控。

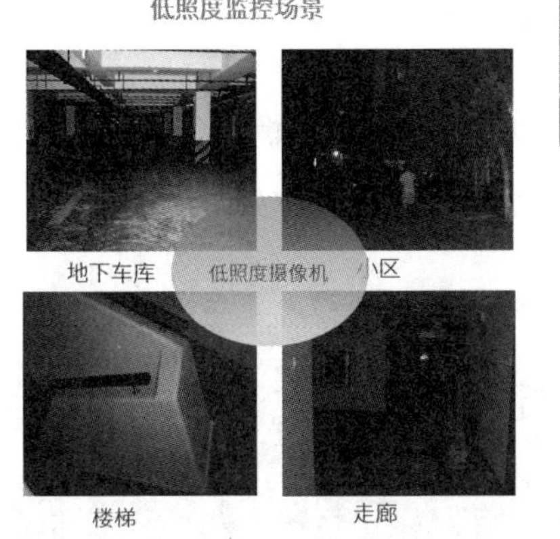

图 5-19　摄像机低照度场景选择

通常用最低环境照度要求来表明摄像机灵敏度，黑白摄像机的灵敏度是 0.02～0.5 lx，彩色摄像机多在 1 lx 以上，应根据监视目标的照度选择不同灵敏度的摄像机。通常，监视目标的最低环境照度应高于摄像机最低照度的 10 倍。

超星光摄像机和全彩摄像机采用大靶面 CMOS 传感器配合大光圈的镜头，并通过宇视 Extra-ISP 图像处理技术，使得画面在低照度环境下能还原彩色并获得更多细节。宇视超星光级和全彩摄像机在低照度环境下能够呈现优质彩色图像，夜间效果更佳，如图 5-20 所示。

图 5-20　宇视低照度摄像机

高反差场景如图 5-21 所示。当在强光源（日光、灯光或反光灯）照射下的高亮度区域及阴影、逆光等相对亮度较低的区域在图像中同时存在时，摄像机输出的图像会出现明亮区域因曝光过度成为白色，而黑暗区域因曝光不足成为黑色，严重影响图像质量。

图 5-21　高反差场景

在这种图像存在高反差的场景一般需要使用宽动态摄像机，确保光线明暗区域的画面都能清晰地呈现，如商场玻璃柜台、玻璃大门口、隧道出入口等。

宇视强光抑制摄像机如图 5-22 所示。强光抑制摄像机在图像中把强光部分的视频信息通过 DSP 处理，将视频的亮度调整为合适的范围，以达到对强光的合理抑制。能够捕捉到清晰的车牌，同时看清楚车前物体运动状态。

图 5-22　宇视强光抑制摄像机

日夜监控场景如图 5-23 所示。日夜转换摄像机是利用电子机械原理，一般日夜转换摄像机的低照性能以彩色 10^2 lx 及 ICRON 黑白时 10^3～10^4 lx 的模式来标示。此种摄像机利用黑白影像对红外线高感度的特点，在特定的光线条件下，利用电子机械线路切换滤光片 ICR CUT 或直接切换为黑白信号，即在感应红外线后将影像由彩色转为黑白模式。而在彩色/黑白线路转换的过程中，因为去除了红外滤光片，使得画面成像焦点产生变化，所以必须搭配 IR 镜头，使日夜成像焦距保持一致，以避免影像焦距模糊及色彩表现不正确等缺点。自动“日/夜”转换功能使得摄像机可在白天捕获到高质量的彩色图像，并且在夜间也能拍摄到清晰的黑白图像，使用于 24 h 监视。

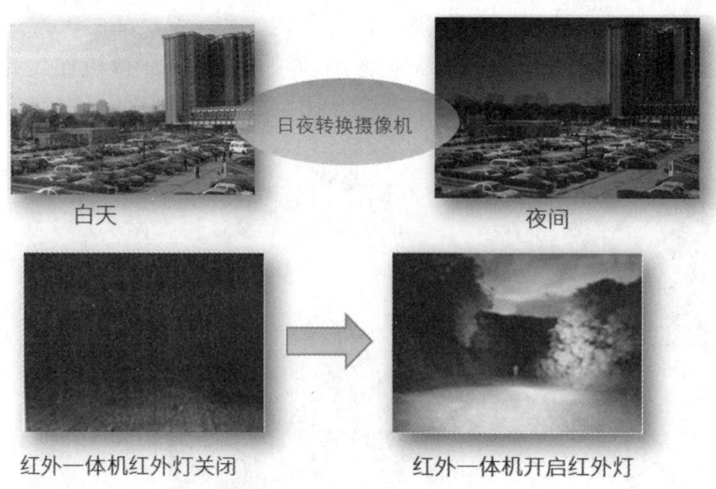

图 5-23　日夜监控场景

红外线摄像机（IR Camera）是目前除日夜转换摄像机以外较好的另一种低照与夜视应用，可分为摄像机内置 IR 灯及外挂 IR 辅助投射灯两种。因为 CCD 及 CMOS Sensor 感光组件可以感应大部分可见光及红外光光谱范围，所以可在夜间无可见光照明的情况下，辅助红外光灯照明使影像 Sensor 感应更清晰的影像。同时，摄像机的感光组件在黑白模式下比彩色模式具有更高的光感灵敏度，可在黑暗的环境中获取更清晰的影像，所以在红外灯的辅助照明下，可做到 0 lx 环境条件下的监控应用。

现在市场上还常见到超星光级摄像机，通常是指星光环境下无任何辅助光源，可以显示清晰的彩色图像，区别于普通摄像机只能显示黑白图像。

5. 根据摄像机的应用需求

摄像机的选择，除了考虑形态样式、清晰度、光线环境因素，还有其他一些方面需要注意，如应用接口（告警接口、音频接口、网口或光口等）的选择。在工程施工方面还需要根据实际环境选择合适的供电方式，如图 5-24 所示。

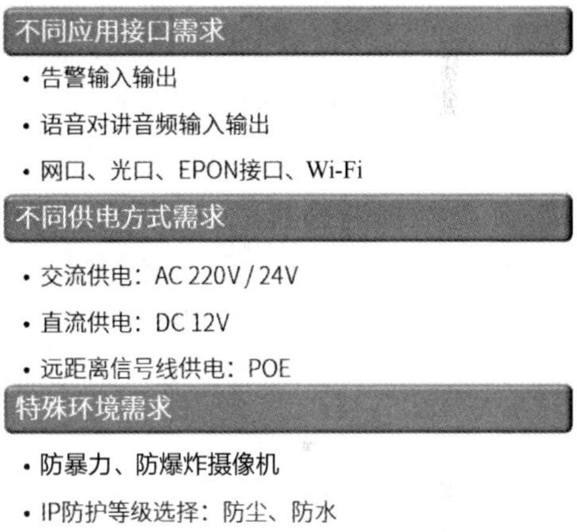

不同应用接口需求

- 告警输入输出
- 语音对讲音频输入输出
- 网口、光口、EPON接口、Wi-Fi

不同供电方式需求

- 交流供电：AC 220V / 24V
- 直流供电：DC 12V
- 远距离信号线供电：POE

特殊环境需求

- 防暴力、防爆炸摄像机
- IP防护等级选择：防尘、防水

图 5-24　不同应用需求

在一些特殊的应用环境下，需要根据摄像机的物理防护来选择相应的摄像机。摄像机的物理防护基本上分为防暴力、防爆炸和外壳防护三类。防暴力摄像机是在外力暴力打击下仍然可以保证正常工作的摄像机，其特点是外壳具有很强的抗击打能力。此类产品一般需要提供锤击、冲击试验检测报告。防爆炸摄像机是指摄像机采用了防止产生电火花等防爆炸设计，在易燃易爆场合应用不会引发易燃易爆气体或液体的爆炸。此类产品需要提供防爆炸合格证。外壳防护所涉及的则主要是防水、防尘、防止外物入侵等内容。摄像机外壳防护的标准有 IP65、IP66、IP67。智慧建筑使用的摄像机，其物理防护主要体现在外壳防护上；防暴力摄像机与防爆炸摄像机只在特定条件下才会应用。防暴力摄像机的出现和应用，使安装在一些容易遭受恶意破坏或是自然环境恶劣场所的监控设备能够正常工作，为我们的日常生活和生产、工作带来了高安全性的保障。

6. 根据摄像机的镜头

摄像机镜头选择如图 5-25 所示。

目标的距离：镜头距离目标的直线距离，决定了镜头的焦距。

目标的成像大小：成像目标在画面中占的比例，决定了视角、场景的宽度和高度三要素。

镜头的焦距应根据视场角大小和镜头与监视目标的距离确定。摄取固定监控目标时，可选用定焦镜头；当视距较小而视角较大时，可选用广角镜头：当视距较大时，可选用长焦镜头；当需要改变监控目标的观察视角或范围比较大时，宜选用变焦镜头。

图 5-25　摄像机镜头选择（一）

（1）通过粗略估计的方法选择 4 mm 以上镜头时，某人距离摄像机 10 m：①要看清人脸，用 20 mm 的镜头；②要看清人体轮廓，用 10 mm 的镜头；③要监控人的活动画面，用 5 mm 的镜头。

（2）总结起来，如果物体距离摄像机为 X m：①要看清楚人脸，选 $2X$ mm 的镜头；②要看清楚人的轮廓，选 X mm 的镜头；③要看清楚人的行为，选 $X/2$ mm 的镜头。

如果摄像机和监控物体之间的距离不变，那么焦距越大，人的细节越丰富，呈现越清晰，视角越小；焦距越小，视野越广，细节越模糊。

如图 5-26 所示，根据场景是否变换选择固定焦距、手动焦距、电动变焦镜头。通常固定、手动焦距镜头在道路监控、走廊监控等固定场景下使用，一般搭配枪式摄像机或内置于筒形摄像机、半球摄像机中。而电动变焦镜头在广场、路口等全方位监控场景下使用，一般搭配枪式摄像机或内置于筒形摄像机、球形摄像机中。

摄像机镜头选择

- 场景是否变换

  场景是否要拉远拉近，说明是否需要定焦还是变焦镜头。

  - 固定焦距：适合于可以直接确定监视区域的固定监控点；
  - 手动变焦：适合于暂时无法确定监视区域的固定监视点；
  - 电动变焦：适合于大范围远距离监视的全方位监视点。
- 光线情况
  - 自动光圈：适合于绝大多数环境，尤其是室外光线变化较大的环境；
  - 手动光圈：适合于室内光线变化不大的固定监控点；
  - 电动光圈：适合于室内外光线变化不大的全方位监视点。
- 镜头解像力（分辨力）
- 镜头接口形式、镜头孔径等

图 5-26　摄像机镜头选择（二）

根据光线情况选择自动光圈、手动光圈、电动光圈镜头。通常固定光圈、手动光圈镜头在会议室、教室等室内光线变化不大的环境下使用。由于环境光线多数情况下都是变化的，因此电动光圈应用更加广泛，如建筑物外的广场、室外道路、园区周界、室外停车场等室外应用一般都需要选择电动光圈镜头。

镜头的解像力也称分析力、分辨力，是指可鉴别非常靠近的两个物点的能力。解像力反映一只镜头所摄影像的清晰度和明锐度，是衡量镜头好坏的重要指标。胶片时代利用投影或实拍鉴别率板上的黑白线条来实现，通常以线对/毫米（lp/mm）表示，好的镜头中心视场可达 50～70 lp，边缘视场 40～50 lp。还有一种更为客观的方法是测量镜头的 MTF 函数，是以对比度来评价分辨力的代表性方法。根据 MTF 函数，可以知道百万像素镜头在空间频率数高的频带处也可维持高的 MTF 值，即能确保镜头画面在中心和边缘部位都能获取到高的分辨力。所以在百万像素摄像机选择镜头时必须配百万像素镜头。

镜头接口和孔径的选择以合适为宜。

5.3.2　传输网络分析及设计

传输网络的设计要依据业务使用情况来分析，针对使用系统的稳定性等方案来考虑。

1．根据可视智慧物联系统的特性

可视智慧物联系统具有下列特性。

1）视频监控的流量具有突发性

视频监控的流量具有下列突发性。

（1）视频码流微观上看不是均匀的。

（2）接入交换机下的多个前端设备容易造成上行口拥塞。

（3）在考虑接入交换机的带宽时，需要同时考虑 24 h 存储流、正常的实况流以及是否会有突发的实况流。

（4）汇聚层交换机需要考虑接入层交换机的总带宽。

高带宽及流量突发需求如图 5-27 所示。由于单路视频的分辨率逐渐由标清向高清转变，对于传输的码率要求也逐渐在提高，普通的标清 SD 图像一般需要 1～2 Mbps 码率承载传输，高清 HD 图像一般需要 2～8 Mbps 承载，并且随着接入的前端图像数量越来越多，对于交换机的接入背板带宽需要与之相对应地有所增大；同时对于多媒体数据来说，当图像中运动景象较多时，编码后数据量会突发较大，因此对于一个接入交换机来说还需要考虑码率突发对接入缓存的影响。一般来说，一个普通的百兆接入交换机在接入摄像机路数时不能按满载接入进行设计。

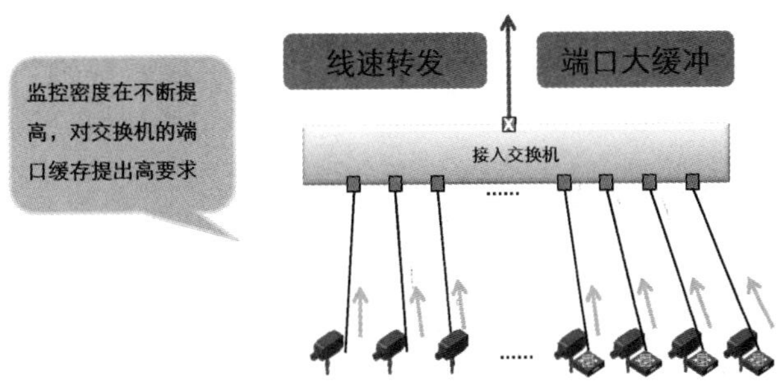

图 5-27　高带宽及流量突发需求

容易产生网络拥塞的地方在接入交换机和汇聚交换机的上行口、解码设备接入交换机的上行口、交换机之间互连用百兆接口，存储设备、数据管理服务器及媒体交换服务器用百兆接口接入，这些都容易造成网络瓶颈，在设计时要尤为注意。

2）系统具有可靠性需求

视频实时数据报文经过编码压缩后在网络上传输，若网络丢包造成数据报文的丢失，则会带来大量的原始视频信息丢失，在还原视频图像时，用户就能感觉到明显的质量损伤。视频存储数据一般又要求可查证、可追溯，对可靠性要求高，网络的震荡、故障乃至中断都对业务可用性、数据可靠性造成威胁。视频业务的这种特点对 IP 承载网络提出了高可靠性要求，IP 承载网络需要在报文传输保障、故障恢复时间的保障上有更高的标准。

根据公安部标准 T.669 要求，监控传输网络对网络时延、抖动值、丢包率以及误包率都有一个行业的监控应用标准。基于交换机的硬件交换，可以控制数据包的转发速率、丢包率以及码率传输的误码率在较低的范围，能够满足监控业务的使用。但是出于目前网络中业务应用复杂性以及本身网络的安全方面因素考虑，监控网络的故障要求能够迅速恢复，则需要结合网络中比较成熟的高可靠性冗余备份技术进行保障，如交换网络中的 Monitor Link 和 Smart Link 等。

3）承载网络对视频质量的影响

对于视频内容本身影响的视频质量，主要有以下 3 个方面。

（1）块化：由于低码流速率和低质量的压缩算法造成的损伤，表现为可明显看到画面的分格化、色块以及色彩过渡不均。

（2）模糊：由于片源编码压缩降低了分辨率而造成的损伤，表现为画面模糊、不锐利、缩小画面后有好转。

（3）闪动：由于不合适的采样频率造成的损伤，表现为跳帧。

网络对视频质量的影响如图 5-28 所示，网络对视频质量的影响，主要有以下 4 个方面。

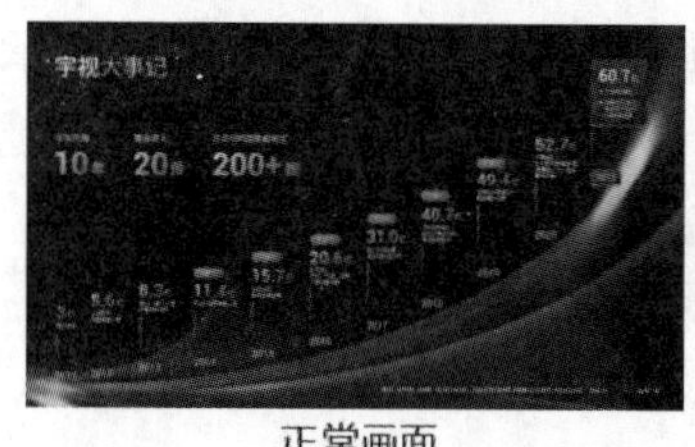

正常画面

虚焦/雪花画面

抖动、停帧/跳帧画面

图 5-28　网络对视频质量的影响

（1）停帧/跳帧：由于关键视频数据报文（I 帧报文）丢失而造成的损伤，表现为图像停滞或跳跃。

（2）噪声：由于传输和随机噪声造成的损伤，表现为图像有雪花状。

（3）丢包：由于严重的持续数据包丢失而造成视频质量的下降，表现为图像出现马赛克，画面帧出现整列的扯动。

（4）抖动：由于数据包发送和接收顺序不一致而引起错序或错误而造成的损伤，表现为画面帧不完整，出现马赛克现象，并且前后画面有叠加/重合现象。

网络质量对视频图像的质量有致命的影响，通常传输实况采用 UDP 协议，在丢包率低的情况下，可以尝试改用 TCP 协议传输实时视频，通过 TCP 协议重传机制，减少丢包造成的影响。

视频数据流量模型如图 5-29 所示，IP 监控系统容易发生由于网络拥塞造成的图像卡顿等异常，所以在设计视频监控系统时需要了解清楚视频数据流量模型，视频数据的汇聚点在哪里，规划好带宽，避免出现网络瓶颈。

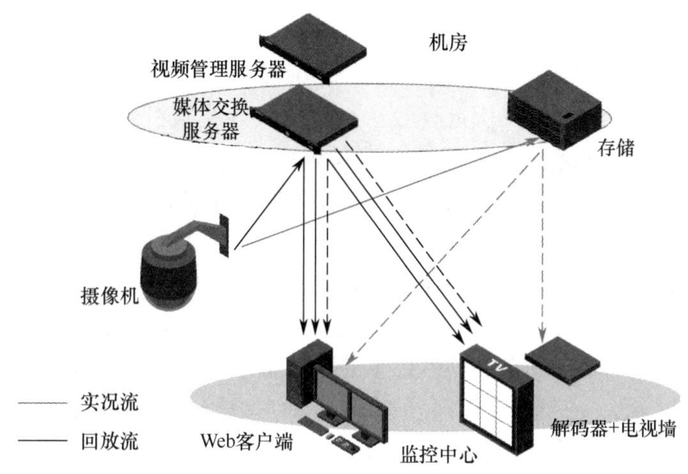

图 5-29　视频数据流量模型

摄像机 24 h 发送一路存储流，在有需要的时候至少发送一路实况流，如果有媒体交换服务器，那么由媒体交换服务器进行实况流的复制分发。存储设备用于接收前端的存储码流，是一个数据的汇聚点，需要用千兆网接入；监控中心的 Web 客户端（软解码）及硬解码用于接收实况码流，尤其是 Web 客户端（软解码），每一个窗格就是一路实况码流，假设实况采用 4 Mbps，那么 16 个窗格解码就会产生 64 Mbps 的流量，所以需要考虑解码时所需要的最大带宽。

在设计网络时，需要注意前端摄像机接入交换机的汇聚节点，存储、视频管理服务器、媒体交换服务器的汇聚节点，软硬解码的汇聚节点，这 3 个地方都容易产生网络拥塞。

2. 根据网络设计模型

根据网络设计模型，通常网络分为 3 层，即核心层、汇聚层和接入层，如图 5-30 所示。

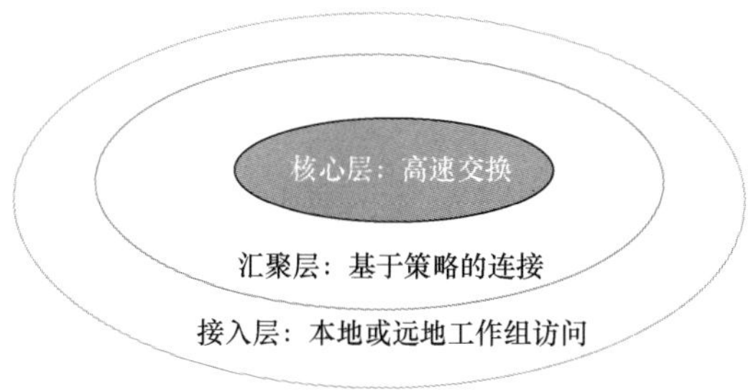

图 5-30　层次化网络设计模型

（1）核心层：主要功能是数据流量的高速交换，充分考虑链路备份和流量的负载分担。

（2）汇聚层：主要功能是完成接入层数据流量的汇聚，实现三层和多层的交换。

（3）接入层：主要功能是提供独立的网络带宽，划分广播域，基于 MAC 层的访问控制和过滤。在监控网络中，摄像机等终端设备通常和接入层设备连接，所以接入层需要实现尽可能高的带宽和端口。

（1）接入层交换机的选择：接入层交换机主要下连前端网络高清摄像机，上连汇聚交换机。以 1080P 网络摄像机 4 Mbps 码流计算，一个百兆口接入交换机最大可以接入几路 1080P 网络摄像机呢？

常用交换机的实际带宽是理论值的 50%～70%，所以一个百兆口的实际带宽为 50～70 Mbps。4 Mbps×12=48 Mbps，因此建议一台百兆接入交换机最大接入 12 台 1080P 网络摄像机。同时考虑目前网络监控采用动态编码方式，摄像机码流峰值可能会超过 4 Mbps 带宽，同时考虑带宽冗余设计，因此一台百兆接入交换机控制在 8 台以内是最好的，超过 8 台建议采用千兆口。

（2）汇聚层/核心层交换机的选择：小型监控组网（简单网络拓扑），如图 5-31 所示，汇聚层与核心层合并在一起，汇聚层交换机性能要求比接入层交换机的要高，主要下连接入层交换机，上连监控中心视频监控平台、存储服务器、数字矩阵等设备，是整个高清网络监控系统的核心。在选择核心交换机时必须考虑整个系统的带宽容量及带宽分配，否则会导致视频画面无法流畅显示。因此监控中心建议选择全千兆口核心交换机。如果点位较多，则需划分 VLAN，还应选择三层全千兆口核心交换机，摄像机数量超过 150 台大型监控系统应考虑三层万兆交换机。

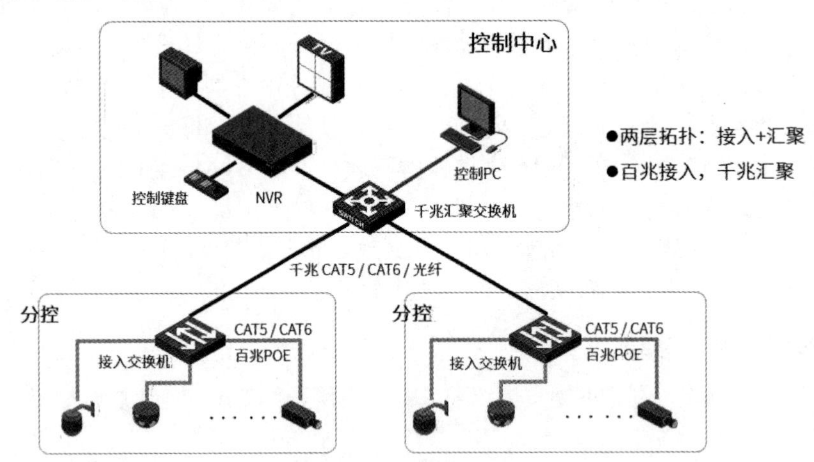

图 5-31　简单网络拓扑

承载智慧城市系统的是标准三层大中型数据通信网络，除了传统的接入层、汇聚层、核心层三层网络设计，结合视频监控系统流量模型，需要考虑接入带宽需求、接入方式多样性需求、接入流量突发需求、组播需求、核心网络冗余备份需求。

标准大中型网络拓扑如图 5-32 所示。大型视频监控系统的承载网络，首先重点要满足汇聚接入层接入方式，常见的有电口、光纤、以太网无源光网络（Ethernet Passive Optical Network，EPON）、Wi-Fi 等，其次是接入层交换机的带宽需求，上行带宽能够满足存储及并发实况的需求，在设计汇聚层网络时，要有冗余带宽，避免产生网络瓶颈。在汇聚层与核心层，可以综合考虑视频监控系统的重要性，设计双机或双核心双链路备份。

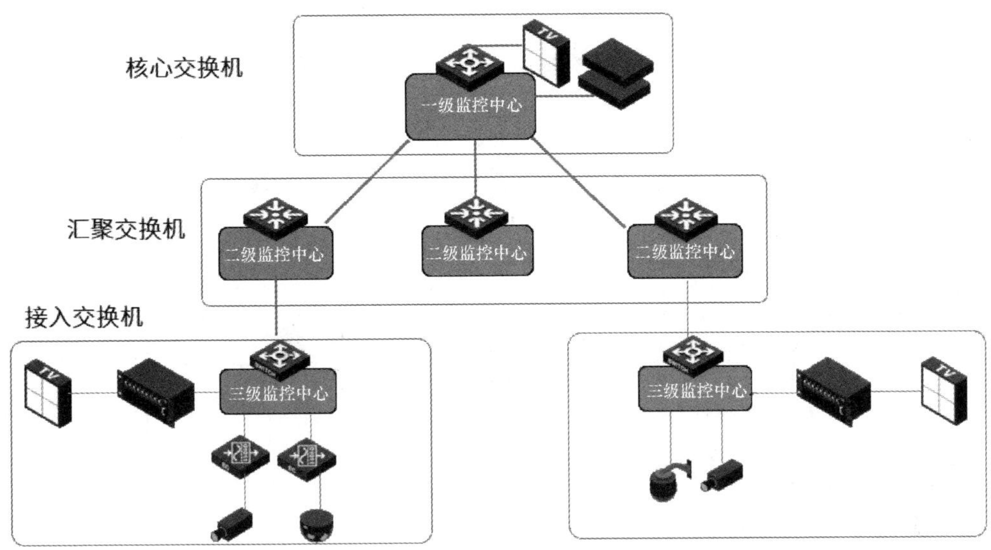

图 5-32 标准大中型网络拓扑

在网络带宽成本高的情况下，尤其是监控范围很广的情况下，可以考虑采用组播的方式接入前端，选择交换机时需要选择拥有组播功能的设备，并且是所有交换机都需要支持组播功能。

核心层网络关注的重点为高性能和高可靠性，实现视频监控系统服务器、存储设备的高速接入，构建统一的数据交换中心、安全控制中心与网络管理中心。核心层网络设备，一般选择千兆或万兆核心的交换机，主要看承载的视频监控系统的规模大小。

3. 根据传输的设备选型

网络设备选型设计（一）如图 5-33 所示，汇聚层或核心层选择交换机时，首先确定是否需要使用组播，若选择组播，则所有涉及组播数据转发的网络设备均需要支持 PIM SM 和 IGMP v2 版本的协议；若不使用组播协议，则需要考虑高性能交换机，满足并发视频流的转发，并留有裕量。

网络设备选型设计（一）

●汇聚或核心设备的选择

选型原则：支持丰富的特性，支持丰富的线路类型（LAN、EPON等），高性能和高稳定性。

➢ 在中大型视频监控网络中为L3设备（一般为三层交换机）；

➢ 在以组播组网时，必须支持组播路由协议：PIM SM和IGMP v2；

➢ 在以组播组网时，汇聚设备的型号必须满足组播组数量的要求。

●接入设备的选择

选型原则：支持传输的线路类型，能满足环境对设备的要求（尤其在室外的时候）。

➢ 形态丰富，可以是L2/L3交换机、路由器、ONU设备、WLAN设备；

➢ 在以组播模式组网时，支持IGMP Snooping。

图 5-33 网络设备选型设计（一）

接入层交换机若使用组播组网时，需要支持 IGMP Snooping 协议；普通单播时，可以根据现场环境需要，采用 EPON、光纤、Wi-Fi、4G 等接入技术灵活组网。

需要注意的是，由于视频的码流较大，同时可能存在一定的码流突发，因此选择接入层交换机时，尽量采用工业级可网管交换机，避免使用家用级非网管交换机。

网络设备选型设计（二）如图 5-34 所示，当解码器和视频管理客户端通过单播接收实时视频图像时，需要将解码器和视频管理客户端连接至交换机，同时保证视频码流带宽满足要求。

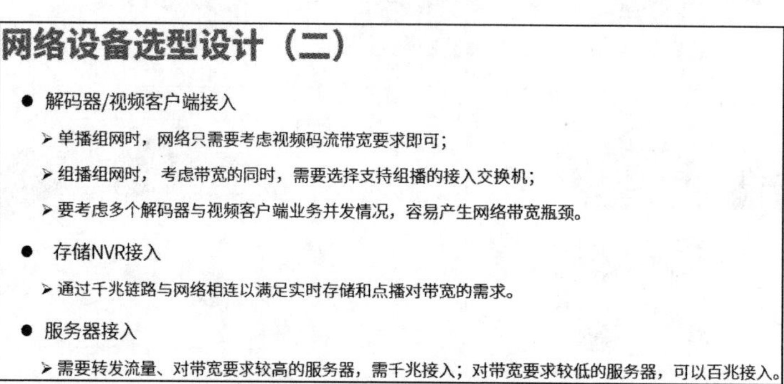

图 5-34　网络设备选型设计（二）

当解码器和视频管理客户端需要组播接收实时视频图像时，监控网络中的交换机必须支持组播功能。三层交换机需要支持 IGMP、PIM SM 协议，二层交换机需要支持 IGMP Snooping 协议以及未知组播丢弃，防止组播报文在二层广播发送。

存储通常使用单千兆链路或双千兆链路聚合方式与网络相连，以满足实时存储和点播对高带宽的需求。

数据管理服务器如果需要转发流量，那么对带宽要求较高，通过千兆网口接入网络。若只是负责管理，如视频管理服务器，对带宽的要求较低，可以采用 10/100 Mbps 以太网口接入。

在视频监控系统中，接入视频/图片码流转发的服务器，都建议采用千兆端口接入，避免产生网络瓶颈。

接入网络技术如图 5-35 所示，在商店、超市等超小型局点，一般采用以太网、POE、Wi-Fi 无线接入，这类局点对价格敏感度高，点位数量相对较少，所需要监控的面积相对也较小，采用 POE 技术接入可以简化布线。

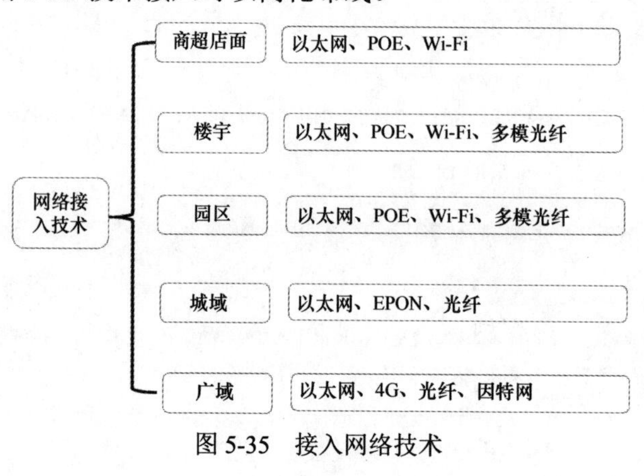

图 5-35　接入网络技术

在楼宇、园区这类中小型局点，除了以太网、POE、Wi-Fi 等，超过 100m 还可以考虑使用多模光纤或 EPON 技术接入。在园区里，使用 EPON 接入技术，是性价比相对较高的一种方式。

在城域范围内搭建的视频监控系统，以电口接入为主，辅助采用光纤、EPON 接入方式，若要考虑数据安全，则采用 EPON 技术是比较好的选择。

跨城域的视频监控系统承载网，线路成本是不可忽视的因素，所以采用因特网传输数据的方式比较多见，但是通过公网传输，一方面传输质量无法保证，会导致观看实况出现卡顿等情况；另一方面数据的安全性无法保证，视频图像可能会被人窃取。跨广域网络视频监控系统多用于平台与平台之间的对接，需要在设计时考虑实况、调用录像时所需要的带宽。

EPON 接入如图 5-36 所示，EPON 接入是通过单纤双向传输方式，实现视频、语音和数据等业务的综合接入。

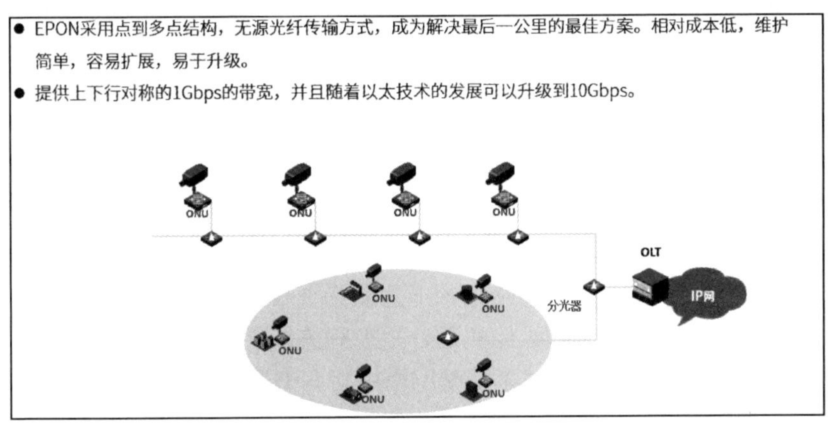

图 5-36 EPON 接入

EPON 采用非对称式点到多点结构，中心端设备光线路终端（Optical Line Terminal，OLT）既是一个交换路由设备，又是一个多业务提供平台，它提供面向无源光纤网络的光纤接口（PON 接口）。OLT 与多个接入端设备光网络单元（Optical Network Unit，ONU）通过无源光纤分路器（Passive Optical Splitter，POS）连接，POS 是一个简单设备，它不需要电源，可以置于相对宽松的环境中，一般一个 POS 的分光比为 2、4、8、16、32，并可以多级连接。EPON 采用 WDM 技术（波分复用技术，属多路复用的一种）和 TDM 技术（时分复用技术），上下行采用不同的波长传输数据，上行波长为 1310 nm，下行波长为 1490 nm。

EPON 消除了局端与用户端之间的有源设备，因而避免了外部设备的电磁干扰和雷电影响，减少了线路和外部设备的故障率，提高了系统的可靠性，同时节省了维护成本。EPON 采用点到多点的用户网络拓扑结构，大量减少了光纤及光收发器数量。EPON 目前可以提供上下行对称的 1 Gbps 的带宽，并且随着以太网技术的发展可以升级到 10 Gbps，保证了高清视频监控的高带宽需求。EPON 提供端到端的安全保障机制，杜绝了外界的非法入侵和攻击。在园区监控、路监控环境中 EPON 接入被广泛采用。

IP 组播如图 5-37 所示，组播介于单播和广播之间，组播是 IP 监控系统相较于传统监控系统的重要优势之一。使用组播技术可以实现单点发送、多点接收：终端只需发送一份 IP 报文，报文在网络中传送时，只有在需要复制分发的地方才会被复制，每一个网段只会保留一份报文，而只有加入组播组的接收者才会收到报文。这样有效地减轻了终端以及网络的负载。

- 利用组播特性，把路由、复制、分发的工作完全由3层设备实现，减少监控源、转发服务器和网络带宽的瓶颈。
- 每个数据流形成一个组播树，加入这个组播组的客户端均可接收到这个源的视频数据。
- 简单高效，没有系统瓶颈，适合网络内大量用户的大量点播业务。

上级域
(MPPV3)
交换机
客户端
VM/DM
组播网络
组播域
下级域(MPPV3)
客户端
交换机
IPC
组播流
VM/DM
IP SAN
DC
多域系统

图 5-37　IP 组播

组播技术相对于单播而言，在网络设备上的配置复杂一些，同时需要全网的网络设备都支持组播，并且规划好组播地址，比较适合与视频监控系统一起新建的网络，若是在已建好的网络上重新规划组播，则要了解清楚网络中所有的网络设备，相对较为麻烦。

可靠性技术如图 5-38 所示，IP 监控在大规模网络应用中，往往出现网络访问流量过大，导致服务器性能不足，资源被耗尽的情况。因此，参考许多商业网站上的服务器集群技术等的一些成熟应用案例，IP 监控的服务器可以基于负载均衡的模式进行流量以及性能的均摊；同时，对服务器的高可靠性保障技术，也可以使用服务器的双机服务来迅速切换服务器的业务应用，确保服务器业务不停止。

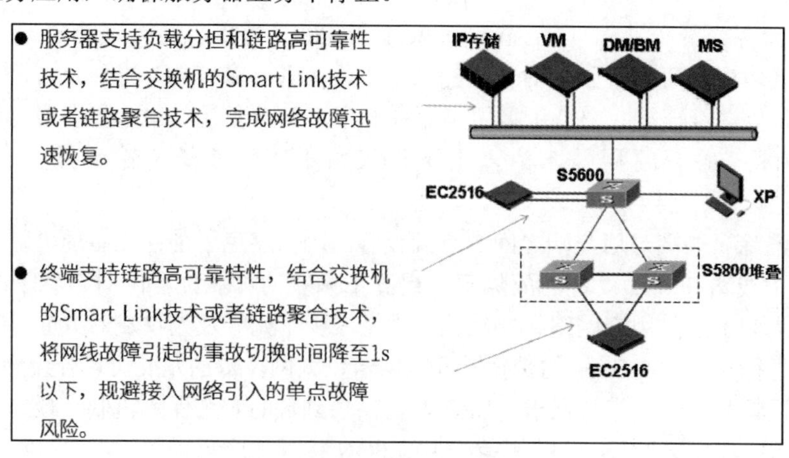

图 5-38　可靠性技术

在网络链路的灾备冗余恢复方面，IP 监控与其他网络应用一样，可以采用一些链路高可靠性技术进行保障，如 Monitor Link 和 Smart Link 技术。通过设置 Smart Link 组，对网络设备进行双上行链路方式接入，保证设备在链路单点故障时迅速切换，同时引入生成树协议中的 MSTP 实例方式，还可以实现 Smart Link 双链路的负载均衡；设置 Monitor Link 组，通过监控网络设备的上行端口的状态，实现网络中下行链路状态的快速切换。

广域网接入典型应用如图 5-39 所示，监控的应用逐渐由孤立的小局域网向广域网联网监控发展，如教育行业联网视频监控、加盟连锁店铺联网监控。联网监控一般有如下特点。

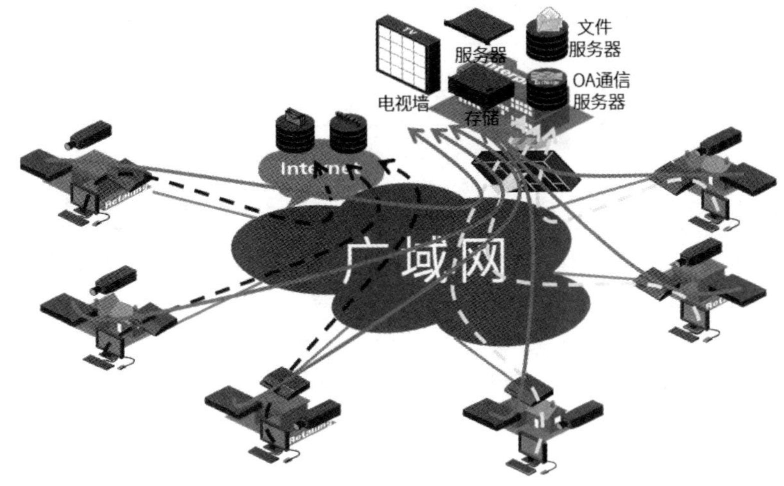

图 5-39　广域网接入典型应用

（1）两级架构：场所分控、中心监管。

（2）场所分控：录像前端存储（DVR/NVR）。

（3）中心监管：业务监管，业务以实况、录像调阅和告警联动为主。

（4）弱管理：数据在本地场所局域网内集中，网间流量小。

（5）场所众多：各场所自建联网终端，同时有访问因特网或者 OA 办公需求。

（6）网络低廉：成本控制紧，基于广域网构建承载网络。

（7）双 NAT 穿越：集团数据中心 NAT，场所 NAT。

广域场所联网中的集团数据中心和监控中心对于安全有较高的要求，不可能将服务器直接暴露在公网上。通常使用 NAT 技术构建安全的企业内网，通过防火墙与广域网隔离，并使用专线的方式接入广域网。联网的各个场所通常使用 ADSL、VDSL、FTTx 等方式接入广域网，本地部署 NAT 实现多台设备、PC 同时上网。

NAT 的影响如图 5-40 所示。NAT 技术优势：NAT 通过改变 IP 报文中的源或目的 IP/端口来实现，解决了 IP 地址不足的问题，隐藏并保护网络内部的计算机，有效避免来自网络外部的攻击。

NAT 技术劣势与限制如下。

（1）NAT 使 IP 会话的保持时效变短，依赖于 NAT 网关对会话的保活时间要求。

（2）NAT 将多个内部主机发出的连接复用到一个 IP 上，使依赖 IP 进行主机跟踪的机制都失效。

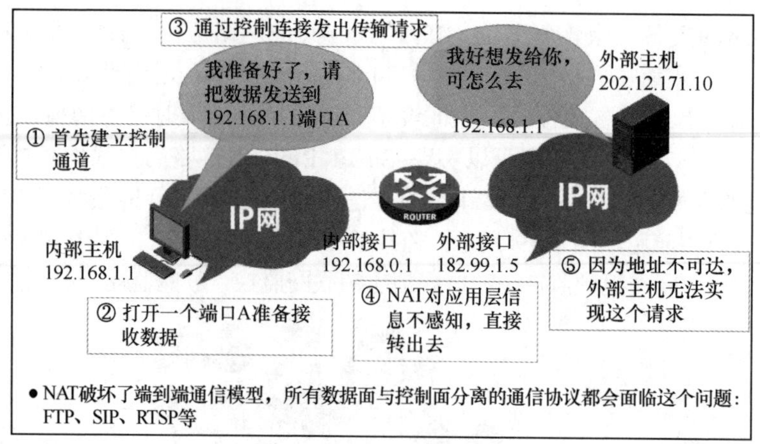

图 5-40　NAT 的影响

（3）NAT 破坏了 IP 端到端模型，对应用层数据载荷中的字段无能为力，使跨内外网通信的端口协商、地址协商，以及外网发起的通信困难。所有数据面与控制面分离的通信协议都会面临这个问题：FTP、SIP、RTSP、H323 等。

（4）NAT 工作机制依赖于修改 IP 包头的信息，这会妨碍一些安全协议的工作。

DDNS 技术如图 5-41 所示，随着监控行业的不断发展，家庭/中小企业用户的广域网监控需求日益增加，用户通过手机或者 PC 便捷地远程访问监控设备、查看实时监控画面成了新的趋势。

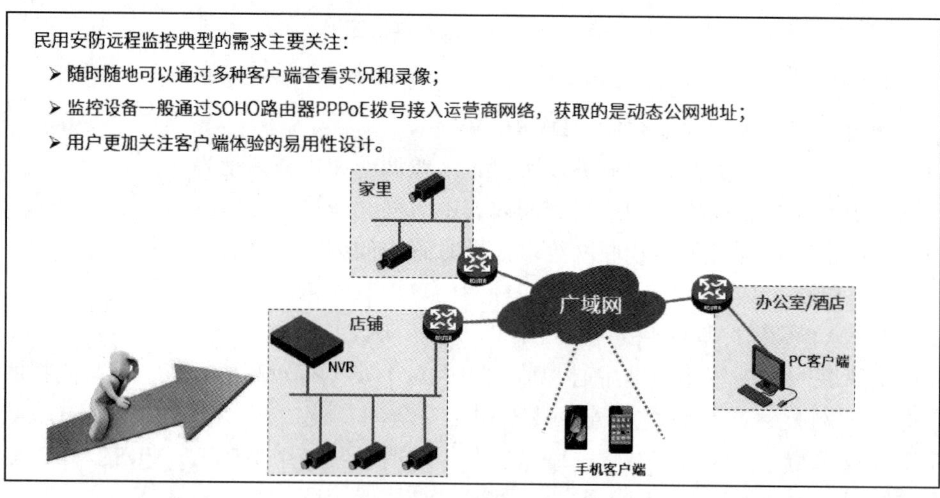

图 5-41　DDNS 技术

通常，DVR、NVR 或 IPC 等设备本身支持 PPPOE，可直接自动拨号接入公网，即支持 PPPOE 自动拨号功能的设备拨号获取公网 IP 地址，但通过这种方式获得的 IP 地址是动态的。

另外，DVR、NVR 或 IPC 等设备也常常通过路由器接入公网。设备接路由器，路由器通过拨号或别的方式获取公网 IP，需要在路由器中做端口映射，此种方式下获取的公网 IP 可能是动态的。

以上两种方式接入广域网获取到动态 IP 地址，对设备的访问带来了很大的困扰。动态域名服务 DDNS 为用户提供域名与设备动态公网 IP 地址的映射服务，使用户可以通过域名获取对应的动态 IP 地址。用户设备每次连接公网时，设备上的 DDNS 客户端程序就会将自身的动态 IP 地址注册给 DDNS 服务提供商的服务器，该服务器负责提供 DNS 服务并实现动态域名解析。目前业界有很多 DDNS 的服务提供商，如花生壳、金万维等，通常是收费的。

由于 DDNS 服务提供商通常采用收费服务，用户使用的成本较高；即使存在免费服务，其服务的质量也很难得到保证。鉴于此，宇视推出了自己的免费 DDNS 服务 ezCloud。用户可以通过浏览器或手机客户端随时访问已注册 ezCloud 服务的宇视设备（DVR、NVR 和 IPC 等设备）。用户无须注册使用第三方域名，即可方便、快捷地访问广域网中的设备。

ezCloud 解决方案如图 5-42 所示，ezCloud 系统通过将监控设备（如 IPC、DVR/NVR）注册到 ezCloud 网站，当客户端或移动客户端需要访问时，通过 ezCloud 获取的地址，进行数据交换，解决在公网中 NAT 转换的问题。

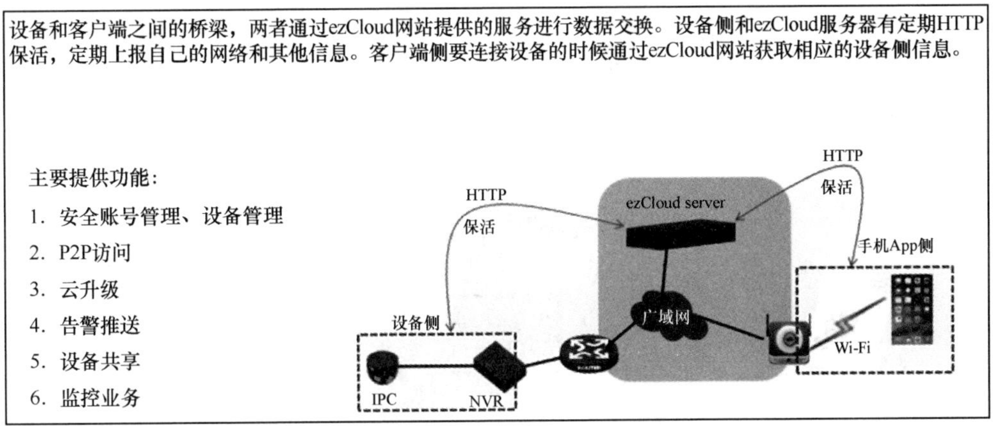

图 5-42　ezCloud 解决方案

5.3.3　平台设备业务分析

平台管控功能如图 5-43 所示。在 IP 监控系统中，设备管理功能负责的是整个系统中网络摄像机、编码器、解码器、中心服务器、数据管理服务器等硬件设备的添加和配置。

1．终端设备管理

终端设备指的是编码器、解码器、网络摄像机和 ECR 设备，通过终端设备管理模块，可以很方便地对设备进行添加和配置。

2．服务器管理

服务器管理模块主要管理的是 IP 监控系统中的中心服务器（本域 VM）、DM、BM 和 MS。

3．存储设备管理

在 IP 监控系统中的存储主要是 IP SAN，通过该管理模块可以添加 IP SAN，并在存储配置中制订前端 EC 和 IPC 的存储计划。

4．域管理

域管理模块能够添加、配置、管理外域设备，通过资源的共享实现业务的调用。本域参数配置和互联参数、本域服务器参数和时间、云台自动释放和抢占策略等在全局生效的配置也由本模块管理。

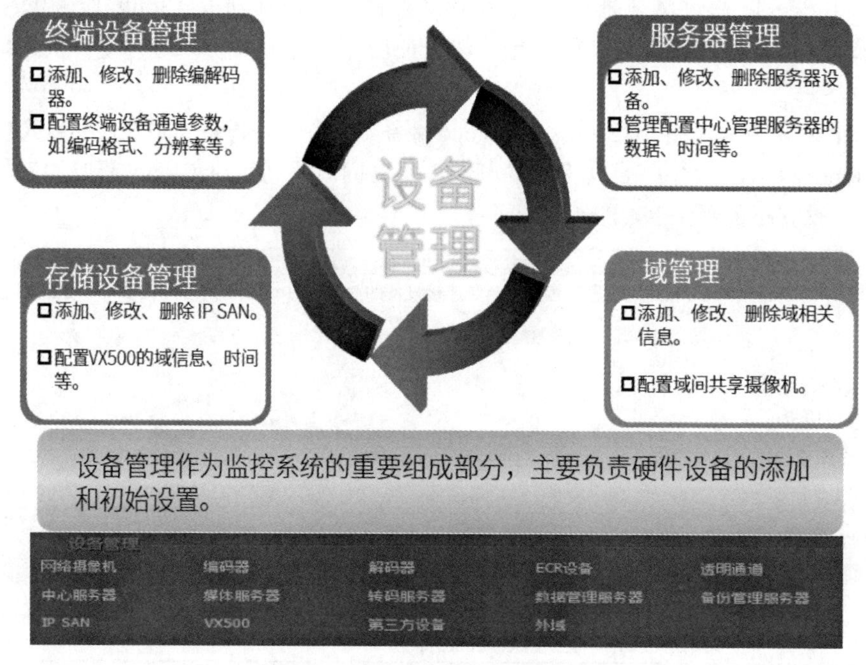

图 5-43　平台管控功能

监控业务平台是设备管理部分，是监控系统中后端对前端的控制部分，负责对前端的实况、云台回放告警联动进行调度和管理，是视频监控系统的核心。在这一部分可以实现存储回放、硬解、软解和显示操作。硬解是指采用解码器上墙解码，软解是指采用 PC 的 Web 或程序客户端进行查看实况回放等。

控制是多方面的，一方面是对实时图像的切换和控制，要求控制灵活，响应迅速；另一方面是对异常情况的快速告警或者联动反应，还要求系统操作和管理上的便捷性。

管理即系统的运维管理，包括配置和业务操作、故障维护、信息查找等方面的内容。系统运维管理要求操作简单、自动化程度高，同时兼顾系统安全。

控制和管理各方面的要求，主要取决于管理平台的性能、功能。若使用终端控制台，如 PC 远程操作、控制，则终端控制台的硬件配置高低也会对整体的操作体验有一定的影响。

视频监控系统的重要意义在于事前的防范和事后的取证两个方面，业务平台在视频监控系统中充当着管理及使用的重要角色。常见功能业务配置可以分为 4 种：实况类业务、云台控制业务、存储备份业务以及告警业务，如图 5-44 所示。

（1）电视墙业务配置：电视墙显示了特定组织下的一组固定监视器位置的集合。通过电视墙可以管理多个监视器上的监控业务，如播放或停止实况、轮切，同时通过提示查看监视器对应的监控关系。

（2）摄像机组配置：摄像机组就是一组摄像机的集合，若经常需要同时查看某些摄像机的实况、批量启动某些摄像机的中心录像或者对多个摄像机启动广播时，则可通过摄像机组业务来快捷实现。

（3）组显示业务配置：组显示业务操作就是播放某个摄像机组中所有摄像机的实况。

（4）轮切业务配置：轮切就是通过某个视频窗格或监视器循环播放轮切资源中各个摄像机实况图像的一种资源集合。

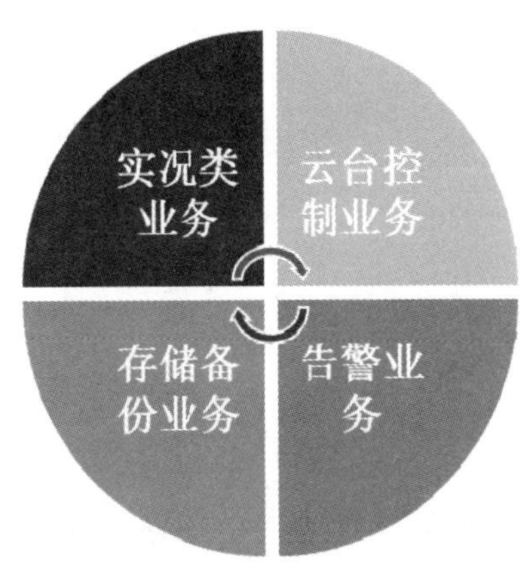

图 5-44　平台常见业务

（5）组轮巡配置：组轮巡是指在多个视频窗格或监视器上按照一定时间间隔对多个摄像机循环播放实况。

（6）预置位配置：预置位是云台特定的位置，设置后可以让云台摄像机快速转回该位置。

（7）看守位配置：一个特殊的预置位，在云台释放后可自动转回。

（8）巡航业务配置：巡航路线中包含预置位巡航和轨迹巡航动作，预置位巡航是指一个云台摄像机在其多个预置位之间转动，轨迹巡航是指一个云台摄像机按照指定的轨迹（如向上转、向左转等）进行转动。

（9）存储配置：直存配置可以根据客户的实际需要，为未配置转存的摄像机分配存储资源空间大小，同时配置不同的存储模式使摄像机按照不同的方式来进行存储。

（10）备份配置：将原来存在存储资源上的录像备份一份到备份资源上，以免录像丢失。

（11）转存配置：将摄像机的实况流存入存储资源。

（12）备份管理：可以查看备份任务的类型、提交时间、结束时间、任务状态、当前备份时间点以及进度等信息。

（13）告警联动配置：通过配置联动动作将触发后的告警进行某类或某几类动作的联动，从而让用户及时处理有效告警及其相应的联动动作。

（14）告警联动报表：可以查看所配的告警联动记录。

5.3.4　存储设备需求分析

监控业务的存储设备是对事前预判、事后查证的主要依据，为了满足这些业务，需要了解监控业务特点对存储的要求、存储模式选择、存储阵列选择、存储设备选型、存储方式和存储系统可靠性的分析。

1. 监控业务特点对存储的要求

监控业务特点对存储的要求如图 5-45 所示，事后查阅、取证是监控系统的一个重要业务功能，所以视频监控系统需要高性能、高可靠性、易用性的存储设备。同时，监控系统还需要考虑到前端摄像机点位的扩容，所以存储的可扩展性也是需要的。

视频存储系统需求：高性能、高可靠性、易用性、可扩展性

监控业务主要特点	衡量监控存储指标
高码流	带宽
7天×24小时不间断写入	承载路数
写多读少	可靠性
顺序写	硬盘故障
硬盘故障业务不中断	阵列异常

图 5-45　监控业务特点对存储的要求

随着监控行业对视频清晰度要求的提高，高清摄像机接入越来越多，因而码流带宽也逐渐增大，高清 720P、1080P 的带宽需求为 2～8 Mbps。终端多路高码流的接入存储，要求存储设备与终端之间充足的带宽保障，要求存储设备本身具有高带宽处理能力。

监控系统的录像存储通常都是 24 h 不间断地顺序写入的，而读取，如录像回放相对应用要少很多，所以具有写多读少的特点。在这种高强度的运行模式下，要求存储设备具有多路数高效的处理能力、高可靠性。

监控存储可靠性体现在硬盘、阵列的可靠性上。对于重要的存储数据，通常要求单个硬盘故障不会影响正常存储业务，这就要存储设备的冗余阵列来实现。

2．存储模式选择

存储模式如图 5-46 所示。文件系统对文件的存储分为两部分：元数据和数据。这两部分数据在磁盘上的划分就是不连续的，加上元数据都是小数据块（如 NTFS 中每个 MFT 项的大小为 1 KB），这样最终在存储资源上出现了小块随机读写；并且文件系统对数据存储是按数据块来分配的，这样就有可能导致数据也不是存储在物理地址连续的数据块上，这种不连续又会产生随机读写的流量模型。

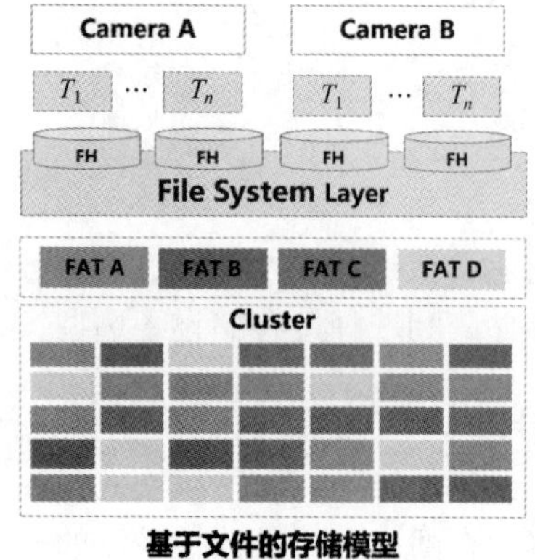

Camera A　Camera B　Camera C　Camera D

Cluster

统一分配管理

基于ISCSI块的存储模型

图 5-46　存储模式

裸数据块直存方式是根据业务自有的数据结构存放在物理磁盘上，如果业务的数据结构是顺序的，那么它最终在物理资源上就是顺序读写流量模型；如果它的业务本身数据结构不是顺序的，如数据库（在某个表空间的某个表中修改表中某几条数据或是读取某个表中的几条数据），那么它最终在物理资源上就是随机读写流量模型。

文件存储的方式便于复制转存，但裸数据块不行。文件存储查询缓慢，当前文件不可靠，无法立刻调阅。裸数据块比文件系统更具安全性，裸数据块的存储方式不会因为服务器的突然掉电而导致文件系统损坏致使数据丢失。基于块的存储效率高，没有文件瓶颈，可以支持各种文件系统，查询快，容量可以管理，数据随存随看。

3. 存储阵列选择

存储阵列选择如表 5-3 所示。存储阵列的选择需要结合实际使用要求。主要考虑经济性，对冗余性要求不高的场合（如部分不重要摄像机点位的存储），可以选择使用 JBOD 或 RAID 0。这样可以充分利用硬盘的容量，成本低。既对冗余性要求高，又考虑到经济性的场合，可以选择使用 RAID 5，实现阵列冗余的同时最大限度使用硬盘容量。对于冗余性要求很高、不考虑经济性的场合，推荐使用 RAID 1，通过一半硬盘的容量，来实现 1∶1 高度的冗余。

表 5-3　存储阵列选择

项目	JBOD	RAID 0	RAID 1	RAID 5
容错	无	无	有	有
有效硬盘数	N*硬盘个数	N*硬盘个数	N/2*硬盘个数	（N-1）*硬盘个数
最少硬盘数	1 块	2 块	2 块	3 块
冗余	磁盘串联，无校验	数据条带化，无校验	数据镜像，无校验	数据条带化，校验信息分布存放
可靠性	较低		较高	
成本	低		高	

有效存储硬盘数量计算如图 5-47 所示。硬盘有效数量计算是监控存储设计的重要环节，关系到存储设备的选型。硬盘数量的计算主要考虑以下几点。

（1）接入摄像机的码流大小。

（2）接入摄像机的路数。

（3）存储时长。

（4）硬盘本身的有效容量。

（5）阵列有效硬盘数量。

（6）冗余（码流波动）。

（7）热备盘。

4. 存储设备选型

存储设备选型如图 5-48 所示。存储设备的选型，一般根据存储规模来选择。在小规模，几路、十几路、几十路摄像机集中接入的小型监控应用中，可以直接使用（混合式）DVR 或经济型的 NVR 产品进行单机存储，一体化设备，具有人机操作功能，部署简单、使用方便。

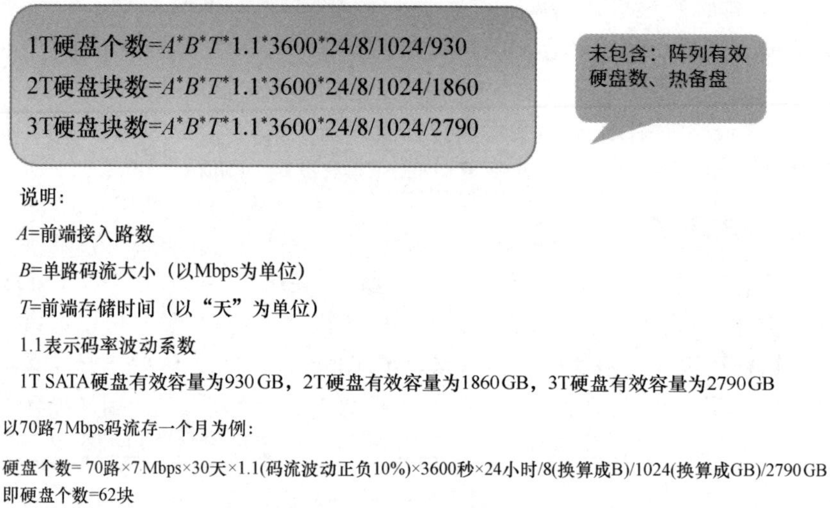

1T硬盘个数=$A^*B^*T^*1.1^*3600^*24/8/1024/930$
2T硬盘块数=$A^*B^*T^*1.1^*3600^*24/8/1024/1860$
3T硬盘块数=$A^*B^*T^*1.1^*3600^*24/8/1024/2790$

未包含：阵列有效硬盘数、热备盘

说明：

A=前端接入路数

B=单路码流大小（以Mbps为单位）

T=前端存储时间（以“天”为单位）

1.1表示码率波动系数

1T SATA硬盘有效容量为930 GB，2T硬盘有效容量为1860 GB，3T硬盘有效容量为2790 GB

以70路7 Mbps码流存一个月为例：

硬盘个数= 70路×7 Mbps×30天×1.1(码流波动正负10%)×3600秒×24小时/8(换算成B)/1024(换算成GB)/2790 GB
即硬盘个数=62块

图 5-47　有效存储硬盘数量计算

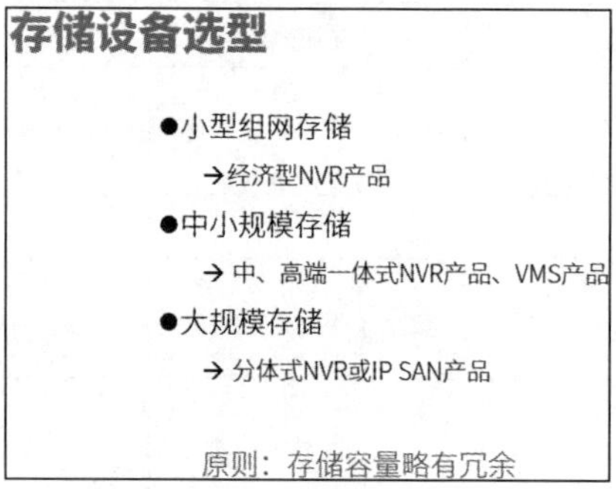

存储设备选型

●小型组网存储
→经济型NVR产品
●中小规模存储
→中、高端一体式NVR产品、VMS产品
●大规模存储
→分体式NVR或IP SAN产品

原则：存储容量略有冗余

图 5-48　存储设备选型

在中小规模组网中，几十路、上百路摄像机的集中接入，可选用中、高端一体式 NVR 进行存储，管理与存储一体化、支持人机操作、继承 DVR 的使用习惯，功能精简、可操作性强。也可以通过 PC 端的 Web UI 进行统一管理，功能多样、操作灵活。

在大规模组网中，几千路、上万路摄像机的接入，推荐选用管理平台与网络存储设备分离的分体式 NVR 或专业 IP SAN 设备，将存储与信令处理、媒体转发处理相分离，通过分布式部署，提高了系统的性能和可靠性。因其具有丰富的 RAID 和其他保护机制，所以具有高可靠、高性能、强扩展、多功能的特点。

5. 存储方式选型

集中式存储如图 5-49 所示。集中式存储：管理维护方便，存储上行流量压力大，存储设备性能压力大，存储设备异常会影响所有接入点的录像。它适用于监控点集中、监控点上行带宽充足的场所。

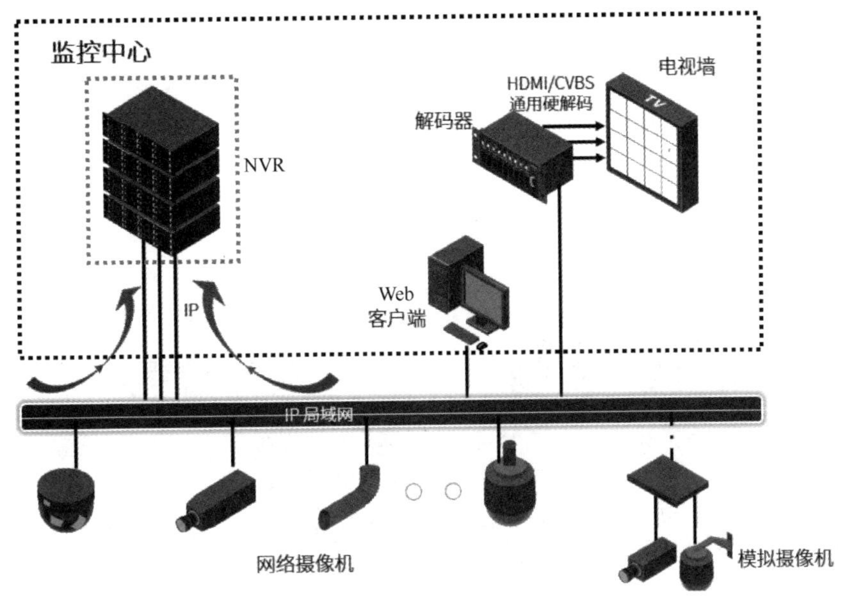

图 5-49　集中式存储

集中式存储也是目前视频监控系统中最常见的存储架构，在线路成本不高的园区、楼宇、智慧城市等场景，多采用集中式存储。

分布式存储如图 5-50 所示。分布式存储：无稳定性瓶颈，分担平台压力，单台设备故障不影响其他设备，服务器故障不影响录像。它适用于监控点分散、分控中心需求多、网络带宽较低的场所。

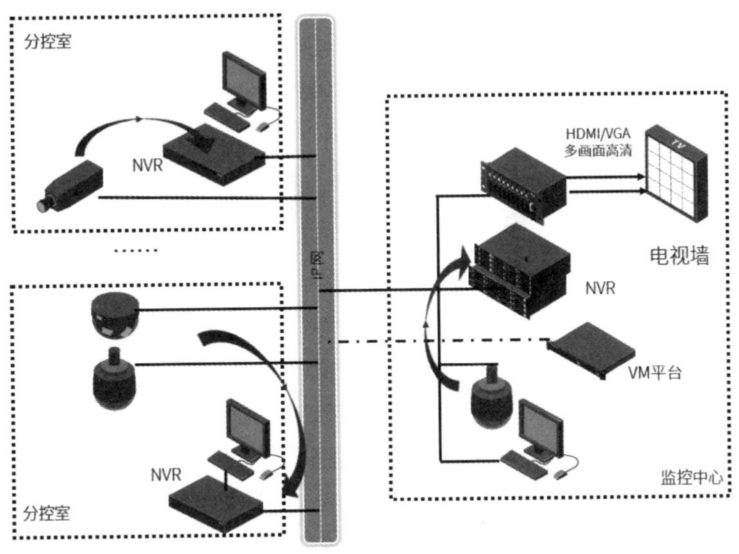

图 5-50　分布式存储

分布式存储相对集中式存储最大的好处在于受到网络的影响较小。当网络中断时，集中式存储无法继续使用，而分布式存储可以自动先将录像存储在前端，受网络故障的影响要远低于集中式存储。

分布式存储相对而言维护起来比较麻烦，尤其是监控系统的硬盘对工作环境要求较高，分布在不同地方的存储设备也容易因为震动、意外损坏等情况造成故障。

6. 存储系统可靠性分析

存储系统可靠性分析如图 5-51 所示。存储设备本身可以通过设备主控制单元备份、BIOS 备份、电源备份、风扇备份、电池备份、磁盘备份、冗余阵列等方式来提高整体的可靠性。但监控网络中的故障点还是不可避免的，如 IPC 到 NVR 之间的网络出现了中断，或者 NVR 设备的外部供电设备出现故障使得这台 NVR 无法正常工作了。

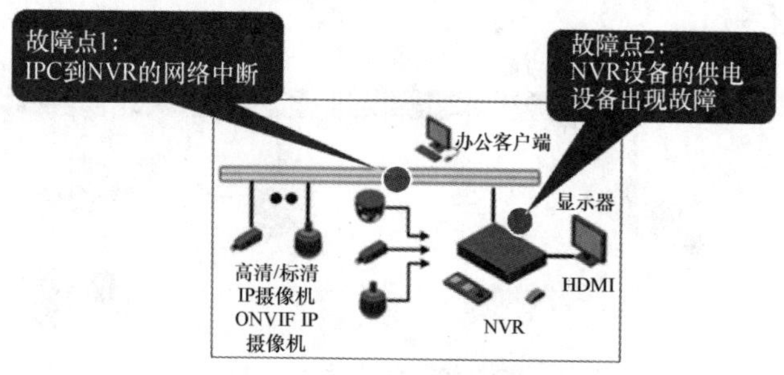

图 5-51　存储系统可靠性分析

异地备份如图 5-52 所示。为了确保录像的安全，就需要有备份的机制：把录像保存为两份，分别存放在不同的地方，一份存储在本地，另一份通过网络存储到远端。这样就能在很大程度上提升录像的可靠性，IPC 到本地 NVR 或到远端存储设备中任何一处的网络中断都不会影响录像的正常存储；本地 NVR 故障也不会影响 IPC 继续进行远端的存储。若要实现所有摄像机存储的备份，需要投入双倍的存储空间，会大量增加存储成本，所以通常情况下可以选择一些重要监控点的接入摄像机进行远端备份存储，保障重要数据的安全性。

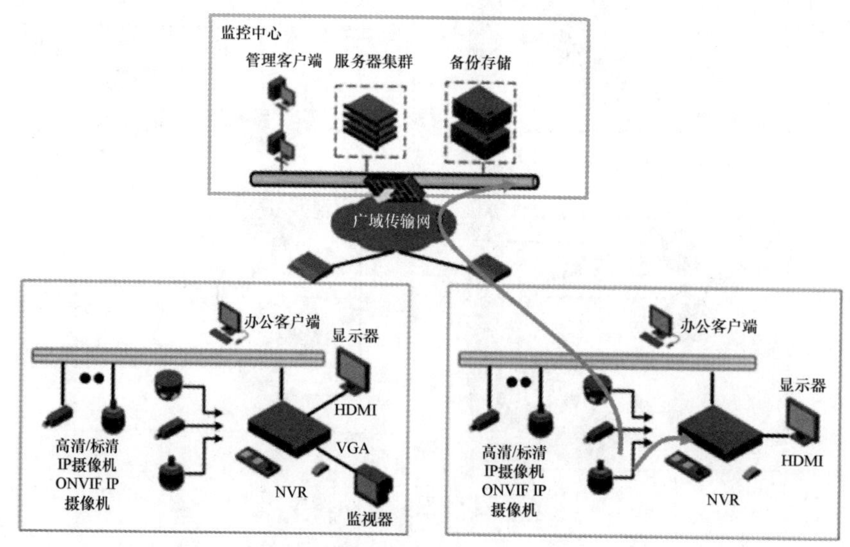

图 5-52　异地备份

可靠性方案分析如图 5-53 所示。存储的备份方案通常分为两种：双直存方式和录像转存备份方式。

双直存方式是指终端的 IPC 同时发出两路存储码流，一路码流直接往本地的 NVR 上进行存储；另一路码流往远端的第二录像存储盘阵上进行存储。在双直存的方案中，本地和远端的存储是同时进行的，对网络的带宽要求比较高。

录像转存备份方式是指终端 IPC 只发一路存储码流，直接存储在本地 ECR/NVR 中，再通过备份计划把本地 ECR/NVR 中的录像以全帧或抽帧的形式备份到远端的第二录像存储盘阵中。备份开始时间可以设置，一般选择网络整体负载较小的时间段进行备份。在录像转存备份方案中，只是对已存储的录像进行备份，且录像的远端备份和本地存储不是实时同步进行的，所以对网络的带宽要求较低。

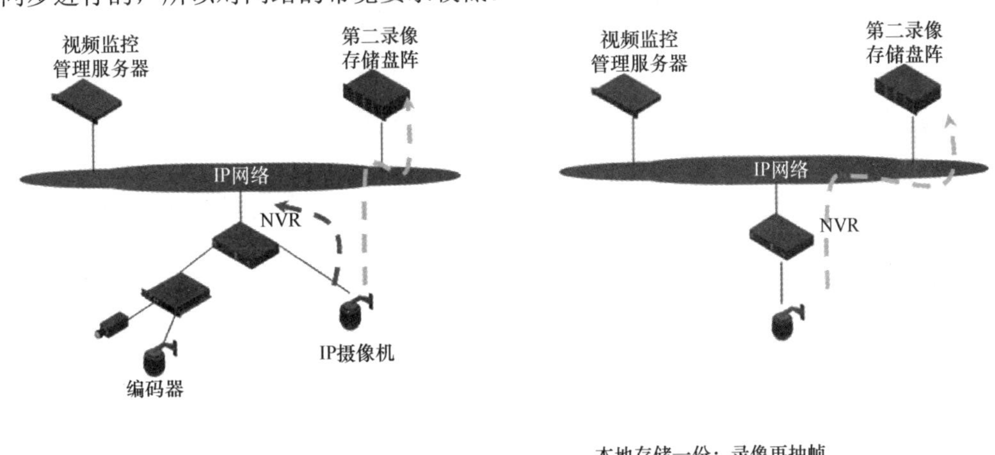

图 5-53 可靠性方案分析

7. 宇视存储优势

宇视存储的优势是支持端到端的双直存，即便在视频管理服务器宕机时也不影响 IPC 到 IP SAN 之间的存储，如图 5-54 和图 5-55 所示。

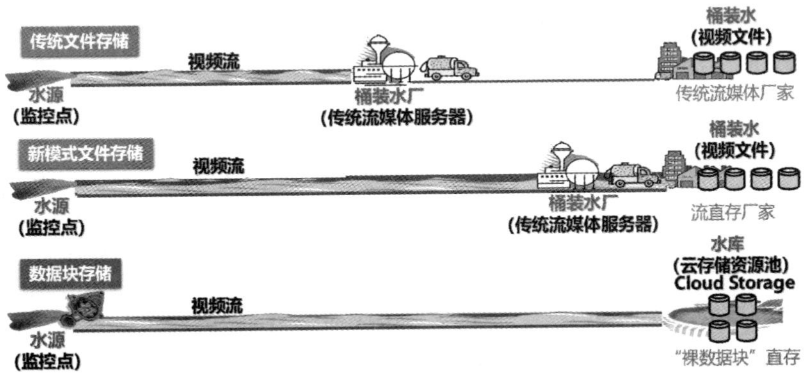

图 5-54 宇视块直存

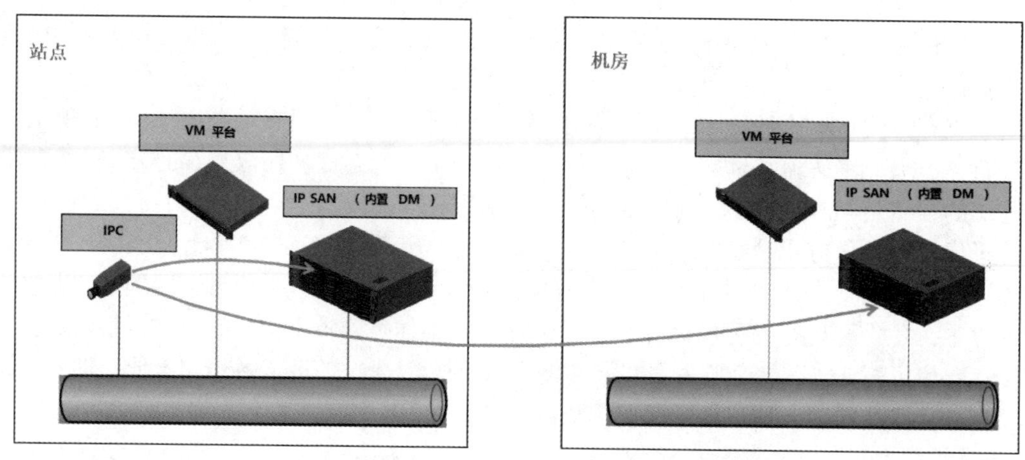

图 5-55　宇视双直存

5.3.5　典型应用组网方案

典型应用组网——单机如图 5-56 所示。宇视 DVR/NVR 单机组网方案适用于小规模场所，DVR/NVR 直接连接显示器呈现人机界面，通过接入摄像机、报警输入输出设备，使用鼠标进行本地人机操作，实现实况观看、云台控制、录像回放、告警联动等业务功能。

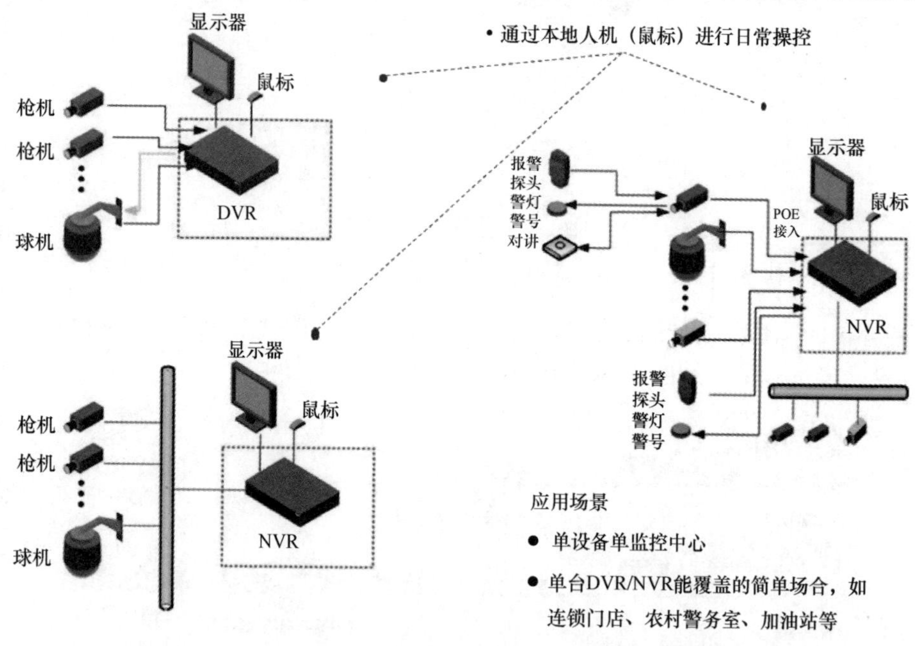

图 5-56　典型应用组网——单机

POE NVR 单机组网方案的特点：POE NVR 可通过 POE 网口，直接向 POE IPC 供电，节约了网络设备，简化了布线。NVR 与 IPC 组成小型局域网，免受外部网络的干扰，保证录像不间断的存储。NVR 可以与报警探头、语音对讲、音箱等对接，用于向监控中心报警。

N+1 热备如图 5-57 所示。N+1 热备组网模式，即 NVR 备份组网模式，可以为 N 台 NVR 工作机配备一台 NVR 备机，当有一台工作机出现宕机时，备机可以在一定时间内接管该工作机的实况、存储业务，实现监控基础业务的自动切换；在宕机的工作机恢复正常后，备机可以将期间存储的录像回迁至原宕机工作机上，做到录像不丢失，从而提高存储的可靠性。

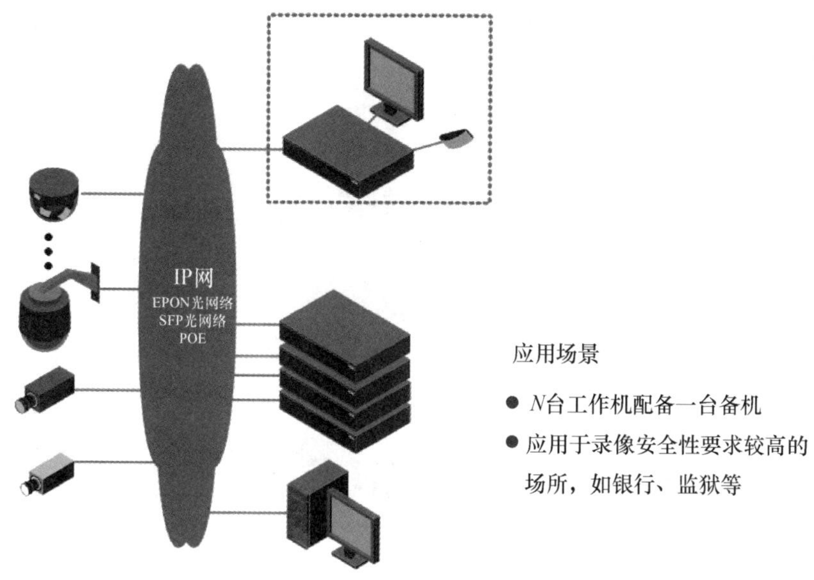

图 5-57　N+1 热备

N+1 热备组网模式，通过备机的投入，为日常监控基础业务提供了更高的安全性，主要应用于对录像安全性要求较高的场所，如银行、监狱等。

集中控制如图 5-58 所示。宇视集中控制组网方式：NVR 分布式部署，可通过本地人机进行日常操控。监控中心部署专业监控平台 VM 及解码配套设备，实现强管理。

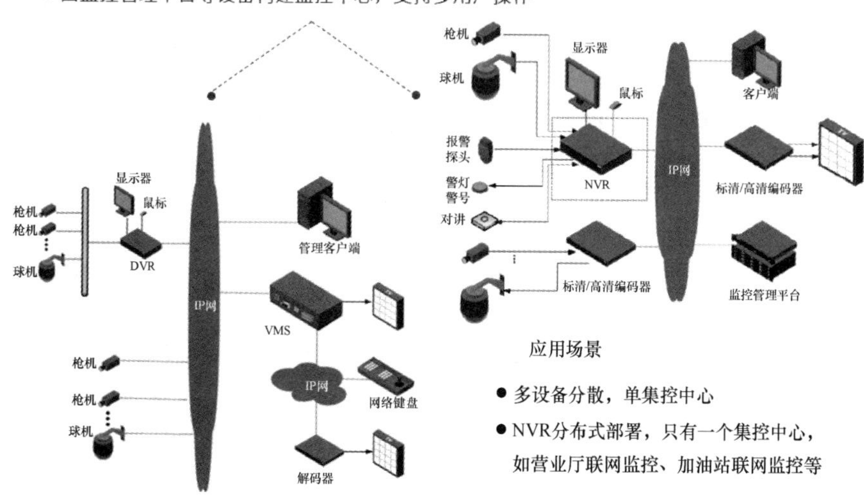

图 5-58　集中控制

集中控制组网方案特点：自顶向下的建设模式可通过视频管理服务器集中完成配置下发；自下而上的建设模式可由 NVR 将既有配置推送至中心，无须重复配置，适用于较大规模的联网监控应用。

广域网远程监控如图 5-59 所示。宇视广域网远程监控解决方案，提供 ezCloud 服务，宇视 IPC、DVR 或 NVR 接入广域网，用户端使用手机客户端、浏览器等远程访问已注册到宇视 ezCloud 服务的设备，通过域名方便、快捷地访问广域网中的设备。该方案应用需求广泛，且用户投入成本低，适合于家庭、门店等远程访问监控场景。

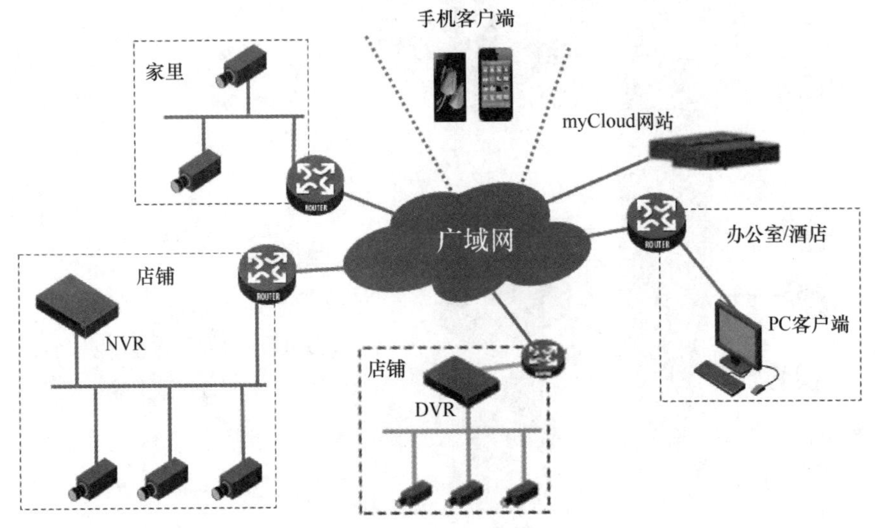

图 5-59　广域网远程监控

广域网商业场所联网如图 5-60 所示。随着各行业跨部门、跨地域的业务发展，用户对信息共享的需求不断提升，广域网联网监控应用也越来越广泛，如连锁机构、教育联网监控。

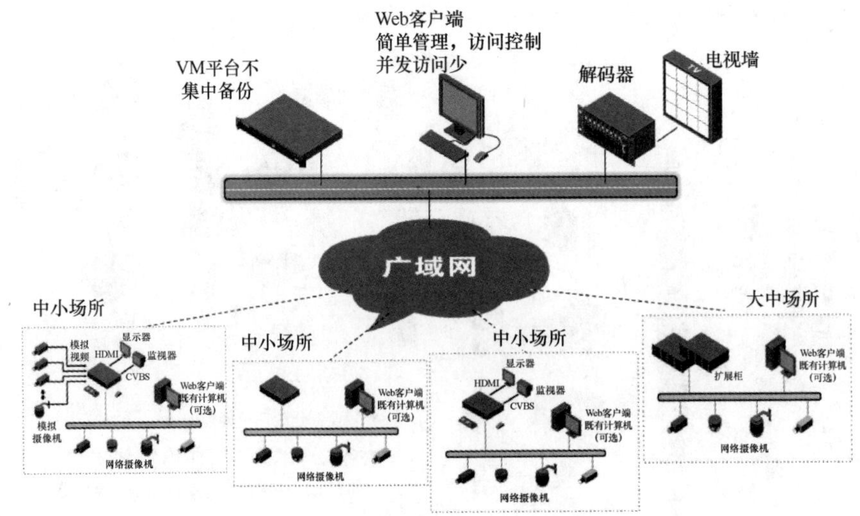

图 5-60　广域网商业场所联网

宇视广域网商业场所联网方案，在集团监控中心部署视频管理服务器、DC 解码器、终端 PC 客户端、大屏显示器等；各分控点采用 DVR/NVR 分布式部署，分控点通过广域网接入方式接入。该方案中的各分控点通过本地人机进行日常的管理操作，监控中心通过 Web 客户端实现对各分控点实况浏览、云台控制、上墙、录像调取回放等操作。该方案采用各分控点本地存储方式，主要是以各分控点的本地管理、使用为主；监控中心进行简单管理、访问，对分控点的并发访问量少。

宇视广域网专业场所联网方案如图 5-61 所示。在集团监控中心部署 VM、DM、MS、VX 系列存储设备、DC 解码器、终端 PC 客户端、大屏显示器等；各分控点采用 ECR/NVR 分布式部署，分控点通过广域网接入方式接入。该方案采用各分控点本地存储，同时对部分重要监控点的录像备份存储到监控中心；各分控点以本地管理、使用为主；监控中心对分控点进行完整的管理、访问，对分控点的并发访问量大。

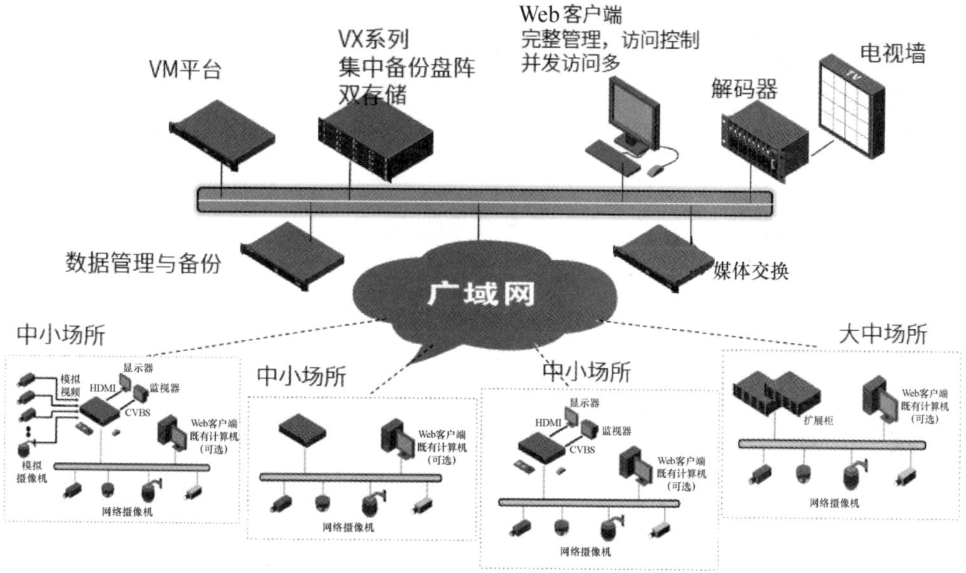

图 5-61　宇视广域网专业场所联网方案

5.4　可视智慧物联系统实施优化

5.4.1　系统规划

系统规划如图 5-62 所示。系统规划是工程实施的第一个步骤，也是其他实施步骤的基础。一个好的规划不仅能够节约系统配置的时间，更给后续的维护带来了极大的便利。而好的规划一般需要遵从以下原则。

（1）实意性：指的是设备名称、ID 等能够标识设备或通道的参数，需要具备较强的可读性。例如，某项目需要在西门岗部署一台 EC1501-HF，那么可以将此编码器名称定义为“XIMEN_EC-1501HF”。

（2）延续性：延续性包含两个方面的意思。一是要求功能相同，处于同一区域的设备的相关参数（如 IP 地址等）保持连续；二是要求参数规划时预留一定空间以备将来系统进行扩容。

（3）唯一性：指 IP 地址、设备 ID、组播 IP 等参数在系统中不能重复，必须唯一。

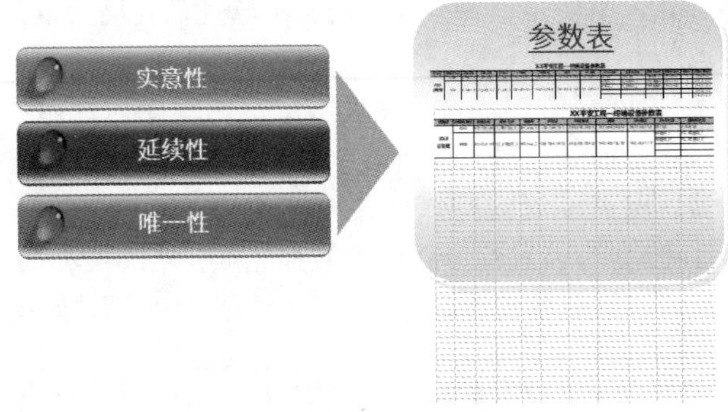

图 5-62　系统规划

5.4.2　规划案例

某市因城市治安需要在全市范围内部署 IP 监控系统（图 5-63），其方案设计如下。

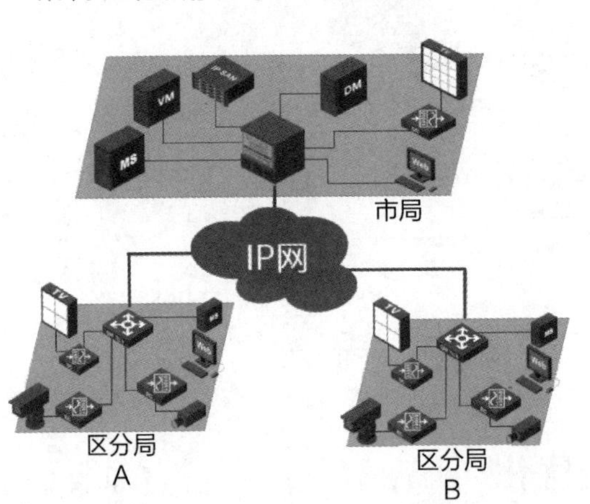

图 5-63　系统规划（案例）

（1）视频监控点主要分布在 A、B 两个区域，由所辖区分局自行管理。

（2）平台管理设备 VM、DM、IP SAN 部署在市总局。

（3）在区分局分别部署一台 MS 媒体交换服务器用于实况数据流的转发。

（4）在市局和区分局分别部署一定数量的 Web 客户端进行业务操作和系统管理。

根据上述方案，该市公安客户还对系统做了如下要求。

（1）分局和市局租用电信运营商专线，通过 VPN 互联。

（2）市局和分局内部要求以组播方式点播前端摄像机实况图像。

IP 地址规划如图 5-64 所示。按照工程规范的原则，在规划监控系统的 IP 地址时要符合实意性、延续性和唯一性。

系统规划（IP地址规划）

- 实意性
  - ➢ 根据业务规划设备网段
  - ➢ 根据区域将网段细分
  - ➢ 组播IP集成设备IP和通道编号
- 延续性
  - ➢ 功能相同的设备IP需要连续
  - ➢ 业务相同的网段需要连续
  - ➢ 需要预留部分网段保证未来系统的扩展性
- 唯一性
  - ➢ 网段网关、掩码需要唯一
  - ➢ 设备单播、组播IP需要唯一

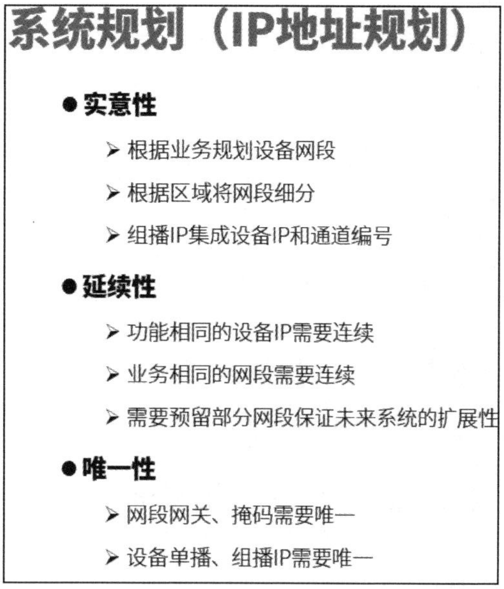

图 5-64　IP 地址规划

（1）实意性规划：根据业务的不同将设备划分到不同的网段，再根据地域的不同将网段进行细分。例如，编码器的网段为 192.168.13.XX/24，解码器的网段为 192.168.14.XX/24。进一步划分区域 A 编码器的网段为 192.168.13.XX/25，区域 B 编码器的网段为 192.168.13.128/25。组播地址的规划同样可以遵循实意性的要求。例如，某 EC2004-HF 的 IP 地址为 192.168.0.13，则可以将其 4 个通道的组播地址分别设置为 228.0.13.1～228.0.13.4，这样如果收到 228.0.13.3 的组播报文，可以马上判断该组播报文来自此 EC2004-HF 编码器的第三个通道，便于后续维护。

（2）延续性规划：在进行地址规划时，尽量将同一种设备的地址连续配置。例如，同一个区域的编码器地址连续分配，解码器地址连续分配，这样可以节省地址空间并便于管理。在地址规划时还要考虑系统规模的扩展，为系统的扩展预留足够多的地址空间。

（3）唯一性规划：在系统中所有设备的 IP 地址以及所有编码器的所有通道的组播 IP 地址必须全局唯一，不能重复。

其他参数规划如图 5-65 所示，规划 IP 地址之外的其他参数时也要符合实意性、延续性和唯一性的要求。

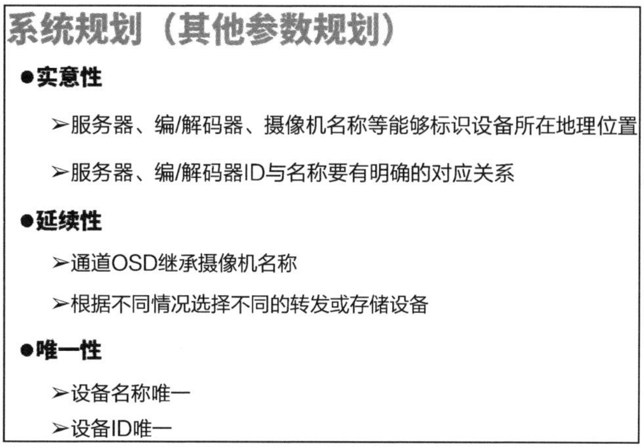

系统规划（其他参数规划）

- 实意性
  - ➢服务器、编/解码器、摄像机名称等能够标识设备所在地理位置
  - ➢服务器、编/解码器ID与名称要有明确的对应关系
- 延续性
  - ➢通道OSD继承摄像机名称
  - ➢根据不同情况选择不同的转发或存储设备
- 唯一性
  - ➢设备名称唯一
  - ➢设备ID唯一

图 5-65　其他参数规划

（1）实意性规划：由于实际数量的原因，地址和 ID 等参数的规划主要对象为媒体终端。规定终端设备 ID 命名规则为：www_xxx_yyy_zzz，其中“www”代表设备类型，可

以是 EC、ECR、DC，“xxx”代表设备 IP 地址的第三个、第四个八位值，“yyy”“zzz”代表设备所属地域的简写。例如，某台终端编码器 EC 的 IP 地址为 192.168.10.15.，位于南山路星巴克旁，根据上述信息，参照命名规则可以定义该 EC 的 ID 为“EC_1015_nanshanlu_starbucks”。

（2）延续性规划：延续性要求通过参数能够非常快捷地定位到具体的设备。例如，摄像机 OSD 要求继承摄像机的名称，通过 OSD 能够非常方便、快捷地定位到是哪个摄像机。

（3）唯一性规划：设备 ID 等用于系统定位某台具体设备的参数要求按一定原则进行规划，且必须在整个监控系统中具有唯一性。

5.4.3 安装规范

1. 安装规范的 4 个方面

安装规范如图 5-66 所示。IP 监控系统中的安装规范主要包括项目前期的工程环境勘察，如设备工作环境、接地、防雷等；项目实施过程中的硬件设备的安装，如存储设备安装、磁盘的拔插方法等规范。其中最为重要的有以下 4 个方面。

图 5-66　安装规范

（1）工前勘察：勘察设备硬件安装环境的温度、湿度、接地、防雷等，尤其是室外安装的工前勘察需要特别注意。

（2）安装规范：设备在室内和室外安装时必须遵守的操作规范，特别是存储设备和磁盘的安装。

（3）接地防雷：室内外设备的电源口、信号口的防雷，室内外设备的接地和防雷为工程安装中的重中之重。

（4）工程布线：各种设备需要使用的线缆和正确的走线方法。需要注意的是多通道视频编码设备的云台控制线缆的连接方法和规范，以及强弱电、信号线电源线的走线要求。布线时要注意贴标签，以便于后续维护。

2. 工程实施

在 IP 监控系统中工程实施主要指的是硬件设备的安装阶段，主要包括以下几个部分。

1）室内外弱电工程

室外弱电工程是 IP 监控工程的重要组成部分，其主要包含：工前勘察，检查设备所处环境是否达到标准；管线工程，光纤、网线等线缆的铺设；机箱安装，室内机柜、控制台、室外机箱的选型和安装，如图 5-67 所示。

2）外围设备安装

外围设备主要指的是 IP 监控系统中最前端和最后端的设备，具体设备包含编码器、解码器、摄像机、云台、外接告警设备、拾音器等，如图 5-67 所示。

3）核心设备安装

核心设备是 IP 监控系统中最重要的部分，是整个系统的核心管理平台。核心设备包含视频管理服务器、数据管理服务器、媒体交换服务器等，如图 5-67 所示。

4）存储设备安装

在 IP 监控系统中，存储设备安装是否规范直接影响了系统录像回放业务能否正常稳定地运行，如图 5-67 所示。

工程实施

- **室内外弱电工程**
  - 管线工程：包括桥架、管路、室外立杆安装，视频、网络线缆、光纤和电源线缆敷设
  - 监控室环境检查等
  - 设备机柜、监控操作台、电视墙机架、室外防水箱的安装
- **外围设备的安装**
  - 摄像机（包括支架）、云台（包括支架）、监视器（或电视机）、光端机、告警设备（报警器和扬声器等）、拾音器等的安装
  - 编码器（EC/ECR）、解码器（DC）的安装
- **核心设备安装**
  - 视频管理服务器、数据管理服务器、媒体交换服务器、视频管理客户端、控制键盘等的安装
- **存储设备安装**
  - IP SAN、VX500等的安装

图 5-67　工程实施

5）室外机箱要求

机箱需要满足 IP65 的防护等级要求（参照国标 GB/T 4208—2017 的要求进行设计测试）；对于在沿海安装使用的环境，机箱还需要考虑三防设计（防潮、防霉、防腐蚀），三防等级为 C 级；根据区域气候特点加装加热或降温设备，保证机箱内设备的工作环境温度为 0～65℃。室外安装如图 5-68 所示。

室外安装

- **室外机箱要求**
  - 防水防异物进入等级达IP65：可防止灰尘和喷水进入
  - 箱体要能够满足三防（防霉、防潮、防腐蚀）要求，三防等级为C级（可满足恶劣环境下防护要求）
  - 根据区域气候特点加装加热或散热设备，保证机箱内环境温度为0～65℃
  - 空间要求
    - 内部空间要合理，设备不能叠放
    - 线缆能够整齐布局，强弱电能够分开，不互相交错，不凌乱
    - 保证EC1000系列视频编码器四周预留5cm 的空间
- **机箱内安装要求**
  - 避免强弱电之间的相互干扰和雷电泄放的影响

图 5-68　室外安装

6）机箱内部走线

机箱内部空间要合理，设备一定不能堆叠放置，设备四周建议预留 10 cm 左右的散热空间，至少需要保证 5 cm 的散热空间；机箱需要提供固定位置，将设备与机箱固定，避免晃动；避免强弱电之间的相互干扰和雷击的影响。

3．点位选取、施工图

点位选取如图 5-69 所示。在工程实施中，前端摄像机的安装点位的选取尤为重要，摄像机的安装不正确直接影响图像采集的效果，监控的本职业务是基于图像的，图像的效果将最终影响整个监控业务的质量。传统模拟摄像机和高清数字摄像机要注意安装点位选取，目前 IP 网络摄像机的普及将对安装环境的合理化提出新的要求。IP 网络摄像机很多会单独配置镜头，有些集成了红外补光灯，在工程实施中可以从以下几个方面关注。

- **前端安装点位选取需考虑因素**
  - 红外灯有效距离
  - 镜头选取
  - 视角角度
  - 夜晚光线
  - 补光灯
  - 供电
- **现场施工图**
  - 工程项目整体把握

图 5-69　点位选取

（1）镜头选取：摄像机镜头在监控系统中的作用就好比人的眼睛，其重要性不言而喻。如果镜头选择得当，则对整个项目能起到画龙点睛的作用；相反，如果镜头的质量不过硬或与 IPC 的配合不当，则会导致整个系统可能根本满足不了客户的需求，在高清监控系统中镜头的作用更加重要。对于需要单独配置镜头的摄像机，配置镜头时要考虑以下因素：镜头靶面尺寸、镜头的焦距、镜头光圈驱动类型、镜头聚焦方式、镜头接口（C 和

CS 接口）等，镜头靶面需要与摄像机的传感器尺寸相匹配，即摄像机传感器尺寸与镜头靶面尺寸相同。如果镜头尺寸与摄像机传感器尺寸不一致，则应选用靶面尺寸大于摄像机传感器尺寸的镜头，如靶面 1/2.7 摄像机可选用靶面 1/2 镜头，而不能选用靶面 1/3 镜头；镜头的焦距决定了镜头的视场角。焦距越大，视场角越小；焦距越小，视场角越大。

（2）视角角度：摄像机安装的视角要满足采集图像的要求，一般采集图像要正，视角不能太大等，具体可以根据实际调试以达最佳效果。

（3）夜晚光线：监控系统要求无论在白天还是夜晚，都必须能够实时（回放）看清监控区域内人物的体貌特征或车牌号等。白天光线充足，可以满足这一需求，但夜晚由于监控区域光照不足，无法看清人物细节，车牌号也模糊不清，夜晚采集图像时周围灯光环境要满足需求，否则需要增加补光设备。

（4）补光灯：补光灯一般分为白光灯和红外灯。白光灯是可见光，摄取的图像是彩色的，一般配合彩色摄像机使用，主要用于道路监控、卡口系统或小区停车场出入口，用以摄取机动车牌号；红外灯是不可见光，摄取的图像为黑白的，一般配合黑白摄像机或支持日夜功能的彩色摄像机使用，主要用于仓库（包括金库、油库、军械库、图书文献库）、文物部门、监狱、小区、走廊、铁路等需要隐蔽拍摄的场合。

红外灯有效距离：众所周知，光是一种电磁波，它的波长区间为几纳米（1 nm=10^{-9} m）到 1 mm 左右。人眼可见的只是其中的一部分，我们称其为可见光，可见光的波长范围为 380～780 nm，可见光波长由长到短分为红、橙、黄、绿、青、兰、紫光，其中波长比红光长的称为红外光。带日夜功能的摄像机不仅能感受可见光，而且可以感受红外光。这就是利用摄像机配合红外灯实现夜视的基本原理。

红外灯选型步骤如下。①是否红暴：有红暴补光距离长，无红暴隐蔽性更好。②监控距离：红外灯距离（产品标称的有效距离）大于需求距离。③发光角度：红外灯角度要大于镜头角度。

（5）供电：IPC 支持 DC 12 V 或 AC 24 V 供电，工作功率为 13～17 W（插 EPON 卡时工作功率略大一些）。因此选配 DC 12 V/2 A 或 AC 24 V/1 A 的隔离式电源即可。在需要安装云台的局点中，电源适配器连接到云台，云台再走线到防护罩，对防护罩内 IPC、温控、雨刷系统进行供电。在选配电源时需要计算云台、护罩内温控系统、雨刷器、IPC 等工作功率的总和，电源功率略高于此功率即可。注意，某些工程中供电距离较远，需要进行延长，请延长交流电部分，切勿将适配器输出的直流电进行延长。

（6）现场施工图：在实际项目中要有详细的施工方案图，在方案实施过程中施工图能给予施工者有效的指导，施工均参考施工图有序执行，施工图便于对于工程整体进度的把控。

4．接线规范

告警的输入/输出接线、音频接线、电源接线方式如下。

1）告警输入方式

告警输入/输出示意图如图 5-70 所示。前端设备告警源输入类型有两种：常开型和常闭型。

● 编码器支持接入无源型报警器和有源型报警器，只需要把报警器的报警输出端子连接到编码器的告警输入端子即可。

● 各型编码器支持常开型报警输出设备。根据设备的不同，可以采用两种方式接入，一种是电源串入报警回路的接法；另一种是电源不串入报警回路的接法。

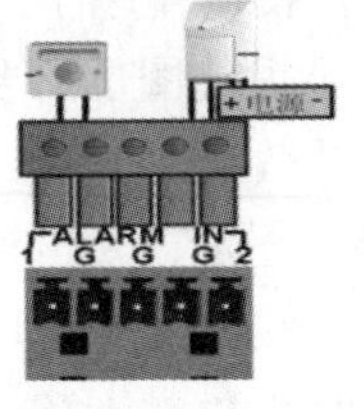

告警输入示意图

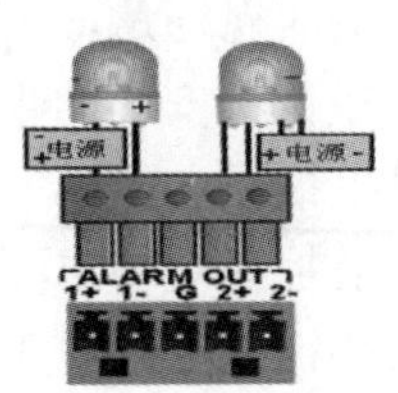

告警输出示意图

图 5-70　告警输入/输出示意图

2）告警线选择

前端设备告警线推荐使用双绞线，绝缘线芯导体的线规可从 22 AWG（American Wire Gauge，即美国线规，是一种区分导线直径的标准，又称为 Brown & Sharpe 线规）到 28 AWG（推荐使用 24 AWG 和 26 AWG 的导体）。线路的最大直流阻抗不超过 100 Ω。

表 5-4 所列数据以最大布线阻抗 100 Ω 为基准。

不同线规的最大长度要求如表 5-4 所示。

表 5-4　不同线规的最大长度要求

线规/AWG	线缆的最大长度/m
22	1453
24	914
26	570
28	360

3）告警线安装

告警线安装注意绕开有干扰源的路线，以免出现误告警干扰，目前监控设备（除 EC1001 外）普遍支持干节点，不支持湿节点。干节点的定义：无源开关；具有闭合和断开的两种状态；两个节点之间没有极性，可以互换。常见的干节点信号有：一是各种开关，如限位开关、行程开关、脚踏开关、旋转开关、温度开关、液位开关等；二是各种按键；三是继电器、干簧管的输出。湿节点的定义：有源开关；具有有电和无电的两种状态；两个节点之间有极性，不能反接。

（1）常见的湿节点信号如下。

① 如果把以上的干节点信号接上电源，再把电源的另一极作为输出，就是湿节点信号。在工业控制中，常用的湿节点的电压范围是直流 0～30 V，标准的是直流 24 V。

② 把 TTL（Transistor Transistor Logic）电平输出作为湿节点，也未尝不可，一般情况下，TTL 电平需要带缓冲输出。

③ 红外反射传感器和对射传感器的输出。

（2）干节点的优点如下。

① 随便接入，降低工程成本和工程人员要求，提高工程速度。

② 处理干节点开关量数量多。

③ 连接干节点的导线即使长期短路也不会损坏本地的控制设备更不会损坏远方的设备。

④ 接入容易，接口容易统一。

4）前端接入告警源方式

编码器 EC1001 告警输入需外接电源，其他所有均支持无源告警设备的接入。IPC 接干型传感器，即接无源的输入，只有开/闭两种状态。EC 和 IPC 告警输出本身无电平输出，只是继电器输出，控制开/闭两种状态，外接设备需要有源。

5. 音频线规范

音频线缆示例如图 5-71 所示。音频线缆一般采用 4 芯屏蔽电线（RVVP）或非屏蔽数字通信电缆（UTP），导体截面积要较大（如 0.5 mm^2）。在不考虑干扰的情况下，也可以采用非屏蔽数字通信电缆，如综合布线系统中常用的 5 类双绞线（2 对或 4 对）。由于监控系统中监听头的音频信号传到中控室是采用点对点的传输方式，用高压小电流传输，因此采用非屏蔽的 2 芯信号线缆即可，如采用聚氯乙烯护套软线 RVV 2×0.5 等规格。

音频线缆

- 编解码器有两种音频输入接口：AUDIO IN接口和MIC接口。这两种接口的区别是对音频采集设备的阻抗要求不同。
- AUDIO IN接口用于连接拾音器，MIC接口用于连接传声器，AUDIO OUT接口用于连接音箱。
- 音频线缆不要和电源线或接地线平行走线或相互缠绕。
- 音频线如果在室外走线，在连接到编码器之前应对音频线缆采取防雷措施，如安装防雷器。

图 5-71　音频线缆示例

音频线安装注意绕开有干扰源的路线，以免声音出现干扰。前端 EC 设备音频接口有两种表现形式：MIC 接口、凤凰端子接口和 BNC 接口。目前的 EC 设备中仅有 EC1501-HF 可以支持对外提供幻象电源。在选择传声器时，如果连接的是 EC1501-HF 设备，则可以选择幻象电源，连接其他的 EC 设备时，要选择可自我供电的传声器。IPC 不支持幻象供电的音频输入设备，建议接有源音频输入设备。

6. 电源与接地规范

电源与接地示例如图 5-72 所示，推荐选用稳压源；三相电接入（即 L、N 和 PE 线）；室外使用时，220 V 市电接入必须加装防雷器。

施工方必须提供接地线和接地排；接地线采用铜鼻子压接，再接到接地排上；接地电阻小于 5 Ω，最大不能超过 10 Ω；箱内所有设备的接地线都压接在接地排上。

5.4.4　配置规范

配置规范如图 5-73 所示，配置上要求按如下方法进行。

电源与接地

●电源要求

- 推荐选用稳压源
- 三相电接入（即L、N和PE线）
- 室外使用时，220V市电接入必须加装防雷器
- 1000系列编码器必须使用UNIVIEW专用的电源适配器，禁止使用其他的电源适配器，否则可能导致设备电源损坏

●接地要求

- 施工方必须提供接地线和接地排
- 接地线采用铜鼻子压接，再接到接地排上
- 接地电阻小于5 Ω，最大不能超过10 Ω
- 箱内所有设备的接地线都压接在接地排上

图 5-72　电源与接地示例

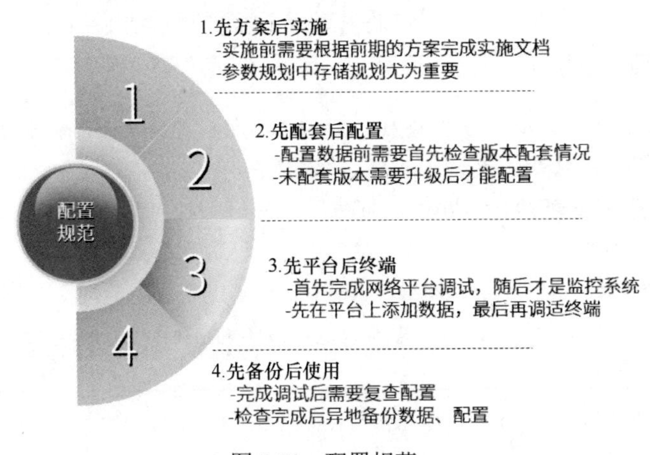

图 5-73　配置规范

1．先方案后实施

根据设计方案的要求按参数规划原则进行参数规划，完成后参数规划文档提交客户审核，在客户审核签字后严格按照参数实施。

2．先配套后配置

在 IP 监控系统中设备的软件版本要求进行严格配套。所以在设备安装时，检查版本是否配套，如未配套则必须升级至相应配套版本后再开始下一个步骤。

3．先平台后终端

IP 监控系统的管理平台是整个系统的管理控制中心。所以在项目开局、数据配置过程中必须首先在系统平台上离线添加数据，然后安装调试完成的终端设备。通过这样的顺序可以在工程实施过程中检查前端设备是否进行了正确的配置和安装。

4．先备份后使用

在 IP 监控系统配置规范中尤为重要是“先备份后使用”，要求在数据配置完成或系

统参数发生重大变更后，必须先异地备份整个系统的数据库和配置信息，确认备份正确后再交付用户使用。

习题 5

一、单选题

5-1　镜头的焦距应根据视场角大小和镜头与监视目标的距离确定。如果物体距离摄像机为 *X*m，要看清楚人的行为，使用多少毫米的镜头合适？（　　）

A．2*X* mm 的镜头　　B．*X* mm 的镜头

C．*X*/2 mm 的镜头　　D．*X*/4 mm 的镜头

5-2　在以下场景中，哪个场景使用宽动态摄像机能够更好地呈现整体画面？（　　）

A．低照度场景　　B．亮度较高区域及亮度较低区域均存在的场景

C．风沙较大的场景　　D．易遭受恶意破坏的场景

二、多选题

5-3　视频监控系统的设计来源于需求，需求是多种多样的，千变万化的，但都可以归纳为以下哪几个设计要素？（　　）

A．前端设计　　B．传输设计

C．显示设计　　D．控制设计

E．存储设计　　F．后端设计

5-4　摄像机按照形态可分为哪些？（　　）

A．球形摄像机　　B．半球摄像机

C．枪式摄像机　　D．筒形摄像机

E．针孔摄像机　　F．海螺形摄像机

反侵权盗版声明

举报电话：（010）88254396；（010）88258888

传　　真：（010）88254397

E-mail：　dbqq@phei.com.cn

通信地址：北京市万寿路 173 信箱

　　　　　电子工业出版社总编办公室

邮　　编：100036